普通高等教育规划教材

机械制造技术

第 2 版

主　编　华茂发　谢　骐
副主编　陈　明
参　编　赵忠泽　陈树海　邓　奕
主　审　陈绍廉

机械工业出版社

本书分为十三章。内容包括机械加工工艺系统及金属切削原理的基本理论、各种机械加工方法与装备、机械加工质量分析与控制、机械制造工艺规程设计及典型零件加工工艺、专用机床夹具设计、机械制造自动化及先进制造技术等。

全书以常规机械制造技术为主体，在此基础上融入了数控机床、数控加工工艺及一些新材料、新工艺、新技术；既有常规机械制造技术的基本内容，又有现代制造技术的新发展；内容丰富、详简得当，突出应用，并附有习题与思考题，内容体系符合教学规律。

本书可作为普通高等学校数控技术应用、机械制造工艺及设备、机械制造及自动化、机电工程及模具设计与制造等专业教学用书，也可供相近专业的师生和制造企业的工程技术人员学习参考。

图书在版编目（CIP）数据

机械制造技术/华茂发，谢骐主编．—2 版．—北京：机械工业出版社，2013.12（2023.8 重印）

普通高等教育规划教材

ISBN 978-7-111-44581-4

Ⅰ.①机…　Ⅱ.①华…②谢…　Ⅲ.①机械制造工艺—高等学校—教材　Ⅳ.①TH16

中国版本图书馆 CIP 数据核字（2013）第 255812 号

机械工业出版社（北京市百万庄大街 22 号　邮政编码 100037）
策划编辑：王小东　责任编辑：王小东　王丹凤
版式设计：霍永明　责任校对：张玉琴
封面设计：陈　沛　责任印制：郜　敏
北京富资园科技发展有限公司印刷
2023 年 8 月第 2 版第 8 次印刷
184mm×260mm · 22.25 印张 · 552 千字
标准书号：ISBN 978-7-111-44581-4
定价：55.00 元

电话服务　　　　　　　　　网络服务
客服电话：010 - 88361066　机 工 官 网：www.cmpbook.com
　　　　　010 - 88379833　机 工 官 博：weibo.com/cmp1952
　　　　　010 - 68326294　金 书 网：www.golden - book.com
封底无防伪标均为盗版　机工教育服务网：www.cmpedu.com

普通高等教育应用型人才培养规划教材
编审委员会名单

数控技术应用专业分委员会委员名单

主　任：朱晓春　南京工程学院

副主任：赵先仲　北华航天工业学院

　　　　龚仲华　常州工学院

委　员：（按姓氏笔画排序）

　　　　卜云峰　淮阴工学院

　　　　汤以范　上海工程技术大学

　　　　朱志宏　福建工程学院

　　　　李洪智　黑龙江工程学院

　　　　吴　祥　盐城工学院

　　　　宋德玉　浙江科技学院

　　　　钱　平　上海应用技术学院

　　　　谢　骐　湖南工程学院

序

　　工程科学技术在推动人类文明的进步中一直起着发动机的作用。随着知识经济时代的到来，科学技术突飞猛进，国际竞争日趋激烈。特别是随着经济全球化发展和我国加入WTO，世界制造业将逐步向我国转移。有人认为，我国将成为世界的"制造中心"。有鉴于此，工程教育的发展也因此面临着新的机遇和挑战。

　　迄今为止，我国高等工程教育已为经济战线培养了数百万专门人才，为经济的发展作出了巨大的贡献。但据IMD1998年的调查，我国"人才市场上是否有充足的合格工程师"指标排名世界第36位，与我国科技人员总数排名世界第一形成很大的反差。这说明符合企业需要的工程技术人员，特别是工程应用型技术人才市场供给不足。在此形势下，国家教育部近年来批准组建了一批以培养工程应用型本科人才为主的高等院校，并于2001年、2002年两次举办了"应用型本科人才培养模式研讨会"，对工程应用型本科教育的办学思想和发展定位作了初步探讨。本系列教材就是在这种形势下组织编写的，以适应经济、社会发展对工程教育的新要求，满足高素质、强能力的工程应用型本科人才培养的需要。

　　航天工程的先驱、美国加州理工学院的冯·卡门教授有句名言："科学家研究已有的世界，工程师创造未有的世界。"科学在于探索客观世界中存在的客观规律，所以科学强调分析，强调结论的唯一性。工程是人们综合应用科学（包括自然科学、技术科学和社会科学）理论和技术手段去改造客观世界的实践活动，所以它强调综合，强调方案优缺点的比较并作出论证和判断。这就是科学与工程的主要不同之处。这也就要求我们对工程应用型人才的培养和对科学研究型人才的培养应实施不同的培养方案，采用不同的培养模式，采用具有不同特点的教材。然而，我国目前的工程教育没有注意到这一点，而是：①过分侧重工程科学（分析）方面，轻视了工程实际训练方面，重理论，轻实践，没有足够的工程实践训练，工程教育的"学术化"倾向形成了"课题训练"的偏软现象，导致学生动手能力差。②人才培养模式、规格比较单一，课程结构不合理，知识面过窄，导致知识结构单一，所学知识中有一些内容已陈旧，交叉学科、信息学科的内容知之甚少，人文社会科学知识薄弱，学生创新能力不强。③教材单一，注重工程的科学分析，轻视工程实践能力的培养；注重理论知识的传授，轻视学生个性，特别是创新精神的培养；注重教材的系统性和完整性，造成课程方面的相互重复、脱节等现象；缺乏工程应用背景，存在内容陈旧的现象。④老师缺乏工程实践经验，自身缺乏"工程训练"。⑤工程教育在实践中与经济、产业的联系不密切。要使我国工程教育适应经济、社会的发展，培养更多优秀的工程技术人才，我们必须努力改革。

　　组织编写本套系列教材，目的在于改革传统的高等工程教育教材，建设一套富有特色、有利于应用型人才培养的本科教材，满足工程应用型人才培养的要求。

　　本套系列教材的建设原则是：

1. 保证基础，确保后劲

　　科技的发展，要求工程技术人员必须具备终生学习的能力。为此，从内容安排上，保证学生有较厚实的基础，满足本科教学的基本要求，使学生日后具有较强的发展后劲。

2. 突出特色，强化应用

围绕培养目标，以工程应用为背景，通过理论与工程实际相结合，构建工程应用型本科教育系列教材特色。本套系列教材的内容、结构遵循如下 9 字方针：知识新、结构新、重应用。教材内容的要求概括为："精"、"新"、"广"、"用"。"精"指在融会贯通教学内容的基础上，挑选出最基本的内容、方法及典型应用；"新"指将本学科前沿的新进展和有关的技术进步新成果、新应用等纳入教学内容，以适应科学技术发展的需要。妥善处理好传统内容的继承与现代内容的引进。用现代的思想、观点和方法重新认识基础内容和引入现代科技的新内容，并将它们按新的教学系统重新组织；"广"指在保持本学科基本体系下，处理好与相邻以及交叉学科的关系；"用"指注重理论与实际融会贯通，特别是注入工程意识，包括经济、质量、环境等诸多因素对工程的影响。

3. 抓住重点，合理配套

工程应用型本科教育系列教材的重点是专业课（专业基础课、专业课）教材的建设，并做好与理论课教材建设同步的实践教材的建设，力争做好与之配套的电子教材的建设。

4. 精选编者，确保质量

遴选一批既具有丰富的工程实践经验，又具有丰富的教学实践经验的教师承担编写任务，以确保教材质量。

我们相信，本套系列教材的出版，对我国工程应用型人才培养质量的提高，必将产生积极作用，为我国经济建设和社会发展作出一定的贡献。

机械工业出版社颇具魄力和眼光，高瞻远瞩，及时提出并组织编写这套系列教材，他们为编好这套系列教材做了认真细致的工作，并为该套系列教材的出版提供了许多有利的条件，在此深表衷心感谢！

编 委 会 主 任
湖南工程学院院长　　刘国荣教授

第 2 版前言

机械制造行业一直是国家重点支持的领域，尤其是近年来，为实现经济的转型升级，国家制定了多项产业政策和发展规划，大力推动装备制造业的振兴和发展，重点支持高端装备制造业，取得了一定成效。为应对新一轮科技革命和产业变革，国家提出《中国制造 2025》规划，立足我国转变经济发展方式实际需要，围绕创新驱动、智能转型、强化基础、绿色发展、人才为本等关键环节，以及先进制造、高端装备等重点领域，提出了加快制造业转型升级、提质增效的重大战略任务和重大政策举措，力争到 2025 年使我国从制造大国迈入制造强国行列。

党的二十大报告指出：坚持把发展经济的着力点放在实体经济上，推进新型工业化，加快建设制造强国、质量强国、航天强国、交通强国、网络强国、数字中国。实施产业基础再造工程和重大技术装备攻关工程，支持专精特新企业发展，推动制造业高端化、智能化、绿色化发展。

《机械制造技术》一书是普通高等教育机电类专业规划教材，自 2004 年 7 月出版以来，已历经 9 年的教学实践，得到了使用本教材的师生和同行的认可，已多次印刷，并于 2004 年同另外 4 部教材组成"数控技术应用专业系列规划教材"获得江苏省高等教育教学成果奖二等奖。

本次修订在保留第 1 版教材的结构体系和特点的基础上，结合机械制造技术发展的新成果以及编者所在院校近年来的教学改革成果、教学实践和广大读者的建议，对相关内容作了补充和修改。

本书以培养应用型人才的目标和要求为出发点，遵循"注重理论，突出应用"的原则，力求总体上合理把握机械制造技术基础理论的深度和宽度，较全面地介绍机械制造技术的基本原理和方法，将理论和实践有机结合，强化应用，体现了应用型人才培养教材特色。

在修订过程中，按最新的国家标准，对相关内容进行了修改。

全书共分十三章。由湖南工程学院谢骐编写绪论、第三、四章，南京工程学院华茂发编写第一、二、九、十三章及附录，湖南工程学院邓奕编写第五章，北华航天工业学院陈明编写第六、十二章，黑龙江工程学院陈树海编写第七、八章，北华航天工业学院赵忠泽编写第十、十一章。

本书由华茂发、谢骐任主编，全书由华茂发统稿和定稿。南京航空航天大学陈绍廉教授任主审。

由于编者水平有限，书中难免有不妥和错误，恳请广大读者批评指正。

编　者

第1版前言

本书是根据"普通高等教育应用型本科数控技术应用专业和计算机科学与技术专业规划教材研讨会"审定的教材编写大纲组织编写的规划教材,适用学时为64～76学时。其中有部分章节内容相对独立,便于教学要求不同的专业在教学过程中取舍。

本书内容包括机械加工工艺系统及金属切削原理的基本理论、零件表面的各种加工方法及装备、机械加工精度和表面质量分析与控制、机械制造工艺规程设计、典型零件加工工艺、机床夹具设计原理与方法等,并简明扼要地介绍了目前较成熟的机械制造自动化技术和制造技术的新概念、新模式。

本书根据应用型本科人才培养目标和要求,在体系、内容等方面作了较多的调整,归纳起来,有以下主要特点:

1)在保证基本内容的基础上,删减了部分旧内容,扩充了数控机床、数控加工工艺及现代制造技术等新知识,以适应生产发展的需要。

2)收编了一些新理论、新技术、新材料及新工艺,以启发学生的创新思路。

3)将机床、刀具和夹具有机地结合在一起,按工种介绍零件表面加工方法,符合工程实践对制造技术知识与能力的要求和学科自身规律。

4)所编写内容注重应用,深浅适中。章后附有一定的练习,以培养学生综合分析问题和解决问题的能力。

5)书中实例和练习大多以工程实际为背景,理论联系实际,具有较强的实用性。

本书可作为普通高等学校数控技术应用、机械制造工艺及设备、机械制造及自动化、机电工程、模具设计与制造等专业用教材,也可供相近专业学生作为教学用书或参考书,亦可供工程技术人员参考。

本书由华茂发、谢骐任主编。其中绪论、第三、四章由湖南工程学院谢骐编写,第一、二、九、十三章及附录由南京工程学院华茂发编写,第五章由湖南工程学院邓奕编写,第六、十二章由北华航天工业学院陈明编写,第七、八章由黑龙江工程学院陈树海编写,第十、十一章由北华航天工业学院赵忠泽编写。本书由华茂发负责编写大纲和统稿、定稿。黑龙江工程学院李洪智教授任主审。

本书在编写过程中,得到有关领导和同行的大力支持,在此一并表示衷心感谢!

由于作者水平有限和编写时间仓促,书中难免有错误和不妥之处,敬请读者批评、指正。

编　者

目　录

绪　　论

一、机械制造业与机械制造技术

在国民经济的各个部门（如工业、农业、交通运输、科研和国防等）中，广泛使用着大量的机械、仪器和工具。生产这些机械、仪器和工具的工业，称为机械制造业。机械制造业的主要任务就是为国民经济各个部门研究、设计和制造现代的技术装备。机械制造技术则是研究用于制造上述机械产品的加工原理、工艺过程和方法及相应设备的一门工程技术。

机械制造业作为国民经济的基础产业，不仅对提高人们的生活水平起着重要的作用，而且对科学技术的发展，尤其是现代高新技术（如信息技术、新材料技术、生物工程技术和空间技术等）的发展起着重要的推动作用。而机械制造业的发展和进步，在很大程度上又取决于机械制造技术的发展。在科学技术高度发展的今天，现代工业对机械制造技术提出了越来越高的要求，如要求达到纳米（10^{-6}mm）级的超精密加工，大规模集成电路硅片划片的超微细加工，重型设备超大零件的加工，难加工材料和具有特殊物理性能材料的加工等，诸如此类，给现代机械制造技术提出了许多新的课题。因此，在未来的竞争中，谁掌握先进的制造技术，谁就有控制市场的主动权。

另一方面，正是由于科学技术的发展，又为机械制造技术的发展提供了工具和手段。特别是计算机技术的发展，促使常规机械制造技术与数控技术、精密检测技术等相互结合，向着高精度、高效率、高柔性和自动化的方向发展，使生产率和质量大幅度提高。

精密与超精密加工是机械制造技术发展的主要方向之一。在现代高科技领域中，产品的精度要求越来越高，这就要求机械制造精度不断提高，能与产品的精度要求相适应。随着机械制造技术水平的不断提高，机械加工精度已从 20 世纪初的 $1\mu m$（精密加工）提高到 $0.001\mu m$，即纳米（nm，$1nm = 10^{-9}m = 10^{-3}\mu m$）级，最近已达到 $0.1 \sim 0.01nm$，即超精密加工，如量规、光学平晶和集成电路的硅基片的精密研磨抛光。超精密加工技术的发展有力地推动了各种新技术的发展，已成为国际竞争中能否成功的关键技术。日本大阪大学与美国 LLL 实验室合作研究超精密切削时，成功地实现了 1nm 切削厚度的稳定切削。美、英等国还研制出几台具有代表性的大型超精密机床，可完成超精密车削、磨削和坐标测量等工作，机床的分辨率可达 0.7nm，代表了现代机床的最高水平。

机械制造过程的自动化和柔性化是机械制造技术发展的又一方向。随着国内外市场的激烈竞争，机电产品的更新换代越来越频繁，多品种的中小批量生产将成为今后的一种主要生产类型。因此，解决中小批量生产的自动化和柔性化制造技术越来越受到重视。目前，随着数控机床和加工中心的广泛使用，计算机辅助设计（CAD）、计算机辅助制造（CAM）和柔性制造系统（FMS）已经进入了实用阶段。在一些工业发达国家，正在大力发展计算机集成制造系统（CIMS），通过计算机网络对企业的物质流、信息流和能量流进行有效地控制和管理，不仅实现了自动化、柔性化、智能化和集成化，而且使产品质量和生产率大大提高，生产周期缩短，收到了很好的经济效益。

发展高速切削、强力切削，提高切削加工效率，是机械制造技术发展的另一趋势。机床结构设计与制造水平的提高和新型刀具材料的应用，使切削加工效率大为提高。目前数控车床的主轴转速已达到 5000r/min，国外有的加工中心（如日本森精机制作所的立式加工中心）的主轴转速达到 70000r/min，高速铣床（如日本新泻铁工 UHS10 数控铣床）的主轴转速达到 100000r/min；高速电主轴采用陶瓷轴承、气浮轴承，德国研制的高速静压轴承，转速可达 160000r/min；机床进给系统采用直流或交流伺服电动机驱动、大导程滚珠丝杠螺母传动，其快进速度最高可达 60m/min，采用直线电动机传动装置时，快进速度可达 150 ~ 210m/min；高速磨削的切削速度可达 100 ~ 200m/s；高速加工中心工作台的进给速度已高达 20 ~ 30m/min。新型刀具材料如涂层硬质合金、陶瓷、立方氮化硼的应用，使常规切削速度提高了 5 ~ 10 倍。当用立方氮化硼（CBN）刀具高速铣削和镗削铸铁件时，切削速度可高达 1000m/min，采用氮化硅陶瓷（Si_3N_4）刀具加工铸铁零件，切削速度可达 1500m/min。

新中国成立以来，我国的机械制造业和机械制造技术得到了长足发展，已建成了门类齐全、具有较大规模的机械制造体系。大型、精密装备的水平，自动化程度和成套能力明显提高。不少新的制造技术在一定程度上得到推广应用，制造能力显著加强，为国民经济各个部门提供大量的技术和生产装备。为进一步满足国民经济发展的需要和缩小与发达国家制造水平的差距，机械工业正努力开发新产品，积极研究推广先进制造技术。开发的机床新产品中，数控机床就占 70% 以上。生产的 DIGIT165 型高速铣削中心，主轴转速达到 40000r/min，进给速度可达 30m/min，定位精度为 8μm，重复定位精度为 5μm，可实现 5 轴联动；PV4 - C 型高速立式加工中心，主轴转速达 10000r/min，定位精度为 ± 2μm，重复定位精度为 ±1μm；XHSF - 2420 型高速仿形定梁龙门镗铣加工中心，快速移动速度达 15m/min，工件在一次装夹下，可实现 5 面加工，达到 20 世纪 80 年代中后期国际先进水平。柔性制造系统和计算机集成制造系统在我国相关的机械行业也相继出现。这些成就为我国机械工业适应现代技术发展，提高制造技术水平，加快产品结构调整，适应市场经济发展的要求，提高国际市场竞争力奠定了基础。

但是也应看到，我国的机械制造技术水平与国际先进水平相比还有很大差距。大部分高精度机床性能不能满足要求，特别是数控机床的产量、技术水平和质量保证等方面都明显落后。以 1993 年为例，我国机床数控化率仅为 3.74%，而发达国家已达 70% 以上。国外已做到 15 ~ 19 轴联动，分辨率达 0.1 ~ 0.01μm，而我国只能做到 5 ~ 6 轴联动，分辨率为 1μm，质量和可靠性也不稳定。引进技术吸收缓慢，国产化周期长，科技成果商品化进程慢，规模经济效益不明显等问题普遍存在。这些问题的根本原因在于机械制造技术水平的落后。因此，大力发展先进制造技术是当前机械制造业的当务之急。

二、本课程的内容及学习要求

本课程主要介绍机械产品的机械制造过程及其系统。它包括了金属切削原理及其基本规律，机床、刀具、夹具的基本知识，机械加工精度及表面质量的概念及其控制方法，机械制造工艺规程的基本知识及设计，现代制造技术新知识及发展趋势。

通过本课程的学习，要求学生能从技术与经济紧密结合的角度出发，围绕加工质量与生产率这两个目标，掌握和熟悉机械制造过程中包括传统和现代的各种常用加工方法和制造工艺，以及与其相关的切削原理、加工原理、工艺装备的性能与选用原则、加工质量分析与控制方法等。其具体要求为：

1）掌握金属切削的基本规律，并能用于各种切削参数和刀具几何参数的合理选择，对加工质量进行正确的分析与控制。

2）掌握常用机械加工方法的工作原理、工艺特点、保证措施，以及常用机床（包括数控机床）和刀具的性能、加工范围、主要结构，并能合理选用机床和刀具。

3）掌握制订机械加工工艺规程、数控加工工艺规程及机器装配工艺规程和设计专用夹具的基本知识，具有拟定中等复杂程度零件加工工艺规程、设计中等复杂程度零件专用夹具的能力。

4）掌握机械加工精度和表面质量的基本理论和基本知识，初步具有分析现场工艺问题的能力。

5）对机械制造技术的新发展有一定的了解。

三、本课程的特点及学习方法

机械制造技术是一门综合性、实践性、灵活性强的专业技术课程。学习本课程应注意下列几点：

1）本课程包含面广、内容丰富、综合性强。不仅包含了金属切削原理、机床、刀具、夹具和加工工艺等，还涉及毛坯制造、金属材料、热处理和公差配合等方面的知识。因此，在学习时，要善于将已学过的有关知识同本课程的知识结合起来，合理地综合运用。

2）机械制造技术同生产实际密切相关，其理论源于生产实际，是长期生产实践的总结。只有通过实践环节（实验、课程设计及实习）的配合，通过深入生产实际，才能掌握本课程的知识，提高对知识的应用能力。

3）机械制造技术的应用有很大的灵活性。例如，对同一个零件，在工艺设计上可能有多种方案。因此，在实践中，必须针对具体问题进行具体分析，在不同的现场条件下，灵活运用理论知识，优选最佳方案。

第一章 机械加工工艺系统的基本知识

在机械加工中，由机床、刀具、夹具及工件组成的切削加工系统称为机械加工工艺系统（简称工艺系统）。其任务就是根据加工要求将毛坯或材料变成具有一定形状和尺寸的工件，使之具有要求的质量。工艺系统能否实现对工件加工的要求，完成工件的成形运动，除了输入工艺系统的几何参数和工艺参数是否合理外，主要取决于工艺系统各个组成部分的自身特性和它们相互结合形成的系统的特性。本章着重分析工艺系统各组成部分的基本特性，即零件的加工表面及成形方法和所需运动；用于切削加工零件表面的机床和刀具的基本知识；零件在夹具中的定位和夹紧问题。其他内容将在后续各章中介绍。

第一节 机械零件加工表面的形成

机械零件不论多么复杂，其表面形状都是由各种基本表面形成的，零件的切削加工，实际上是用某种加工方法来获得所要求的加工表面。

一、工件表面类型与成形方法

1. 工件表面类型

图 1-1 所示为机器零件上常用的各种典型表面。可以看出，组成机械零件的常用表面包括平面、圆柱面、圆锥面、成形表面（如螺纹表面、齿轮渐开线表面等），此外，还有球面、圆环面、双曲面等。

2. 工件表面的成形方法

零件上的各种常用表面都可以由一条母线沿另一条导线运动而形成。图 1-2 所示工件的几何表面都是由母线 1 沿导线 2 运动而形成的。母线和导线统称为形成表面的发生线。在机

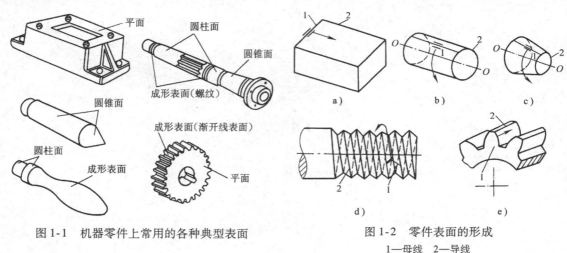

图 1-1 机器零件上常用的各种典型表面

图 1-2 零件表面的形成
1—母线 2—导线

床加工零件表面的过程中，工件、刀具之一或两者同时按一定的规律运动，就可形成两条发生线，进而生成所要求的表面。形成发生线的方法可归纳为下列四种：

（1）成形法　成形法是刀具切削刃与工件表面之间为线接触，切削刃的形状与形成工件表面的一条发生线完全一致。如图1-3a所示，刨刀切削刃形状与形成工件曲面的母线相同，由切削刃形状形成母线。

（2）轨迹法　轨迹法是指刀具切削刃与工件表面之间为近似点接触，发生线是通过刀具与工件之间的相对运动，由刀具刀尖的运动轨迹来实现的。如图1-3b所示，当刨刀沿 A_1 方向作直线运动时，形成直线型母线；当刨刀沿 A_2 方向作曲线运动时，形成曲线形导线。

（3）相切法　相切法是指用旋转刀具（如铣刀、砂轮等）一边旋转一边沿一定的轨迹运动，刀具各个切削刃的运动轨迹共同形成了曲面的发生线。如图1-3c所示，刀具旋转 B_1 及刀具中心按一定规律作轨迹运动 A_2，其切削点运动轨迹的包络线即形成发生线2。

（4）展成法　展成法是利用工件和刀具作展成切削运动的方法。切削加工时，刀具切削刃与被成形的表面相切，可认为是点接触，切削刃相对工件滚动（即展成运动），所需形成的发生线是刀具的切削刃在各瞬时位置的包络线。图1-3d所示为圆柱齿轮加工，滚刀转动 B_{11} 与工件转动 B_{12} 组成展成运动，滚刀切削刃的一条条切削线形成的包络线就是形成齿面的母线（渐开线）。

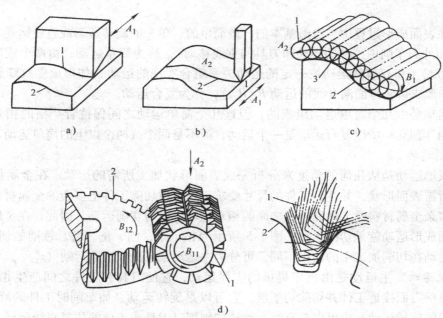

图1-3　形成发生线的四种方法及运动
1—刀尖或切削刃　2—发生线　3—刀具轴线的运动轨迹

二、工件加工所需的运动

1. 表面成形运动

要获得所需工件表面形状，必须使刀具和工件按上述四种方法之一完成形成发生线的运动，称为表面成形运动。表面成形运动的形式和数量，取决于被加工表面的形状、所采用的加工方法和刀具结构。

用普通车刀车削外圆柱面时（图 1-4a），表面成形运动采用了轨迹法。工件转动 B_1 产生圆母线，车刀的纵向直线移动 A_2 产生直导线。生成母线和导线需要两个独立的成形运动，故车削外圆柱面是由两个表面成形运动 B_1 和 A_2 实现的。

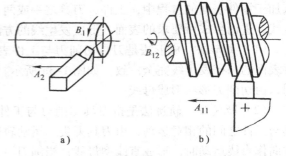

图 1-4　车削外圆柱面和螺纹时的成形运动

用螺纹车刀车削螺纹时（图 1-4b），其母线是由与螺纹轴向剖面形状一致的螺纹车刀的刃形本身提供，用成形法形成，不需要成形运动；其导线是一螺旋线，用轨迹法形成。形成螺旋线的运动由工件转动 B_{12} 和刀具直线移动 A_{11} 这两个运动组合而成，是一个成形运动。故形成螺纹表面只需要一个成形运动。

又如用齿轮滚刀滚切直齿圆柱齿轮齿面（图 1-3d），形成其母线渐开线的运动由滚刀转动 B_{11} 和工件转动 B_{12} 这两个运动组合而成，而形成整个齿面的直导线由滚刀的转动 B_{11} 和直线移动 A_2 获得（其中 B_{11} 包含在展成运动中）。故形成直齿轮齿面需要两个独立的成形运动，即由展成法形成母线渐开线的成形运动 $B_{11}B_{12}$ 和由相切法形成直导线的成形运动 A_2。

在工件表面成形过程中，由最基本的、最简单的、单一的旋转运动或直线运动实现的成形运动（如外圆车削中工件的转动和刀具的直线移动），称为简单运动；由两个或两个以上的旋转运动或（和）直线运动按一定的运动关系组合实现的运动（如形成螺纹螺旋线的运动 $B_{12}A_{11}$ 和形成齿轮齿面渐开线的运动 $B_{11}B_{12}$），称为复合运动。

复合运动是由几个简单运动组成的，但这几个简单运动之间保持着严格的相对运动关系，并不相互独立。所以复合运动是一个运动，而不是两个或两个以上的简单运动。

2. 切削运动

表面成形运动是从几何的角度来分析完成表面形状加工所需的运动。在金属切削加工中，获得所需表面形状，并达到工件的尺寸要求，是通过切除工件上多余的金属材料来实现的。切除多余金属材料时工件和刀具之间的相对运动。称为切削运动。因此，在金属切削加工中，表面成形运动就是切削运动。图 1-5 所示为钻、车、刨、铣、磨、镗削的切削运动。根据切削运动在切削加工中的功用不同，可分为主运动（v_c）和进给运动（v_f）。

（1）主运动　主运动是由机床提供的主要运动，它使刀具和工件之间产生相对运动，从而使刀具前刀面接近工件并切除切削层。它可以是旋转运动，如车削时工件的旋转运动，铣削时铣刀的旋转运动；也可以是直线运动，如刨削时刀具或工件的往复直线运动。其特点是切削速度最高，消耗的机床功率也最大。

（2）进给运动　进给运动是由机床提供的使刀具与工件之间产生附加的相对运动，加上主运动即可连续地或断续地切除切削层，并得出具有所需几何特性的加工表面。它可以是连续的运动，如车削外圆时车刀平行于工件轴线的纵向运动；也可以是间断运动，如刨削时工件的横向移动。其特点是消耗的功率比主运动小得多。

主运动可以由工件完成（如车削），也可以由刀具完成（如钻削、铣削）。进给运动也同样可以由工件完成（如刨削、磨削）或刀具完成（如车削、钻削）。

在各类切削加工中，主运动只有一个，而进给运动可以有一个（如车削）、两个或多个（如圆磨削），甚至没有（如拉削）。

主运动一般采用直线运动和旋转运动这两种简单运动，而进给运动可以是一个单独的简单运动，也可以是一个包含几个简单运动的复合运动。

当主运动和进给运动同时进行时，由主运动和进给运动合成的运动称为合成切削运动（图1-5a、b、d）。刀具切削刃上选定点相对工件的瞬时合成运动方向称为合成切削运动方向，其速度称为合成切削速度。合成切削速度v_e为同一选定点的主运动速度v_c与进给运动速度v_f的矢量和，即

$$v_e = v_c + v_f$$

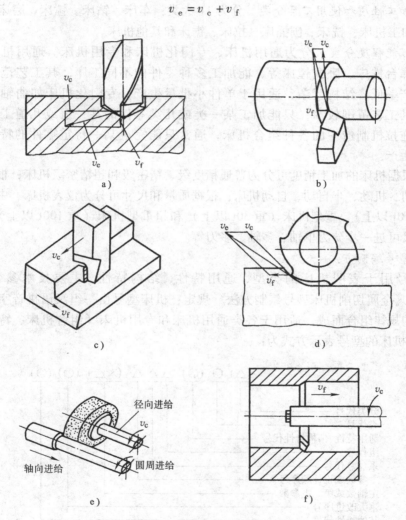

图1-5　常见几种加工方法的切削运动
a) 钻削　b) 车削　c) 刨削　d) 铣削　e) 磨削　f) 镗削

3. 辅助运动

机床中除切削运动外，有时还需调整刀具切削刃与工件相对位置的运动和其他辅助动作，称为辅助运动。如刀具接近工件或退出工件，刀具快速移动等。

第二节　金属切削机床与数控机床的基本知识

一、机床的分类与型号编制

金属切削机床是制造机器的机器，简称机床。机床的品种和规格繁多，为便于管理和使用，须对机床进行分类和编制型号。

1. 机床的分类

（1）按加工性质和使用刀具分类　分为11大类：车床、钻床、镗床、磨床、齿轮加工机床、螺纹加工机床、铣床、刨插床、拉床、锯床和其他机床。

（2）按万能程度分类　分为通用机床、专门化机床和专用机床。通用机床如卧式车床、万能升降台铣床、卧式镗床等，能加工多种零件的不同工序，其工艺范围宽、通用性好，但生产率低，结构复杂，适用于单件小批量生产。专门化机床如曲轴车床、凸轮轴车床等，其工艺范围较窄，只能加工某一类或几类零件的某一道或几道工序。专用机床如汽车、拖拉机制造中的各种组合机床，通常只能完成某一特定零件的特定工序，适用于大批量生产。

此外，根据机床的加工精度可分为普通精度级、精密级和超精密级机床；根据自动化程度可分为手动、机动、半自动、自动机床；根据质量和尺寸可分为仪表机床、中型机床、大型机床（重10t以上）、重型机床（重30t以上）和超重型机床（重100t以上）；根据主轴或刀具数目又可进一步分为单轴、多轴、多刀等。

2. 机床型号编制方法

机床型号用于表明机床的类型、通用特性、结构特性、主要技术参数等。GB/T 15375—2008《金属切削机床型号编制方法》规定：机床型号由一组汉语拼音字母和阿拉伯数字按一定的规律组合而成，适用于各类通用机床和专用机床（组合机床、特种加工机床除外）。通用机床的型号表示方式为：

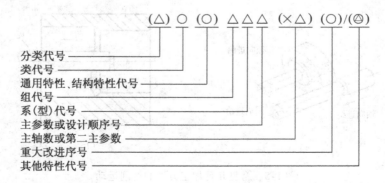

$$（△）○（○）△△△（×△）（○）/（◎）$$

分类代号
类代号
通用特性、结构特性代号
组代号
系(型)代号
主参数或设计顺序号
主轴数或第二主参数
重大改进序号
其他特性代号

其中，△表示阿拉伯数字，○表示大写的汉语拼音字母。括号中表示可选项，无内容时不表示，有内容时不带括号，◎表示大写的汉语拼音字母、或阿拉伯数字、或两者兼有之。

（1）类代号　分为11大类，用汉语拼音第一个大写字母表示；见表1-1。若每类有分类，则在类代号前用阿拉伯数字表示。但第一分类不予表示。

表 1-1　机床分类及代号

类别	车床	钻床	镗床	磨床			齿轮加工机床	螺纹加工机床	铣床	刨插床	拉床	锯床	其他机床
代号	C	Z	T	M	2M	3M	Y	S	X	B	L	G	Q
读音	车	钻	镗	磨	二磨	三磨	牙	丝	铣	刨	拉	割	其

（2）特性代号　当某种机床除有普通型式外，还有某种通用特性时，应在类别代号后用相应的代号表示。表 1-2 所示为常用的通用特性代号。当某种机床无普通型式时，则通用特性不予表示。为了区别主参数相同而结构不同的机床，在型号中加一结构特性代号，此代号排在通用特性代号之后，用除"I"、"O"及表示通用特性外的字母表示。

表 1-2　通用特性代号

通用特性	高精度	精密	自动	半自动	数控	加工中心（自动换刀）	仿形	轻型	加重型	柔性加工单元	数显	高速
代号	G	M	Z	B	K	H	F	Q	C	R	X	S
读音	高	密	自	半	控	换	仿	轻	重	柔	显	速

（3）组、系代号　机床的组、系代号位于类代号或特性代号之后，用两位阿拉伯数字表示。第一位表示组别，分为 0 ~ 9 共 10 个组，主要布局、使用范围基本相同的同一类机床为同一组，如车床类组别中的"6"表示落地及卧式车床；第二位数字表示系别，表示每组又分为若干个系，主参数相同、主要结构及布局型式相同的同一组机床即为同一系，如车床类中的"6"组又分为 0 ~ 6 共 7 个系，即 60（落地车床）、61（卧式车床）、62（马鞍车床）、63（轴车床）、64（卡盘车床）、65（球面车床）和 66（主轴箱移动型卡盘车床）。各类机床的组、系代号参见附录附表 1。

（4）主参数、设计顺序号、主轴数和第二主参数　机床主参数代表机床规格大小，取机床规格的 1、1/10 或 1/100 的折算值表示，位于系代号之后。当无法用一个主参数表示时，采用设计顺序号表示。机床有多根主轴时，应以实际数值列入型号，置于主参数之后，用"×"分开。第二主参数（一般不表示）是为了更完整地表示机床的工作能力和加工范围，常折算成两位数，折算系数为 1/100（如长度、深度值）、1/10（如直径、宽度值）和 1（如厚度、最大模数值）。各类机床的主参数和第二主参数的折算系数可查阅附录附表 1。

（5）重大改进顺序号　用于表示机床性能和结构上的重大改进，以区别于原型，用汉语拼音字母表示。

（6）其他特性代号　用于反映各类机床的特性，如数控机床控制系统的不同、同一型号机床的变形等，用汉语拼音字母（但"I"、"O"两个字母不得选用）或阿拉伯数字表示。

通用机床型号举例如下：

例如，CA6140 × 1000 型卧式车床，型号中的代号及数字的涵义为

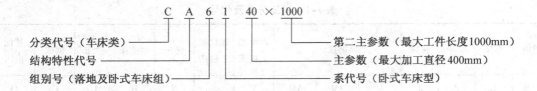

二、机床的传动联系与传动原理图

1. 机床的基本组成

为实现加工过程中所必需的各种运动，机床应具备三个基本部分：

（1）执行件 执行件是指执行运动的部件，如主轴、刀架、工作台等。其基本任务是带动工件或刀具完成旋转或直线运动，并保持准确的运动轨迹。

（2）动力源 动力源是为执行件提供运动和动力的装置，如交流异步电动机、直流电动机和伺服电动机等。可以几个运动共用一个动力源，也可每个运动单独使用一个动力源。

（3）传动装置 传动装置是传递运动和动力的装置。通过它把动力源的运动和动力传递给执行件，使执行件获得运动和动力。传动装置还可以实现变速、变向和用来改变运动的性质和形式。机床的传动装置有机械、液压、电气、气压等多种形式。

2. 机床的传动链

机床上为得到所需要的运动，需要通过一系列的传动件把执行件和动力源，或者把执行件和执行件连接起来，这种连接称为传动联系。构成传动联系的一系列传动件，称为传动链。传动链中有两类传动机构：一类是传动比和传动方向固定不变的定比传动机构，如定比齿轮副、蜗杆蜗轮副、丝杆螺母副等；另一类是按加工要求可以变换传动比和传动方向的传动机构，称为换置机构，如交换齿轮变速机构、滑移齿轮变速机构和离合器变速机构等。根据传动联系的性质不同，传动链可分为外联系传动链和内联系传动链。

（1）外联系传动链 它是联系动力源和执行件之间的传动链，使执行件得到运动和动力，实现简单成形运动。如车削外圆中，电动机至主轴和电动机至刀架的传动链。外联系传动链中传动比的变化，只影响生产率和表面粗糙度，不影响工件表面形状的形成。

（2）内联系传动链 它是保证执行件之间有严格相对运动关系，实现复合成形运动的传动链。如车床上车削螺纹时，必须保证螺旋线轨迹（导程大小和螺旋方向）准确，主轴至刀架的传动链就是内联系传动链。内联系传动链中不允许采用传动比不准确（如带传动、摩擦传动）或瞬时传动比变化（如链传动）的传动机构，否则无法保证所需的正确工件表面形状。

3. 机床的传动原理图

为了简明地表示机床加工过程中各个运动的传动联系，常用简单的符号（图1-6）组成

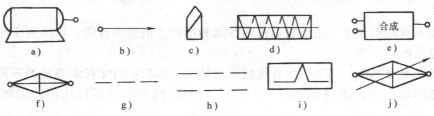

图1-6 传动原理图常用的一些符号

a）电动机 b）主轴 c）车刀 d）滚刀 e）合成机构 f）传动比可变的换置机构
g）传动比不变的机械联系 h）电联系 i）脉冲发生器 j）快调换置机构—数控系统

的传动原理图来表达机床的传动链和它们之间的相互联系。它仅表示形成某一表面时机床上所需要的成形运动及其传动联系。

图 1-7 所示为卧式车床车螺纹的传动原理图。图中，主轴至刀架之间的内联系传动链（4—5—u_x—6—7）中，4—5、6—7 间的传动比是固定不变的；5—6 是一个传动比可调整的换置机构，传动比 u_x 根据主轴每转一转，刀具均匀移动一个工件螺纹导程的要求调整。为使内联系传动链获得运动和动力，还需要一条由电动机至主轴之间的外联系传动链（1—2—u_v—3—4），将动力源的运动和动力传到内联系传动链上，其中 1—2、3—4

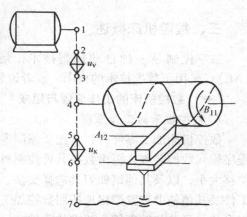

图 1-7 卧式车床车螺纹的传动原理图

传动比固定不变；2—3 间为传动比可调整的换置机构，改变传动比 u_v 可改变车螺纹速度的快慢，而不影响螺纹表面的形成。当车削圆柱面或端面时，机床上的成形运动为两个独立的简单运动（工件的旋转和车刀的直线移动），由两条外联系传动链：即主运动传动链和纵向（或横向）进给运动传动链来实现。

图 1-8 所示为数控车床的传动原理图，它采用电联系代替机械联系。通过脉冲发生器 P 和快调换置机构（数控系统）将主轴和刀架联系起来。车螺纹时，脉冲发生器 P（与主轴通常是一对齿轮 4—5 相联）随主轴转动，主轴每转一转，脉冲发生器 P 发出 N 个脉冲，经 6—7 至快调换置机构 u_{c1}，再经插补计算后输出进给脉冲，由伺服系统 8—9 控制伺服电动机 M_2，M_2 或经机械传动装置 10—11 或直接传动滚珠丝杠，使刀架作纵向直线运动 A_2，并保证主轴每转一转时，刀架纵向移动一个工件螺纹导程。改变 u_{c1} 可改变输出进给脉冲频率，以满足车削不同导程螺纹的需要。由于螺纹须经多次重复车削才能完成，为保证刀具每次在工件上同一点切入，不乱扣，由脉冲发生器 P 的"同步脉冲"确定刀具的切入起始点。切入时，脉冲发生器 P 发出"同步脉冲"经 12—13 至快调换置机构 u_{c2}，伺服系统 14—15 控制电动

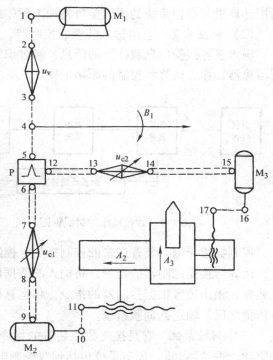

图 1-8 数控车床的传动原理图

机 M_3，经机械传动装置驱动刀具切入。电动机 M_1 至主轴（1—2—u_v—3—4）是外联系传动链。

车削圆柱面或端面时，主轴的转动 B_1 和刀具的移动 A_2 或 A_3 是三个独立的简单运动，u_{c1}、u_{c2} 用以调整进给速度的高低。

三、数控机床概述

数字控制是一种自动控制技术，是用数字化信息进行控制的一种方法，简称数控（NC）。采用了数控技术的机床，或者说装备了数控系统的机床，称为数控机床。

（一）数控机床的工作原理与组成

1. 数控机床的工作原理

数控机床加工零件时，首先要编制零件的加工程序，这是数控机床的工作指令。将加工程序输入数控装置，再由数控装置控制机床主运动的变速、起停，进给运动的方向、速度和位移大小，以及其他诸如刀具选择交换、工件夹紧松开和冷却润滑的起停等动作，使刀具和工件及其他辅助装置严格地按照数控加工程序规定的顺序、路程和参数进行工作，从而加工出形状、尺寸与精度符合要求的零件。

2. 数控机床的组成

数控机床一般由信息载体、数控装置、伺服系统、测量反馈装置和机床本体组成（图1-9）。

（1）信息载体　它是储存零件加工信息的介质。常用的有穿孔带、磁带、软盘等，也可利用键盘直接将加工程序及数据输入。另外，用 CAD/CAM 软件在通用计算机上编程，然后用计算机与数控系统的通信接口将加工程序或数据送到数控装置。

（2）数控装置　它由输入装置、控制器、运算器和输出装置等组成（图1-10）。

输入装置接受信息载体上的信息，经过识别和译码之后，将指令送到控制器，将数据送到运算器，作为运算和控制的原始依据。

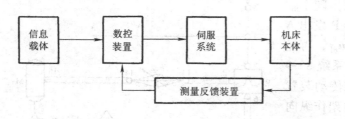

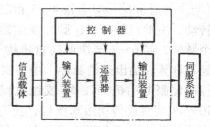

图1-9　数控机床的组成框图　　　　　图1-10　数控装置的信息处理框图

控制器接受输入装置送来的控制指令，控制运算器与输出装置。

运算器接受控制器的指令，将输入的数据信息进行处理，并将处理的结果不断输送到输出装置，输出装置根据控制器的指令，将运算处理结果，以脉冲形式，经放大或转换成模拟电压量之后，输送到伺服系统。

（3）伺服系统　它是接受数控装置的指令，驱动机床执行机构运动的驱动部件（如主轴驱动、进给驱动）。伺服系统包括伺服控制电路、功率放大电路和伺服电动机等。伺服电动机常用的有步进电动机、直流伺服电动机和交流伺服电动机。

（4）测量反馈装置　它由测量部件和相应的测量电路组成，其作用是检测速度和位移，并将信息反馈给数控装置，构成闭环控制系统。没有测量反馈装置的系统称为开环控制系统。常用的测量部件有脉冲编码器、旋转变压器、感应同步器、光栅尺和磁尺等。

（5）机床本体　它是数控机床的主体，是用于完成各种切削加工的机械部分，包括床身、立柱、主轴、进给机构等机械部件。机床本体是被控对象，其运动的位移和速度以及各种开关量是被控制的。数控机床采用高性能的主轴及进给伺服驱动装置，其机械传动结构大为简化。

此外，数控机床还有一些辅助装置和附件设备，如电气、液压、气动系统与冷却、排屑、润滑、照明等装置以及编程机、对刀仪等。

（二）数控机床的分类

数控机床品种繁多，功能各异，有多种分类方法。按控制方式分为三种。

1. 开环控制数控机床

这类数控机床不带有位置检测装置，如图 1-11 所示。数控装置根据信息载体的输入指令，经控制运算，把一定数量的电脉冲信号分配给步进电动机或伺服电动机，驱动工作台或刀具移动一定距离。机床的加工精度由电动机和传动机构的精度来保证，定位精度一般达到±0.02mm。由于其具有结构简单、成本较低、调试和维修方便等优点，因此被广泛应用于经济型、中小型数控机床。

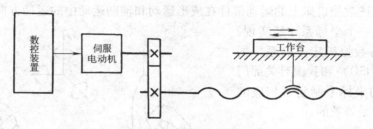

图 1-11　开环控制系统框图

2. 闭环控制数控机床

这类机床的工作台带有位置检测装置，如图 1-12 所示。检测装置能将工作台实际位移量转变成脉冲信号，输入比较器，与数控装置发来的指令位移信号进行比较，用两者的差值控制工作台向使误差减小的方向移动。直到差值为零时，进给轴停止运动。常用的位置检测装置有光栅、感应同步器、磁尺等。这种闭环控制的数控机床加工精度高，但设备造价高，调试和维修较麻烦。

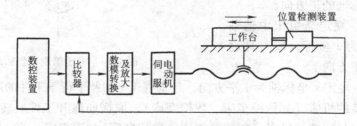

图 1-12　闭环控制系统框图

3. 半闭环控制数控机床

半闭环控制数控机床是在开环控制数控机床的丝杠上或进给电动机的轴上装有角位移检测装置，如圆光栅、光电编码器以及旋转变压器等，如图 1-13 所示。检测装置不是直接测量工作台位移量，而是通过检测丝杠或进给电动机转角间接地测量工作台位移量，然后反馈给比较器。由于丝杠螺母的传动误差无法测量，所以系统不能补偿传动机构的误差，因此，精度较闭环控制的数控机床差。但由于角位移检测简单，而惯性大的移动件不包括在闭环中，所以系统有很好的稳定性，调试方便，被广泛用于中等以上精度的数控机床中。

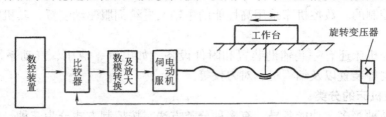

图 1-13　半闭环控制系统框图

此外，按机床加工的运动轨迹分为：点位控制数控机床（如数控钻床、数控镗床）、直线控制数控机床（如简易数控车床、简易数控铣床）及轮廓控制数控机床（如数控车床、数控铣床、加工中心）。按工艺用途分为：一般数控机床（如数控车、铣、钻和镗床等）及自动换刀数控机床（如车削加工中心、钻削加工中心和镗削加工中心等）。

（三）数控机床的坐标系

为准确地描述数控机床上的运动部件在成形运动和辅助运动中的运动方向和运动距离的大小，需要建立一个坐标系才能实现，这个坐标系称为数控机床坐标系。国际标准化组织（ISO）和我国有关部门都对数控机床的坐标系制定了相应的标准，并且两者是等效的。

1. 机床坐标系的规定

标准规定采用右手笛卡儿直角坐标系。基本坐标轴为 x、y、z，相应每个坐标轴的旋转坐标分别为 A、B、C，如图 1-14 所示。

2. 坐标轴及运动方向的规定

标准规定以增大工件与刀具之间距离的方向为坐标轴的正方向。

（1）z 坐标　规定与机床主轴轴线平行的坐标轴为 z 坐标，取刀具远离工件的方向为正方向。

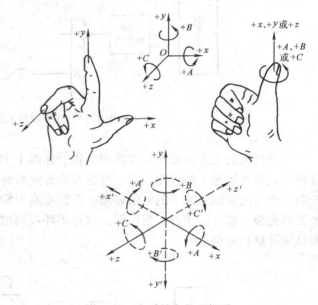

图 1-14　右手笛卡儿坐标系

（2）x 坐标　规定 x 坐标轴为水平方向，且垂直于 z 轴并平行于工件的装夹面。

对于工件旋转的机床（如数控车床、数控磨床），取横向离开工件旋转中心的方向为 x 轴正方向。对于刀具旋转的机床（如数控铣床、数控镗床），则规定：当 z 轴为水平时，从刀具主轴后端向工件方向看，向右方向为 x 轴正方向；当 z 轴为垂直时，对于单立柱机床，面对主轴向立柱方向看，向右方向为 x 轴正方向。

（3）y 坐标　当 x 轴、z 轴确定之后，用笛卡儿直角坐标右手定则法确定 y 坐标轴及其正方向。

（4）A、B、C 坐标　A、B、C 坐标分别为绕 x、y、z 坐标的旋转坐标，按右手螺旋定则来确定 A、B、C 坐标的正方向。

（5）附加坐标 如果有第二或第三组坐标平行于 x、y、z，则分别指定用 U、V、W 和 P、Q、R 表示。若除了 A、B、C 第一旋转坐标系以外，还有其他的旋转坐标，则用 D、E、F 等表示。

（6）对于工件运动时的相反方向 当工件是移动的，而刀具固定时，坐标轴用带"′"的字母表示，如 $+x'$，表示工件相对于刀具的正向移动。而不带"′"的字母，如 $+x$，则表示刀具相对于工件的正向移动。二者表示的运动方向正好相反。

图 1-15 ~ 图 1-18 绘出了几种典型机床的标准坐标系简图。图中字母表示运动的坐标，箭头表示正方向。

（四）数控机床的特点和应用

（1）自动化程度高 在数控机床上加工零件时，除了手工装卸工件外，全部加工过程都由机床自动完成。在柔性制造系统上，上下料、检测、诊断、对刀、传输、调度、管理等也都由机床自动完成，这样减轻了操作者的劳动强度，改善了劳动条件。

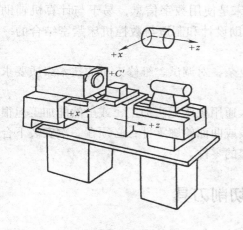

图 1-15 卧式车床坐标系

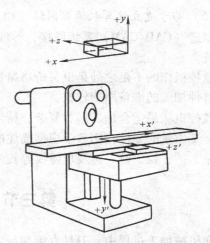

图 1-16 卧式升降台铣床坐标系

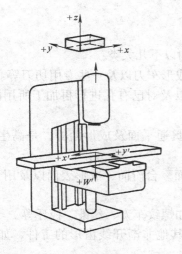

图 1-17 立式升降台铣床坐标系

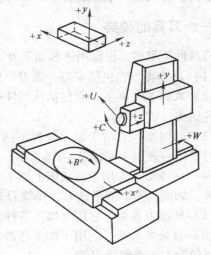

图 1-18 卧式镗铣床坐标系

（2）加工精度高，加工质量稳定　数控加工的尺寸通常在 $0.005 \sim 0.1mm$ 之间，某些加工最高的尺寸精度可达 $\pm 0.0015mm$，不受零件形状复杂程度的影响，加工中消除了操作者的人为误差，提高了同批零件尺寸的一致性，使产品质量保持稳定。

（3）对加工对象的适应性强　数控机床上实现自动加工的控制信息是加工程序。当加工对象改变时，除了相应更换刀具和解决工件装夹方式外，只要重新编写并输入该零件的加工程序，便可自动加工出新的零件，不必对机床作任何复杂的调整，这样缩短了生产准备周期，给新产品的研制开发以及产品的改进、改型提供了捷径。

（4）生产率高　数控机床的加工效率高，一方面是自动化程度高，在一次装夹中能完成较多表面的加工，省去了划线、多次装夹、检测等工序；另一方面是数控机床的运动速度高，空行程时间短。数控车床的主轴转速已达到 $5000 \sim 7000r/min$，数控高速磨削的砂轮线速度达到 $100 \sim 200m/s$，加工中心的主轴转速已达到 $70000r/min$，各轴的进给速度达到 $20 \sim 30m/min$。

（5）易于建立计算机通信网络　由于数控机床是使用数字信息，易于与计算机辅助设计和制造（CAD/CAM）系统联接，形成计算机辅助设计和制造与数控机床紧密结合的一体化系统。

数控机床的不足之处是设备价格昂贵，维修复杂，对调试、维修人员的技术素质要求较高，首件加工的准备周期较长。

数控机床最适合加工形状复杂、精度要求高，通用机床无法加工，或虽然能加工但很难保证加工质量的零件；用数学模型描述的复杂曲线或曲面轮廓零件；必须在一次安装下合并完成钻、扩、铰、铣、镗及攻螺纹等较多加工内容的零件。

第三节　金属切削刀具

在机械加工过程中，刀具直接参与切削过程，从工件上切除多余金属层。根据工件和机床的不同，刀具也有不同的类型、结构、材料和几何参数。

一、刀具的种类

刀具种类很多，根据用途和加工方法不同，可分为以下几大类：

（1）切刀类　它包括车刀、刨刀、插刀、镗刀、成形车刀以及一些专用切刀等。

（2）孔加工刀具类　它包括从实体材料上加工孔以及对已有孔进行再加工所用的刀具。如各种钻头、铰刀等。

（3）拉刀类　它用于加工各种不同形状的通孔，贯通平面及成形面等，是高生产率的多齿刀具，一般用于大批量生产。

（4）铣刀类　它用于在铣床上加工各种平面、侧面、台阶面、成形表面以及用于切断、切槽等，如面铣刀、成形铣刀、键铣刀等。

（5）螺纹刀具类　它用于加工各种内、外螺纹，如螺纹车刀、丝锥、板牙等。

（6）齿轮刀具类　它用于加工各种渐开线齿形和其他非渐开线齿形的工件，如齿轮滚刀、蜗轮滚刀、花键滚刀等。

（7）磨具类　它包括砂轮、砂带、油石、抛光轮等用于表面精加工的刀具。

各类刀具的结构将在第三至第八章中结合加工方法作详细介绍。

二、刀具的几何参数

（一）刀具切削部分组成要素

刀具种类繁多，结构各异，但其切削部分的基本构成是一样的。为方便起见，以普通外圆车刀为例，分析和定义刀具切削部分的几何参数。

普通外圆车刀的构造如图 1-19 所示。其组成包括刀柄部分和切削部分。刀柄是车刀在车床上定位和夹持的部分。切削部分的组成要素如下：

（1）前刀面（A_γ）　刀具上切屑流过的表面。

（2）后刀面（A_α）　刀具上与过渡表面相对的表面。

（3）副后刀面（A_α'）　刀具上与已加工表面相对的表面。

（4）主切削刃（S）　前刀面与后刀面相交而得到的刃边（或棱边），用于切出工件上的过渡表面，完成主要的金属切除工作。

（5）副切削刃（S'）　前刀面与副后刀面相交而得到的刃边，它配合主切削刃完成金属切除工作，负责最终形成工件的已加工表面。

（6）刀尖　主切削刃与副切削刃的连接处的一小部分切削刃。它分为修圆刀尖和倒角刀尖两类（图 1-20）。

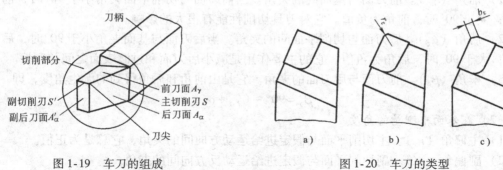

图 1-19　车刀的组成

图 1-20　车刀的类型

a）切削刃的实际交点　b）修圆刀尖　c）倒角刀尖

（二）刀具切削部分的几何角度

刀具几何参数的确定需要以一定的参考坐标系和参考坐标平面为基准。刀具静止参考系是用于定义刀具设计、制造、刃磨和测量时刀具几何参数的参考系。在刀具静止参考系中定义的角度称为刀具标注角度。下面主要介绍刀具静止参考系中常用的正交平面参考系。

1. 正交平面参考系

正交平面参考系如图 1-21 所示，它由下列几个参考坐标平面组成：

（1）基面（p_r）　通过切削刃选定点，垂直于主运动方向的平面。通常它平行或垂直于刀具在制造、刃磨及测量时适合于安装或定位的一个平面或轴线。对车刀、刨刀而言，就是过切削刃选定点和刀柄安装平面平行的平面。对钻头、铣刀等旋转刀具来说，即是过切削刃选定点并通过刀具轴线的平面。

（2）切削平面（p_s）　通过切削刃选定点与切削刃相切并垂直于基面的平面。当切削刃为直线刃时，过切削刃的选定点的切削平面，即是包含切削刃并垂直于基面的平面。

（3）正交平面（p_o）　正交平面是指通过切削刃选定点并同时垂直于基面和切削平面的平面，也可以看成是通过切削刃选定点并垂直于切削刃在基面上投影的平面。

2. 刀具的标注角度

刀具的标注角度如图1-22所示，它们分别在不同的参考坐标平面中测量。

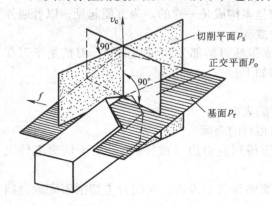

图1-21　正交平面参考系　　　　　　图1-22　正交平面参考系内的刀具标注角度

（1）在正交平面中测量的角度

1）前角（γ_o）。前刀面与基面间的夹角。当前刀面与切削平面夹角小于90°时，前角为正值；大于90°时，前角为负值。它对刀具切削性能有很大的影响。

2）后角（α_o）。后刀面与切削平面间的夹角。当后刀面与基面夹角小于90°时，后角为正值；大于90°时，后角为负值。它的主要作用是减小后刀面和过渡表面之间的摩擦。

3）楔角（β_o）。前刀面与后刀面的夹角。它是由前角和后角得到的派生角度，即

$$\beta_o = 90° - (\gamma_o + \alpha_o) \tag{1-1}$$

（2）在基面中测量的角度

1）主偏角（κ_r）。主切削平面与假定进给运动方向间的夹角，它总是为正值。

2）副偏角（κ_r'）。副切削平面与假定进给运动反方向间的夹角。

3）刀尖角（ε_r）。刀尖角是主切削平面与副切削平面间的夹角。它是由主偏角和副偏角得到的派生角度，即

$$\varepsilon_r = 180° - (\kappa_r + \kappa_r') \tag{1-2}$$

（3）在切削平面中测量的角度　刀倾角（λ_s），即主切削刃与基面间的夹角。当刀尖相对于车刀刀柄安装面处于最高点时，刀倾角为正值；当刀尖处于最低点时，刀倾角为负值；当切削刃平行于刀柄安装面时，刀倾角为0°，这时，切削刃在基面内。

（4）在副正交平面中测量的角度　参照主切削刃的研究方法，在副切削刃上同样可定义一副正交平面（p_o'）和副切削平面（p_s'）。在副正交平面中测量的角度有副后角（α_o'），它是副后刀面与副切削平面间的夹角。当副后刀面与基面夹角小于90°时，副后角为正值，大于90°时，副后角为负值。它决定了副后刀面的位置。

3. 刀具的工作角度

以上讨论的刀具角度是在刀具静止参考系中定义的角度，即在不考虑刀具的具体安装情况和进给运动影响的条件下而定义的刀具标注角度。实际上，在切削加工中，由于进给运动的影响或刀具相对于工件安装位置发生变化时，常使刀具实际的切削角度发生变化。这种在

实际切削过程中起作用的刀具角度，称为工作角度。

（1）进给运动对工作角度的影响

1）横向进给运动对工作角度的影响。如图1-23所示，在车床上切断和切槽时，刀具沿横向进给，合成运动方向与主运动方向的夹角为μ，这时工作基面p_{re}和工作切削平面p_{se}分别相对于基面p_r和切削平面p_s转过μ角。刀具的工作前角γ_{oe}和工作后角α_{oe}分别为

$$\gamma_{oe} = \gamma_o + \mu \qquad \alpha_{oe} = \alpha_o - \mu \tag{1-3}$$

$$\tan\mu = \frac{v_f}{v_c} = \frac{f}{\pi d}$$

式中 f——工件每转一转刀具的横向进给量，单位为 mm/r；

d——刀具上选定点的瞬时位置相对于工件中心的直径，单位为 mm。

显然，刀具的工作前角增大，工作后角减小。因而在横向车削时，应适当增大α_o，以补偿进给运动的影响。

2）纵向进给运动对工作角度的影响。如纵向车削螺纹时（图1-24），合成运动方向与主运动方向之间的夹角为μ_f，这时工作基面p_{re}和工作切削平面p_{se}分别相对于基面p_r和切削平面p_s转过μ_f角。工作前角γ_{fe}和工作后角α_{fe}的变化为

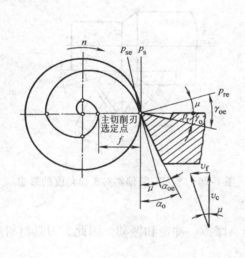

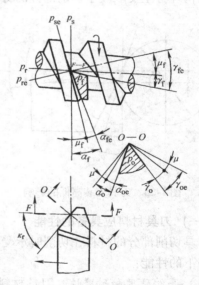

图1-23 横向进给运动对工作角度的影响　　图1-24 纵向进给运动对工作角度的影响

$$\gamma_{fe} = \gamma_f + \mu_f \qquad \alpha_{fe} = \alpha_f - \mu_f \tag{1-4}$$

$$\tan\mu_f = \frac{f}{\pi d_w}$$

式中 γ_f、α_f——在$F-F$剖面内测量的前角和后角（图1-24）；

d_w——工件在选定点的直径，单位为 mm。

显然，f越大，d_w越小，刀具的工作前角就越大，而工作后角就越小。因此，应根据螺纹导程和旋向分别选择车刀两侧的后角，以补偿工作进给时后角的变化。

（2）**刀具安装位置对工作角度的影响**

1）刀具安装高低的影响。以车刀车外圆为例（图1-25），若不考虑进给运动，并假设 $\lambda_s = 0$，则当切削刃高于工件中心时，工作基面和工作切削平面将转过 θ 角，从而使工作前角和工作后角变化为

$$\gamma_{oe} = \gamma_o + \theta \qquad \alpha_{oe} = \alpha_o - \theta \tag{1-5}$$

$$\tan\theta \approx \frac{2h}{d_w}$$

式中　h——切削刃高于工件中心的数值。

当切削刃低于工件中心时，上述角度的变化与切削刃高于工件中心相反；镗孔时，工作角度的变化与车外圆相反。

2）刀杆轴线与进给方向不垂直的影响。如图1-26所示，刀杆轴线与进给方向不垂直，转过角度 θ，引起工作主、副偏角的变化为

$$\kappa_{re} = \kappa_r + \theta \qquad \kappa'_{re} = \kappa'_r - \theta \tag{1-6}$$

三、刀具材料

刀具材料是指刀具切削部分的材料。刀具切削性能的优劣，除了切削部分的几何参数和刀具结构外，主要取决于切削部分的材料。

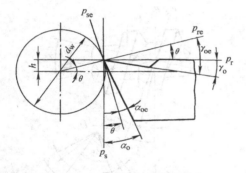

图1-25　刀具安装高低的影响

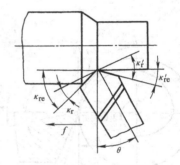

图1-26　车刀安装偏斜对工作角度的影响

（一）刀具材料应具备的性能

刀具切削部分的材料在切削时承受高温、高压、摩擦、冲击和振动。因此，刀具材料应具备如下的性能：

（1）**高的硬度和耐磨性**　刀具材料的硬度必须高于被加工材料的硬度，常温时的硬度应在60HRC以上。刀具材料的耐磨性是指抵抗磨损的能力。一般刀具材料硬度越高，耐磨性也越好。此外，刀具材料组织中碳化物越多、颗粒越细、分布越均匀，其耐磨性也越高。

（2）**足够的强度和韧性**　刀具切削时要承受切削力、冲击和振动，为了防止其折断和崩刃，刀具材料应有足够的抗弯强度和冲击韧性。

（3）**良好的耐热性和导热性**　耐热性是指刀具材料在高温下保持硬度、耐磨性、强度和韧性的能力。耐热性越好，刀具材料在高温时抗塑性变形和抗磨损的能力越强。刀具材料的导热性越好，传热越快，切削区的温度越低，从而刀具磨损就越慢。

（4）**良好的工艺性和经济性**　刀具材料应具有良好的切削性能、锻造性能、热处理性

能、焊接性能和磨削性能等。并应追求高的性能价格比。

（二）常用刀具材料

常用刀具材料种类有：碳素工具钢、合金工具钢、高速工具钢、硬质合金和超硬材料等。其中在生产中使用最多的是高速工具钢和硬质合金。

1. 高速工具钢

高速工具钢是含有较多的钨、铬、钼、钒等合金元素的高合金工具钢。它强度高、冲击韧性好、耐磨性和耐热性较高，当温度高达 600 ~ 700℃ 时仍能进行切削；其热处理变形小、能锻易磨，是一种综合性能好、应用最广泛的刀具材料。高速工具钢特别适合制造各种复杂刀具，如铣刀、钻头、滚刀和拉刀等。高速工具钢按用途不同分为通用型高速工具钢和高性能高速工具钢。

（1）通用型高速工具钢 通用型高速工具钢具有一定的硬度（63 ~ 66HRC）和耐磨性、高的强度和韧性，切削速度（加工钢料）一般不高于 50 ~ 60m/min，不适合高速切削和硬的材料切削。常用牌号有 W18Cr4V 和 W6Mo5Cr4V2。其中，W18Cr4V 具有较好的综合性能，W6Mo5Cr4V2 的强度和韧性高于 W18Cr4V，并具有热塑性好和磨削性能好的优点。但热稳定性低于 W18Cr4V。

（2）高性能高速工具钢 高性能高速工具钢是在通用型高速工具钢的基础上，通过增加碳、钒的含量或添加钴、铝等合金元素而得到的耐热性、耐磨性更高的新钢种。它在 630 ~ 650℃ 时仍可保持 60HRC 的硬度，其刀具寿命是通用型高速工具钢的 1.5 ~ 3 倍。适于加工奥氏体不锈钢、高温合金、钛合金、超高强度钢等难加工材料。但这类钢种的综合性能不如通用型高速工具钢，不同的牌号只有在各自规定的切削条件下，才能达到良好的加工效果。因此其使用范围受到限制。

常用几种高速工具钢的牌号、主要性能见表 1-3。

表 1-3 常用高速工具钢的牌号与性能

类 别		牌 号	硬度（HRC）	抗弯强度/GPa	冲击韧度/MJ·m⁻²	高温硬度 600℃（HRC）	磨 削 性 能
通用型高速工具钢		W18Cr4V	62 ~ 66	≈3.34	0.294	48.5	好，普通刚玉砂轮能磨
		W6Mo5Cr4V2	62 ~ 66	≈4.6	≈0.5	47 ~ 48	较 W18Cr4V 差些，普通刚玉砂轮能磨
		W6Mo5Cr4V3Co8	64 ~ 66	≈4	≈0.25	48.5	好，与 W18Cr4V 相近
高性能高速工具钢	高碳	W3Mo3Cr4V2	67 ~ 68	≈3	≈0.2	51	好，普通刚玉砂轮能磨
	高钒	W4Mo3Cr4VSi	63 ~ 66	≈3.2	0.25	51	差
	超硬	W2Mo9Cr4V2	68 ~ 69	≈3.43	≈3	55	较 W18Cr4V 差一些
		W6Mo6Cr4V2	68 ~ 69	≈3	≈0.25	54	较差
		CW6Mo5Cr4V2	66 ~ 68	≈3.6	≈0.27	51	差
		W12Cr4V3Mo3Co5Si	69 ~ 70	≈2.5	≈0.11	54	差
		W2Mo9Cr4VCo8（M42）	66 ~ 70	≈2.75	≈0.25	55	好，普通刚玉砂轮能磨

2. 硬质合金

硬质合金是由硬度和熔点都很高的碳化物（WC、TiC、TaC、NbC 等），用 Co、Mo、Ni

作粘结剂制成的粉末冶金制品。其常温硬度可达 78~82HRC，能耐 800~1000℃高温，允许的切削速度是高速工具钢的 4~10 倍。但其冲击韧性与抗弯强度远比高速工具钢低，因此很少做成整体式刀具。在实际使用中，一般将硬质合金刀块用焊接或机械夹固的方式固定在刀体上。常用的硬质合金有三大类：

（1）钨钴类硬质合金（YG）　钨钴类硬质合金由碳化钨和钴组成。这类硬质合金韧性较好，但硬度和耐磨性较差，使用于加工脆性材料（铸铁等）。钨钴类硬质合金中含 Co 越多，则韧性越好。常用的牌号有：YG8、YG6、YG3，其中的数字表示钴的含量。由它们制造的刀具依次适用于粗加工、半精加工和精加工。

（2）钨钛钴类硬质合金（YT）　钨钛钴类硬质合金由碳化钨、碳化钛和钴组成。这类硬质合金耐热性和耐磨性较好，但抗冲击韧性较差，适用于切屑呈带状的钢料等塑性材料。常用的牌号有 YT5、YT15、YT30 等，其中的数字表示碳化钛的含量。碳化钛的含量越高，则耐磨性越好、韧性越低。这三种牌号的钨钛钴类硬质合金制造的刀具分别适用于粗加工、半精加工和精加工。

（3）钨钛钽（铌）类硬质合金（YW）　钨钛钽（铌）类硬质合金由在钨钛钴类硬质合金中加入少量的碳化钽（TaC）或碳化铌（NbC）组成。它具有上述两类硬质合金的优点，用其制造的刀具既能加工钢、铸铁、有色金属，也能加工高温合金、耐热合金及合金铸铁等难加工材料。常用牌号有 YW1 和 YW2。

YG 类、YT 类及 YW 类硬质合金分别相当于 ISO 标准的 K 类、P 类及 M 类。常用硬质合金的牌号、性能及用途见表 1-4。

表 1-4　常用硬质合金的牌号、性能和使用范围

类型	牌号	物理力学性能			使用性能			使 用 范 围	
		硬　度		抗弯强度 /GPa	耐磨	耐冲击	耐热	材　料	加 工 性 质
		HRA	HRC						
钨钴类	YG3	91	78	1.08	↑	↓	↑	铸铁，有色金属	连续切削精、半精加工
	YG6X	91	78	1.37				铸铁，耐热合金	精加工、半精加工
	YG6	89.5	75	1.42				铸铁，有色金属	连续切削粗加工，间断切削半精加工
	YG8	89	74	1.47	↓			铸铁，有色金属	间断切削粗加工
钨钴钛类	YT5	89.5	75	1.37	↑	↓	↑	钢	粗加工
	YT14	90.5	77	1.25				钢	间断切削半精加工
	YT15	91	78	1.13				钢	连续切削粗加工，间断切削半精加工
	YT30	92.5	81	0.88	↓			钢	连续切削精加工

（续）

类型	牌号	物理力学性能			使用性能			使 用 范 围	
		硬　度		抗弯强度 /GPa	耐磨	耐冲击	耐热	材料	加工性质
		HRA	HRC						
添加稀有金属碳化物类	YA6	92	80	1.37	较好			冷硬铸铁，有色金属，合金钢	半精加工
	YW1	92	80	1.28		较好	较好	难加工钢料	精加工，半精加工
	YW2	91	78	1.47		好		难加工钢料	半精加工，粗加工
镍钼钛类	YN10	92.5	81	1.08	好		好	钢	连续切削精加工

3. 其他刀具材料

（1）**涂层刀具材料**　这种材料是在韧性较好的硬质合金基体上或高速工具钢基体上，采用化学气相沉积（CVD）法或物理气相沉积（PVD）法涂覆一薄层硬质和耐磨性极高的难熔金属化合物而得到的刀具材料。通过这种方法，使刀具既具有基体材料的强度和韧性，又具有很高的耐磨性。常用的涂层材料有 TiC、TiN、Al_2O_3 等。TiC 的硬度和耐磨性好；TiN 的抗氧化、抗粘结性好；Al_2O_3 耐热性好。使用时可根据不同的需要选择涂层材料。

（2）**陶瓷**　陶瓷的主要成分是 Al_2O_3，刀片硬度可达 78HRC 以上，能耐 1200～1450℃ 的高温，故能承受较高的切削速度。但抗弯强度低，怕冲击，易崩刃。主要用于钢、铸铁、高硬度材料及高精度零件的精加工。

（3）**金刚石**　金刚石分人造和天然两种。做切削刀具材料者，大多是人造金刚石，其硬度极高，可达 10000HV（硬质合金仅为 1300～1800HV），其耐磨性是硬质合金的 80～120 倍。但韧性差，对铁族材料亲和力大。因此一般不适宜加工黑色金属，主要用于有色金属以及非金属材料的高速精加工。

（4）**立方氮化硼（CNB）**　这是人工合成的一种高硬度材料，其硬度可达 7300～9000HV，可耐 1300～1500℃ 的高温，与铁族元素亲和力小。但其强度低，焊接性差。目前主要用于加工淬硬钢、冷硬铸铁、高温合金和一些难加工材料。

第四节　机 床 夹 具

在机床上加工零件时，为保证加工精度，必须先使工件在机床上占据一个正确的位置，即定位，然后将其夹紧。这种定位与夹紧的过程称为工件的装夹。用于装夹工件的工艺装备就是机床夹具。

一、机床夹具的分类

按专门化程度分：

（1）**通用夹具**　通用夹具是指已经标准化、无需调整或稍加调整就可用于装夹不同工件的夹具，如自定心卡盘和单动卡盘、平口钳、回转工作台、分度头等。这类夹具主要用于单件、小批量生产。

（2）**专用夹具**　专用夹具是专为某一工件的一定工序加工而设计制造的夹具。专用夹具的结构紧凑，操作方便，主要用于产品固定的大批量生产中。

（3）可调夹具　可调夹具是指加工完一种工件后，通过调整或更换个别元件就可加工形状相似、尺寸相近的工件，多用于中小批量生产。

（4）组合夹具　组合夹具是指按一定的工艺要求，由一套预先制造好的通用标准元件和部件组合而成的夹具。这种夹具使用完后，可进行拆卸或重新组装夹具，具有缩短生产周期，减少专用夹具的品种和数量的优点。组合夹具适用于新产品的试制及多品种、小批量的生产。

（5）随行夹具　随行夹具是在自动线加工中针对某一工件而采用的一种夹具，除了具有一般夹具所负担的装夹工件的任务外，还担负着沿自动线输送工件的任务。

此外，按使用机床类型分，可分为车床夹具、铣床夹具、钻床夹具、镗床夹具和其他机床夹具；按驱动夹具工作的动力源分，可分为手动夹具、气动夹具、液压夹具和电磁夹具等。

二、机床夹具的组成

虽然机床夹具种类很多，但它们的基本组成是相同的。以下以一个数控铣床夹具为例，说明夹具的组成。

图 1-27 所示为在数控铣床上铣连杆槽夹具。该夹具靠工作台 T 形槽和夹具体上定位键 9 确定其在数控铣床上的位置，用 T 形螺钉紧固。

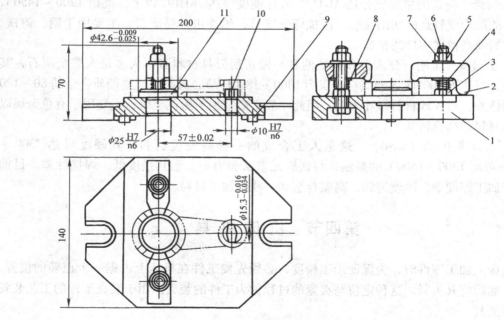

图 1-27　铣连杆槽夹具结构

1—夹具体　2—压板　3、7—螺母　4、5—垫圈　6—螺栓　8—弹簧
9—定位键　10—菱形销　11—圆柱销

加工时，工件在夹具中的正确位置靠夹具体 1 的上平面、圆柱销 11 和菱形销 10 保证。夹紧时，转动螺母 7，压下压板 2，压板一端压着夹具体，另一端压紧工件，保证工件的正确位置不变。

从上例可知，机床夹具由以下几部分组成：

（1）定位装置　定位装置是由定位元件及其组合构成。它用于确定工件在夹具中的正确位置，如图 1-27 中的圆柱销 11、菱形销 10 等都是定位元件。

（2）夹紧装置　夹紧装置用于保证工件在夹具中的既定位置，使其在外力作用下不致产生移动。它包括夹紧元件、传动装置及动力装置等，如图 1-27 中的压板 2、螺母 3 和 7、垫圈 4 和 5、螺栓 6 及弹簧 8 等元件组成的装置就是夹紧装置。

（3）夹具体　夹具体用于连接夹具各元件及装置，使其成为一个整体的基础件，以保证夹具的精度和刚度。

（4）其他元件及装置　如定位键、操作件以及标准化连接元件等。

在通用机床用夹具上有时还设有对刀装置和分度装置等。

三、工件的定位

（一）定位原理

1. 六点定位原理

工件在空间具有六个自由度，即沿 x、y、z 三个坐标方向的移动自由度 $\vec{x}$、$\vec{y}$、$\vec{z}$ 和绕 x、y、z 三个坐标轴的转动自由度 $\hat{x}$、$\hat{y}$、$\hat{z}$（图 1-28），因此，要完全确定工件的位置，就需要按一定的要求布置六个支承点（即定位元件）来限制工件的六个自由度，其中每个支承点限制相应的一个自由度。这就是工件定位的"六点定位原理"。

如图 1-29 所示的长方形工件，底面 A 放置在不在同一直线上的三个支承上，限制了工件的 $\vec{z}$、$\hat{x}$、$\hat{y}$ 三个自由度；工件侧面 B 紧靠在沿长度方向布置的两个支承点上，限制了 $\vec{x}$、$\hat{z}$ 两个自由度；端面 C 紧靠在一个支承点上，限制了 $\vec{y}$ 自由度。

图 1-30 所示为盘类工件的六点定位。平面放在三个支承点上，限制了 $\vec{z}$、$\hat{y}$、$\hat{x}$ 三个自由度；圆柱面靠在侧面的两个支承点上，限制了 $\vec{x}$、$\vec{y}$ 两个自由度；在槽的侧面放置一个支承点，限制了 $\hat{z}$ 自由度。

由图 1-29 和图 1-30 可知，工件形状不同，定位表面不同，定位点的布置情况会各不相同。

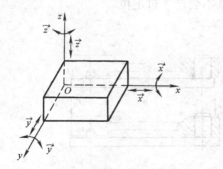

图 1-28　工件在空间的自由度

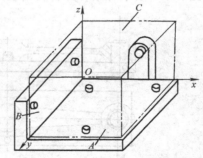

图 1-29　长方形工件的六点定位

2. 限制工件自由度与加工要求的关系

根据工件加工表面的不同要求，有些自由度对加工要求有影响，有些自由度对加工要求无影响。例如，铣削如图 1-31 所示零件上的通槽，$\hat{x}$、$\hat{y}$、$\vec{z}$ 三个自由度影响槽底面与 A 面的平行度及尺寸 $60_{-0.2}^{\ 0}$mm 两项加工要求，$\hat{x}$、$\vec{z}$ 两个自由度影响槽侧面与 B 面的平行度及尺寸（30 ± 0.1）mm 两项加工要求，$\vec{y}$ 自由度不影响通槽加工。$\vec{x}$、$\vec{z}$、$\hat{x}$、$\hat{y}$、$\hat{z}$ 五个自由度对加工要求有影响，应该限制。$\hat{y}$ 自由度对加工要求无影响，可以不限制。工件定位时，影响加工要求的自由度必须限制，不影响加工要求的自由度不必限制。

3. 完全定位与不完全定位

工件的六个自由度都被限制的定位称为完全定位（如图 1-29、图 1-30 所示）。工件被限制的自由度少于六个，但不影响加工要求的定位称为不完全定位（如图 1-31 所示）。完全定位与不完全定位是实际加工中最常用的定位方式。

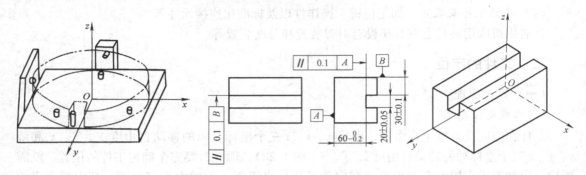

图 1-30　盘类工件的六点定位　　　　图 1-31　限制自由度与加工要求的关系

4. 过定位与欠定位

按照加工要求应该限制的自由度没有被限制的定位称为欠定位。欠定位是不允许的。因为欠定位保证不了加工要求。如图 1-31 中，如果 $\vec{z}$ 没有限制，$60_{-0.2}^{\ 0}$ mm 就无法保证；$\hat{x}$ 或 $\hat{y}$ 没有限制，槽底与 A 面的平行度就不能保证。

工件的一个或几个自由度被不同的定位元件重复限制的定位称为过定位。如图 1-32a 所示的连杆定位方案，长销限制了 $\vec{x}$、$\vec{y}$、$\hat{x}$、$\hat{y}$ 四个自由度，支承板限制了 $\hat{x}$、$\hat{y}$、$\vec{z}$ 三个自由度，其中 $\hat{x}$、$\hat{y}$ 被两个定位元件重复限制，这就产生过定位。当工件小头孔与端面有较大垂直度误差时，夹紧力 F_J 将使连杆变形，或使长销弯曲（图 1-32b、c），造成连杆加工误差。若采用图 1-32d 所示方案，即将长销改为短销，就不会产生过定位。

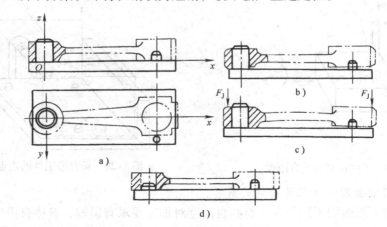

图 1-32　连杆定位方案

当过定位导致工件或定位元件变形，影响加工精度时，应严禁采用，但当过定位不影响工件的正确定位，对提高加工精度有利时，也可以采用。过定位是否采用，要具体情况具体分析。

（二）定位元件

工件的定位是通过工件上的定位基准与夹具上的定位元件的配合或接触实现的。工件上的定位基准是工件上用于确定工件正确位置的基准。它有点、线和面。当点、线和面在工件上实际不存在（如孔和轴的轴线、两平面之间的对称中心面等）时，定位是通过有关具体表面体现的，这些表面称为定位基面。工件以回转表面（如孔、外圆）定位时，回转表面的轴线是定位基准（回转表面是定位基面）；工件以平面定位时，平面是定位基准（与定位基面一致）。由于定位基准形状不同，因此所用定位元件种类也不同。下面介绍几种常用的定位元件。

1．工件以平面定位的定位元件

（1）**主要支承**　主要支承用于限制工件的自由度，起定位作用。

1）固定支承。固定支承有支承钉和支承板两种形式，如图 1-33 所示。在使用过程中，它们都是固定不动的。

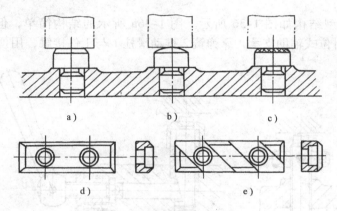

图 1-33　支承钉和支承板

当工件以已加工平面定位时，可采用平头支承钉（图 1-33a）或支承板（图 1-33d、e）；而球头支承钉（图 1-33b）主要用于毛坯面定位，齿纹头支承钉（图 1-33c）主要用于工件侧面定位，它们能增大摩擦因数，防止工件滑动。图 1-33d 所示支承板的结构简单，制造方便，但孔边切屑不易清除干净，故适用于工件侧面和顶面定位。图 1-33e 所示支承板便于清除切屑，适用于工件底面定位。

2）可调支承。可调支承用在工件定位过程中支承钉的高度需要调整的场合，如图 1-34 所示。调节时，松开锁紧螺母 2，将调整钉 1 调到所需高度，再拧紧锁紧螺母。可调支承大多用于工件毛坯尺寸、形状变化较大，以及粗加工定位。

3）自位支承（浮动支承）。自位支承是在工件定位过程中能自动调整位置的支承。

图 1-35a 所示为三点式自位支承，图 1-35b 所示为两点式自位支承。这类支承的特点是：支承点的位置能随着工件定位面的位置不同而自动调节，直至各点都与工件接触为止。其作用仍相当于一个定位支承点，只限制工件一个自由度。自位支承可提高工件的刚性和稳定性，适用于工件以毛坯面定位或刚性不足的场合。

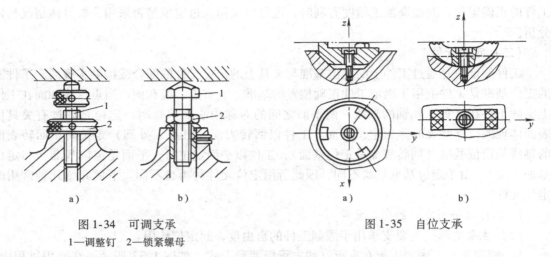

图 1-34　可调支承
1—调整钉　2—锁紧螺母

图 1-35　自位支承

（2）辅助支承　辅助支承用于提高工件的装夹刚性和稳定性，不起定位作用，也不破坏原有的定位。

辅助支承的典型结构如图 1-36 所示。图 1-36a 所示的结构简单，但使用效率低。图 1-36b 所示的弹簧自位式辅助支承，靠弹簧 2 推动滑柱 1 与工件接触，用顶柱 3 锁紧。

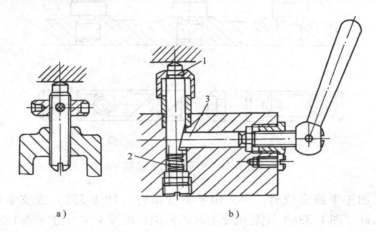

图 1-36　辅助支承
1—滑柱　2—弹簧　3—顶柱

2. 工件以外圆柱面定位的定位元件

工件以外圆柱面定位有支承定位和定心定位两种。

（1）支承定位　支承定位最常见的是 V 形块定位。图 1-37 所示为常见的 V 形块结构。图 1-37a 用于较短工件精基准（已加工表面）定位；图 1-37b 用于较长工件粗基准（未加工表面）定位；图 1-37c 用于两段相距较远精基准的定位。如果定位基准与长度较大，则 V 形块不必做成整体钢件，而采用铸铁底座镶淬火钢垫，如图 1-37d 所示。长 V 形块限制工件的四个自由度，短 V 形块限制工件的两个自由度。V 形块两斜面的夹角有 60°、90° 和 120° 三种，其中以 90° 为最常用。

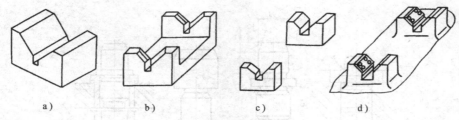

图 1-37 V 形块

V 形块的结构已经标准化了，其结构如图 1-38 所示。大多数参数都可从机床夹具设计手册中查得，只是定位高度 T 可由下式计算

$$T = H + \frac{1}{2}\left[\frac{d}{\sin\frac{\alpha}{2}} - \frac{N}{\tan\frac{\alpha}{2}}\right] \quad (1\text{-}7)$$

式中　H——V 形块高度；

　　　d——V 形块设计心轴直径；

　　　N——V 形块开口尺寸；

　　　α——V 形块两工作面间的夹角。

（2）定心定位　定心定位能自动地将工件的轴线确定在要求的位置。如常见的自定心卡盘和弹簧夹头等，此外也可用套筒作为定位元件。图 1-39 所示为套筒定位

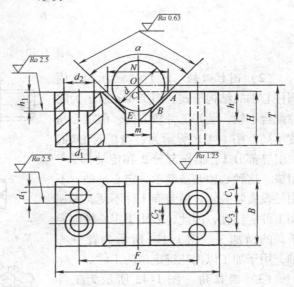

图 1-38 V 形块结构尺寸

的实例，图 1-39a 所示为短套筒孔，相当于两点定位，限制工件的两个自由度；图 1-39b 所示为长套筒孔，相当于四点定位，限制工件的四个自由度。

3. 工件以圆孔定位的定位元件

（1）定位销　图 1-40 所示为常用定位销的结构。当定位销直径 $D = 3 \sim 10mm$ 时（图 1-40a），为避免在使用中折断，或热处理时淬裂，通常把根部倒成圆角 R。夹具体上应设有沉孔，使定位销沉入孔内而不影响定位，如图 1-40a 所示。当定位销直径 $D = 10 \sim 18mm$ 和 $D > 18mm$ 时，分别采用如图 1-40b 和图 1-40c 所示结构形式。大批大量生产时，为了便于定位销的更换，可采用图 1-40d 所示的带衬套的结构形式。为便于工件装入，定位销的头部有 15° 倒角。

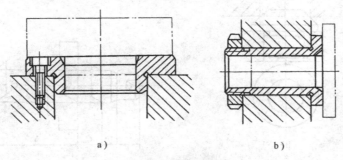

图 1-39 外圆表面的套筒定位

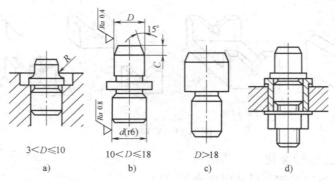

图 1-40　定位销

（2）圆柱心轴　图 1-41 所示为常用圆柱心轴的结构形式。图 1-41a 所示为间隙配合心轴，装卸工件较方便，但定心精度不高。图 1-41b 所示为过盈配合心轴，由引导部分 1、工作部分 2 和传动部分 3 组成。这种心轴制造简单，定心准确，不用另设夹紧装置，但装卸工件不便，易损伤工件定位孔，因此，多用于定心精度要求高的精加工。图 1-41c 所示为花键心轴，用于加工以内花键定位的工件。

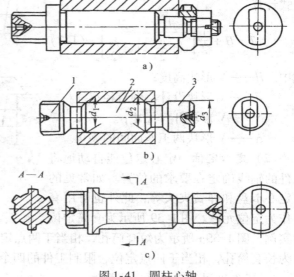

图 1-41　圆柱心轴
1—引导部分　2—工作部分　3—传动部分

（3）圆锥销　图 1-42 所示为工件以圆孔在圆锥销上定位的示意图，它限制了工件的 $\vec{x}$、$\vec{y}$、$\vec{z}$ 三个自由度。图 1-42a 用于粗定位基面，图 1-42b 用于精定位基面。

（4）圆锥心轴（小锥度心轴）　如图 1-43 所示，工件在锥度心轴上定位，并靠工件定位圆孔与心轴限位圆锥面的弹性变形夹紧工件。

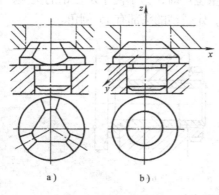

图 1-42　圆锥销定位

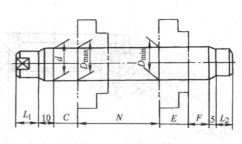

图 1-43　圆锥心轴

这种定位方式的定心精度高，可达 $\phi 0.01 \sim \phi 0.02$mm。但工件的轴向位移误差较大。适用于工件定位孔公差等级不低于 IT7 的精车和磨削加工，不能加工端面。

　　4. 工件以一面两孔定位的定位元件

　　图 1-44 所示为一面两孔定位简图。利用工件上的一个大平面和与该平面垂直的两个圆孔作定位基准进行定位。夹具上如果采用一个平面支承（限制 $\vec{x}$、$\vec{y}$ 和 $\vec{z}$ 三个自由度）和两个圆柱销（各限制 $\vec{x}$ 和 $\vec{y}$ 两个自由度）作定位元件，则在两销连心线方向产生过定位（重复限制自由度）。为了避免过定位，将其中一销做成削边销。削边销不限制 $\vec{z}$ 自由度。关于削边销的尺寸，可参考表 1-5。

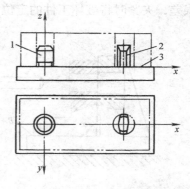

图 1-44　一面两孔定位
1—圆柱销　2—削边销　3—定位平面

　　削边销与孔的最小配合间隙 X_{min} 可用下式求得

$$X_{min} = \frac{b(T_{LD} + T_{Ld})}{D} \qquad (1\text{-}8)$$

式中　　b——削边销的宽度；

　　　　T_{LD}——两定位孔中心距公差；

　　　　T_{Ld}——两定位销中心距公差；

　　　　D——与削边销配合孔的直径。

表 1-5　削边销结构尺寸　　　　　　　　（单位：mm）

D (d)	$3 \sim 6$	$>6 \sim 8$	$>8 \sim 20$	$>20 \sim 25$	$>25 \sim 32$	$>32 \sim 40$	$>40 \sim 50$
b	2	3	4	5	6	7	8
B	$D-0.5$	$D-1$	$D-2$	$D-3$	$D-4$	$D-5$	

注：d 为削边销圆柱部分直径。

四、工件的夹紧

　　工件在切削过程中受切削力、离心力、惯性力和重力等作用，为保证其定位的正确位置不变，须将工件夹紧。这种保证加工精度和安全生产的装置，称为夹紧装置。

　　（一）对夹紧装置的基本要求

　　1）夹紧过程中，不改变工件定位后所占据的正确位置。

　　2）夹紧力大小合适。既要保证工件在加工过程中其位置稳定不变、振动小，又要使工件不产生过大的夹紧变形。

　　3）操作方便、省力、安全。

　　4）夹紧装置的自动化程度及复杂程度应与工件的产量和批量相适应。

（二）夹紧力方向和作用点的选择

1）夹紧力应朝向主要定位面。如图 1-45 所示，被加工孔与左端面有垂直度要求，因此，要求夹紧力 F_J 朝向定位元件 A 面。如果夹紧力改朝 B 面，由于工件左端面与底面的夹角误差，夹紧时将破坏工件的定位，影响孔与左端面的垂直度要求。

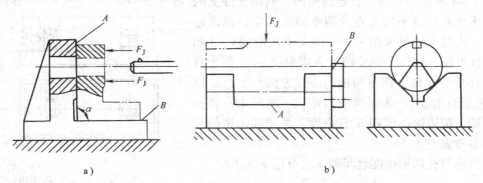

a)　　　　　　　　　　　　　　　　　b)

图 1-45　夹紧力朝向主要定位面

2）夹紧力方向应有利于减小夹紧力。如图 1-46 所示，当夹紧力 F_J 与切削力 F、工件重力 W 同方向时，加工过程所需的夹紧力为最小。

3）夹紧力的作用点应选在工件刚性较好的方向和部位。如图 1-47a 所示，薄壁套的轴向刚性比径向好，用卡爪径向夹紧时工件变形较大，若沿轴向施加夹紧力，变形就会小得多。夹紧如图 1-47b 所示的薄壁箱体时，夹紧力不应作用在箱体的顶面，而应作用于刚性较好的凸边上。箱体没有凸边时，可如图 1-47c 所示夹紧，即将单点夹紧改为三点夹紧，以减小工件的夹紧变形。

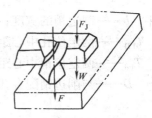

图 1-46　F_J、F、W
三力同向

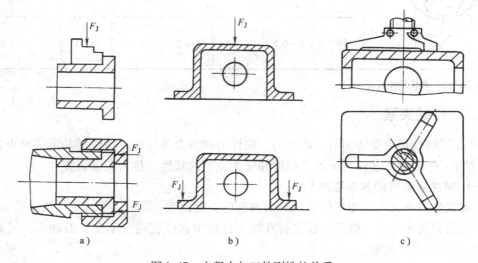

a)　　　　　　　　　　b)　　　　　　　　　　c)

图 1-47　夹紧力与工件刚性的关系

4）夹紧力作用点应尽量靠近工件加工面。如图 1-48 所示在拨叉上铣槽，由于主要夹紧力的作用点距加工面较远，故在靠近加工面的地方设置了辅助支承增加了夹紧力 F_J。这样提高了工件的装夹刚性，减少了加工过程中的振动。

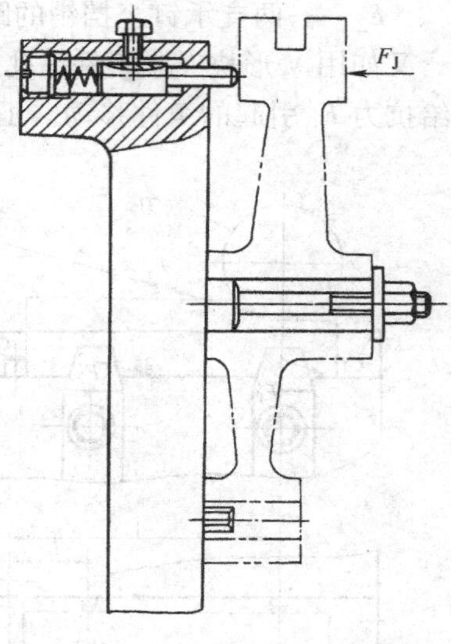

5）夹紧力作用线应落在定位支承范围内。如图 1-49 所示夹紧力作用线落在定位元件支承范围之外，夹紧时将破坏工件的定位，因而是错误的。

（三）夹紧力的估算

夹紧力的大小应适当，它直接影响工件装夹的可靠性、工件夹紧变形、定位的准确及工件的加工精度。在实际加工中，夹紧力的影响因素很多，计算相当复杂。因此在设计夹紧装置时，常用下述两种方法估算夹紧力：

1）参照同类夹具的使用情况，用类比法估算。此法在生产中应用甚广。

2）将夹具和工件看成刚性系统，找出加工过程中对夹具最不利的瞬时状态，按静力平衡条件计算出理论夹紧力，再乘以安全系数 K，作为实际夹紧力。K 值在粗加工时取 $2.5 \sim 3$，精加工时取 $1.5 \sim 2$。

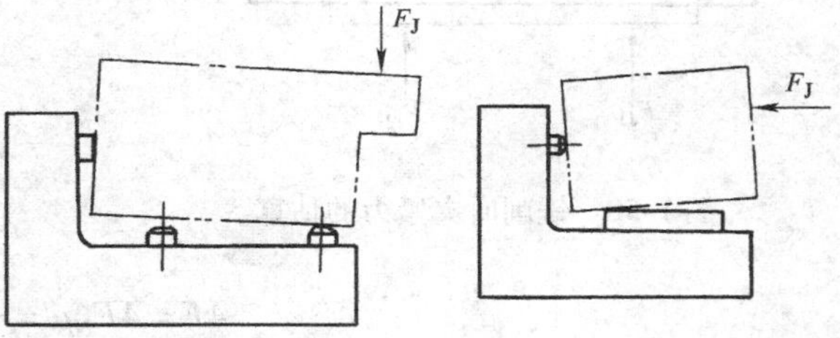

后一种夹紧力估算方法可用下述例子说明。

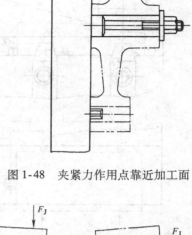

图 1-48 夹紧力作用点靠近加工面

图 1-49 夹紧力作用点的位置不正确

例如，图 1-50 所示为铣削加工示意图，当切削力 F_r 达到最大及 F_r 到挡销 O 的距离 L 最远时，工件将绕 O 点转动。此瞬时状态对工件的夹紧力最为不利，应以此作为计算夹紧力的依据。

根据静力平衡原理得

$$F_1 L_1 + F_2 L_2 = F_r L$$

$$F_{J1} \mu_1 L_1 + F_{J2} \mu_2 L_2 = F_r L$$

设 $\qquad F_{J1} = F_{J2} = F_J \qquad \mu_1 = \mu_2 = \mu$

则 $\qquad F_J \mu (L_1 + L_2) = F_r L$

$$F_J = \frac{F_r L}{\mu (L_1 + L_2)}$$

乘以安全系数 K，每块压板的实际夹紧力是

$$F_J = K \frac{F_r L}{\mu (L_1 + L_2)} \qquad (1-9)$$

式中　F_r——最大切削力，单位为 N；

　　　μ——工件与定位元件之间的摩擦因数；

　　　L_1——切削力作用方向至挡销的距离，单位为 mm；

L_2——两支承钉至挡销的距离，单位为 mm。

又如用 V 形块夹紧工件钻孔（图 1-51），夹紧力要克服切削力矩 M_Z 引起的工件转动和进给抗力 F_f 引起的工件移动。工件和 V 形块之间的摩擦力 F 与夹紧力 F_J 的关系为

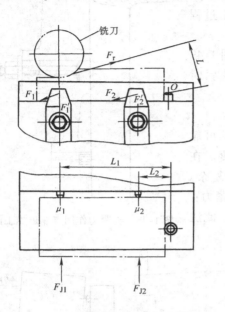

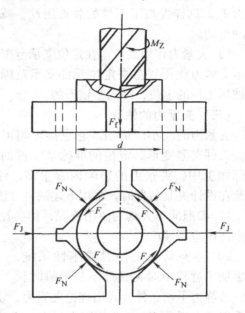

图 1-50　铣削时夹紧力的估算　　　　　图 1-51　钻削时夹紧力的估算

$$4F = 4F_N\mu = \frac{2F_J\mu}{\sin\dfrac{\alpha}{2}}$$

根据力的平衡条件得

$$\frac{2F_J\mu}{\sin\dfrac{\alpha}{2}} = \sqrt{\left(\frac{2M_Z}{d}\right)^2 + F_f^2}$$

乘以安全系数 K，V 形块加在工件上的实际夹紧力为

$$F_J = \frac{K\sin\dfrac{\alpha}{2}\sqrt{\left(\dfrac{2M_Z}{d}\right)^2 + F_f^2}}{2\mu} \tag{1-10}$$

式中　M_Z——切削力矩，单位为 N·mm；

　　　　d——工件直径，单位为 mm；

　　　　F_f——进给抗力，单位为 N；

　　　　α——V 形块两工作面间的夹角，单位为（°）；

　　　　μ——V 形块与工件之间的摩擦因数。

（四）典型夹紧机构

夹紧机构种类很多，但最常用的有以下几种。

1. 斜楔夹紧机构

采用斜楔作为传力元件或夹紧元件的夹紧机构称为斜楔夹紧机构。图 1-52a 所示为斜楔

夹紧机构的一种应用。敲入斜楔1，迫使滑柱2下降，装在滑柱上的浮动压板3即可同时夹紧两个工件4。加工完毕后，锤击斜楔1的小头，松开工件。由于斜楔直接夹紧工件的夹紧力较小，且操作费时，所以实际生产中多与其他机构联合使用。图1-52b所示为斜楔与螺旋夹紧机构的组合形式。通过转动螺杆推动楔块，使铰链压板转动而夹紧工件。

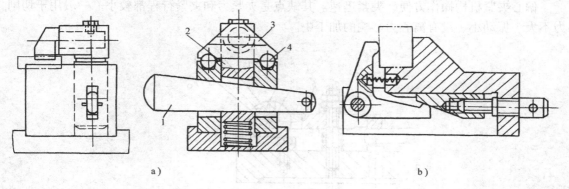

图1-52 斜楔夹紧机构

1—斜楔 2—滑柱 3—浮动压板 4—工件

2. 螺旋夹紧机构

由螺钉、螺母、垫圈、压板等元件组成的夹紧机构称为螺旋夹紧机构。螺旋夹紧机构不仅结构简单、容易制造，而且自锁性好，夹紧力大，是夹具上用得最多的一种夹紧机构。

图1-53所示为单个螺旋夹紧机构。图1-53a用螺钉直接夹压工件，工件表面易夹伤且在夹紧过程中可能使工件转动。为克服上述缺点，在螺钉头部加上压块，如图1-53b所示。

图1-54所示为较典型的螺旋压板夹紧机构。图1-54a、b所示为两种移动压板式螺旋夹紧机构。它们是利用杠杆原理来实现夹紧作用

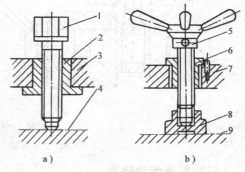

图1-53 单个螺旋夹紧机构

1—螺钉 2、6—套 3、7—夹具体
4、9—工件 5—手柄 8—压块

的，由于这三种夹紧机构的夹紧点、支点和原动力作用点之间的相对位置不同，因此杠杆比各异，夹紧力也不同。以图1-54c增力倍数最大。

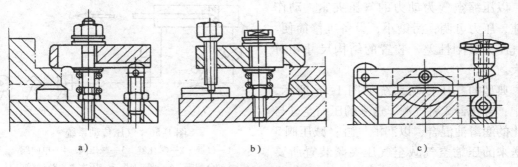

图1-54 螺旋压板夹紧机构

3. 偏心夹紧机构

用偏心件直接或间接夹紧工件的机构，称为偏心夹紧机构。图1-55a所示为圆偏心轮夹紧机构。当下压手柄1时，圆偏心轮2绕轴3旋转，将圆柱面压在垫板4上，反作用力又将轴3抬起，带动压板5压紧工件。图1-55b用的是偏心轴，图1-55c用的是偏心叉。

偏心夹紧机构操作方便，夹紧迅速。其缺点是夹紧力和夹紧行程都较小。一般用于切削力不大、振动小、没有离心力影响的加工中。

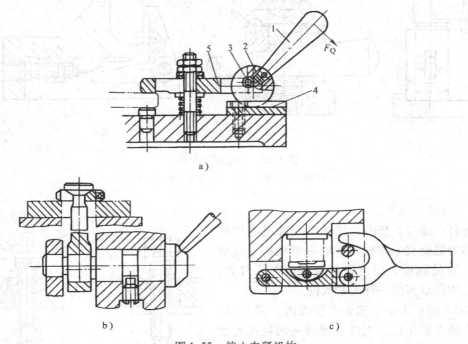

图1-55　偏心夹紧机构

1—手柄　2—圆偏心轮　3—轴　4—垫板　5—压板

（五）气液传动装置

使用人力通过各种传力机构对工件进行夹紧，称为手动夹紧。而现代高效率的夹具，大多采用机动夹紧，其动力系统有：气压、液压、电动、电磁、真空等，其中最常用的有气压和液压传动装置。

1. 气压传动装置

以压缩空气为动力的气压夹紧，动作迅速，压力可调，污染小，设备维修简便。但气压夹紧刚性差，装置的结构尺寸相对较大。

典型的气压传动系统如图1-56所示，其中：雾化器2将气源1送来的压缩空气与雾化的润滑油混合，以润滑气缸；减压阀3将送来的压缩空气减至气压夹紧装置所要求的工作压力；单向阀4防止气源中断或

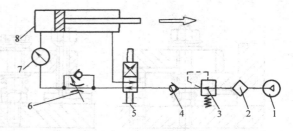

图1-56　气压传动系统

1—气源　2—雾化器　3—减压阀　4—单向阀

5—分配阀　6—调速阀　7—压力表　8—气缸

压力突降而使夹紧机构松开；分配阀 5 控制压缩空气对气缸的进气和排气；调速阀 6 调节压缩空气进入气缸的速度，以控制活塞的移动速度；压力表 7 指示气缸中压缩空气的压力；气缸 8 以压缩空气推动活塞移动，带动夹紧装置夹紧工件。

气缸是气压夹具的动力部分。常用气缸有活塞式和薄膜式两种结构形式，如图 1-57 所示。活塞式气缸（图 1-57a）的工作行程较长，其作用力的大小不受行程长度的影响。薄膜式气缸（图 1-57b）的密封性好，简单紧凑，摩擦部位少，使用寿命长。但其工作行程短，作用力随行程大小而变化。

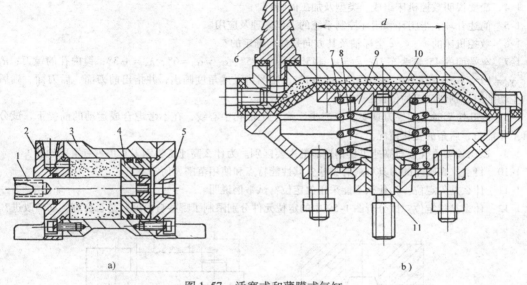

图 1-57　活塞式和薄膜式气缸

1—活塞杆　2—前盖　3—气缸体　4—活塞　5—后盖
6—接头　7、8—弹簧　9—托盘　10—薄膜　11—推杆

2. 液压传动装置

液压传动是用液压油作为介质，其工作原理与气压传动相似。但与气压传动装置相比，具有夹紧力大，夹紧刚性好，夹紧可靠，液压缸体积小及噪声小等优点。缺点是易漏油，液压元件制造精度要求高。

图 1-58 所示为一种双向液压夹紧铣床夹具。当液压油由管道 A 进入工作液压缸 5 的 G 腔时，使两个活塞 4 同时向外顶出，推动压板 3 压紧工件。当液压油由管道 B 进入工作液压缸 5 的两端 E 及 F 腔时，两活塞 4 被同时推回，由弹簧 2 将两边压板顶回，松开工件。

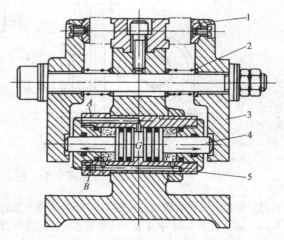

图 1-58　双向液压夹紧铣床夹具

1—摆块　2—弹簧　3—压板　4—活塞　5—工作液压缸

习题与思考题

1-1　举例说明简单运动和复合运动及其区别；简述外联系传动链和内联系传动链的特点及其本质区别，试举例说明。

1-2　用简图表示加工下列表面时需要哪些成形运动？指出其中的简单运动和复合运动：①用成形车刀车削外圆锥面；②用尖头车刀纵、横向同时进给车削外圆锥面；③用插齿刀加工直齿圆柱齿轮；④分别用钻头和拉刀加工圆柱孔。

1-3　试述金属切削机床分类特点和作用，简述金属切削机床型号编制方法的要点。

1-4　简要说明数控机床组成、类型及加工的特点。

1-5　简述开环、半闭环和闭环控制系统的工作原理及应用。

1-6　数控机床的 x、y、z 坐标轴及其方向是如何确定的？

1-7　车端面的 45°弯头车刀：$\kappa_r = \kappa_r' = 45°$、$\gamma_o = -5°$、$\alpha_o = \alpha_o' = 6°$、$\lambda_s = -3°$；镗内孔的镗刀：$\kappa_r = 75°$、$\gamma_o = 10°$、$\alpha_o = \alpha_o' = 10°$、$\kappa_r' = 15°$、$\lambda_s = 10°$。用图将上述角度画出，并指出前刀面、后刀面、副后刀面、主切削刃、副切削刃的位置。

1-8　内孔镗削时，如果刀具安装（刀尖）高于工件孔中心线，在不考虑合成运动的前提下，试分析刀具工作前角、后角的变化情况。

1-9　试比较硬质合金与高速工具钢性能的主要区别。为什么高速工具钢刀具仍占有重要地位？

1-10　目前，高硬度的刀具材料有哪些？其性能特点和使用范围如何？

1-11　什么是欠定位？为什么不能采用欠定位？试举例说明。

1-12　什么是过定位？试分析图 1-59 中的定位元件分别限制了哪些自由度？是否合理？如何改进？

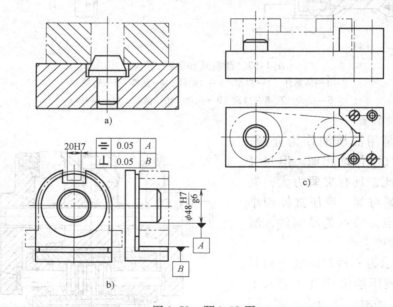

图 1-59　题 1-12 图

1-13　根据六点定位原理分析图 1-60 中各定位方案的定位元件所限制的自由度。

1-14　试分析图 1-61 中夹紧力的作用点与方向是否合理，为什么？如何改进？

1-15　气压传动装置与液压传动装置比较，有什么优缺点？

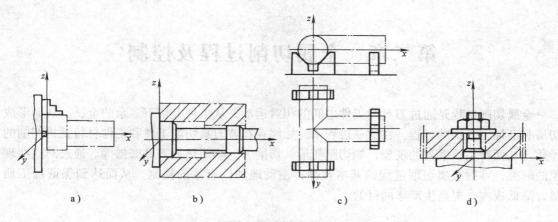

a)   b)   c)   d)

图 1-60 题 1-13 图

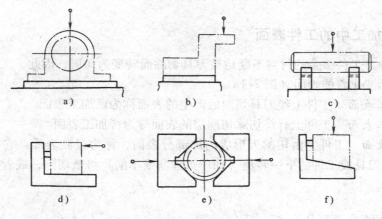

a)   b)   c)

d)   e)   f)

图 1-61 题 1-14 图

第二章 金属切削过程及控制

金属切削过程是通过刀具与工件之间的相对运动，从工件上切下多余的金属，从而形成切屑和已加工表面的过程。在这一过程中，始终存在着刀具切削工件和工件材料抵抗切削的矛盾，从而产生一系列的现象，如切削变形、切削力、切削热及刀具磨损等。通过对这些现象的研究，掌握金属切削过程的基本规律，主动地加以有效的控制，从而达到保证加工质量，降低成本，提高生产率的目的。

第一节 金属切削的切削要素

一、切削加工中的工件表面

切削过程中，工件多余的材料不断地被刀具切除而转变为切屑，因此，工件在切削过程中形成三个不断变化着的表面（图 2-1a）：

（1）**已加工表面** 工件上经刀具切削后产生的表面称为已加工表面。

（2）**待加工表面** 工件上有待切除切削层的表面称为待加工表面。

（3）**过渡表面** 工件上由切削刃形成的那部分表面，称为过渡表面。它在下一切削行程（如刨削）、刀具或工件的下一转里（如单刃镗削或车削）将被切除，或者由下一切削刃（如铣削）切除。

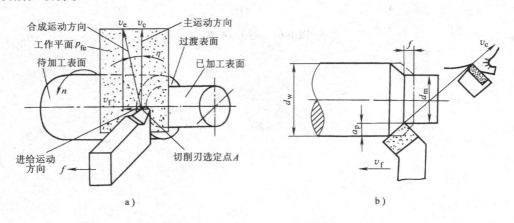

图 2-1 工件的加工表面与切削用量

二、切削用量

切削用量是用于表示切削运动调整机床用的参量，并且可用它对主运动和进给运动进行定量的表述。它包括以下三个要素：

（1）**切削速度（v_c）** 切削刃选定点相对于工件主运动的瞬时速度称为切削速度

（图2-1a）。大多数切削加工的主运动是回转运动，其切削速度（单位为 m/min）的计算公式为

$$v_c = \frac{\pi dn}{1000} \tag{2-1}$$

式中　d——切削刃选定点处所对应的工件或刀具的回转直径，单位为 mm；

　　　n——工件或刀具的转速，单位为 r/min。

（2）进给量（f）　刀具在进给方向上相对于工件的移动量称为进给量，它可用刀具或工件每转的移动量（单位为 mm/r）或每个行程的位移量（mm/行程）来表达或度量。进给量的大小反映进给速度 v_f 的大小。进给速度是指切削刃选定点相对于工件的进给运动的瞬时速度，单位为 mm/min。

车削外圆时，进给量 f 是指工件转一周时，刀具沿轴向的位移量（图 2-1b）；对于刀齿数为 z 的多齿刀具（如铣刀、铰刀、拉刀等），常用每齿进给量 f_z 表示，单位为 mm/z，则 v_f、f_z 与 f 的关系为

$$v_f = fn = znf_z \tag{2-2}$$

（3）背吃刀量（a_p）　在通过切削刃选定点并垂直于工作平面的方向上测量的吃刀量，称为背吃刀量，单位为 mm。工作平面是指通过切削刃选定点并同时包含主运动和进给运动方向的平面（图2-1a），因而该平面垂直于工作基面。车削外圆时的背吃刀量 a_p 为工件上已加工表面与待加工表面之间的距离（图2-1b），即

$$a_p = \frac{d_w - d_m}{2} \tag{2-3}$$

式中　d_w——工件待加工表面直径，单位为 mm；

　　　d_m——工件已加工表面直径，单位为 mm。

镗孔时，则式（2-3）中的 d_w 与 d_m 互换一下位置。

三、切削层参数

在切削加工中，刀具或工件沿进给运动方向每移动 f 或 f_z 后，由一个刀齿正在切除的金属层称为切削层。切削层的尺寸称为切削层参数。为简化计算，切削层的剖面形状和尺寸，在垂直于切削速度 v_e 的基面上度量。图 2-2 表示车削时的切削层，当工件旋转一周时，车刀切削层由过渡表面Ⅰ的位置移到过渡表面Ⅱ的位置，在这两圈过渡表面（圆柱螺旋面）之间所包含的工件材料层在车刀前刀面挤压下被切除，这层工件材料即是车削时的切削层。

（1）切削层的公称厚度（h_D）　它是垂直于过渡表面度量的切削层尺寸，简称切削厚度，即相邻两过渡表面之间的距离。

（2）切削层公称宽度（b_D）　它是沿过渡表面度量的切削层尺寸，简称切削层宽度。

（3）切削层公称横截面面积（A_D）　它是在切削层尺寸平面内测量的横截面面积，简称切削面积。

从图 2-2 可以看出，切削层参数与切削用量要素有如下的关系

$$h_D = f\sin\kappa_r \tag{2-4}$$

$$b_D = \frac{a_p}{\sin\kappa_r} \tag{2-5}$$

$$A_D = h_D b_D = f a_p \qquad (2\text{-}6)$$

从式（2-4）和式（2-5）可见，h_D、b_D 均与主偏角 κ_r 有关，κ_r 越大，h_D 越大，而 b_D 越小。

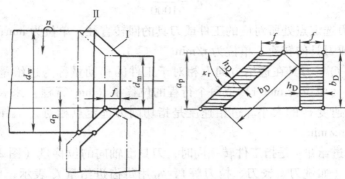

图 2-2　外圆纵车时的切削层参数

第二节　金属切削过程基本规律及应用

一、金属切削层的变形

金属切削层在刀具挤压下发生变形被分离成切屑和已加工表面。切削层的变形（简称切削变形）直接影响着切削力的大小、切削温度的高低、刀具磨损的快慢和已加工表面质量等。因此，切削变形是研究金属切削过程基本规律的基础。

（一）切屑的形成过程

切削实验证明，切屑的形成过程就是切削层金属受到刀具前面的挤压，产生弹性变形，当切应力达到金属材料屈服强度时，产生塑性变形的切削变形过程。

如图 2-3 所示，当切削层中任一质点 P 以切削速度 v_c 逐渐趋近切削刃，到达 OA 线（始滑移线）上点 1 的位置时（OA、OB、$\cdots$、OM 线为等切应力曲线），其切应力达到材料的屈服强度 τ_s，则质点 P 在继续向前移动的同时，还要沿 OA 方向滑移变形，其合成运动使质点 P 由点 1 的位置移动到点 2′ 的位置，$2-2'$ 即为此时的滑移量。此后，质点 P 继续沿 2、3、$\cdots$、N 各点移动，并沿 OB、OC 等方向滑移，滑移量依次

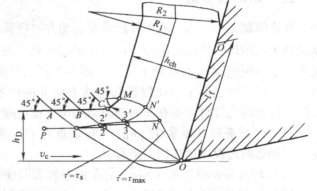

图 2-3　切削层金属的剪切滑移

为 $3-3'$、$4-4'$ 等不断增大。当质点 P 到达 OM 线（终滑移线）上的 N' 点后，其运动方向已与前刀面平行，不再滑移，切削层变形为切屑且沿前刀面流出。由于切屑的形成过程是在 OA 到 OM 的窄小变形区内完成的，且时间很短，所以切削变形的主要特征是切削层金属沿滑移面的剪切变形，并伴有加工硬化现象。

（二）切屑的种类

由于工件材料不同，切削条件不同，切削过程中的变形程度也就不同。根据切削过程中变形程度的不同，可把切屑分为四种不同的状态，如图2-4所示。

（1）带状切屑　这种切屑的底层（与前刀面接触的面）光滑，而外表面呈毛茸状，无明显裂纹。一般加工塑性金属材料（如软钢、铜、铝等），在切削厚度较小、切削速度高、刀具前角较大时，容易得到这种切屑。形成带状切屑时，切削过程较平稳，切削力波动较小，加工表面质量好。

（2）挤裂（节状）切屑　这种切屑的底面有时出现裂纹，而外表面呈明显的锯齿状。挤裂切屑大多在加工塑性较低的金属材料（如黄铜），切削速度较低、切削厚度较大、刀具前角较小时产生。产生挤裂切屑时，切削力波动较大，已加工表面质量较差。

（3）单元（粒状）切屑　采用小前角或负前角，以极低的切削速度和大的切削厚度切削塑性金属（伸长率较低的结构钢）时，会产生这种切屑。产生单元切屑时，切削过程不平稳，切削力波动较大，已加工表面质量较差。

（4）崩碎切屑　切削脆性金属（铸铁、青铜等）时，由于材料的塑性很小，抗拉强度很低，在切削时切削层内靠近切削刃和前刀面的局部金属未经明显的塑性变形就被挤裂，形成不规则状的碎块切屑。工件材料越硬脆、刀具前角越小、切削厚度越大时，越容易产生崩碎切屑。产生崩碎切屑时，切削力波动大，加工表面凸凹不平，切削刃容易损坏。

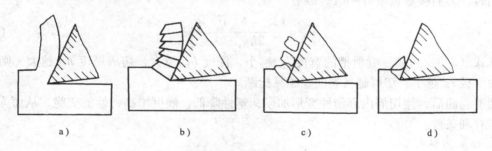

图2-4　切屑的种类

a）带状切屑　b）挤裂（节状）切屑　c）单元（粒状）切屑　d）崩碎切屑

（三）切屑的控制

在切削钢等塑性材料时，排出的切屑常常打卷或连绵不断，小片状的切屑四处飞溅，带状切屑直窜，易刮伤工件已加工表面，损伤刀具、夹具和机床，并威胁操作者的人身安全。因此，必须采取措施，控制切屑，以保证生产正常进行。

1. 切屑的卷曲

切屑卷曲是由于切屑内部变形或碰到卷屑槽（断屑槽）等障碍物造成的。如图2-5a所示，切屑从工件材料基体上剥离后，在流出过程中，受到前刀面的挤压和摩擦作用，使切屑内部继续产生变形，越近前刀面的切屑层变形越严重，剪切滑移量越大，外形越伸长；离前刀面越远的切屑层变形越小，外形伸长量越小，因而沿切屑厚度 h_{ch} 方向出现变形速度差。切屑流动时，就在速度差作用下产生卷曲，直到 C 点脱离前刀面为止。

采用卷屑槽能可靠地促使切屑卷曲，如图2-5b所示，切屑在流经卷屑槽时，受到外力 F_R 作用产生力矩 M 而使切屑卷曲。由图可得切屑的卷曲半径 r_{ch} 的计算式为

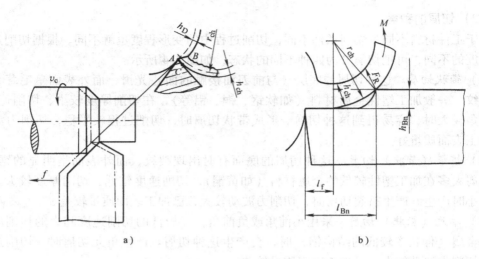

图 2-5 切屑卷曲成因

a) 速度差引起卷曲　b) 卷屑槽作用引起卷屑

$$r_{ch} = \frac{(l_{Bn} - l_f)^2}{2h_{Bn}} + \frac{h_{Bn}}{2} \qquad (2\text{-}7)$$

加工钢时，刀屑接触长度 $l_f \approx h_{ch}$，故有

$$r_{ch} = \frac{(l_{Bn} - h_{ch})^2}{2h_{Bn}} + \frac{h_{Bn}}{2} \qquad (2\text{-}8)$$

从式（2-8）可知：卷屑槽的宽度 l_{Bn} 越小，深度 h_{Bn} 越大，切屑厚度 h_{ch} 越大，则切屑的卷曲半径 r_{ch} 越小，切屑越易卷曲，越易折断。

切屑卷曲后，使切屑内部塑性变形加剧，塑性降低，硬度增高，性能变脆，从而为断屑制造了有利条件。

2. 切屑的折断

切屑经卷曲变形后产生的弯曲应力增大，当弯曲应力超过材料的弯曲强度极限时，就使切屑折断。因此，可采取相应措施，增大切屑的卷曲变形和弯曲应力来断屑。

（1）磨制断屑（卷屑）槽　在前刀面上磨制出断屑槽，断屑槽的形式如图 2-6 所示。折线型和直线圆弧型适用于加工碳钢、合金钢、工具钢和不锈钢；全圆弧型适用于加工塑性大的材料和用于重型刀具。

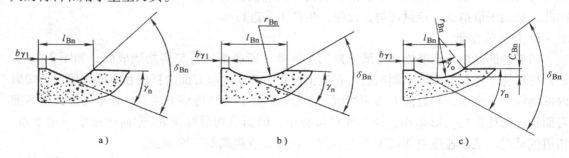

图 2-6 断屑槽的形式

a) 折线型　b) 直线圆弧型　c) 全圆弧型

在槽的尺寸参数中，减小宽度 l_{Bn}，增大反屑角 δ_{Bn}，均能使切屑卷曲半径 r_{ch} 减小、卷曲变形和弯曲应力增大，切屑易折断。但 l_{Bn} 太小或 δ_{Bn} 太大，切屑易堵塞，使切削力、切削温度升高。通常 l_{Bn} 按下式初选

$$l_{Bn} = (10 \sim 13) h_D \tag{2-9}$$

反屑角 δ_{Bn} 按槽型选：折线槽 $\delta_{Bn} = 60° \sim 70°$。直线圆弧槽 $\delta_{Bn} = 40° \sim 50°$、全圆弧槽 $\delta_{Bn} = 30° \sim 40°$，当背吃刀量 $a_p = 2 \sim 6mm$ 时，一般取断屑槽的圆弧半径 $r_{Bn} = (0.4 \sim 0.7) l_{Bn}$。上述数值经试用后再修正。

断屑槽在前刀面上的倾斜方向如图 2-7 所示，外斜式、平行式适用于粗加工，内斜式适用于半精加工和精加工。

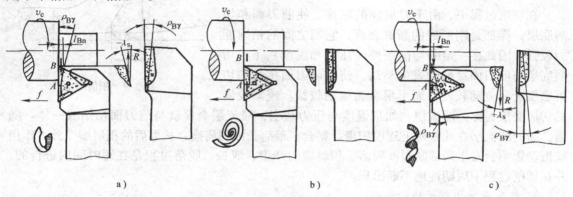

图 2-7　断屑槽斜角

a) 外斜式　b) 平行式　c) 内斜式

（2）适当调整切削条件

1）减小前角。刀具前角越小，切屑变形越大，越容易折断。

2）增大主偏角。在进给量 f 和背吃刀量 a_p 一定的情况下，主偏角 κ_r 越大，切屑厚度 h_D 越大，切屑的卷曲半径越小，弯曲应力越大，切屑越易折断。

3）改变刃倾角。如图 2-8 所示，当刃倾角 λ_s 为负值时，切屑流向已加工表面或过渡表

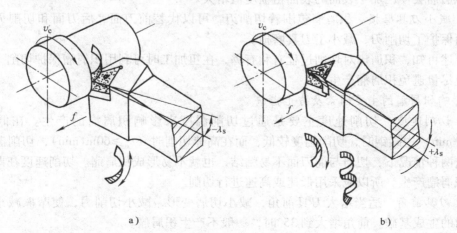

图 2-8　λ_s 对断屑的影响

a) $\lambda_s < 0°$　b) $\lambda_s > 0°$

面，受碰后折断；当 λ_s 为正值时，切屑流向待加工表面或背离工件后与刀具后刀面相碰折断，也可能呈带状螺旋屑而甩断。

4）增大进给量。进给量 f 增大，切屑厚度 h_D 也按比例增大，切屑卷曲时产生的弯曲应力增大，切屑易折断。

（四）积屑瘤

在中速或低速切削塑性材料时，常在刀具前刀面刃口附近粘结一硬度很高（通常为工件材料硬度的 $2 \sim 3.5$ 倍）的楔状金属块，称之为积屑瘤（图2-9）。

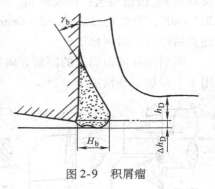

图2-9　积屑瘤

1. 积屑瘤的成因

在切削过程中，由于刀屑间的摩擦，使前刀面和切屑底层一样都是刚形成的新鲜表面，它们之间的粘附能力较强。因此在一定的切削条件（压力和温度）下，切屑底层与前刀面接触处发生粘结，使与前刀面接触的切屑底层金属流动较慢，而上层金属流动较快。流动较慢的切屑底层，称为滞流层。如果温度与压力适当，滞流层金属就与前刀面粘结成一体。随后，新的滞流层在此基础上逐层积聚、粘合，最后长成积屑瘤。长大后的积屑瘤受外力作用或振动影响会发生局部断裂或脱落。积屑瘤的产生、成长、脱落过程是在短时间内进行的，并在切削过程中周期性地不断出现。

2. 积屑瘤对切削过程的影响

（1）增大前角　积屑瘤粘附在前刀面上，它增大了刀具的实际工作前角，因而可减小切屑变形，减小切削力。

（2）增大切削厚度　积屑瘤前端伸出切削刃外 H_b（图2-9），使切削厚度增大了 Δh_D，因而影响了加工尺寸精度。

（3）增大了已加工表面的表面粗糙度值　积屑瘤的顶部不稳定，容易破裂，破裂后的积屑瘤颗粒有一部分留在工件已加工表面上。另外，积屑瘤存在时在工件上刻出一些沟纹。因而，积屑瘤会使已加工表面的表面粗糙度值增大。

（4）减小刀具磨损　积屑瘤包围着切削刃，可以代替前刀面、后刀面和切削刃进行切削，从而保护了切削刃，减小了刀具磨损。

由上述可知，积屑瘤对切削过程有利有弊，在粗加工时可利用积屑瘤保护切削刃；在精加工时应尽量避免积屑瘤产生。

3. 影响积屑瘤的主要因素及防止措施

（1）切削速度　切削速度主要是通过切削温度来影响积屑瘤的产生。在低速切削 （$v_c \leqslant 3m/min$） 中碳钢时，切削温度较低，而在高速切削时 （$v_c \geqslant 60m/min$），切削温度又较高，在这两种情况下，切屑与前刀面不易粘结，也就不易形成积屑瘤。切削速度在两者之间时，有积屑瘤产生。所以应采用低速或高速进行切削。

（2）刀具前角　适当增大刀具前角，减小切屑变形，减小切削力，使摩擦减小，减小了积屑瘤的生成基础。前角增大到35°时，一般不产生积屑瘤。

（3）工件材料　工件材料的塑性越高，切削变形越大，摩擦越严重，切削温度越高，就越容易产生粘结而形成积屑瘤。因此，对塑性较高的工件材料进行正火或调质处理，提高强度和硬度，降低塑性，减小切屑变形，即可避免积屑瘤的生成。

此外，使用切削液、减小刀具表面粗糙度值、减小进给量等措施，都有助于抑制积屑瘤的产生。

（五）已加工表面的形成过程

在研究切屑形成时，假定刀具的切削刃是绝对锋利的。但实际上切削刃是一半径为 r_n 的钝圆。此外，后刀面磨损（磨损量为 VB）后形成一段后角为 0° 的棱带（图 2-10）。切削时，切削刃对切削层既有切削又有挤压作用，使刃前区的金属内部产生复杂的塑性变形。切削层在 O 点处分离为两部分：O 点以上部分成为切屑沿前刀面流出，O 点以下部分绕过切削刃沿后刀面流出变成已加工表面。由于刃口钝圆半径的存在，切削厚度 h_D 中 O 点以下厚度为 Δh 的部分无法切除，被挤压在工件已加工表面上，该部分金属经过切削刃钝圆部分 B 点后，又受到后刀面上后角为 0° 的一段棱带 BC 的挤压和摩擦，随后开始弹性回复（弹性回复量为 Δh_1），弹性回复层与后刀面 CD 段产生摩擦。切削刃钝圆部分、VB 部分、CD 部分构成后刀面上的接触长度，这种接触状态使已加工表面层的变形更加剧烈。表层剧烈的塑性变形造成加工硬化。硬化层的表面上，由于存在残余应力，还常出现细微的裂纹。

（六）衡量切削变形程度的指标

（1）变形系数（ξ）　实践表明，在切削过程中，刀具切下的切屑厚度 h_{ch}，通常要大于工件上的切削层的厚度 h_D，而切屑长度 l_{ch} 却小于切削长度 l_c，如图 2-11 所示。据此来衡量切削变形程度，就可以得出切削变形系数 ξ 的概念。切屑厚度 h_{ch} 与切削层厚度 h_D 之比，称为厚度变形系数 ξ_a；而切削层长度 l_c 与切屑长度 l_{ch} 之比，称为长度变形系数 ξ_1，即

$$\xi_a = \frac{h_{ch}}{h_D} \tag{2-10}$$

$$\xi_1 = \frac{l_c}{l_{ch}} \tag{2-11}$$

由于工件上切削层材料变成切屑后其宽度变化很小，根据体积不变原则，则

$$\xi_a = \xi_1 = \xi \tag{2-12}$$

变形系数 ξ 是大于 1 的数，它直观地反映切削变形程度，且易测量。一般试件长度 l_c 可精确测出，l_{ch} 可用细铜丝量出，由式（2-11）可求出 ξ_1，也就得到了变形系数 ξ。ξ 值越大，表示切出的切屑越厚越短，变形越大。

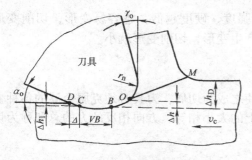

图 2-10　已加工表面的形成过程

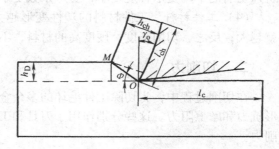

图 2-11　变形系数 ξ 的求法

（2）剪切角（Φ）　在一般切削速度范围内，图 2-3 中 OA 至 OM 之间变形区的宽度仅为 0.02～0.2mm，所以，可用一剪切面 OM 来表示。剪切面和切削速度方向之间的夹角称为剪切角，以 Φ 表示（图 2-12）。

实验证明，剪切角 Φ 的大小和切削力的大小有直接联系。对于同一种工件材料，用同样的刀具，切削同样大小的切削层，若剪切角 Φ 较大，则剪切面积变小（图 2-12），即变形程度较小，切削比较省力。显然，剪切角 Φ 能反映变形的程度，但因测量比较麻烦而用得较少。

（七）影响切削变形的主要因素

（1）前角　前角 γ_o 增大，则剪切角 Φ 增大，变形系数 ξ 减小，因此，切削变形减小。这是因为前角增大时，切削刃锋利，易切入金属，刀屑接触长度短，流屑阻力小，摩擦因数也小，所以，切削变形小，切削轻快。

（2）切削速度　切削速度 v_c 是通过积屑瘤的生长消失过程和切削温度影响切削变形的。

图 2-13 以切削 30 钢为例，在 $v_c \leqslant 18m/min$ 范围内，随 v_c 提高，积屑瘤高度增加，刀具实际工作前角增大，使剪切角 Φ 增大，故变形系数 ξ 减小；在 $v_c = 20～50m/min$ 内，随 v_c 的提高，积屑瘤高度逐渐降低，直至消失，刀具实际工作前角减小，使剪切角 Φ 减小，变形系数 ξ 增大；$v_c \geqslant 50m/min$ 后，由于切削温度逐渐升高，致使摩擦因数下降，故变形减小。此外，在高速时，由于变形时间短，变形不充分，因而变形减小。

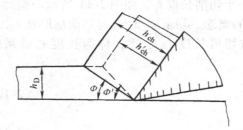

图 2-12　Φ 角与剪切面的关系

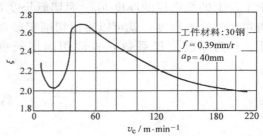

图 2-13　切削速度对变形系数的影响

切削铸铁等脆性材料时，一般不产生积屑瘤。随着切削速度的提高，变形系数 ξ 逐渐地减小。

（3）进给量　进给量 f 增加使切削厚度增加，但切屑底层与前刀面挤压、摩擦产生的剧烈变形层厚度增加不多。也就是说，变形较大的金属层在切屑总体积中所占的比例下降了，所以切屑的平均变形程度变小，变形系数变小。

（4）工件材料　工件材料的塑性变形越大，强度、硬度越低，越容易变形，切削变形就越大；反之，切削强度、硬度高的材料，不易产生变形，切削变形就小。

二、切削力

在切削过程中，为切除工件毛坯的多余金属使之成为切屑，刀具必须克服金属的各种变形抗力和摩擦阻力。这些分别作用于刀具和工件上的大小相等、方向相反的力的总和称为切削力。

1. 总切削力的来源及分解

切削时作用在刀具上的力来自两个方面，即切削层金属产生的弹性变形抗力和塑性变形

抗力；切屑、工件与刀具间的摩擦力。如图 2-14 所示，作
用在前刀面上的弹、塑性变形抗力 $F_{n\gamma}$ 和摩擦力 $F_{f\gamma}$；作用
在后刀面上的弹、塑性变形抗力 $F_{n\alpha}$ 和摩擦力 $F_{f\alpha}$。它们的
合力 F_r 即为总切削力，作用在前刀面上近切削刃处，其反
作用力 F_r' 作用在工件上。

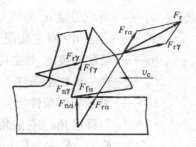

为了便于应用、测量和计算，通常将合力 F_r 分解成如
图 2-15 所示的三个互相垂直的分力。

图 2-14　作用在刀具上的力

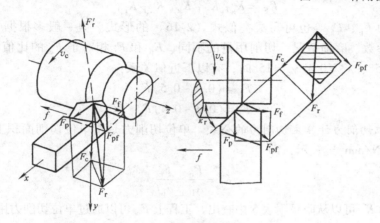

图 2-15　外圆车削时切削合力与分力

（1）**主切削力**（F_c）　它是总切削力 F_r 在主运动方向上的分力，垂直于基面，与切削
速度方向一致，在切削过程中消耗的功率最大（占总数 95% 以上），它是计算机床、刀具、
夹具强度以及机床切削功率的主要依据。

（2）**背向力**（F_p）　它是总切削力 F_r 在切深方向上的分力。在内、外圆车削时又称为
径向力。由于 F_p 方向上没有相对运动，它不消耗功率，但它会使工件弯曲变形和产生振
动，是影响工件加工质量的主要分力。F_p 是计算工艺系统刚度及变形量的主要原始数据
之一。

（3）**进给抗力**（F_f）　它是总切削力 F_r 在进给运动方向上的分力，外圆车削中又称为
轴向力。它是机床进给机构强度、刚度设计以及校验机床进给功率的主要依据。

由于 F_c、F_p、F_f 三者互相垂直，所以总切削力与它们之间的关系是

$$F_r = \sqrt{F_c^2 + F_{pf}^2} = \sqrt{F_c^2 + F_p^2 + F_f^2} \tag{2-13}$$

F_p、F_f 与 F_{pf} 有如下关系：

$$F_p = F_{pf}\cos\kappa_r \tag{2-14}$$

$$F_f = F_{pf}\sin\kappa_r \tag{2-15}$$

2. 计算切削力的经验公式

在生产中计算切削力的经验公式可分为两类：一类是指数公式；一类是按单位切削力计
算的公式。

（1）**计算切削力的指数公式**　计算主切削力 F_c 的指数公式为

$$F_c = C_{F_c} a_p^{x_{F_c}} f^{y_{F_c}} v_c^{n_{F_c}} K_{F_c} \tag{2-16}$$

式中　x_{F_c}——背吃刀量 a_p 对主切削力 F_c 的影响指数（附录附表2）；

　　　　y_{F_c}——进给量 f 对主切削力 F_c 的影响指数（附录附表2）；

　　　　n_{F_c}——切削速度 v_c 对主切削力 F_c 的影响指数（附录附表2）；

　　　　C_{F_c}——在一定切削条件下与工件材料有关的系数（附录附表2）；

　　　　K_{F_c}——实际切削条件与实验条件不同时的总修正系数，它是被加工材料力学性能、
　　　　　　　刀具前角、主偏角、刃倾角、刀尖圆弧半径改变时对主切削力的修正系数
　　　　　　　K_{mF_c}、$K_{\gamma_o F_c}$、$K_{\kappa_r F_c}$、$K_{\lambda_s F_c}$、$K_{r_\varepsilon F_c}$ 的乘积（附录附表3～附表4），即

$$K_{F_c} = K_{mF_c} K_{\gamma_o F_c} K_{\kappa_r F_c} K_{\lambda_s F_c} K_{r_\varepsilon F_c} \tag{2-17}$$

　　同样，分力 F_p、F_f 等也可写成类似式（2-16）的形式。但一般多根据 F_c 进行估算。由于刀具几何参数、磨损情况、切削用量的不同，F_p 和 F_f 相对于 F_c 的比值在很大范围内变化。当 $\kappa_r = 45°$、$\lambda_s = 0°$、$\gamma_o = 15°$ 时，有以下近似关系：

$$F_p = (0.4 \sim 0.5) F_c \tag{2-18}$$

$$F_f = (0.3 \sim 0.4) F_c \tag{2-19}$$

　　（2）用单位切削力计算主切削力的公式　单位切削力是指单位切削面积上的主切削力，用 K_c（单位为 N/mm^2）表示，即

$$K_c = \frac{F_c}{A_D} = \frac{F_c}{a_p f} \tag{2-20}$$

　　单位切削力 K_c 可以从附录附表5中查出，工程上 F_c 可以通过单位切削力用下列公式进行计算：

$$F_c = K_c a_p f K_{f_p} K_{v_c F_c} K_{F_c} \tag{2-21}$$

式中　K_{f_p}——进给量对单位切削力的修正系数（附录附表6）；

　　　　$K_{v_c F_c}$——切削速度改变时对主切削力的修正系数（附录附表7）；

　　　　K_{F_c}——刀具几何角度不同时对主切削力的修正系数，它是刀具前角、主偏角、刃倾
　　　　　　　角不同时对主切削力的修正系数 $K_{\gamma_o F_c}$、$K_{\kappa_r F_c}$、$K_{\lambda_s F_c}$ 的乘积（附录附表8～附表
　　　　　　　10），即

$$K_{F_c} = K_{\gamma_o F_c} K_{\kappa_r F_c} K_{\lambda_s F_c} \tag{2-22}$$

3. 切削功率

　　切削功率是切削过程消耗的功率，它等于总切削力 F_r 的三个分力消耗功率的总和。外圆切削时，由于 F_r 消耗的功率所占比例很小，1%～5%，通常略去不计；F_p 方向的运动速度为零，不消耗功率，所以切削功率（用 P_c 表示，单位为 kW）为

$$P_c = \frac{F_c v_c \times 10^{-3}}{60} \tag{2-23}$$

式中　F_c——主切削力，单位为 N；

　　　　v_c——切削速度，单位为 m/min。

　　算出切削功率后，可以进一步计算出机床电动机消耗的功率 P_E（单位为 kW），即

$$P_E = \frac{P_c}{\eta} \tag{2-24}$$

式中　η——机床的传动功率，一般为 0.75～0.85。

4. 影响切削力的主要因素

（1）工件材料 工件材料的强度、硬度越高，材料的剪切屈服强度越高，切削力越大。在强度、硬度相近的情况下，材料的塑性、韧性越高，则切削力越大。

（2）切削用量

1）背吃刀量和进给量。当 a_p 或 f 加大时，切削面积加大，变形抗力和摩擦阻力增加，从而引起切削力增大。实验证明，当其他切削条件一定时，a_p 增大一倍，切削力增大一倍；f 加大一倍，切削力增加68% ~86%。

2）切削速度。切削塑性金属时，在形成积屑瘤范围内，v_c 较低时，随着 v_c 的增加，积屑瘤增高，γ_o 增大，切削力减小。v_c 较高时，随着 v_c 的增加，积屑瘤逐渐消失，γ_o 减小，切削力又逐渐增大。在积屑瘤消失后，v_c 再增大，使切削温度升高，切削层金属的强度和硬度降低，切屑变形减小，摩擦力减小，因此切削力减小。v_c 达到一定值后再增大时，切削力变化减慢，渐趋稳定。

切削脆性金属（如铸铁、黄铜）时，切屑和前刀面的摩擦小，v_c 对切削力无显著的影响。

（3）刀具几何角度 前角 γ_o 增大，被切金属变形减小，切削力减小。切削塑性高的材料，加大 γ_o 可使塑性变形显著减小，故切削力减小得多一些。主偏角 κ_r 对进给抗力 F_f、背向力 F_p 影响较大，增大 κ_r 时，F_p 减小，但 F_f 增大。刃倾角 λ_s 对主切削力 F_c 影响很小，但对背向力 F_p、进给抗力 F_f 影响显著。λ_s 减小时，F_p 增大，F_f 减小。

（4）刀具磨损 当刀具后刀面磨损后，形成零后角，且切削刃变钝，后刀面与加工面间挤压和摩擦加剧，使切削力增大。

（5）切削液 以冷却作用为主的水溶液对切削力影响很小。以润滑作用为主的切削油能显著地降低切削力。由于润滑作用，减小了刀具前刀面与切屑、后刀面与工件表面间的摩擦。

三、切削热与切削温度

1. 切削热的产生与传散

（1）切削热的产生 切削热是由切削功转变而来的，一是切削层发生的弹、塑性变形功；二是切屑与前刀面、工件与后刀面间消耗的摩擦功。具体如图2-16所示。其中包括：

1）剪切区的变形功转变的热 Q_p。

2）切屑与前刀面的摩擦功转变的热 $Q_{\gamma f}$。

3）已加工表面与后刀面的摩擦功转变的热 $Q_{\alpha f}$。

产生的总热量 Q 为

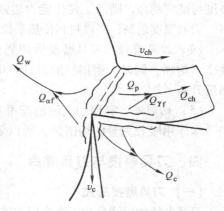

图2-16 切削热的来源与传散

$$Q = Q_p + Q_{\gamma f} + Q_{\alpha f} \tag{2-25}$$

切削塑性金属时切削热主要由剪切区变形和前刀面摩擦形成；切削脆性金属时则后刀面摩擦热占的比例较多。

（2）切削热的传散 切削热由切屑、工件、刀具和周围介质传出，可分别用 Q_{ch}、Q_w、Q_c、Q_f 表示。切削热产生与传出的关系为

$$Q = Q_p + Q_{\gamma_f} + Q_{\alpha_f} = Q_{ch} + Q_w + Q_c + Q_f \tag{2-26}$$

切削热传出的大致比例为：

1）车削加工时，Q_{ch}（50% ~ 86%）、Q_c（10% ~ 40%）、Q_w（3% ~ 9%）、Q_f（1%）。

2）钻削加工时，Q_{ch}（28%）、Q_c（14.5%）、Q_w（52.5%）、Q_f（5%）。

切削速度越高，切削厚度越大，则由切削带走的热量越多。

影响切削热传出的主要因素是工件和刀具材料的热导率以及周围介质的状况。

2. 切削温度及其影响因素

通常所说的切削温度，如无特殊注明，都是指切屑、工件和刀具接触区的平均温度。

（1）切削用量　切削速度对切削温度影响显著。实验证明，随着速度的提高，切削温度明显上升。因为当切屑沿前刀面流出时，切屑底层与前刀面发生强烈摩擦，因而产生大量的热量。

进给量对切削温度有一定的影响。随着进给量的增大，单位时间内的金属切除量增多，切削过程产生的切削热也增多，切削温度上升。

背吃刀量对切削温度影响很小。随着背吃刀量的增大，切削层金属的变形与摩擦成正比增加，切削热也成正比增加。但由于切削刃参加工作的长度也成正比地增长，改善了散热条件，所以切削温度的升高并不明显。

（2）刀具几何参数　前角的数值直接影响到切屑变形大小和刀屑摩擦的大小及散热条件的好坏，所以对切削温度有明显的影响。前角大，产生的切削热少，切削温度低；前角小，切削温度高。

主偏角增大，切削温度将升高。因为主偏角加大后，切削刃工作长度缩短，切削热相对地集中，刀尖角减小，散热条件变差，切削温度升高。

（3）工件材料　工件材料对切削温度影响最大的是强度、硬度及传热系数。工件材料的强度与硬度越高，则加工硬化能力越强，切削抗力越大，消耗的功越多，产生的切削热也越多，切削温度越高；工件材料传热系数越小，从工件上传出去的热量越少，切削温度越高。

（4）刀具磨损　刀具磨损后切削刃变钝，刃区前方的挤压作用增大，切削区金属的塑性变形增加；同时，磨损后的刀具后角基本为零，使工件与刀具的摩擦加大，两者均使切削温度升高。

（5）切削液　利用切削液的润滑功能降低摩擦因素，减小切削热的产生，也可利用它的冷却作用吸收大量的切削热，所以采用切削液是降低切削温度的重要措施。

四、刀具磨损与刀具寿命

（一）刀具磨损形式

刀具失效的形式分为正常磨损和破损两大类。下面主要介绍正常磨损的形态（图2-17）。

（1）前刀面磨损　在切削速度较高、切削厚度较大的情况下，加工钢料等高熔点塑性金属时，前刀面在强烈的摩擦下，经常会磨出一个月牙形的洼坑。月牙洼中心即为前刀面上切削温度最高处。月牙洼与主切削刃之间有一条小棱边。在切削过程中，月牙洼的宽度与深度逐渐扩展，使棱边逐渐变窄，最后导致崩刃。月牙洼中心距主切削刃距离 KM 为 1 ~ 3mm，KM 值的大小与切削厚度有关。前刀面磨损量，通常以月牙洼的最大深度 KT 表示（图2-17）。

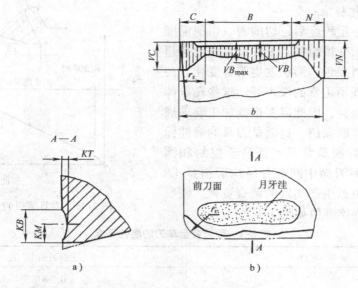

图 2-17　刀具的正常磨损形态

（2）后刀面磨损　刀具后刀面与工件过渡表面接触，产生强烈摩擦，在毗邻主切削刃的部位很快磨出后角等于零的小棱面，此种磨损形式称为后刀面磨损。

在切削速度较低、切削厚度较小的情况下，不管是切削脆性金属（如铸铁等）还是切削塑性金属，刀具都会产生后刀面磨损。较典型的后刀面磨损带如图 2-17 所示。刀尖部分（C 区）由于强度较低，散热条件较差，磨损比较严重，其最大值用 VC 表示。毗邻主切削刃且靠近工件外皮处的后刀面（N 区）上，往往会磨出深沟，其深度用 VN 表示，这是由于上道工序加工硬化层或毛坯表皮硬度高等的影响所致，称为边界磨损。在磨损带的中间部分（B 区），磨损比较均匀，用 VB_{max} 表示其最大磨损值。

（3）前刀面与后刀面同时磨损　在中等切削速度和进给量的情况下，切削高熔点塑性金属时，经常发生前刀面月牙洼磨损和后刀面磨损兼有的磨损形式。

（二）刀具磨损过程与磨钝标准

1. 刀具磨损过程

在一定切削条件下，不论何种磨损形态，其磨损量都将随切削时间的增长而增长（图 2-18）。由图可知：刀具的磨损过程可分为三个阶段。

（1）初期磨损阶段（OA）　这一阶段磨损速率大，是因为新刃磨的刀具后刀面存在粗糙不平、显微裂纹、氧化或脱碳层等缺陷，而且切削刃较锋利，后刀面与过渡表面接触面积较小，压应力和切削温度集中于刃口所致。

（2）正常磨损阶段（AB）　经过初期磨损后，刀具后刀面粗糙表面已经磨平，承压面积增大，压应力减小，从而使磨损速率明显减小，且比较稳定，即刀具进入正常磨损阶段。

（3）急剧磨损阶段（BC）　当磨损带宽度 VB 增大到一定限度后，摩擦力增大，切削力和切削温度急剧上升，刀具磨损速率增大，以致刀具迅速损坏而失去切削能力。

2. 刀具的磨钝标准

刀具磨损到一定程度后，切削力、切削温度显著增加，加工面变得粗糙，工件尺寸可能会超出公差范围，切屑颜色、形状发生明显变化，甚至产生振动或出现不正常的噪声等。这些现象都可说明刀具已经磨钝，因此需要根据加工要求规定一个最大的允许磨损值，这就是刀具的磨钝标准。由于后刀面磨损最常见，且易于控制和测量，因此通常以后刀面中间部分平均磨损量 VB 作为磨损标准。根据生产实践的调查资料，硬质合金车刀磨钝标准推荐值见表 2-1。

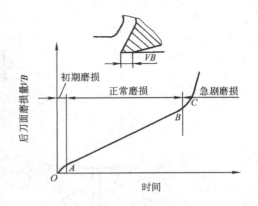

图 2-18　刀具磨损的典型曲线

表 2-1　硬质合金车刀的磨钝标准　　　　　　（单位：mm）

加工条件	主后刀面 VB 值
精车	$0.1 \sim 0.3$
合金钢粗车、粗车刚性较差工件	$0.4 \sim 0.5$
碳素钢粗车	$0.6 \sim 0.8$
铸铁件粗车	$0.8 \sim 1.2$
钢及铸铁大件低速粗车	$1.0 \sim 1.5$

（三）刀具寿命

1. 刀具寿命的概念

所谓刀具寿命是指从刀具刃磨后开始切削，一直到磨损量达到磨钝标准为止所经过的总切削时间，不包括对刀、测量、快进、回程等非切削时间，用符号 T 表示，单位为 min。对于可重磨刀具，刀具寿命是指刀具两次刃磨之间的实际切削时间。从第一次投入使用直至完全报废时所经历的实际切削时间，称为刀具总寿命。对于不重磨刀具，刀具总寿命等于刀具寿命。

2. 影响刀具寿命的因素

（1）切削用量　切削用量是影响刀具寿命的一个重要因素。刀具寿命 T 与切削用量的一般关系可用下式表示

$$T = \frac{C_T}{v_c^x f^y a_p^z} \tag{2-27}$$

式中　C_T——刀具寿命系数，与刀具、工件材料和切削条件有关；

x、y、z——指数，分别表示切削用量要素对刀具寿命的影响程度（一般 $x > y > z$）。

C_T、x、y、z 可查阅有关手册。

用硬质合金车刀切削 $R_m = 0.637 \text{GPa}$ 的碳钢时，切削用量与刀具寿命的关系为

$$T = \frac{C_T}{v_c^5 f^{2.25} a_p^{0.75}} \tag{2-28}$$

从式（2-28）可以看出：v_c、f、a_p 增大，刀具寿命 T 减小，且 v_c 影响最大，f 次之，a_p 最小。所以在保证一定刀具寿命的条件下，为了提高生产率，应首先选取大的背吃刀量 a_p，然后选择较大的进给量 f，最后选择合理的切削速度 v_c。

（2）刀具几何参数　刀具几何参数对刀具寿命影响最大的是前角 γ_o 和主偏角 κ_r。

前角 γ_o 增大，可使切削力减小，切削温度降低，刀具寿命提高；但前角 γ_o 太大会使楔角 β_o 太小，刀具强度削弱，散热差，且易于破损，刀具寿命反而会下降。由此可见，对于每一种具体加工条件，都有一个使刀具寿命 T 最高的合理数值。

主偏角 κ_r 减小，可使刀尖强度提高，改善散热条件，提高刀具寿命；但主偏角 κ_r 过小，则背向力增大，对刚性差的工艺系统，切削时易引起振动。

此外，如减小副偏角 κ_r'，增大刀尖圆弧半径 r_ε，其对刀具寿命的影响与主偏角减小时相同。

（3）刀具材料　刀具材料的高温强度越高，耐磨性越好，刀具寿命越高。但在有冲击切削、重型切削和难加工材料切削时，影响刀具寿命的主要因素是冲击韧性和抗弯强度。韧性越好，抗弯强度越高，刀具寿命越高，越不易产生破损。

（4）工件材料　工件材料的强度、硬度越高，产生的切削温度越高，故刀具寿命越低。此外，工件材料的塑性、韧性越高，导热性越低，切削温度越高，刀具寿命越低。

3. 刀具寿命的确定

合理选择刀具寿命，可以提高生产率和降低加工成本。刀具寿命定得过高，就要选取较小的切削用量，从而降低了金属切除率和生产率，提高了加工成本。反之，刀具寿命定得过低，虽然可以采取较大的切削用量，但因刀具磨损快，换刀、磨刀时间增加，刀具费用增大，同样会使生产率降低和成本提高。目前生产中常用的刀具寿命参考值见表2-2。

表 2-2　刀具寿命参考值　　　　　　　（单位：min）

刀具类型	刀具寿命 T 值
高速工具钢车刀	60～90
高速工具钢钻头	80～120
硬质合金焊接车刀	60
硬质合金可转位车刀	15～30
硬质合金面铣刀	120～180
齿轮刀具	200～300
自动机用高速工具钢车刀	180～200

选择刀具寿命时，还应考虑以下几点：

1）复杂的、高精度的、多刃的刀具寿命应比简单的、低精度的、单刃刀具高。

2）可转位刀具换刃、换刀片快捷，为使切削刃始终处于锋利状态，刀具寿命可选得低一些。

3）精加工刀具切削载荷小，刀具寿命应比粗加工刀具选得高一些。

4）精加工大件时，为避免中途换刀，刀具寿命应选得高一些。

5）数控加工中，刀具寿命应大于一个工作班，至少应大于一个零件的切削时间。

第三节　合理切削条件的选择

一、工件材料可加工性的改善

1. 可加工性的概念

金属材料的性能不同，切削加工的难易程度也不同。例如，与切削45钢相比，切削铜、铝合金较为轻快；切削合金钢较为困难。金属材料切削加工的难易程度称为材料的可加工性。

金属材料的可加工性与材料的力学、物理、化学性能以及加工要求和切削条件有关。一般地说，良好的可加工性是指：刀具寿命 T 较高或一定刀具寿命下的切削速度 v_{cT} 较高；切削力较小，切削温度较低；容易获得好的表面质量；切屑形状容易控制或容易断屑。反之，则认为可加工性差。

2. 可加工性的评定指标

评定工件材料可加工性的指标有：刀具寿命指标、切削速度指标、切削力指标、表面加工质量指标、断屑指标等。通常以一定刀具寿命下允许的切削速度来评定材料可加工性的好坏。

当切削普通金属材料时，取刀具寿命 $T = 60\text{min}$ 时允许的切削速度 v_{c60} 的大小来评定。当切削难加工材料时，则用 v_{c20} 来评定。在相同的加工条件下，v_{c60} 与 v_{c20} 的值越高，材料的可加工性越好。生产中常用相对加工性指标，即以 45 钢（$170 \sim 229\text{HBW}$、$R_m = 0.637\text{GPa}$）的 v_{c60} 为基准，记作 $(v_{c60})_j$，其他材料的 v_{c60} 与 $(v_{c60})_j$ 之比称为相对加工性，即 $K_r = v_{c60} / (v_{c60})_j$。凡 K_r 大于 1 的材料，其可加工性比 45 钢好；K_r 小于 1 的材料，其可加工性比 45 钢差。常用材料的相对加工性见表 2-3。

表 2-3 材料可加工性分级表

等级代号	可加工性	相对加工性 K_r	典型材料
1	易切削	> 3.00	ZCuSn5Pb5Zn5 铸造锡青铜，ZCuAl10Fe3 铸造铝青铜，铝镁合金
2		2.5 ~ 3.00	退火 15Cr，$R_m = 0.37 \sim 0.441\text{GPa}$ 自动机切削用钢 $R_m = 0.393 \sim 0.491\text{GPa}$
3	较易切削	1.6 ~ 2.5	正火 30 钢，$R_m = 0.441 \sim 0.549\text{GPa}$
4		1.00 ~ 1.60	45 钢，灰铸铁
5	较难切削	0.65 ~ 1.00	2Cr13 调质，$R_m = 0.834\text{GPa}$；85 钢，$R_m = 0.883\text{GPa}$
6		0.50 ~ 0.65	45 钢调质，$R_m = 1.03\text{GPa}$，65Mn 调质，$R_m = 0.932 \sim 0.981\text{GPa}$
7		0.15 ~ 0.50	50CrV 调质，1Cr18Ni9Ti，某些钛合金
8	难切削	< 0.15	某些钛合金，铸造镍基高温合金

3. 工件材料物理力学性能对可加工性的影响

（1）硬度和强度 工件材料的硬度和强度越高，切削力越大，切削温度越高，刀具磨损越快，因而可加工性越差。反之，可加工性越好。

（2）塑性和韧性 工件材料的塑性越高，切削时产生的塑性变形和摩擦越大，切削力越大，切削温度越高，刀具磨损越快，因而可加工性越差。同样，韧性越高，切削时消耗的能量越多，切削力越大，切削温度越高，且越不易断屑，可加工性越差。

（3）传热系数 当切削传热系数较大的材料时，由切屑和工件传出的热量多，有利于降低切削区的温度。所以，可加工性好。

（4）弹性模量 工件材料的弹性模量越大，可加工性越差。但弹性模量很小的材料（如软橡胶）弹性回复大，易使后刀面与工件表面发生强烈摩擦，可加工性也差。

4. 改善工件材料可加工性的途径

（1）用适当的热处理 通过热处理可以改变材料的金相组织，改变材料的物理力学性能。如低碳钢塑性过高，通过正火处理降低塑性，提高硬度。高碳钢硬度偏高，通过球化退火，降低其硬度。铸铁在切削加工前进行退火处理，降低表面硬度。

（2）调整工件材料的化学成分　在大批量生产中，应通过调整工件材料的化学成分来改善可加工性。例如，在钢中适当添加如硫、磷、铅、钙等元素，可以改善金属材料的内部滑移性，从而改善可加工性。

5. 难加工材料的可加工性改善措施

切削加工高强度、超高强度这类材料时，切削力比切削 45 钢时的切削力提高 20% ~ 30%，切削温度也高，刀具磨损快，刀具寿命短，可加工性差。可采取下列措施改善：

1）选用强度大、耐热、耐磨的刀具材料。

2）为防止崩刃，应增强切削刃和刀尖强度，前角应选小值或负值，切削刃的表面粗糙度值应小，刀尖圆弧半径 $r_\varepsilon \geqslant 0.8$ mm。

3）粗加工一般应在退火或正火状态下进行。

4）适当降低切削速度。

切削加工硬度、强度低的高塑性材料时，由于塑性高，切削变形大，切削力大，刀屑接触长，易粘结冷焊，形成积屑瘤，断屑困难，不易获得好的表面质量。可采取以下改善措施：

1）采用适宜的刀具材料，锋利的切削刃，以减小切削变形。

2）采用较高的切削速度和较大的进给量、背吃刀量。

二、刀具材料的选择

刀具材料主要根据工件材料、刀具形状和类型及加工要求等进行选择。切削一般钢与铸铁时的常用刀具材料见表 2-4；对于切削刃形状复杂的刀具（如拉刀、丝锥、板牙、齿轮刀具等）或容屑槽是螺旋形的刀具（如麻花钻、铰刀、立铣刀、圆柱铣刀等），目前大多采用高速工具钢（HSS）制造；硬质合金的牌号很多，其切削速度和刀具寿命都很高，应尽量选用，以提高生产率。各种常用刀具材料可以切削的主要工件材料见表 2-5。

表 2-4　切削一般钢与铸铁的常用刀具材料

工件材料 刀具类型	钢	铸　　铁
车刀、镗刀	WC – TiC – Co WC – TiC – TaC – Co TiC（N）基硬质合金，Al_2O_3	WC – Co，WC – TaC – Co TiC（N）基硬质合金，Al_2O_3 Si_3N_4
面铣刀	WC – TiC – TaC – Co TiC（N）基硬质合金	WC – TaC – Co，TiC（N）基硬质合金， Si_3N_4，Al_2O_3
钻头	HSS，WC – TiC – Co WC – TiC – TaC – Co	HSS，WC – Co WC – TaC – Co
扩孔钻，铰刀	HSS，WC – TiC – Co WC – TiC – TaC – Co	HSS，WC – Co WC – TaC – Co
成形车刀	HSS	HSS

（续）

刀具类型 ＼ 工件材料	钢	铸　铁
立铣刀，圆柱铣刀	HSS	HSS
拉刀	HSS	HSS
丝锥，板牙	HSS	HSS
齿轮刀具	HSS	HSS

表 2-5　常用刀具材料可切削的主要工件材料

刀 具 材 料		结构钢	合金钢	铸铁	淬硬钢	冷硬铸铁	镍基高温合金	钛合金	铜铝等有色金属	非金属
高速工具钢		√					√	√	√	√
硬质合金	K 类			√		√	√	√	√	√
	P 类	√	√							√
	M 类	√	√	√				√		√
涂层硬质合金		√	√	√					√	
TiC（N）基硬质合金		√	√	√					√	
陶瓷	Al$_2$O$_3$ 基	√	√	√	√			√		
	Si$_3$N$_4$ 基			√				√		
超硬材料	金刚石								√	√
	立方氮化硼				√	√	√			

三、刀具几何参数的选择

刀具切削部分几何参数的选择，对切削变形、切削力、切削温度和刀具磨损及加工质量等均有重要影响。为充分发挥刀具的切削性能，必须合理选择刀具的几何参数。

1. 前角的选择

前角影响切削刃锋利程度和强度。增大前角可使刃口锋利，切削力减小，切削温度降低，还可抑制积屑瘤产生。但前角过大，切削刃和刀头强度下降，刀具散热体积减小，刀具寿命反而降低。减小前角，刀具强度提高，切屑变形增大，易断屑。但前角过小，会使切削力和切削温度增加，刀具寿命降低。因此，前角应选一个合理的值，具体选择时，应考虑以下几个方面：

（1）工件材料　工件材料的强度和硬度越低，塑性越大时，前角应选得大些，反之应选得小些。当加工脆性材料时，其切屑呈崩碎状，切削力集中在刃口附近且有冲击，为防止崩刃，一般应选较小的前角。

（2）刀具材料　强度和韧性高的刀具材料应选较大的前角。如高速工具钢的前角比硬质合金刀具前角大 $5° \sim 10°$。陶瓷刀具的前角应比硬质合金刀具更小一些。

（3）加工性质　粗加工和断续加工时，切削力较大，有冲击，为保证刀具有足够的强度，应选较小的前角；精加工时，切削力较小，为提高刃口的锋利程度，应选较大的前角。

工艺系统刚性差和机床功率小时，宜选较大的前角，以减小切削力和振动。

数控机床和自动机床、自动线用刀具，为保证刀具不发生崩刃和破损，一般选较小的前角。

硬质合金车刀合理前角的参考值见表 2-6。

表 2-6　硬质合金车刀合理前角参考值

工件材料	合理前角（°）		工件材料	合理前角（°）	
	粗车	精车		粗车	精车
低碳钢 Q235	18 ~ 20	20 ~ 25	40Cr（正火）	13 ~ 18	15 ~ 20
45 钢（正火）	15 ~ 18	18 ~ 20	40Cr（调质）	10 ~ 15	13 ~ 18
45 钢（调质）	10 ~ 15	13 ~ 18	40 钢、40Cr 钢锻件	10 ~ 15	
45 钢、40Cr 铸钢件或钢锻件断续切削	10 ~ 15	5 ~ 10	淬硬钢（40 ~ 50HRC）	-15 ~ -5	
			灰铸铁断续切削	5 ~ 10	0 ~ 5
灰铸铁 HT150、HT200、青铜 ZCuSn10Pb1、脆黄铜、HPb59 - 1	10 ~ 15	5 ~ 10	高强度钢（R_m < 180MPa）	-5	
			高强度钢（R_m ≥ 180MPa）	-10	
铝 1050A 及铝合金 2A13	30 ~ 35	35 ~ 40	锻造高温合金	5 ~ 10	
纯铜 T1 ~ T3	25 ~ 30	30 ~ 35	铸造高温合金	0 ~ 5	
奥氏体不锈钢（185HBW 以下）	15 ~ 25		钛及钛合金	5 ~ 10	
马氏体不锈钢（250HBW 以下）	15 ~ 25		铸造钛碳化钨	-10 ~ -15	
马氏体不锈钢（250HBW 以上）	-5				

2. 后角的选择

后角的主要作用是减小刀具后刀面与工件表面间的摩擦。增大后角，可以减小后刀面与工件表面间的摩擦，并使刃口锋利，有利于提高刀具寿命和工件表面质量。但后角过大，切削刃强度和散热条件变差，反而使刀具寿命降低。具体选择时应考虑以下几个方面：

（1）切削厚度　切削厚度越大，切削力越大，为保证刃口强度和提高刀具寿命，应选较小的后角。

（2）工件材料　工件材料硬度、强度较高的，为保证切削刃强度，取较小的后角；工件材料塑性越高，材料越软，为减小后刀面的摩擦对工件表面质量的影响，取较大的后角。

（3）加工性质　粗加工时为提高强度，应取较小的后角；精加工时，为减少摩擦，可取较大的后角。

（4）工艺系统刚性　当工艺系统刚性差时，可适当减小后角以防止振动。

硬质合金车刀合理后角的参考值见表 2-7。

表 2-7　硬质合金车刀合理后角的参考值

工件材料	合理后角（°）	
	粗车	精车
低碳钢	8 ~ 10	10 ~ 12
中碳钢	5 ~ 7	6 ~ 8
合金钢	5 ~ 7	6 ~ 8
淬火钢	8 ~ 10	

（续）

工件材料	合理后角（°）	
	粗车	精车
不锈钢	6～8	8～10
灰铸铁	4～6	6～8
铜及铜合金（脆）	4～6	6～8
铝及铝合金	8～10	10～12
钛合金（$R_m \leqslant 1.17\text{GPa}$）	10～15	

3. 主偏角的选择

主偏角 κ_r 主要影响刀具寿命，已加工表面的表面粗糙度及切削分力的大小和比例。κ_r 较小，则刀头强度高，散热条件好，已加工表面的表面粗糙度值小；其负面影响为背向力大，易引起工件变形和振动。κ_r 较大时，产生的影响与上述相反。

通常粗加工时，κ_r 选大些，以利于减振，防止崩刃；精加工时，κ_r 选小些，以减小已加工表面的表面粗糙度值；工件材料强度、硬度高时，κ_r 应取小些，以改善散热条件，提高刀具寿命；工艺系统刚性好，κ_r 取小些，反之，取大些。例如车削细长轴时，常取 $\kappa_r \geqslant 90°$，以减小背向力。

4. 副偏角的选择

副偏角 κ_r' 主要用于减小副切削刃与已加工表面间的摩擦。减小 κ_r' 可减小已加工表面的表面粗糙度值，提高刀具强度和改善散热条件。但将增加副后刀面与已加工表面间的摩擦，且易引起振动。

工艺系统刚性好时，常取 $\kappa_r' = 5°～10°$，最大不超过 15°；精加工刀具 κ_r' 应更小，必要时可磨出 $\kappa_r' = 0°$ 的修光刃；切断刀、槽铣刀等，为保证刀头强度和刃磨后刀头宽度尺寸变化较小，取 $\kappa_r' = 1°～2°$。

硬质合金车刀合理主偏角和副偏角参考值见表2-8。

表2-8　硬质合金车刀合理主偏角和副偏角的参考值

加工情况		参考数值（°）	
		主偏角 κ_r	副偏角 κ_r'
粗车	工艺系统刚性好	45、60、75	5～10
	工艺系统刚性差	65、75、90	10～15
车细长轴、薄壁零件		90、93	6～10
精车	工艺系统刚性好	45	0～5
	工艺系统刚性差	60、75	0～5
车削冷硬铸铁、淬火钢		10～30	4～10
从工件中间切入		45～60	30～45
切断刀、切槽刀		60～90	1～2

5. 刃倾角的选择

刃倾角 λ_s 主要影响切削刃受力状况（图2-19）、切屑流向（图2-20）和刀头强度。当

$\lambda_s = 0°$ 时，刀尖和主切削刃同时切入工件，切屑垂直于主切削刃方向流出；当 $\lambda_s < 0°$ 时，主切削刃先切入工件，有利于保护刀尖，切屑流向已加工表面，易擦伤已加工表面，适用于粗加工和有冲击的断续切削；当 $\lambda_s > 0°$ 时，刀尖先切入工件，刀尖受冲击，切削流向待加工表面，适用于精加工。

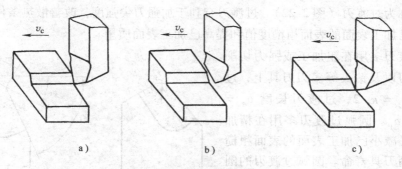

图 2-19　刃倾角 λ_s 对刀尖强度的影响

a) $\lambda_s = 0$　b) $\lambda_s < 0$　c) $\lambda_s > 0$

刃倾角的选择主要考虑加工性质和切削刃受力情况。在加工一般钢料和铸铁时，无冲击的粗车取 $\lambda_s = 0° \sim -5°$，精车取 $\lambda_s = 0° \sim 5°$；有冲击载荷时，取 $\lambda_s = -5° \sim -15°$；当冲击特别大时，取 $\lambda_s = -30° \sim -45°$；加工高强度钢、冷硬钢时，取 $\lambda_s = -10° \sim -30°$。

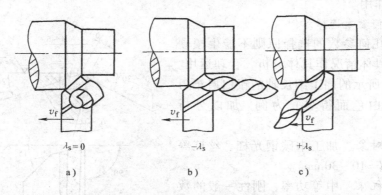

图 2-20　刃倾角 λ_s 对排屑方向的影响

a) $\lambda_s = 0$　b) $\lambda_s < 0$　c) $\lambda_s > 0$

6. 其他几何参数的选择

（1）负倒棱及其参数的选择　在粗加工钢和铸铁的硬质合金刀具上，常在主切削刃上刃磨出一个前角为负值的倒棱面（图 2-21），称为负倒棱。其作用是增加切削刃强度，改善刃部散热条件，避免崩刃并提高刀具寿命。由于倒棱宽度很窄，所以它不改变刀具前角的作用。

负倒棱参数（包括倒棱宽度 $b_{\gamma 1}$ 和倒棱角 γ_{o1}）应适当选择。太小时，起不到应有的作用；太大时，又会增加切削力和切削变

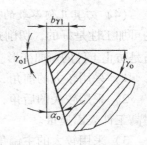

图 2-21　负倒棱

形。一般情况下，工件材料强度、硬度高，而刀具材料的抗弯强度低且进给量大时，$b_{\gamma1}$ 和 $|\gamma_{o1}|$ 应较大；加工钢料时，若 $a_p < 0.2$mm，$f < 0.3$mm/r，可取 $b_{\gamma1} = (0.3 \sim 0.8)f$，$\gamma_{o1} = -5° \sim -10°$；当 $a_p \geq 2$mm，$f \leq 0.7$mm/r，$b_{\gamma1} = (0.3 \sim 0.8)f$，$\gamma_{o1} = -25°$。

（2）过渡刃及其参数选择　连接刀具主、副切削刃的刀尖通常刃磨成一段圆弧或直线刃，它们统称为过渡刃（图2-22）。过渡刃有利于加强刀尖强度，改善散热条件，提高刀具寿命，减小已加工表面的表面粗糙度值和提高已加工表面质量。

直线过渡刃多用在粗加工或强力切削车刀、切断刀以及钻头等多刃刀具上，过渡刃偏角 $\kappa_{r_\varepsilon} = \kappa_r/2$，过渡刃长度 $b_\varepsilon = (0.2 \sim 0.25)a_p$。圆弧过渡刃多用在精加工刀具上，可减小已加工表面的表面粗糙度值，并提高刀具寿命。圆弧过渡刃的圆弧半径 r_ε 在高速工具钢刀具上，可取 $r_\varepsilon = 0.5 \sim 5$mm，在硬质合金刀具上，可取 $r_\varepsilon = 0.2 \sim 2$mm。

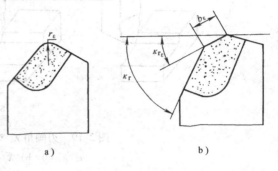

图 2-22　两种过渡刃

a）圆弧过渡刃　b）直线过渡刃

过渡刃参数必须选择适当，若 κ_{r_ε} 太小或 b_ε、r_ε 太大，会使切削变形和切削力增大过多。相反，κ_{r_ε} 太大或 b_ε、r_ε 太小，则过渡刃起不到应有的作用。

7. 刀具几何参数选择示例

上述刀具几何参数的选择原则不能生搬硬套，而应根据具体情况作具体分析，合理运用。下面以图2-23所示的加工细长轴的银白屑车刀（因切屑呈银白色而得名）为例，加以分析介绍。

（1）加工对象　加工中碳钢光杠、丝杠等细长轴零件（$d = 10 \sim 30$mm）。

（2）使用机床　中等功率、刚性一般的数控机床。

（3）刀具材料　刀片材料为硬质合金YT15，刀杆材料为45钢。

（4）刀具几何参数的选择与分析　工件材料的可加工性是好的，切削过程中要解决的主要矛盾是防止工件的弯曲变形。为此要尽量减少背向力，增强工艺系统的刚性，防止振动的产生。

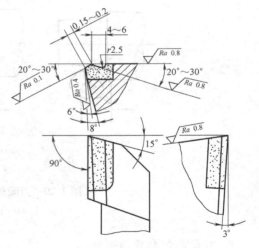

图 2-23　细长轴银白屑车刀

1）采用较大的前角，$\gamma_o = 20° \sim 30°$，以减小切削变形，减小切削力，使切削轻快。

2）采用较大的后角，$\alpha_o = 6° \sim 8°$，以减小后刀面与工件表面间的摩擦，减小刀具磨损，提高工件表面质量。

3）采用较大的主偏角，$\kappa_r = 90°$，以减小背向力，避免加工时工件的弯曲变形和振动。

4）沿主切削刃磨出 $b_{\gamma1} = 0.15 \sim 0.2$mm，$\gamma_{o1} = -20° \sim -30°$ 的倒棱，以加强切削刃强

度（因前角较大）。

5）采用刃倾角 $\lambda_s = 3°$，使切屑流向待加工表面，不致划伤已加工表面。

6）前刀面上磨出宽度为 $4 \sim 6mm$ 的直线圆弧形卷屑槽，以提高排屑卷屑效果。

四、切削用量的选择

切削用量的大小对切削力、切削功率、刀具磨损、加工质量和加工成本均有显著影响。选择切削用量时，就是在保证加工质量和刀具寿命的前提下，充分发挥机床性能和刀具切削性能，使切削效率最高，加工成本最低。

（一）切削用量的选择原则

（1）粗加工时切削用量的选择原则　首先选取尽可能大的背吃刀量；其次要根据机床功率和刚性的限制条件等，选取尽可能大的进给量；最后根据刀具寿命确定最佳的切削速度。

（2）精加工时切削用量的选择原则　首先根据粗加工后的余量确定背吃刀量；其次根据已加工表面确定表面粗糙度要求，选取较小的进给量；最后在保证刀具寿命的前提下尽可能选用较高的切削速度。

（二）切削用量的选择方法

（1）背吃刀量的选择　根据加工余量确定。粗加工（ $Ra10 \sim 80\mu m$ ）时，一次进给应尽可能切除全部余量。在中等功率机床上，背吃刀量可达 $8 \sim 10mm$。半精加工（ $Ra1.25 \sim 10\mu m$ ）时，背吃刀量取为 $0.5 \sim 2mm$。精加工时（ $Ra0.32 \sim 1.25\mu m$ ）时，背吃刀量取为 $0.1 \sim 0.4mm$。

在工艺系统刚性不足或毛坯余量很大，或余量不均匀时，粗加工要几次进给，并且应当把第一、二次进给的背吃刀量尽量取得大一些。

（2）进给量的选择　粗加工时，由于对工件表面质量没有太高的要求，这时主要考虑机床进给机构的强度和刚性以及刀杆的强度和刚性等限制因素。根据加工材料、刀杆尺寸、工件直径及已确定的背吃刀量来选择进给量。

在半精加工和精加工时，则按表面粗糙度要求，根据工件材料、刀尖圆弧半径、切削速度来选择进给量。

（3）切削速度的选择　根据已经选定的背吃刀量、进给量及刀具寿命选择切削速度。可以根据生产实践经验在机床说明书允许的切削范围内查表选取，也可用下述公式计算。

$$v_c = \frac{C_v}{T^m a_p^{x_v} f^{y_v}} K_v \tag{2-29}$$

式中　　C_v——切削速度系数；

m、x_v、y_v——分别表示 T、a_p、f 对 v_c 的影响程度，它们与工件材料、刀具材料等因素有关；

　　　　K_v——切削速度修正系数，它等于工件材料、毛坯表面状态、刀具材料、加工方式、主偏角等因素对切削速度的修正系数的乘积。

上述指数和系数可阅切削用量手册。

在选择切削速度时，还应考虑以下几点：

1）应尽量避开积屑瘤产生的区域。

2）断续切削时，为减小冲击和热应力，要适当降低切削速度。

3）在易发生振动的情况下，切削速度应避开自激振动的临界速度。

4）加工大件、细长件和薄壁工件时，应适当降低切削速度。

（4）机床功率的校核　切削功率 P_c 可用式（2-23）计算。机床有效功率 P'_E 为

$$P'_E = P_E \eta \qquad\qquad (2-30)$$

式中　　P_E——机床电动机功率；

　　　　η——机床传动效率。

若 $P_c < P'_E$，则选择的切削用量可在指定的机床上使用。若 $P_c \ll P'_E$，则机床功率没有得到充分发挥，这时可以规定较低的刀具寿命（如采用机夹可转位刀片的合理刀具寿命可选为 $15 \sim 30 \text{min}$），或采用可加工性更好的刀具材料，以提高切削速度的办法使切削功率增大，以期充分利用机床功率，达到提高生产率的目的。

若 $P_c > P'_E$，则选择的切削用量不能在指定的机床上使用，这时可调换功率较大的机床，或根据所限定的机床功率降低切削用量（主要是降低切削速度）。这时，虽然机床功率得到充分利用，但刀具性能未能充分发挥。

（三）切削用量选择示例

1. 已知条件

工件材料为 45 钢（热扎），$R_m = 0.637 \text{GPa}$。毛坯尺寸为 $\phi 50\text{mm} \times 350\text{mm}$，装夹如图 2-24 所示。加工要求为外圆车削至 $\phi 44\text{mm}$，表面粗糙度 $Ra3.2\mu\text{m}$，加工长度为 300mm。机床采用 CA6140 型卧式车床。刀具为焊接式硬质合金外圆车刀，刀具材料为 YT15，刀杆截面尺寸为 $16\text{mm} \times 25\text{mm}$；几何参数为 $\gamma_o = 15°$，$\alpha_o = 8°$，$\kappa_r = 75°$，$\kappa'_r = 6°$，$\lambda_s = 6°$，$r_\varepsilon = 1\text{mm}$，$b_{\gamma 1} = 0.3\text{mm}$，$\gamma_{o1} = -10°$。

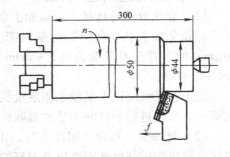

图 2-24　外圆车削尺寸图

2. 选择切削用量

因表面粗糙度有一定的要求，故应分粗车和半精车两次切削。

（1）粗车

1）确定背吃刀量 a_p。因单边加工余量为 3mm，所以粗车取 $a_p = 2.5\text{mm}$。

2）确定进给量 f。根据工件材料、直径大小、刀杆截面尺寸及已定的粗车背吃刀量，从切削用量手册中查得 $f = 0.4 \sim 0.5\text{mm/r}$。按机床使用说明书中实有的进给量，取 $f = 0.51\text{mm/r}$。

3）确定切削速度 v_c。根据已知条件和已确定的 a_p，从切削用量手册中查得 $v_c = 90\text{m/min}$，然后由式（2-1）计算机床主轴转速为

$$n = \frac{1000 v_c}{\pi d} = \frac{1000 \times 90}{3.14 \times 50} \text{r/min} = 573\text{r/min}$$

按机床使用说明书选取实际的机床主轴转速为 $n = 560\text{r/min}$，故实际的切削速度为

$$v_c = \frac{\pi d n}{1000} = \frac{3.14 \times 50 \times 560}{1000} \text{m/min} = 87.9\text{m/min}$$

4）校验机床功率（略）。

最终选配的粗车切削用量为 $v_c = 87.9\text{m/min}$，$f = 0.51\text{mm/r}$，$a_p = 2.5\text{mm}$。

（2）半精车

1）确定背吃刀量 a_p。取 $a_p = 0.5\text{mm}$。

2）确定进给量 f。根据表面粗糙度 $Ra3.2\mu\text{m}$。刀尖圆弧半径 $r_\varepsilon = 1\text{mm}$，从切削用量手册中查得（预设 $v_c > 50\text{m/min}$），$f = 0.3 \sim 0.35\text{mm/r}$。按机床使用说明书上实有的进给量，确定 $f = 0.3\text{mm/r}$。

3）确定切削速度 v_c。根据已知条件和已确定的 a_p、f 值，从切削用量手册中查得 $v_c = 130\text{m/min}$，然后计算出机床主轴转速为

$$n = \frac{1000 \times 130}{3.14 \times (50 - 5)}\text{r/min} = 920\text{r/min}$$

按机床使用说明书选取机床主轴实际转速为 $n = 900\text{r/min}$，故实际的切削速度为

$$v_c = \frac{3.14 \times (50 - 5) \times 900}{1000}\text{m/min} = 127.2\text{m/min}$$

最终选取的半精车切削用量为 $v_c = 127.2\text{m/min}$，$f = 0.3\text{mm/r}$，$a_p = 0.5\text{mm}$。

五、切削液的选择

在金属切削过程中，合理选择切削液，可以改善工件与刀具间的摩擦状况，降低切削力和切削温度，减轻刀具磨损，减小工件的热变形，从而可以提高刀具寿命，提高加工效率和加工质量。

1. 切削液的作用

（1）冷却作用　切削液可以将切削过程中产生的热量迅速地从切削区带走，使切削区温度降低。切削液的流动性越好，比热容、导热系数和气化热等参数越高，则其冷却性能越好。

（2）润滑作用　切削液能在刀具的前、后刀面与工件之间形成一层润滑薄膜，可减少或避免刀具与工件或切屑间的直接接触，减轻摩擦和粘结程度，因而可以减轻刀具的磨损，提高工件表面的加工质量。

为保证润滑作用的实现，要求切削液能够迅速渗入刀具与工件或切屑的接触界面，形成牢固的润滑油膜，使其不致在高温、高压及剧烈摩擦的条件下被破坏。

（3）清洗作用　在切削过程中，会产生大量切屑、金属碎片和粉末，特别是在磨削过程中，砂轮上的砂粒会随时脱落或破碎下来。使用切削液便可以及时地将它们从刀具（或砂轮）和工件上冲洗下去，从而避免切屑粘附刀具、堵塞砂轮和划伤已加工表面。这一作用对于磨削、螺纹加工和深孔加工等工序尤为重要。为此，要求切削液有良好的流动性，并且在使用时有足够大的压力和流量。

（4）防锈作用　为了减轻工件、刀具和机床受周围介质（如空气、水分等）的腐蚀，要求切削液具有一定的防锈作用。防锈作用的程度，取决于切削液本身的性能和加入的防锈添加剂品种和比例。

2. 切削液的种类

常用的切削液分为三大类：水溶液、乳化液和切削油。

（1）水溶液　水溶液是以水为主要成分的切削液。水的导热性好，冷却效果好。但单

纯的水容易使金属生锈，润滑性能差，因此常在水溶液中加入一定量的添加剂，如防锈添加剂、表面活性物质和油性添加剂等，使其既具有良好的防锈性能，又具有一定的润滑性能。

（2）乳化液　　乳化液是将乳化油用 95% ~ 98% 的水稀释而成，呈乳白色或半透明状的液体，具有良好的冷却作用。但润滑、防锈性能较差，常再加入一定量的油性、极压添加剂和防锈添加剂，配置成极压乳化液或防锈乳化液。

（3）切削油　　切削油的主要成分是矿物油，少数采用动植物油或复合油。纯矿物油不能在摩擦界面形成坚固的润滑膜，润滑效果较差。实际使用中，常加入油性添加剂、极压添加剂和防锈添加剂，以提高其润滑和防锈作用。

3. 切削液的选用

（1）根据工件材料选用　　当切削钢等塑性材料时，需用切削液；切削铸铁、青铜等脆性材料时可不用切削液；切削高强度钢、高温合金等难加工材料时，属高温高压边界摩擦状态，宜选用极压切削油或极压乳化液，有时还需要配置特殊的切削液。对于铜、铝及铝合金，为得到较高的加工质量和加工精度，可采用 10% ~ 20% 乳化液或煤油等；切削镁合金时，不能用水溶液，以免燃烧。

（2）根据刀具材料选用　　高速工具钢刀具耐热性差，应采用切削液。在粗加工中以冷却为主，精加工时则以润滑为主。硬质合金刀具耐热性好，一般不用切削液，必须使用时可采用水溶液或低浓度乳化液。但浇注切削液时要充分连续，否则刀片会因受热不均而开裂。

（3）根据加工方法选用　　钻孔、铰孔、攻螺纹和拉削等工序的刀具与已加工表面摩擦严重，宜采用乳化液、极压乳化液或极压切削油。成形刀具、齿轮刀具等价格昂贵，要求刀具寿命长，可采用极压切削油（如硫化油等）。磨削加工温度很高，还会产生大量的碎屑及脱落的砂粒，因此要求切削液应具有良好的冷却和清洗作用，常采用乳化液。

（4）根据加工要求选用　　粗加工时的切削用量大，产生大量的切削热，这时主要是降低切削温度，应选用以冷却性能为主的切削液，如 3% ~ 5% 的低浓度乳化液。精加工时，主要要求提高加工精度和工件表面质量，应选用以润滑性能为主的切削液，如极压切削油或高浓度极压乳化液，以减小刀具与切屑间的摩擦与粘结，抑制积屑瘤。

切削液的施加方法通常有浇注法、高压冷却法以及喷雾冷却法。

习题与思考题

2-1　金属切削过程的本质是什么？

2-2　试述切削速度对切削变形的影响规律。

2-3　简述切屑的种类和变形规律；为保证加工质量和安全性，如何控制切屑？

2-4　何谓积屑瘤？它是怎样形成的？积屑瘤对切削过程有什么影响？若要避免产生积屑瘤，应采取哪些措施？

2-5　试说明车刀的主要几何参数对 F_c、F_p、F_f 的影响规律。

2-6　用硬质合金车刀（$\gamma_o = 10°$、$\kappa_r = 45°$、$\lambda_s = 5°$、$r_\varepsilon = 0.5mm$）纵车外圆，工件材料为中碳钢，$R_m = 0.588GPa$，选用 $v_c = 100m/min$、$f = 0.2mm/r$、$a_p = 3mm$。试计算（1）主切削力；（2）校验机床功率（$P_E = 7.5kW$、$\eta = 0.8$）。

2-7　分析切削用量（v_c、f、a_p）对切削温度的影响，并对比它们对切削力的影响，可以得出什么结论？

2-8　何谓刀具磨钝标准？刀具磨钝标准与哪些因素有关？

2-9　何谓刀具寿命？它与刀具磨钝标准有何联系？当刀具的磨钝标准确定后，刀具寿命是否就确定了？

2-10　试述改善工件材料可加工性的途径。

2-11　按下列条件选用刀具材料种类或牌号：（1）粗车 45 钢锻件；（2）精车 HT200 铸铁；（3）低速车合金钢蜗杆（4）高速精车调质钢长轴；（5）中速车削淬硬钢轴；（6）加工冷硬铸铁。

2-12　刀具几何角度中 $\gamma_\circ$、κ_r、λ_s 各有何功能，如何选择？

2-13　选择切削用量的次序是怎样的？为什么？

2-14　在 CA6140 型卧式车床上车削材料为经调质处理的 45 钢，硬度为 229HBW，工件毛坯直径为 100mm，零件外圆直径为 80mm，加工长度为 160mm。试（1）选择刀具材料；（2）选择刀具几何参数；（3）选择切削用量。

2-15　切削液具有冷却、润滑作用，为什么有些切削加工中不使用切削液？用硬质合金刀具切削时，如使用切削液应注意什么问题？为什么？

第三章　车削加工

车削加工是机械加工中应用最多的加工方法之一，广泛用于各种回转体零件的加工。图3-1 所示为车床上可完成的典型加工工艺。此外，借助于通用夹具或专用夹具，在车床上还可完成非回转体零件上的回转表面加工。在普通精度的车床上，加工外圆表面的精度可达 IT7~IT8，表面粗糙度可达 $Ra0.8~1.6\mu m$。在精密级和高精密级车床上，利用合适的刀具还可完成高精度零件的精密加工。

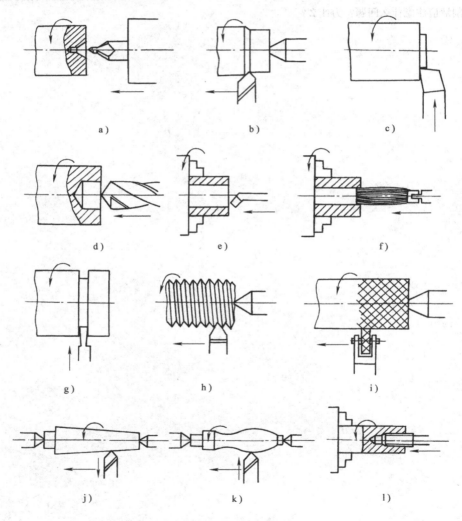

图 3-1　车床主要加工工艺类型

a) 钻中心孔　b) 车外圆　c) 车端面　d) 钻孔　e) 镗孔　f) 铰孔　g) 切槽　h) 车螺纹
i) 滚花　j) 车锥面　k) 车成形面　l) 攻螺纹

第一节 车 床

车床是完成车削加工所必需的设备。车床的主运动通常是工件的旋转运动，进给运动是刀具的移动。按有无数控装置，车床分为数控车床和普通车床两大类。普通车床按其结构和用途的不同，可分为卧式车床、立式车床、转塔车床、回轮车床、液压仿形车床、多刀自动和半自动车床及各种专用车床；数控车床可分为普通数控车床和车削加工中心。

一、卧式车床

在各种车床中，以卧式车床应用最普遍、工艺范围最广泛。它通用性强，但自动化程度低，特别是加工形状复杂的零件时，换刀麻烦，生产率低。所以，多适用于单件小批量生产。本节将以 CA6140 型卧式车床为例对其传动系统和主要结构进行介绍。

（一）卧式车床的组成

图 3-2 所示为 CA6140 型卧式车床，其主要组成部件及功能如下：

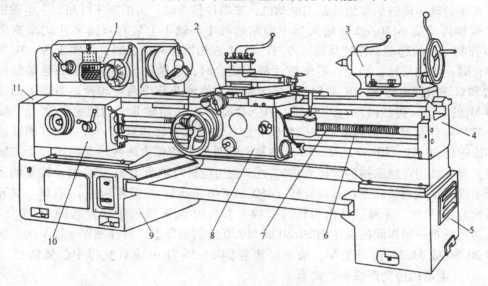

图 3-2 CA6140 型卧式车床
1—主轴箱 2—刀架部件 3—尾座 4—床身 5、9—床腿 6—光杠
7—丝杠 8—溜板箱 10—进给箱 11—交换齿轮变速机构

（1）主轴箱 主轴箱 1 固定在床身 4 的左上部。箱内装有主轴部件及其变速、变向和传动机构。主轴前端可安装卡盘、花盘等夹具，用于装夹工件。其功能是支承并传动主轴，使主轴带动工件按规定的转速旋转，实现主运动。

（2）刀架部件 刀架部件 2 安装在床身 4 的刀架导轨上，由几层构件组成：安装在床身上作纵向运动的床鞍、安装在床鞍上作横向运动的中滑板、安装在中滑板上可水平转动并能手动控制移动的小滑板、在小滑板上装有安装刀具用的四方刀架。其功能是带着夹持在上面的车刀移动，实现纵向、横向和斜向进给运动。

（3）尾座 尾座 3 安装在床身 4 的尾座导轨上，并可沿此导轨纵向调整位置。其功能是用后顶尖支承工件，也可以安装钻头、铰刀及中心钻等孔加工刀具进行孔加工。

（4）进给箱　进给箱 10 固定在床身 4 的左前侧。箱内装有进给运动变换机构。其功能是改变机动进给量或加工螺纹的导程，并可按加工需要实现螺纹加工（经过丝杠）和一般机动进给（经过光杠）的转换。

（5）溜板箱　溜板箱 8 固定在刀架部件 2 的底部，带动刀架运动。其功能是把进给箱传来的运动传递给刀架部件，使刀架实现纵向进给、横向进给、快速移动或车螺纹进给。在溜板箱上装有各种操纵手柄及按钮。工作时，工人可以方便地操纵机床。

（6）床身　床身 4 固定在左、右床腿上。床身是车床的基本支承件，在床身上安装着车床的各个主要部件。其功能是支承其他各主要部件并使它们在工作时保持准确的相对位置或相对运动。

（二）卧式车床的传动系统

图 3-3 所示为 CA6140 型卧式车床的传动系统图。整个传动系统由主运动传动链、车螺纹传动链、纵向进给传动链、横向进给传动链及快速移动传动链组成。

1. 主运动传动

车床主运动传动链的起始件是主电动机，末端件是主轴。由图 3-3 可知，主电动机的运动经 V 带轮传动副 $\phi130/\phi230$ 输入到主轴箱的轴 I。轴 I 上装有双向多片式摩擦离合器 M_1，以控制主轴的起动、停转及旋转方向。当 M_1 左边磨擦片接合时，主轴正转；M_1 右边摩擦片接合时，主轴反转；当左、右摩擦片都不接合时，主轴停转。当轴 I 的运动经离合器 M_1 左边和双联滑移齿轮 56/38 或 51/43 传至轴 II，使轴 II 获得两种转速。当轴 I 的运动经离合器 M_1 的右边，再经齿轮 z_{50}、轴 VII 上的空套齿轮 z_{34} 传给轴 II 上的固定齿轮 z_{30}，使轴 II 的转向与经离合器 M_1 左边传来的方向相反。这一级的反转转速只有一种。轴 II 的转速经三联滑移齿轮副 39/41、30/50 或 22/58 至轴 III。轴 III 的运动可由两种传动路线传至主轴：当主轴 VI 上与主轴用花键联接的滑移齿轮 z_{50} 处于左边位置与轴 III 上 z_{63} 啮合时，轴 III 的运动直接传至主轴 VI，从而带动主轴高速旋转（450 ～ 1400r/min）；当滑移齿轮 z_{50} 右移，脱开与轴 III 上齿轮 z_{63} 的啮合，并通过其内齿轮与主轴上大齿轮 z_{58} 左端齿轮啮合（即 M_2 接合）时，轴 III 运动经轴 III—轴 IV 间的齿轮副 20/80 或 50/50 传到轴 IV 上，再经轴 IV—轴 V 间双联滑移齿轮副 20/80 或 51/50 传至轴 V，最后经齿轮副 26/58 使主轴 VI 获得中、低转速（10 ～ 500r/min）。主运动传动路线表达式为

$$\text{主电动机} \atop (7.5\text{kW},1450\text{r/min})} - \frac{\phi130}{\phi230} - \text{I} - \left[\begin{matrix} M_1(\text{左}) \\ (\text{正转}) \end{matrix} \begin{bmatrix} \frac{56}{38} \\ \frac{51}{43} \end{bmatrix} \\ M_1(\text{右}) \atop (\text{反转}) \frac{50}{34} - \text{VII} - \frac{34}{30} \end{matrix} \right] - \text{II} - \begin{bmatrix} \frac{39}{41} \\ \frac{30}{50} \\ \frac{22}{58} \end{bmatrix} -$$

$$- \text{III} - \begin{bmatrix} \dfrac{63}{50}(M_2\text{左移}) \\ \\ \begin{bmatrix} \frac{20}{80} \\ \frac{50}{50} \end{bmatrix} - \text{IV} - \begin{bmatrix} \frac{20}{80} \\ \frac{51}{50} \end{bmatrix} - \text{V} - \frac{26}{58} - M_2(\text{右移}) \end{bmatrix} - \text{VI}(\text{主轴})$$

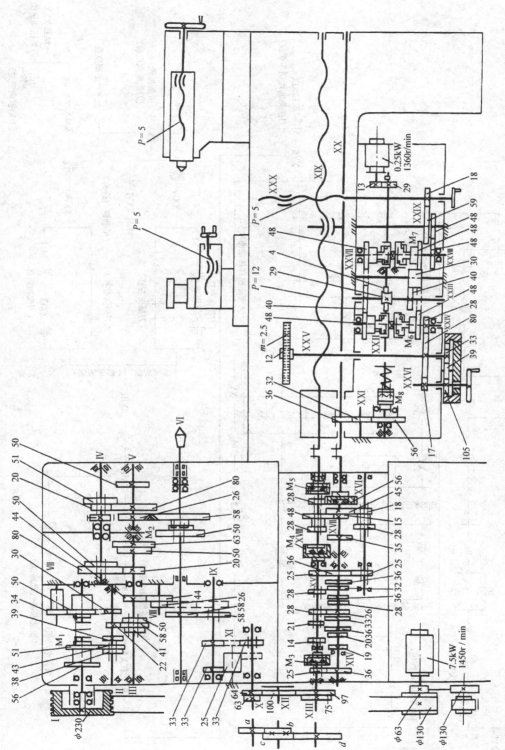

图 3-3 CA6140 型卧式车床传动系统图

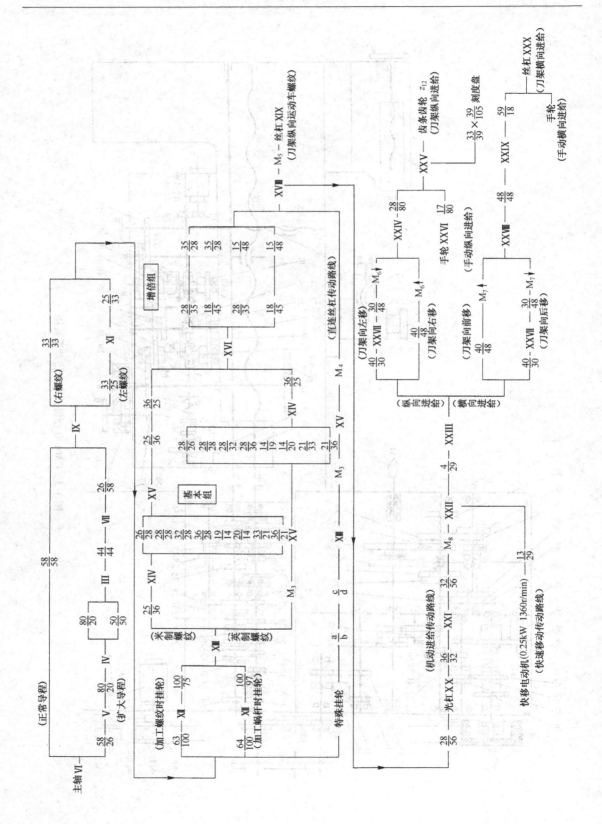

传动系统的转速级数等于组成传动链的所有变速组传动副数的乘积。由主运动的传动路线表达式可知，主轴应可得到 $2 \times 3 \times (2 \times 2 + 1) = 30$ 级正转转速，但由于轴Ⅲ—轴Ⅳ—轴Ⅴ间的四种传动比为

$$u_1 = \frac{20}{80} \times \frac{20}{80} = \frac{1}{16} \qquad\qquad u_2 = \frac{20}{80} \times \frac{51}{50} \approx \frac{1}{4}$$

$$u_3 = \frac{50}{50} \times \frac{20}{80} = \frac{1}{4} \qquad\qquad u_4 = \frac{50}{50} \times \frac{51}{50} \approx 1$$

其中 u_2 和 u_3 基本相同，可见轴Ⅲ—轴Ⅴ间只有三种不同传动比。故主轴实际获得 2×3 $(3 + 1) = 24$ 级不同的转速。同理，主轴的反转转速级数为：$3 \times (3 + 1) = 12$ 级。

主轴的各级转速，可根据各级滑移齿轮的啮合状态求得。例如，由图 3-3 主传动系统中所示的齿轮啮合情况，可计算出此时的主轴转速 $n_主$ 为

$$n_主 = 1450 \times \frac{130}{230} \times (1 - \varepsilon) \times \frac{51}{43} \times \frac{22}{58} \times \frac{20}{80} \times \frac{20}{80} \times \frac{26}{58} \mathrm{r/min} \approx 10\mathrm{r/min}$$

其中 ε 为 V 带的滑移系数，常取 $\varepsilon = 0.02$。

2. 进给运动传动

在进行外圆和端面等一般车削加工时，由进给传动链实现刀具的纵向或横向移动，进给量以主轴每转刀架的移动量来计算，属外联系传动链。在螺纹切削时，主轴每转一转，刀架的移动量必须等于螺纹的导程，进给传动链属内联系传动链。因此，在分析进给运动传动链时，都把主轴和刀架当作传动链的两末端件。进给运动传动路线表达式见正文 72 页。

（1）螺纹进给传动 CA6140 型卧式车床可车削米制螺纹、模数螺纹、寸制螺纹和径节螺纹。此外，还可加工大导程螺纹、非标准螺纹及较精密螺纹。既可车削右旋螺纹，又可车削左旋螺纹。

车削螺纹时，主轴与刀架之间必须保持严格的相对运动关系，即主轴每转一转，刀具应沿工件轴向均匀地移动一个被加工螺纹的导程 P_h。其运动平衡式为

$$1 \times u P_{h丝} = P_h \tag{3-1}$$

式中 u——主轴至丝杠间的总传动比；

$P_{h丝}$——机床丝杠的导程，$P_{h丝} = 12\mathrm{mm}$；

P_h——被加工工件的螺纹导程，单位为 mm。

1）车削米制螺纹。在 CA6140 型车床上可加工 $1 \sim 12\mathrm{mm}$ 的 20 种基本导程螺纹，也可加工分别比基本导程大 4 倍或 16 倍的 24 种扩大导程螺纹。

车削米制基本导程螺纹时，进给箱中离合器 M_3、M_4 脱开，M_5 接合，运动由主轴Ⅵ、经齿轮副 58/58、换向机构（经齿轮副 33/33 加工右旋螺纹，经齿轮副 33/25 × 25/33 加工左旋螺纹）、交换齿轮组 63/100 × 100/75 传至进给箱中轴ⅩⅢ，然后再经齿轮副 25/36 传至轴ⅩⅣ，由轴ⅩⅣ至轴ⅩⅤ间的双轴滑移变速机构（基本导程变速机构）传至轴ⅩⅤ，再由齿轮副 25/36 × 36/25 传至轴ⅩⅥ，经轴ⅩⅥ至轴ⅩⅤⅢ间的两组滑移齿轮变速机构（增倍变速机构）传至轴ⅩⅤⅢ，最后经离合器 M_5 传动丝杠ⅩⅨ。当溜板箱中的开合螺母与丝杠接合时，就可传动刀架移动。

车削米制（右旋）螺纹的运动平衡式为

$$P_h = KP = 1 \times \frac{58}{58} \times \frac{33}{33} \times \frac{63}{100} \times \frac{100}{75} \times \frac{25}{36} \times u_基 \times \frac{25}{36} \times \frac{36}{25} \times u_倍 \times 12$$

式中　P_h——螺纹导程，单位为 mm；

　　　P——螺纹螺距，单位为 mm；

　　　K——螺纹线数；

　　　$u_{基}$——轴 XⅣ 至轴 XⅤ 间的基本导程变速机构传动比；

　　　$u_{倍}$——轴 XⅥ 至轴 XⅧ 间的增倍变速机构传动比。

将上式简化后可得

$$P_h = KP = 7u_{基}u_{倍} \tag{3-2}$$

可见，适当地选择不同值的 $u_{基}$ 和 $u_{倍}$，就可车削出各种导程的米制螺纹。下面详细地分析一下 $u_{基}$ 和 $u_{倍}$ 的值。

轴 XⅣ—轴 XⅤ 之间共有 8 种不同的传动比，它们是

$$u_{基1} = \frac{26}{28} = \frac{6.5}{7} \qquad u_{基2} = \frac{28}{28} = \frac{7}{7} \qquad u_{基3} = \frac{32}{28} = \frac{8}{7} \qquad u_{基4} = \frac{36}{28} = \frac{9}{7}$$

$$u_{基5} = \frac{19}{14} = \frac{9.5}{7} \qquad u_{基6} = \frac{20}{14} = \frac{10}{7} \qquad u_{基7} = \frac{33}{21} = \frac{11}{7} \qquad u_{基8} = \frac{36}{21} = \frac{12}{7}$$

这组变速机构传动副的传动比近似等于等差数列，是获得螺纹导程的基本机构，称为基本组。

轴 XⅥ—轴 XⅧ 间有 4 种不同的传动比，它们是

$$u_{倍1} = \frac{18}{45} \times \frac{15}{48} = \frac{1}{8} \qquad u_{倍2} = \frac{28}{35} \times \frac{15}{48} = \frac{1}{4}$$

$$u_{倍3} = \frac{18}{45} \times \frac{35}{28} = \frac{1}{2} \qquad u_{倍4} = \frac{28}{35} \times \frac{35}{28} = 1$$

它们之间成倍数关系排列，可将由基本组获得的导程值成倍扩大，并增加螺纹导程种数。该变速机构称为增倍组。

2）车削模数螺纹。模数螺纹是与米制蜗轮相配合的蜗杆螺纹，用模数 m 表示其螺距的大小，螺距 $P_{m} = \pi m$（mm），导程 $P_{hm} = KP_{m} = K\pi m$（mm），K 为螺纹线数。

在国家标准中，模数螺纹的模数值也是分段的等差数列，与米制螺纹相比，因模数螺纹导程中含有特殊因子 π，为此，在车削模数螺纹时，交换齿轮需更换为 $64/100 \times 100/97$，其余部分的传动路线与车削米制螺纹时完全相同，其运动平衡式为

$$P_{hm} = K\pi m = 1 \times \frac{58}{58} \times \frac{33}{33} \times \frac{64}{100} \times \frac{100}{97} \times \frac{25}{36} \times u_{基} \times \frac{25}{36} \times \frac{36}{25} \times u_{倍} \times 12$$

式中 $\frac{64}{100} \times \frac{100}{97} \times \frac{25}{36} \approx \frac{7\pi}{48}$，化简后得

$$P_{hm} = KP_{m} = K\pi m = \frac{7\pi}{4}u_{基}u_{倍} \tag{3-3}$$

故

$$m = \frac{7}{4K}u_{基}u_{倍} \tag{3-4}$$

由此可见，只要改变 $u_{基}$ 和 $u_{倍}$，就可车削出各种模数的模数螺纹。

3）车削寸制螺纹。寸制螺纹的螺距参数以螺纹每英寸长度上的牙（扣）数 a 值表示，标准的 a 值按分段等差数列排列。寸制螺纹的螺距 $P_{a} = 1/a$（in），换算成米制为 $P_{a} = 25.4/a$（mm）。螺纹的导程 $P_{ha} = KP_{a} = 25.4K/a$（mm）。

由于寸制螺纹标准的 a 值按分段等差数列排列，而 P_{ha} 是分母为分段的等差数列排列，且含有特殊因子 25.4，因此，车削寸制螺纹传动路线与车削米制螺纹传动路线相比，将进给箱中离合器 M_3 和 M_5 接合，M_4 脱开，使基本组中主、从动传动关系与车削米制螺纹时相反，此时，运动由轴 XⅢ 经 M_3 传至轴 XⅤ，再经过轴 XⅤ 至轴 XⅣ 之间的基本组和齿轮副 36/25 传至轴 XⅥ。这样，基本组传动比的分母成近似等差数列排列，符合寸制螺纹导程值的排列规律。其运动平衡式为

$$P_{ha} = \frac{25.4K}{a} = 1 \times \frac{58}{58} \times \frac{33}{33} \times \frac{63}{100} \times \frac{100}{75} \times \frac{1}{u_{基}} \times \frac{36}{25} \times u_{倍} \times 12$$

式中 $\frac{63}{100} \times \frac{100}{75} \times \frac{36}{25} \approx \frac{25.4}{21}$，化简后得

$$P_{ha} = \frac{25.4K}{a} = \frac{4}{7} \times 25.4 \frac{u_{倍}}{u_{基}} \tag{3-5}$$

故

$$a = K \frac{7u_{基}}{4u_{倍}} \tag{3-6}$$

同样，只要改变 $u_{基}$ 和 $u_{倍}$，就可车削出各种导程的寸制螺纹。

4）车削径节螺纹。径节螺纹是与寸制蜗轮相配合的蜗杆螺纹，其螺距参数用径节 DP（牙/in）来表示，DP 的标准值也是按分段等差数列排列的。径节 $DP = z/D$（z 为蜗轮齿数；D 为分度圆直径，单位为 in）表示蜗轮或齿轮折算到每一英寸分度圆直径上的齿数。寸制蜗杆的轴向齿距即径节螺纹的螺距 $P_{DP} = \pi/DP$（in）$= 25.4\pi/DP$（mm），螺纹的导程 $P_{hDP} = KP_{DP} = 25.4\pi K/DP$（mm）。

分析径节螺纹导程 P_{hDP} 计算式可知，径节 DP 为等差数列，且 P_{hDP} 中含有特殊因子 25.4，这与寸制螺纹有相同点；P_{hDP} 中含有 π，这又与模数螺纹有相同点。所以，加工径节螺纹时，除交换齿轮应换为 64/100×100/97 外，其余传动路线与加工寸制螺纹时相同，其运动平衡式为

$$P_{hDP} = 25.4 \frac{\pi K}{DP} = 1 \times \frac{58}{58} \times \frac{33}{33} \times \frac{64}{100} \times \frac{100}{97} \times \frac{1}{u_{基}} \times \frac{36}{25} \times u_{倍} \times 12$$

式中 $\frac{64}{100} \times \frac{100}{97} \times \frac{36}{25} \approx \frac{25.4\pi}{84}$，化简后得

$$P_{hDP} = 25.4 \frac{\pi K}{DP} = 25.4 \times \frac{\pi}{7} \times \frac{u_{倍}}{u_{基}} \tag{3-7}$$

故

$$DP = 7K \frac{u_{基}}{u_{倍}} \tag{3-8}$$

改变 $u_{基}$ 和 $u_{倍}$ 的值，即可车削出各种导程的径节螺纹。

5）车削大导程螺纹。当需要加工多线螺纹、油槽等大导程螺纹时，就得用扩大导程机构。这时，应使轴 Ⅸ 右端的滑移齿轮 z_{58} 向右移动，与轴 Ⅷ 上的齿轮 z_{26} 啮合，于是主轴 Ⅵ 的运动经轴 Ⅴ—Ⅳ—Ⅲ—Ⅷ—Ⅸ—Ⅹ—Ⅻ—XⅢ 传给进给箱。此时，主轴 Ⅵ 至轴 Ⅸ 间的传动比 $u_{扩}$ 为

$$u_{扩1} = \frac{58}{26} \times \frac{80}{20} \times \frac{50}{50} \times \frac{44}{44} \times \frac{26}{58} = 4 \qquad u_{扩2} = \frac{58}{26} \times \frac{80}{20} \times \frac{80}{20} \times \frac{44}{44} \times \frac{26}{58} = 16$$

而在车削正常导程螺纹时，主轴 Ⅵ—轴 Ⅸ 间的传动比 $u_{常} = \frac{58}{58} = 1$。这说明，当螺纹进给

传动链其他调整情况不变，仅作上述调整时，可使主轴与丝杠间的传动比增大 4 倍或 16 倍，从而使车削出来的螺纹导程也相应地扩大 4 倍或 16 倍。

需指出，由于扩大导程机构的传动比 $u_{扩}$ 是由主运动传动链中背轮机构（轴Ⅲ、Ⅳ、Ⅴ 间的机构）的齿轮啮合位置确定的，而背轮机构一定的啮合位置又对应着一定的主轴转速，因此，当主轴转速确定后，螺纹导程可能扩大的倍数也就确定了。

6）车削非标准及较精密螺纹。车削非标准螺纹或较精密的螺纹时，可将离合器 M_3、M_4 和 M_5 全部接合，使轴ⅩⅢ、轴ⅩⅤ、轴ⅩⅧ和丝杠ⅩⅨ联接成一体，被加工螺纹的导程由调整交换齿轮的传动比 $u_{挂}$ 来实现。此时螺纹进给传动链的运动平衡式为

$$P_h = KP_{非} = 1 \times \frac{58}{58} \times \frac{33}{33} \times u_{挂} \times 12$$

化简后得交换齿轮的计算公式为

$$u_{挂} = \frac{a}{b} \times \frac{c}{d} = \frac{P_h}{12} = \frac{KP_{非}}{12} \tag{3-9}$$

式中　　$P_{非}$——非标准螺距；

　a、b、c、d——四个交换齿轮的齿数。

应用交换齿轮的计算公式，适当选配交换齿轮 a、b、c、d 的齿数，即可车出非标准导程螺纹。在这种情况下，由于主轴至丝杠的传动路线大为缩短，减少了传动误差，再选用较高精度的交换齿轮，就可加工出较高精度的螺纹。

（2）纵向与横向机动进给传动　车削内圆柱面、外圆柱面、圆锥面及端面等的进给运动应使用机动进给。机动进给是由光杠ⅩⅩ经溜板箱传动的。从主轴Ⅵ至进给箱轴ⅩⅧ的传动路线与车削螺纹时的传动路线相同。此后，将进给箱中的离合器 M_5 脱开，切断进给箱与丝杠的联系，并使轴ⅩⅧ的齿轮 z_{28} 与轴ⅩⅩ左端的齿轮 z_{56} 相啮合，运动由进给箱传至光杠ⅩⅩ，再由光杠经溜板箱中的传动机构，分别传至齿轮齿条机构和横向进给丝杠ⅩⅩⅩ，使刀架作纵向或横向机动进给运动。

机床的纵向进给量是由四种不同的进给传动路线得到的。

1）当进给运动经米制螺纹正常导程的传动路线时，其运动平衡式为

$$f_{纵} = 1 \times \frac{58}{58} \times \frac{33}{33} \times \frac{63}{100} \times \frac{100}{75} \times \frac{25}{36} \times u_{基} \times \frac{25}{36} \times \frac{36}{25} \times u_{倍}$$

$$\times \frac{28}{56} \times \frac{36}{32} \times \frac{32}{56} \times \frac{4}{29} \times \frac{40}{30} \times \frac{30}{48} \times \frac{28}{80} \times \pi \times 2.5 \times 12$$

化简后得　　　　　　$f_{纵} = 0.71 u_{基} u_{倍}$　　（mm/r） $\tag{3-10}$

变换 $u_{基}$、$u_{倍}$，可得 32 级（4×8）纵向进给量，范围为 $0.08 \sim 1.22\text{mm/r}$。

2）当进给运动经寸制螺纹正常导程的传动路线时，其运动平衡方程式为

$$f_{纵} = 1 \times \frac{58}{58} \times \frac{33}{33} \times \frac{63}{100} \times \frac{100}{75} \times \frac{1}{u_{基}} \times \frac{36}{25} \times u_{倍} \times \frac{28}{56} \times \frac{36}{32}$$

$$\times \frac{32}{56} \times \frac{4}{29} \times \frac{40}{30} \times \frac{30}{48} \times \frac{28}{80} \times \pi \times 2.5 \times 12$$

化简后得　　　　　　$f_{纵} = 1.474 \dfrac{u_{倍}}{u_{基}}$ $\tag{3-11}$

取 $u_{倍} = 1$，变换 $u_{基}$，可得到 $0.86 \sim 1.59\text{mm/r}$ 的八种较大进给量。当 $u_{倍}$ 为其他值时，

得到的 f 值较小，与上一条传动路线所得到的进给量重复。

3）当进给运动经扩大导程机构及寸制螺纹传动路线时，可将进给量扩大 4 倍或 16 倍，除去重复的，可得 16 种粗进给量，范围为 1.71～6.33mm/r。

4）当进给运动经扩大导程机构及米制螺纹传动路线时，取 $u_倍 = 1/8$，可获得 8 种供高速精车用的细进给量，范围为 0.028～0.054mm/r。

由此可见，CA6140 型卧式车床共有 64 级纵向进给量，变换范围为 0.028～6.33mm/r。

从进给运动传动路线表达式可知，横向与纵向进给传动链大部分相同，只是在运动传递到离合器 M_6 和 M_7 以后，横向与纵向进给传动链才出现差别，比较它们的不同部分，可得

$$\frac{f_横}{f_纵} = \frac{\dfrac{59}{18} \times 5}{\dfrac{28}{80} \times \pi \times 2.5 \times 12} \approx \frac{1}{2}$$

即横向进给量是纵向进给量的一半。横向进给量的级数与纵向的相同，也为 64 级。

（3）**刀架的快速移动**　为了减轻工人劳动强度和缩短辅助时间，刀架可以实现纵向和横向机动快速移动。按下快速移动按钮，快速电动机（0.25kW，1360r/min）经齿轮副 13/29 传至轴 XⅫ高速转动，再经蜗杆副 4/29 及溜板箱内的转换机构，使刀架实现纵向或横向的快速移动。快移方向仍由溜板箱中双向离合器 M_6 和 M_7 控制。轴 XⅫ左端的超越离合器 M_8 保证了快速移动与工作进给不发生干涉。

利用轴 XⅩⅥ上的手轮和横向进给丝杠（轴 XⅩⅩ）上的手轮，可手动操纵刀架纵、横向移动。

（三）卧式车床的主要结构

1. **主轴箱**

主轴箱的功用是支承并传动主轴，使其实现起动、停止、变速和换向。因此，主轴箱中通常包含有主轴及其轴承，传动机构，起动，停止以及换向装置，制动装置，操纵机构和润滑装置等。

（1）**主轴组件**　图 3-4 所示为 CA6140 型卧式车床的主轴组件，其主轴是一个空心阶梯轴，主轴内孔可通过长棒料或穿入钢棒卸下顶尖，也可用于通过气动、电动及液压夹紧装置的机构。主轴前端的莫氏 6 号锥孔用于安装前顶尖或心轴。

主轴安装在两支承上，前支承是 P5 级精度的双列圆柱滚子轴承 13，用于承受径向力。这种轴承刚性好、精度高、尺寸小且承载能力大。轴承内环和主轴之间通过 7:12 锥度相配合。当内环与主轴在轴向相对移动时，内环可产生弹性膨胀或收缩，以调整轴承的径向间隙大小。调整时，松开螺母 14，拧动螺母 11，推动轴套 12、轴承 13 内圈向右移动，调整后，用锁紧螺钉 10 锁紧螺母 11。

后支承有 2 个滚动轴承，一个是 P5 级精度的角接触球轴承 4，大口向外安装，用于承受径向力和由后向前的轴向力。另一个是 P5 级精度的推力球轴承 5，用于承受由前向后的轴向力。与前支承轴承调整方法相同，后支承轴承的间隙调整和预紧可以用主轴尾端的螺母 1、轴套 3 和 6 调整，用锁紧螺钉 2 锁紧。

主轴前后支承的润滑，都是由润滑油泵供油。润滑油通过进油孔对轴承进行充分的润滑，并带走轴承运转所产生的热量。为避免漏油，前后支承采用油沟式密封。主轴旋转时，

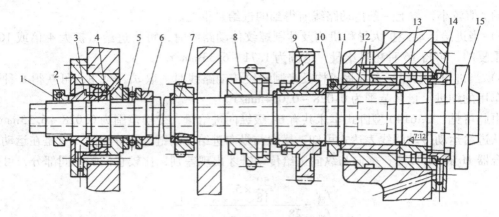

图 3-4　CA6140 型卧式车床的主轴组件

1、11、14—螺母　2、10—锁紧螺钉　3、6、12—轴套　4、5、13—轴承
7、8、9—齿轮　15—主轴

由于离心力的作用，油液就沿着朝箱内方向的斜面，被甩到轴承端盖的接油槽内，经回油孔流回主轴箱。

主轴的径向圆跳动及轴向窜动公差都是 0.01mm。当主轴的跳动量（或窜动量）超过允许值时，一般情况下，只需适当地调整前支承的间隙，就可使主轴的跳动量调整到允许值以内。如果径向圆跳动仍达不到要求，再调整后轴承。

主轴上装有三个齿轮。右端的斜齿圆柱齿轮 9 空套在主轴 15 上。中间的齿轮 8 可以在主轴的花键上滑移，它是内齿离合器。左端的齿轮 7 固定在主轴上，用于进给传动链。

主轴前端采用短锥法兰式结构

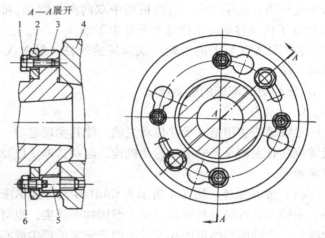

图 3-5　主轴前端结构

1—螺钉　2—锁紧盘　3—主轴　4—卡盘座　5—双头螺柱　6—螺母

（图 3-5）。它以短锥和轴肩端面作定位面。卡盘、拨盘等夹具通过卡盘座 4，用四个双头螺柱 5 及螺母 6 固定在主轴 3 上。安装卡盘时，只需将预先拧紧在卡盘座上的双头螺柱 5 及螺母 6 一起通过主轴 3 的轴肩和锁紧盘 2 的圆柱孔，然后将锁紧盘转过一个角度，使双头螺柱 5 进入锁紧盘宽度较窄的圆弧槽内，把螺母卡住（如图示位置），然后拧紧螺钉 1 和螺母 6，就可以使卡盘或拨盘可靠地安装在主轴的前端。这种结构定心精度高，装卸方便，夹紧可靠，主轴前端悬伸长度较短，联接刚度好，应用广泛。

（2）双向多片式摩擦离合器、制动器及其操纵机构　双向多片式摩擦离合器装在轴Ⅰ上，如图 3-6 所示，内摩擦片 3 用内孔花键与轴Ⅰ联接，外摩擦片 2 用光滑圆孔空套在轴Ⅰ

的花键上，其外圆有四个凸缘卡在空套在轴Ⅰ上的双联齿轮1外壳的四个槽内，内、外摩擦片相间排列。当内、外摩擦片压紧时，轴Ⅰ的运动通过内、外摩擦片可使两边的空套齿轮旋转，从而带动主轴旋转；当内、外摩擦片松开时，轴Ⅰ带动内摩擦片转动，内、外摩擦片间打滑，空套齿轮不转，运动无法传至主轴。离合器左、右两部分结构相同，但由于左离合器传动主轴正转，用于切削，传递的转矩较大，所以片数较多（外摩擦片8片，内摩擦片9片）。右离合器传动主轴反转，主要用于退刀，片数较少（外摩擦片4片，内摩擦片5片）。

　　滑环9可控制内、外摩擦片的压紧与松开。滑环右移时，摆杆8顺时针摆动，其下端拨动拉杆7左移，通过拉杆左端的固定销5使花键滑套6及螺母4向左压紧摩擦片，通过内外片之间的摩擦力带动双联齿轮1转动，此时主轴正转。同理，滑环左移，拉杆右移，压紧右边摩擦片，带动右边空套齿轮旋转，使主轴反转。滑环在中间图示位置时，左、右两边摩擦片都处在松开状态，轴Ⅰ运动不能传给左、右空套齿轮，主轴不转。摩擦离合器除了能靠摩擦力传递动力外，还能起过载保护作用。当机床超载时，摩擦片打滑，主轴停止转动，这样就可避免损坏机床。

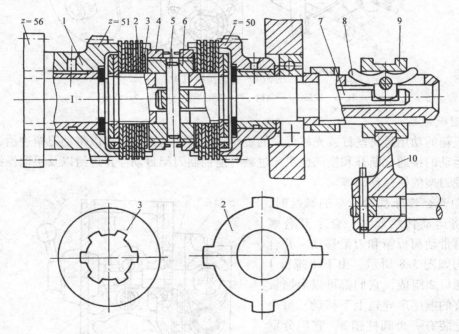

图3-6　双向多片式摩擦离合器

1—双联齿轮（z_{56}、z_{51}）　2—外摩擦片　3—内摩擦片　4—螺母
5—固定销　6—花键滑套　7—拉杆　8—摆杆　9—滑环　10—拨叉

　　制动器安装在轴Ⅳ上。它的作用是在摩擦离合器脱开时制动主轴，使主轴迅速地停止转动，以缩短停止时间。制动器的操纵与摩擦离合器的操纵是联动的，具体结构在此不作详细介绍。

　　（3）变速操纵机构　图3-7所示为CA6140型卧式车床主轴箱中的一种变速操纵机构，它用一个手柄同时操纵轴Ⅱ上的双联滑移齿轮和轴Ⅲ上的三联滑移齿轮，变换轴Ⅰ—轴Ⅲ间的六种传动比。变速手柄每转一转，变换全部6种转速，故手柄共有均布的6个位置。变速手柄装在主轴箱的前壁上，通过链传动轴4，轴4上装有盘形凸轮3和曲柄2。盘形凸轮3上有一条封闭的曲线槽，由两段不同半径的圆弧和过渡曲线组成。如图3-7所示，凸轮上有六个变速位置，位置1、2、3使杠杆5上端的滚子处于凸轮曲线槽的大半径圆弧处，杠杆5经拨叉6将轴Ⅱ上的双联滑移齿轮移向左端位置。位置4、5、6则将双联滑移齿轮移向右端位置。曲柄2随轴4转动，带动拨叉1，拨动轴Ⅲ上的三联齿轮，使它位于左、中、右3个位置。顺次转动手柄，就可使两个滑移齿轮的位置实现6种组合，使轴Ⅲ得到6种转速。

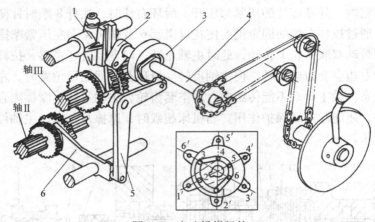

图3-7　变速操纵机构

1、6—拨叉　2—曲柄　3—盘形凸轮　4—轴　5—杠杆

2. 溜板箱

溜板箱的功用是将丝杠或光杠传来的旋转运动转变为直线运动以带动刀架进给，同时控制刀架运动的接通、断开和换向，机床过载时能控制刀架自动停止进给以及手动操纵刀架移动或实现刀架的快速移动等。

（1）开合螺母机构　车削螺纹时，进给箱将运动传给丝杠，合上开合螺母，就可带动溜板箱和刀架移动。开合螺母机构如图3-8所示，由下半螺母1和上半螺母2组成，它们都可以沿溜板箱中垂直的燕尾形导轨上下移动。每个半螺母上装有一个圆柱销3，它们分别插进槽盘4的两条曲线槽d中。车削螺纹时，转动手柄5，使槽盘4转动，两个圆柱销带动上下螺母互相靠拢，于是开合螺母就与丝杠啮合。槽盘4上的偏心圆弧槽d接近盘中心部分的倾斜角比较小，使开合螺母闭合后能自锁。限位螺钉7用以调节丝杠与螺母的间隙。

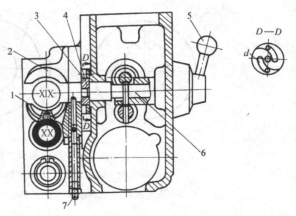

图3-8　开合螺母机构

1、2—下、上开合螺母　3—圆柱销　4—槽盘

5—手柄　6—轴　7—限位螺钉

（2）纵向、横向机动进给及快速移动操纵机构　纵向、横向机动进给及快速移动是由一个手柄集中操纵（图3-9）。当需要纵向移动刀架时，向相应方向（向左或向右）扳动手

柄1。由于轴14用台阶及卡环轴向固定在箱体上，手柄1只能绕销A摆动，于是手柄1下部的开口槽拨动轴3轴向移动。轴3通过杠杆7及推杆8使鼓形凸轮9转动，鼓形凸轮9的曲线槽使拨叉10移动，于是便操纵轴ⅩⅩⅣ（图3-3）上的牙嵌离合器M_6向相应方向移动并啮合，这时如光杠转动，就可使刀架作纵向机动进给，如按下手柄1上端的快速移动按钮，起动快速电动机，刀架就可向相应方向快速移动，直到松开快速按钮为止。如向前或向后扳动手柄1，通过轴14使鼓形凸轮13转动，鼓形凸轮13上的曲线槽使杠杆12摆动，杠杆12又使拨叉11移动，于是拨叉11便拨动牙嵌离合器M_7向相应方向移动并啮合。这时如接通光杠或快速电动机，就可使刀架实现向前或向后的横向机动进给或快速移动。手柄1处于中间位置时，牙嵌离合器M_6、M_7都脱开，这时机动进给及快速移动均被断开。离合器盖2上开有十字形槽，使手柄不能同时接合纵向和横向运动。

（3）超越离合器 为避免光杠和快速电动机同时传动轴ⅩⅫ而造成损坏，在溜板箱左端齿轮z_{56}与轴ⅩⅫ之间装有超越离合器M_8（图3-10），其工作原理是：机动进给时，由光杠传来的低速进给运动，使齿轮z_{56}（即超越离合器的外环1）按图示逆时针方向转动，三个圆柱滚子3分别在弹簧5的弹力和摩擦力作用下，楔紧在外环1和星形体2之间，外环1就经圆柱滚子3带动星形体2一起转动，于是进给运动便经超越离合器右边的安全离合器6、7传至轴ⅩⅫ，实现正常的机动进给；当按下快移按钮，快速电动机经齿轮副13/29传动轴ⅩⅫ，经安全离合器使星形体2得到一个与齿轮z_{56}转向相同但转速高得多的转动，这时，由于圆柱滚子3与外环1及星形体2之间的摩擦力，使圆柱

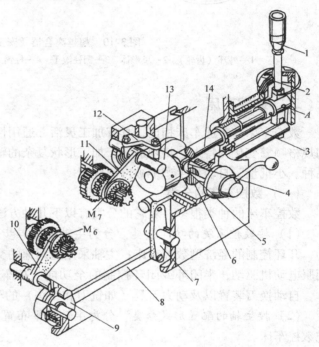

图3-9 溜板箱操纵机构立体图
1—手柄 2—盖 3、14—轴 4—手柄轴 5、6—销子
7、12—杠杆 8—推杆 9、13—鼓形凸轮 10、11—拨叉

滚子3通过柱销4弹簧5向楔形槽的宽端滚动，从而脱开了外环1与星形体2及轴ⅩⅫ之间的联系，这时光杠不再驱动轴ⅩⅫ。因此，刀架可实现快速移动，而不用脱开进给链。一旦快速电动机停止转动，超越离合器自动接合，刀架立即恢复正常的机动进给运动。

（4）安全离合器 机动进给时，如进给力过大或刀架移动受阻，则有可能损坏机件。为此，在进给链中设有安全离合器来自动地停止进给。安全离合器的结构如图3-10所示。安全离合器的左半部6用键固定在星形体2上，右半部7经花键与轴ⅩⅫ相联。运动经星形体2、安全离合器左半部6、右半部7传给轴ⅩⅫ。由于左右半部之间是螺旋形端面齿，故倾斜的接触面在传递转矩时产生轴向力，这个力靠弹簧8来平衡。当传递转矩大于安全离合器设定转矩时，斜面上的轴向力推开离合器的右半部分，从而使左右两部分分开，传动中断，保证传

动机构的安全。当传递转矩小于安全离合器设定转矩时，离合器右半部后端的弹簧力克服离合器在传递转矩时所产生的轴向分力，使离合器左、右部分保持啮合，传递进给运动。

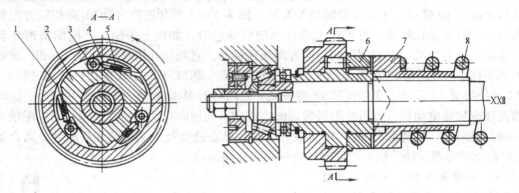

图 3-10　超越离合器及安全离合器

1—外环（齿轮）　2—星形体　3—圆柱滚子　4—柱销　5、8—弹簧　6、7—安全离合器

二、数控车床

数控车床与普通车床相比，具有加工灵活、通用性强、自动化程度高、能适应产品品种和规格频繁变化的特点，特别适合于加工形状复杂的轴类和盘类零件，在新产品的开发和多品种、小批量、自动化生产中被广泛应用。

（一）数控车床的分类

数控车床的种类很多，对它的分类有以下几种方法：

（1）**按数控系统的功能分类**　分为主轴采用异步电动机驱动，进给采用步进电动机驱动，开环控制的经济型数控车床；主轴采用能调速的交、直流主轴控制单元驱动，进给采用伺服电动机驱动，半闭环或闭环控制的全功能数控车床；在全功能数控车床基础上配上刀库、自动换刀装置以及动力刀具（如铣刀和钻头）的车削中心。

（2）**按主轴的配置形式分类**　分为主轴水平布置的卧式数控车床和主轴垂直布置的立式数控车床。

（3）**按数控系统控制的轴数分类**　分为只有一个回转刀架的可实现两坐标轴联动的两轴控制的数控车床和有两个独立的回转刀架，可实现四轴联动的四轴控制的数控车床。

（二）数控车床的组成

虽然数控车床种类较多，但一般均由机床本体、数控装置、伺服系统、位置检测装置以及辅助装置等几部分组成。图 3-11 所示为 TND360（我国编号为 CK6136）型卧式数控车床。该机床主轴箱固定在床身左上方，用以支承和传动主轴，通过右侧卡盘 2 夹持并传动工件；转塔刀架上可装八把刀（车刀、孔加工刀具和螺纹刀具），由单独的电动机转动刀架转位换刀；刀架滑板 4 由纵向（z 向）滑板和横向（x 向）滑板组成，纵、横向滑板分别由其相应的伺服电动机经滚珠丝杠驱动；在机床导轨右上方的尾架（位于防护罩内）用于支承工件，由液压系统驱动其伸缩；数控装置位于主轴箱前侧，便于操作者操作；机床的伺服系统、强电气控制系统、液压传动系统、润滑系统及切削液系统位于床身后侧。此外，在床身上方还设置了防护罩，以保护操作者的安全和防止切削液污染环境。

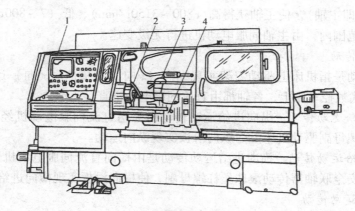

图 3-11 TND360 型卧式数控车床外形图
1—数控装置 2—卡盘 3—转塔刀架 4—刀架滑板

（三）数控车床的传动系统

图 3-12 所示为 TND360 型卧式数控车床的传动系统图。该传动系统主要由主运动传动，纵、横向进给运动传动和刀架转位传动等组成。

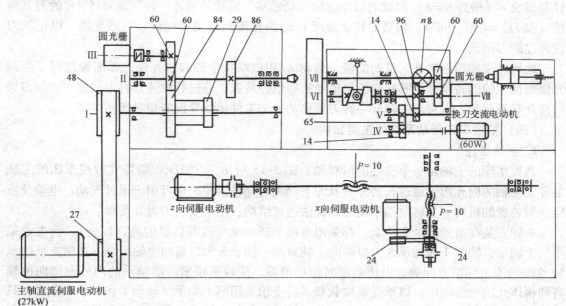

图 3-12 TND360 型卧式数控车床的传动系统图

1. 主运动传动

和普通车床一样，数控车床主运动传动链的两端部件仍是主电动机与主轴，它的功用是把电动机的运动及动力传递给主轴，使主轴带动工件旋转实现主运动，并满足数控车床主轴变速和换向的要求。

TND360 型卧式数控车床主运动的运动源是直流主轴伺服电动机（27kW），运动经传动比为 27/48 的同步带轮传动到主轴箱中的轴 I 上。再经轴 I 上双联滑移齿轮副 84/60 或 29/

86 传递到轴 Ⅱ（即主轴），使主轴获得高（800～3150r/min）、低（7～800r/min）两档转速范围。在各转速范围内，由主轴伺服电动机进行无级变速。

2. 进给运动传动

进给运动传动是指机床上驱动刀架实现纵向（z 向）和横向（x 向）运动的进给传动。在 TND360 型卧式数控车床上，各轴都由直流伺服电动机直接驱动。

（1）纵向进给运动传动　纵向进给运动传动由纵向直流伺服电动机经过安全联轴器直接传动滚珠丝杠螺母副驱动机床上的纵向滑板实现纵向运动。

（2）横向进给运动传动　横向进给运动传动是由横向直流伺服电动机通过齿数均为 24 的齿形带轮，经安全联轴器传动滚珠丝杠螺母副，使横向滑板实现横向进给运动。

3. 刀盘转位运动传动

刀盘转位运动是指实现刀架上刀盘的开定位、转位、定位与夹紧的运动，以实现刀具的自动转换。刀盘转位是由换刀交流电动机（60W）提供动力。换刀交流电动机的运动经轴 Ⅳ 及斜齿轮副 14/65 传到轴 Ⅴ，再经一对斜齿轮副 14/96 传到轴 Ⅵ（凸轮轴），以后分成两条传动支路传动：一条传动支路由凸轮传动，凸轮槽驱动拨叉带动轴 Ⅶ（刀盘主轴）作轴向移动，实现刀盘开定位、定位和夹紧动作；另一条传动支路由轴 Ⅵ 上齿轮 z_{96} 端面上的槽杆与槽轮 n（槽数 $n=8$）组成的槽轮机构传动轴 Ⅶ，实现轴 Ⅵ 转一转，轴 Ⅶ 转 45° 的刀盘转位（换刀）动作。同时，轴 Ⅶ 的转动经两个 z_{60} 齿轮传到与轴 Ⅷ 相联接的圆光栅，以记录刀盘转过的刀位数。

此外，主轴箱中轴 Ⅱ、Ⅲ 间的两个齿轮 z_{60} 用以联接主轴和圆光栅。车削螺纹时，由圆光栅测量主轴的转角并将其转变为电信号送回数控装置。通过数控装置将主轴的转动与刀架的移动联系起来，以实现主轴转一转刀架移动一个工件螺纹导程的相对运动关系。

（四）数控车床传动系统的主要结构

1. 主轴组件

数控车床的主轴是一个空心的阶梯轴。图 3-13 所示为 TND360 型卧式数控车床的主轴组件。主轴的内孔用于通过长的棒料及卸下顶尖时穿过钢棒，也可用于通过气动、电动及液压夹紧装置的机构。主轴前端采用短圆锥法兰式结构，用于安装卡盘和拨盘。

主轴安装在前后两个支承上，都采用角接触球轴承（具有良好的高速性能）。前支承采用三个轴承，轴承 4 和轴承 5 大口朝向主轴前端，轴承 3 大口朝向主轴后端。在前支承轴承 3、4 的内圈之间留有间隙，以便装配时加压消隙，使轴承预紧。前轴承的内外圈轴向由轴肩和箱体孔的台阶固定，以承受轴向载荷。后支承采用两个轴承，轴承 1 和 2 小口相对，只承受径向载荷，并由后压套进行预紧。前后轴承一般都由轴承厂配好，成套供应，装配时不需修配。数控车床的主轴轴承可采用油脂润滑，迷宫式密封。

2. 进给传动机构

数控车床进给传动机构有纵向滑板和横向滑板两个进给传动机构。现以 TND360 型卧式数控车床纵向滑板进给传动机构（图 3-14）为例，简要介绍数控车床的进给传动机构。

纵向滑板进给传动机构由直流伺服电动机 2、安全联轴器 4、6 及滚珠丝杠螺母副 10 等组成。直流伺服电动机尾部的旋转变压器和测速发电机 1 用于位置和速度检测，以构成半闭环控制伺服系统。

安全联轴器与电动机轴、滚珠丝杠的联接均采用了无键锥环联接。如图 3-14 中 Ⅰ 放大

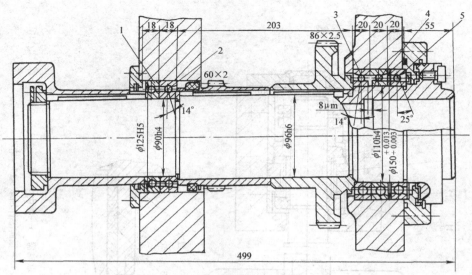

图 3-13 TND360 型卧式数控车床的主轴组件

1、2、3、4、5—角接触球轴承

部分所示，拧紧螺钉 a，压紧环 b 压紧锥环 3，使其内环 d 收缩，外环 c 扩张，楔紧在孔和轴之间，靠摩擦力将电动机轴和左半联轴器 4 联接成一体。安全联轴器由左、右半联轴器 4、6、滑块 5、钢片 7、碟形弹簧 8 和套 9 等组成。左半联轴器 4、滑块 5 和右半联轴器 6 之间分别为矩形齿和三角齿啮合（ $A—A$ 剖面图）。右半联轴器 6 的螺栓上装了一组钢片 7，钢片 7 的内花键与套 9 的外花键相配合，将右半联轴器 6 和套 9 联成一体，并可沿套 9 轴向移动。套 9 通过无键锥环与滚珠丝杠 10 相联。碟形弹簧 8 和右半联轴器 6 压紧在滑块 5 上。如果进给抗力过大，滑块 5 和右半联轴器 6 之间产生的轴向力克服碟形弹簧 8 的弹力，使右半联轴器 6 右移，与左边的运动脱开而停止转动，为此，磁性开关发出报警信号给数控装置，使机床停机。

滚珠丝杠两端采用组合轴承支承，为提高传动精度和避免受热膨胀产生压应力，在装配时进行了预拉伸。

3. 转塔刀架

数控车床的转塔刀架由换刀机构和安装刀具的刀盘组成，图 3-15 所示为 TND360 型卧式数控车床的转塔刀架。换刀时，转位电动机的运动经两齿轮副（14/65、14/96）传动轴 5（Ⅵ），传动轴 5 上凸轮 6 的曲线槽升程段推动滚子 13，通过杠杆 15 和滚子 14 拨动转塔轴 11（Ⅶ）向左移动，刀盘 10 上的端面齿盘 8 与 7 脱开（定位），此时，传动轴 5 上齿轮（ z_{96} ）右端面上的滚子 4 的槽杆开始拨动槽轮 3 转动，实现刀盘转位。当转位完成后，凸轮槽的降程段推动滚子 13，通过杠杆 15 和滚子 14 拨动转塔轴 11 向右移动，使端面齿盘 8 与 7 啮合（定位），并压缩碟形弹簧 12，使转塔轴 11 产生向右的轴向力夹紧刀盘，最后由无升降程的凸轮曲线槽锁紧。在刀盘转动的同时，由齿轮 1 和 2（60/60）传动圆光栅，向可编程序控制器发信号，记录刀位数。

（五）数控车床的进给传动元件

1. 滚珠丝杠螺母副

滚珠丝杠螺母副是由丝杠、螺母、滚珠等零件组成的传动副，其作用是将旋转运动转变

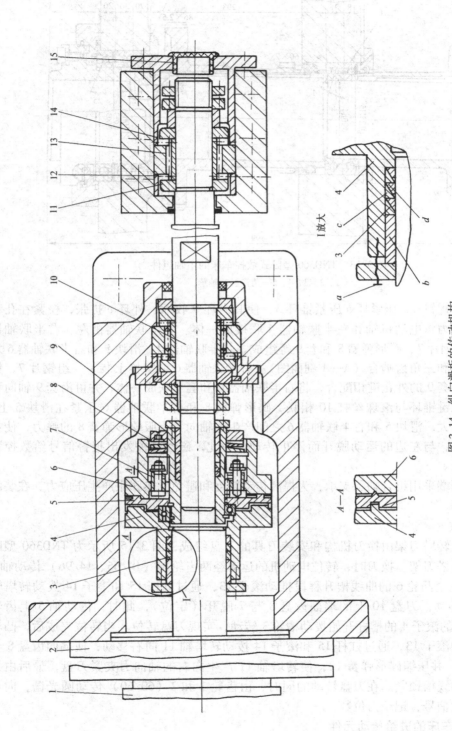

图 3-14　纵向滑板的传动机构

1—旋转变压器和测速发电机　2—直流同服电电机　3—锥环　4、6—半联轴器　5—滑块
7—钢片　8—碟形弹簧　9—套　10—滚珠丝杠　11—垫圈　12、14—轴向滚针轴承　13—径向滚针轴承　15—堵头

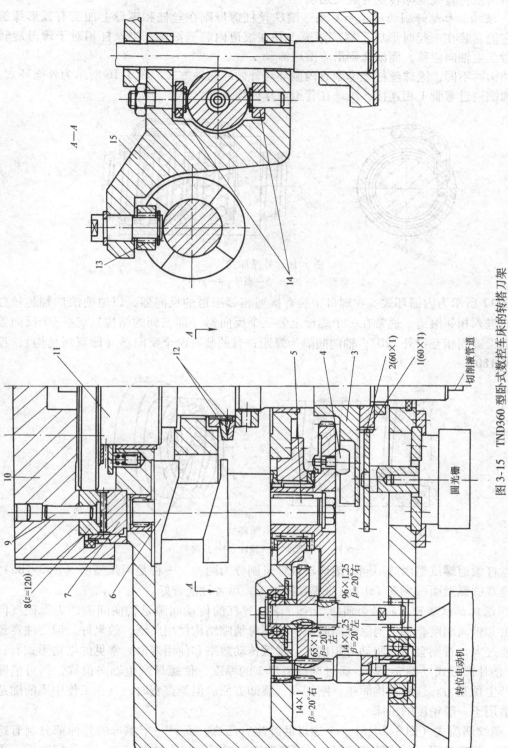

图 3-15　TND360 型卧式数控车床的转塔刀架

1、2—齿轮　3—槽子　4、13、14—滚子　5—传动轴　6—凸轮　7、8—端面齿盘　9—锥销
10—刀盘　11—转塔轴　12—碟形弹簧　15—杠杆

为直线运动或将直线运动转变为旋转运动。

（1）滚珠丝杠螺母副的结构和类型　滚珠丝杠螺母副在丝杠和螺母上加工有弧形螺旋槽，当它们套装在一起时形成了螺旋滚道，并在滚道内装满滚珠。当丝杠相对于螺母旋转时，两者发生轴向位移，而滚珠则沿着滚道流动。

按结构的不同，滚珠丝杠螺母副有内循环与外循环两种方式。图 3-16 所示为外循环式。螺旋槽两端通过弯管 1 相连接，滚珠在管道内作循环运动。

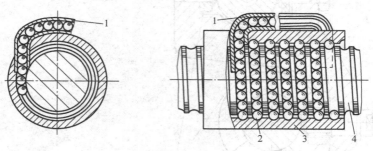

图 3-16　外循环式
1—弯管　2—滚珠　3—螺母　4—丝杠

图 3-17 所示为内循环式。在螺母中装有接通相邻滚道的反向器，以迫使滚珠翻越丝杠的齿顶而进入相邻滚道。通常在一个螺母上装三个反向器（即三列的结构），这三个反向器彼此沿螺母圆周相互错开120°，轴向间隔为螺距；有的装有两个反向器（即双列结构），反相器错开 180°。

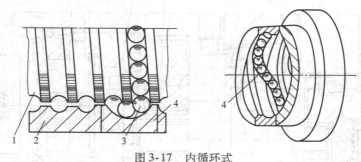

图 3-17　内循环式
1—丝杠　2—螺母　3—滚珠　4—反向器

按丝杠滚道螺纹型面的不同，滚珠丝杠螺母副分为两种，一种是圆弧型面（图 3-18a），另一种是双圆弧型面（图 3-18b）。前者容易加工，后者性能较好。

（2）滚珠丝杠螺母副的轴向间隙消除　滚珠丝杠的传动间隙是轴向间隙，为保证反向传动精度和轴向刚度，必须消除轴向间隙。双螺母消隙结构使用广泛，效果好。但要注意预紧力不能过大，否则会引起驱动力矩增大，降低传动效率和使用寿命。常见的结构形式有：

1）垫片调隙式（图 3-19）。通过调整垫片 2 的厚度，使螺母产生轴向位移，即可消除间隙和产生预紧力。这种结构简单，刚度高，装卸方便。但调整费时，且在工作中不能随意调整。适用于一般精度的机床。

2）螺纹调隙式（图 3-20）。一个螺母的外端有凸缘，而另一个螺母的外伸部分制有螺纹，用两个圆螺母固定。旋转圆螺母 1，使滚珠螺母相对丝杠作轴向移动。消除间隙后，再用另一个圆螺母 2 把它锁紧。这种结构紧凑，工作可靠，应用较广，但调整精度较差。

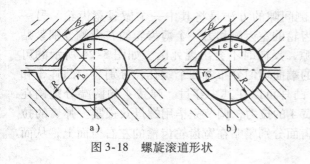

图 3-18　螺旋滚道形状

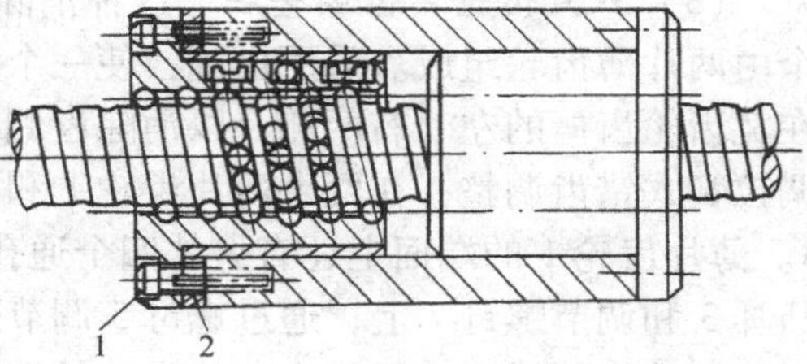

图 3-19　垫片调隙式
1—螺钉　2—调整垫片

3）齿差调隙式（图 3-21）。在两个螺母的凸缘上各制有圆柱齿轮 2，两者齿数只相差一个齿，与用螺钉或固定销固定在套筒上的内齿圈 1 相啮合。调整时，先取下两端的内齿圈，当两个滚珠螺母相对于套筒同方向转动同一齿数时，一个滚珠螺母对另一个滚珠螺母产生相对角位移，从而使滚珠螺母对于滚珠丝杠的螺旋滚道相对移动，使两个滚珠螺母中的滚珠分别贴紧在螺旋滚道的两个相反的侧面上。这种结构复杂，尺寸较大，但能精确地调整间隙和预紧力，适用于高精度传动。

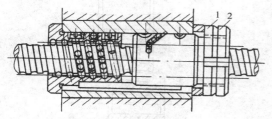

图 3-20　螺纹调隙式
1、2—圆螺母

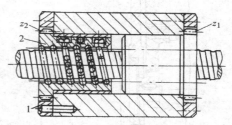

图 3-21　齿差调隙式
1—内齿圈　2—圆柱齿轮

除了上述三种双螺母加预紧力的方式外，还有单螺母变导程自预紧及单螺母钢球过盈预紧方式。

滚珠丝杠副与滑动丝杠副相比，具有传动效率高、摩擦损失小、轴向刚度高、运动平稳、传动精度高、不易磨损、使用寿命长等优点。但由于滚珠丝杠和螺母之间的摩擦因数极小，不具有滑动丝杠螺母的自锁性，滚珠螺母在沿轴线方向的外力作用下可以反过来使丝杠转动。为此，滚珠丝杠在用于垂直升降或水平放置的高速大惯量传动的场合，必须设计可靠的锁紧装置。常用的锁紧装置一般由超越离合器或电磁制动器件组成。

2. 消隙齿轮

在数控机床上，齿轮齿侧间隙会造成进给运动反向时丢失指令脉冲，并产生反向死区，从而影响其加工精度。为了尽量减小齿侧间隙对数控机床加工精度的影响，应在结构上采取措施消除齿侧间隙。最常用的方法有：

（1）偏心套调整法　这是一种最简单的调整方法，如图 3-22 所示。将相互啮合的一对齿轮中的一个齿轮装在电动机输出轴上，并将电动机 1 安装在偏心套 2 上，转动偏心套就可调整两啮合齿轮的中心距，从而减少齿侧间隙。

（2）轴向垫片调整法　如图 3-23 所示。两个啮合着的齿轮 1 和 2，其分度圆齿厚沿轴线方向略有锥度，这样就可以通过修磨垫片 3 使齿轮 2 沿轴向移动，从而减小齿侧间隙。

上述两种方法的特点是结构简单，能传递较大的动力，但其侧隙不能自动补偿。

（3）**双片齿轮错齿调整法**　这种消除齿侧间隙的方法是将其中一个做成宽齿轮，另一个由两片薄齿轮组成。采用措施：使一个薄齿轮的左齿侧和另一个薄齿轮的右齿侧分别紧贴在宽齿轮齿槽的左、右两侧，以消除齿侧间隙，反向时不会出现死区。如图 3-24 所示的可调拉簧式错齿调整，在两个薄片齿轮 1 和 2 的端面均匀分布着四个螺孔，分别装上凸耳 3 和 8。薄片齿轮 1 的端面上还有另外四个通孔，凸耳可以在其中穿过。弹簧 4 的两端分别钩在凸耳 3 和调节螺钉 7 上，通过螺母 5 调节弹簧 4 的拉力，调节完毕用螺母 6 锁紧。弹簧的拉力使薄片齿轮错位，即两个薄片齿轮的左右齿面分别紧贴在宽齿轮齿槽的左右齿面上，从而消除了齿侧间隙。

（4）**垫片错齿调隙法**　如图 3-25 所示，在两个薄片斜齿轮 1 和 2 中间加一垫片 4，薄片斜齿轮 1 和 2 的螺旋线错位。薄片斜齿轮 2 沿轴向移位，分别与宽齿轮 3 的左右侧面紧贴消除间隙。垫片的厚度通常要经过几次修磨才能调整好，因而调整费时，且齿侧间隙不能自动补偿。

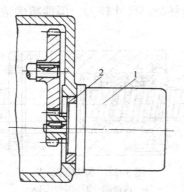

图 3-22　偏心套调整法
1—电动机　2—偏心套

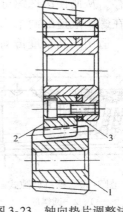

图 3-23　轴向垫片调整法
1、2—齿轮　3—垫片

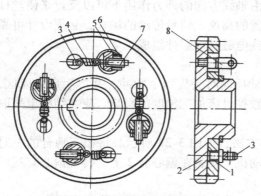

图 3-24　可调拉簧式错齿调整
1、2—薄片齿轮　3、8—凸耳　4—弹簧
5、6—螺母　7—调节螺钉

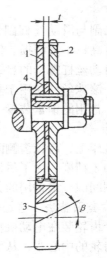

图 3-25　斜齿轮垫片式
1、2—薄片斜齿轮　3—宽齿轮　4—垫片

第二节 车削及车削刀具

一、车削加工精度

车削的工艺范围很广，各种车削所能达到的加工精度和表面粗糙度各不相同。

（1）粗车 粗车后工件的公差等级为 IT11～IT13，表面粗糙度为 $Ra12.5～50\mu m$。

（2）半精车 半精车后工件的公差等级为 IT8～IT10，表面粗糙度为 $Ra3.2～6.3\mu m$。可作为尺寸精度要求不高的工件的最终加工或精加工之前的预加工工序。

（3）精车 一般作为最终加工工序或光整加工的预加工工序。精车后，工件的公差等级为 IT7～IT8，表面粗糙度为 $Ra0.8～1.6\mu m$。

（4）精细车 主要用于有色金属的加工。精细车后工件的公差等级为 IT6～IT7，表面粗糙度为 $Ra0.025～0.4\mu m$。

二、车削用量及其确定

车削加工中的切削用量包括：背吃刀量、切削速度（主轴转速）、进给量（或进给速度）。切削用量选择合理，对保证工件加工质量，提高刀具切削效率，延长刀具使用寿命和降低加工成本，都具有重要意义。

（1）背吃刀量的确定 背吃刀量应根据工件的加工余量确定，在工艺系统刚性允许的情况下，尽可能使背吃刀量等于零件的加工余量，这样可以减少进给次数，提高加工效率。当工艺系统刚度较低、刀具强度不够或断续切削时，可分几次进给。切削表面层有硬皮的铸、锻件时，应尽量使背吃刀量大于硬皮层的厚度，以保护刀尖。半精车和精车的加工余量一般较小，可以一次切除。但为了保证工件的加工质量，也可二次进给。多次进给时，背吃刀量应逐步减小。

（2）进给量的确定 进给量 f 或进给速度 v_f 要根据零件的加工精度、表面粗糙度、刀具和工件材料来选。粗车时，在工艺系统的刚度和刀具强度允许的情况下，选用较大的进给量。表3-1为硬质合金车刀粗车外圆及端面的进给量参考值。半精车和精车时，进给量取得都较小。通常按照工件表面粗糙度值的要求，根据工件材料、刀尖圆弧半径、切削速度等条件，选择合理的进给量。表3-2为硬质合金外圆车刀精车的进给量参考值。

（3）切削速度的确定 粗车时，背吃刀量和进给量都较大，切削速度受刀具寿命和机床功率的限制，一般取较小值。精车时，背吃刀量和进给量都取得较小，在保证刀具寿命的前提下，切削速度一般取较大值。切削速度可通过计算或查表选取，也可根据实践经验确定。需要注意的是，交流变频调速数控车床低速时输出力矩小，因而切削速度不能太低。表3-3所示为硬质合金外圆车刀切削速度的参考值。

（4）数控车削螺纹时主轴转速的确定 在数控车床上切削螺纹时，主轴转速将受到螺纹导程的大小、进给电动机的升降频特性及螺纹插补运算速度等多种因素影响，因此，对不同的数控系统，应采用不同的主轴转速范围。如大多数经济型数控车床车螺纹时的主轴转速可按下式确定

表 3-1　硬质合金车刀粗车外圆及端面的进给量参考值

工件材料	车刀刀杆尺寸 $B \times H$ /mm	工件直径 d_w/mm	背吃刀量 a_p/mm				
			≤3	>3~5	>5~6	>8~12	12 以上
			进给量 f/(mm·r^{-1})				
碳素结构钢和合金结构钢	16×25	20	0.3~0.4	—	—	—	—
		40	0.4~0.5	0.3~0.4	—	—	—
		60	0.5~0.7	0.4~0.6	0.3~0.5	—	—
		100	0.6~0.9	0.5~0.7	0.5~0.6	0.4~0.5	—
		400	0.8~1.2	0.7~1.0	0.6~0.8	0.5~0.6	—
	20×30 25×25	20	0.3~0.4	—	—	—	—
		40	0.4~0.5	0.3~0.4	—	—	—
		60	0.6~0.7	0.5~0.7	0.4~0.6	—	—
		100	0.8~1.0	0.7~0.9	0.5~0.7	0.4~0.7	—
		400	1.2~1.4	1.0~1.2	0.8~1.0	0.6~0.9	0.4~0.6
铸铁及铜合金	16×25	40	0.4~0.5	—	—	—	—
		60	0.6~0.8	0.5~0.8	0.4~0.6	—	—
		100	0.8~1.2	0.7~1.0	0.6~0.8	0.5~0.7	—
		400	1.0~1.4	1.0~1.2	0.8~1.0	0.6~0.8	—
	20×30 25×25	40	0.4~0.5	—	—	—	—
		60	0.6~0.9	0.5~0.8	0.4~0.7	—	—
		100	0.9~1.3	0.8~1.2	0.7~1.0	0.5~0.8	—
		400	1.2~1.8	1.2~1.6	1.0~1.3	0.9~1.1	0.7~0.9

注：1. 加工断续表面及有冲击的加工时，表内的进给量应乘以系数 0.75~0.85。

2. 加工耐热钢及其合金时，不采用大于 1.0mm/r 的进给量。

3. 加工淬硬钢时，表内进给量应乘以系数 0.8（当材料硬度为 44~56HRC 时）或 0.5（当材料硬度为 57~62HRC 时）。

表 3-2　硬质合金外圆车刀精车的进给量参考值

工件材料	表面粗糙度 Ra/μm	切削速度范围 v_c/(m·s^{-1})	刀尖圆弧半径 r_ε/mm		
			0.5	1.0	2.0
			进给量 f/(mm·r^{-1})		
碳钢合金钢	>5~10	0.84	0.3~0.5	0.40~0.60	0.55~0.70
		1.33	0.4~0.55	0.55~0.65	0.65~0.70
	>2.5~5	0.84	0.20~0.25	0.25~0.30	0.30~0.40
		1.33	0.25~0.30	0.30~0.35	0.35~0.40
	>1.25~2.5	0.84	0.10~0.11	0.11~0.15	0.15~0.20
		1.33	0.10~0.20	0.16~0.25	0.25~0.35

注：1. 加工耐热钢及其合金、钛合金，切削速度大于 0.84m/s 时，表中进给量应乘以系数 0.7~0.8。

2. 带修光刃的大进给切削在进给量 f=1.0~1.5mm/r 时，可获得表面粗糙度 Ra 值为 5~1.25μm；宽刃精车刀的进给量还可更大些。

表 3-3 硬质合金外圆车刀切削速度的参考值

工件材料	热处理状态	$a_p = 0.3 \sim 2mm$ $f = 0.08 \sim 0.3mm/r$ $v_c/(m \cdot min^{-1})$	$a_p = 2 \sim 6mm$ $f = 0.3 \sim 0.6mm/r$ $v_c/(m \cdot min^{-1})$	$a_p = 6 \sim 10mm$ $f = 0.6 \sim 1mm/r$ $v_c/(m \cdot min^{-1})$
低碳钢 易切钢	热轧	$140 \sim 180$	$100 \sim 120$	$70 \sim 90$
中碳钢	热轧	$130 \sim 160$	$90 \sim 110$	$60 \sim 80$
	调质	$100 \sim 130$	$70 \sim 90$	$50 \sim 70$
合金结构钢	热轧	$100 \sim 130$	$70 \sim 90$	$50 \sim 70$
	调质	$80 \sim 110$	$50 \sim 70$	$40 \sim 60$
工具钢	退火	$90 \sim 120$	$60 \sim 80$	$50 \sim 70$
灰铸铁	<190HBW	$90 \sim 120$	$60 \sim 80$	$50 \sim 70$
	190 ~ 225HBW	$80 \sim 110$	$50 \sim 70$	$40 \sim 60$
高锰钢（$w_{Mn}13\%$）			$10 \sim 20$	
铜及铜合金		$200 \sim 250$	$120 \sim 180$	$90 \sim 120$
铝及铝合金		$300 \sim 600$	$200 \sim 400$	$150 \sim 200$
铸铝合金（$w_{si}13\%$）		$100 \sim 180$	$80 \sim 150$	$60 \sim 100$

注：切削钢及灰铸铁时刀具耐用度约为60min。

$$n \leqslant \frac{1200}{P_h} - K \tag{3-12}$$

式中　P_h——工件螺纹的导程，单位为 mm；

　　　K——保险系数，一般取 80。

三、车刀

车刀的种类很多，按使用要求不同，有不同的结构和不同的材料。

（一）车刀的分类

1）按用途不同可分为外圆车刀、端面车刀和切断刀等（图3-1）。

2）按切削部分的材料不同可分为高速工具钢车刀、硬质合金车刀、陶瓷车刀和金刚石车刀等。

3）按结构不同可分为整体式、机夹重磨式、机夹可转位式、焊接式和成形车刀等。

（二）常用车刀的结构及应用

目前，在车削加工所使用的刀具中，焊接式车刀和机夹可转位车刀应用非常广泛。由于机夹可转位车刀能有效地减少换刀和调刀所造成的停机时间，在自动车床、数控车床和机械加工自动生产线上应用较为普遍。

（1）**硬质合金焊接式车刀**　这种车刀是将一定形状的硬质合金刀片用黄铜、纯铜或其他特制的焊料，焊接在刀杆的刀槽内制成，焊接式车刀的种类如图3-26所示。

焊接式硬质合金车刀结构简单、紧凑、刚性和抗振性能好，使用灵活，制造方便。但这种车刀由于硬质合金刀片和刀杆材料的线膨胀系数和导热性能不同，刀片在刃磨和焊接时，

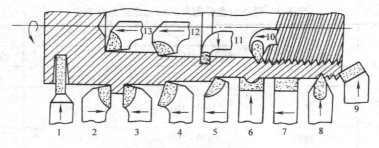

图 3-26　焊接式车刀的种类

1—切断刀　2—90°左偏刀　3—90°右偏刀　4—弯头车刀　5—直头车刀
6—成形车刀　7—宽刃精车刀　8—外螺纹车刀　9—端面车刀　10—内螺纹车刀
11—内槽车刀　12—通孔车刀　13—不通孔车刀

产生较大的内应力，极易引起裂纹，导致车刀工作时刀片易产生崩刃现象。刀杆随刀片的用尽而报废，不能重复使用，刀片也不能充分回收利用，造成刀具材料的浪费。另外，用在重型车床上的车刀，因其尺寸较大，重量大，焊接时不方便，刃磨也较困难。

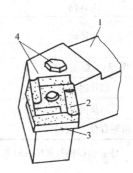

图 3-27　机夹可转位
车刀的组成
1—刀杆　2—刀片
3—刀垫　4—夹紧元件

焊接式硬质合金刀片，其形状和尺寸有统一的标准规格。在设计和制造时，应根据其不同用途，选用合适的硬质合金牌号和刀片的形状规格。

（2）机夹可转位车刀　机夹可转位车刀是采用机械夹固方法，将可转位刀片夹紧、固定在刀杆上的一种车刀。如图 3-27 所示，它由刀杆 1、刀片 2、刀垫 3 以及夹紧元件 4 组成。刀片每边都有切削刃，当某边切削刃磨钝后，将刀片转位换成另一个新切削刃继续使用，待全部切削刃磨钝后换新刀片；刀片不需重磨，有利于涂层硬质合金、陶瓷等新型刀片的推广使用；刀片可以避免因焊接和重磨对刀片造成的缺陷，在相同的切削条件下，刀具寿命较焊接式硬质合金车刀大大提高；刀杆使用寿命长，刀片和刀杆都已标准化，有利于专业化生产，提高经济效益。

刀片是机夹可转位车刀的一个最重要组成元件。按照国标 GB/T 2076—2007，大致可分为带圆孔、带沉孔以及无孔三大类。形状有：三角形、正方形、五边形、六边形、圆形以及菱形等共 17 种。

1）机夹可转位刀片型号：根据 GB/T 2076—2007 可转位刀片型号表示规则，可转位刀片共用 10 位代号表示。其标记方法见表 3-4。其型号说明见下例：

T A G M 16 06 12 E L – A3
① ② ③ ④ ⑤ ⑥ ⑦ ⑧⑨ ⑩

① 表示刀片形状，用一个英文字母表示。"T"表示 60°正三边形。

② 表示刀片主切削刃后角（法向后角）大小，用一个英文字母表示。"A"表示法向后角为 3°。

③ 表示刀片尺寸精度，用一个英文字母表示。"G"表示刀片刀尖位置尺寸 m 允许偏差为 ±0.025mm，刀片厚度 S 允许偏差为 ±0.13mm，刀片内切圆公称直径允许偏差为 ±0.025mm。

表3-4 可转位车刀刀片标记方法示例（摘自 GB/T 2076—2007）

（单位：mm）

号位	1	2	3	4	5	6	7	8	9	10
表达特性	刀片形状	法后角	允许偏差等级	夹固形式及有无断屑槽	刀片长度	刀片厚度	刀尖角形状	切削刃截面形状	切削方向	制造商用刀片特征代号或切削材料表示代号
举例	T	N	U	M	16	04	08	E	R	A2

号位1 刀片形状	
T	60°
S	90°
F	82°
W	80°
P	108°
R	（圆形）
V	35°
D	55°
L	90°

法后角：

	A	B	C	D	E	F	G	N	P	Q
	3°	5°	7°	15°	20°	25°	30°	0°	11°	其他

刀尖角形状：

M0	圆刀片
00	尖刀片
02	0.2
04	0.4
05	0.5
08	0.8

刀片厚度：以刀片厚度尺寸整数位数表示，若整数是一位数前加一个0

03	3.18
04	4.76
06	6.38
07	7.93

刀片长度：以主切削刃尺寸整数位数表示，若是一位数前加一个0，圆刀片用直径表示

09	9.525
12	12.70

允许偏差等级：

内切圆直径 d	d(±)			m(±)			s(±)	
	G	M	U	G	M	U	G.M.U	
6.35		0.05	0.08		0.05	0.08	0.08	0.13
9.525		0.05	0.08		0.08	0.13	0.08	0.13
12.70	0.025	0.08	0.13	0.025	0.13	0.20	0.13	
15.875		0.10	0.18		0.15	0.27	0.15	0.27
19.05		0.10	0.18		0.15	0.27	0.15	
25.40		0.13	0.25		0.18	0.38	0.13	

卷屑槽型与宽度 a=1,2,3,4,5,6,7

④ 表示刀片固定方式及有无断屑槽，用一个英文字母表示。"M"表示一面有断屑槽，有中心固定孔。

⑤ 表示刀片主切削刃长度，用两位数字表示。该位选取舍去小数值部分的刀片切削刃长度或理论边长值作代号，若舍去小数部分后只剩一位数字，则必须在数字前加"0"。

⑥ 表示刀片厚度，主切削刃到刀片定位底面的距离，用两位数字表示。该位选取舍去小数值部分的刀片厚度值作代号，若舍去小数部分后只剩一位数字，则必须在数字前加"0"。

⑦ 表示刀尖圆角半径或刀尖转角形状，用两位数或一个英文字母表示。刀片转角为圆角，则用舍去小数点的圆角半径毫米数来表示。这里的"12"表示刀尖圆角半径为1.2mm，若刀片转角为尖角，则代号为"00"。若刀片为圆形刀片，则代号为"M0"。

⑧ 表示刀片切削刃截面形状，用一个英文字母表示。"E"表示切削刃为倒圆的切削刃。

⑨ 表示刀片切削方向，用一个英文字母表示。"L"表示左手刀。

⑩ 在国家标准中，是留给刀片厂家备用号位，常用来表示一个或两个刀片特征，以更好地描述其产品（如不同槽型）。"A"表示A型断屑槽，"3"表示断屑槽宽度为3.2～3.5mm。

2）机夹可转位刀片的选择：主要包括刀片材料、刀片形状及刀片几何参数的选择等。

① 刀片材料的选择：车刀刀片的材料主要有高速工具钢、硬质合金、涂层硬质合金、陶瓷、立方氮化硼和金刚石等。其中应用最多的是硬质合金和涂层硬质合金刀片。选择刀片材料，主要依据被加工工件的材料、被加工表面的精度、表面质量要求、切削载荷的大小以及切削过程中有无冲击和振动等。

② 刀片形状的选择：刀片形状主要与被加工工件的表面形状、切削方法、刀具寿命和有效刃数等有关。一般外圆车削常用60°凸三边形（T型）、四方形（S型）和80°棱形（C型）刀片。仿形加工常用55°（D型）、35°（V型）菱形和圆形（R型）刀片。不同的刀片形状有不同的刀尖强度，一般刀尖角越大，刀尖强度越大。圆形刀片（R型）刀尖角最大，35°菱形刀片（V型）刀尖角最小。在选用时，在机床刚性和功率允许的条件下，大余量、粗加工应选用刀尖角较大的刀片；反之，在机床刚性和功率较小时，小余量、精加工时宜选用刀尖角较小的刀片。

被加工表面形状及适用的刀片形状见表3-5。

表3-5　被加工表面形状及适用的刀片形状

	主偏角	45°	45°	60°	75°	95°
车削外圆表面	刀片形状及加工示意图	45°	45°	60°	75°	95°
	推荐选用刀片	SCMA SPMR SCMM SNMM SPUN SNMM	SCMA SPMR SCMM SNMG SPUN SPGR	TCMA TNMM TCMM TPUN	SCMM SPUM SCMA SPMR SNMA	CCMA CCMM CNMM

（续）

	主偏角	75°	90°	99°	95°	
车削端面	刀片形状及加工示意图	75°	90°	90°	95°	
	推荐选用刀片	SCMA SPMR SCMM SPUR SPUN CNMG	TNUN TNMA TCMA TPUM TCMM TPMR	CCMA	TPUN TPMR	
	主偏角	15°	45°	60°	90°	93°
车削成形面	刀片形状及加工示意图	15°	45°	60°	90°	93°
	推荐选用刀片	RCMM	RNNG	TNMM	TNMG	TNMA

③ 刀片尺寸的选择：刀片尺寸的大小取决于必要的有效切削刃长度 L，有效切削刃长度与背吃刀量 a_p 和车刀的主偏角 κ_r 有关（图 3-28），使用时可查阅有关刀具手册选取。

④ 刀片法后角的选择：常用的刀片法后角有 N（0°）、C（7°）、P（11°）、E（20°）等。一般粗加工、半精加工可用 N型；半精加工、精加工可用 C 型、P 型，也可用带断屑槽的 N型刀片；加工铸铁、硬钢可用 N 型，加工不锈钢可用 C 型、P型，加工铝合金可用 P 型、E 型等。加工韧性好的材料可选用较大一些的法后角，一般孔加工刀片可选用 C 型、P 型，大尺寸孔可选用 N 型。

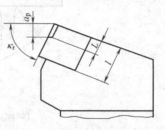

图 3-28　切削刃长度、背吃刀量与主偏角关系

l—切削刃长度

L—有效切削刃长度

⑤ 刀尖圆弧半径的选择：刀尖圆弧半径不仅影响切削效率，而且影响被加工表面的表面粗糙度及加工精度。从刀尖圆弧半径与最大进给量关系来看，最大进给量不应超过刀尖圆弧半径尺寸的 80%，否则将恶化切削条件，甚至出现螺纹状表面和打刀等问题。刀尖圆弧半径还与断屑的可靠性有关，从断屑可靠性出发，通常小余量、小进给车削加工应采用小的刀尖圆弧半径；反之，应采用较大的刀尖圆弧半径。

第三节　车床夹具

当工件定位表面为单一圆柱面或是与被加工面相垂直的平面时，可采用各种通用车床夹具装夹，如自定心卡盘、单动卡盘、顶尖等。当工件定位面较复杂或有其他特殊要求时，应设计专用车床夹具，以保证工件和刀具之间有正确的运动和位置关系。

一、典型车床夹具

（1）角铁式车床夹具　在车床上加工壳体、支座、杠杆、接头等类零件上的圆柱面及端面时，由于这些零件的形状比较复杂，难以装夹在通用夹具上，则需设计专用夹具。因这类车床夹具一般具有类似角铁的夹具体，故称其为角铁式车床夹具。

图 3-29 所示为加工轴承上内孔的角铁式车床夹具。轴承座 6 以两定位孔在圆柱销 2 和削边销 1 上定位，端面直接在夹具体 4 的角铁平面上定位；用两螺钉压板 5 压紧轴承座；导向套 7 用以引导加工轴承孔的孔加工刀具；件 8 是平衡块，用以平衡夹具的偏重。夹具体上设置有轴向定程基面 3，圆柱销 2 与它有确定的轴向距离，可以用它控制刀具的轴向行程。

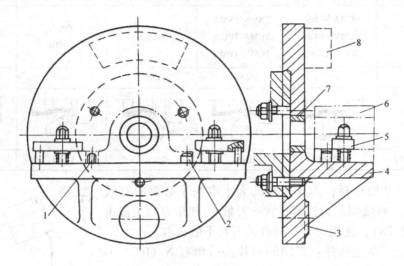

图 3-29　角铁式车床夹具

1—削边销　2—圆柱销　3—定程基面　4—夹具体　5—压板
6—轴承座　7—导向套　8—平衡块

（2）定心式车床夹具　这种夹具是利用同一元件实现定位与夹紧，该元件等速趋近（或退离）某一中心线或对称平面（如自定心卡盘），或利用该元件的均匀弹性变形（如弹簧夹头），完成对工件的定位夹紧或松开，主要适用于几何形状对称并以对称轴线、对称中心或对称平面为工序基准的工件定位夹紧。

自定心卡盘是车床上应用最广泛的定心式夹具，它的三个卡爪在卡盘上可以同时伸缩，完成工件的定位与夹紧，但其定位精度不高。

图 3-30a 所示为加工图 3-30b 所示阶梯轴的专用弹簧夹头。它比自定心卡盘定位精度高，较容易保证两圆柱面的同轴度要求。装夹时，工件以 $\phi 20_{-0.021}^{0}$ mm 圆柱面及端面 C 在弹簧筒夹 2 内定位，夹具体 1 以锥柄插入车床主轴的锥孔中。当拧紧螺母 3 时，其内锥面迫使筒夹（定位、夹紧元件）收缩将工件夹紧。反转螺母时，筒夹张开，松开工件。

二、车床夹具设计要点

（1）夹具总体结构　车床夹具大多安装在机床主轴上，并与主轴一起作回转运动，为此，设计夹具总体结构时须注意：

1）为保证夹具工作平稳，结构要尽量紧凑、悬伸长度要短。悬伸长度过长，会加剧主轴轴承的磨损，同时引起振动，影响加工质量。

2）夹具应基本平衡。对于角铁式车床夹具和偏重的车床夹具，应进行平衡处理，以减少振动和主轴轴承的磨损。通常可采用加平衡块配重的方法。

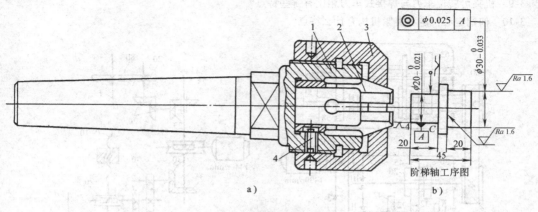

图 3-30　轴向固定式弹簧夹头
1—夹具体　2—弹簧筒夹　3—螺母　4—螺钉

3）夹具体应制成圆形，夹具上（包括工件在内）的各个元件不能伸出夹具体的圆形轮廓之外，以免碰伤操作者。

4）车床夹具的夹紧机构要能提供足够的夹紧力，且具有较好的自锁性，以确保工件在切削过程中不会松动。

此外，还应注意切屑缠绕和切削液飞溅等问题，必要时应设置防护罩。

（2）**车床夹具的安装方式**　车床夹具与机床主轴的联接方式取决于机床主轴轴端的结构以及夹具的体积和精度要求。使用较为广泛的是如图 3-5 所示的短锥法兰式结构，它以短锥和轴肩作为定位面，定位精度高，联接刚度好，卡盘悬伸小。

习题与思考题

3-1　在 CA6140 型卧式车床上车螺纹，确定下列螺纹的传动路线并写出相应的运动平衡式：

1）右旋米制螺纹 $P_h = 4.5$mm；

2）左旋模数螺纹 $m = 2.5$mm；

3）右旋寸制螺纹 $a = 8$ 牙/in。

3-2　在 CA6140 型卧式车床中，若不另配置交换齿轮，它能够车制螺纹的最大、最小导程各为多少（包括非标准螺纹）？

3-3　分析 CA6140 型卧式车床的传动系统：

1）证明 $f_横 = 0.5 f_纵$；

2）说明 M_3、M_4 和 M_5 的功用；

3）说明超越离合器的工作原理。

3-4　按图 3-31a，试解：（1）写出传动路线表达式；（2）列式并计算主轴转速级数和主轴最高、最低转速（图中 M_1 为齿形离合器）。按图 3-31b 计算：（3）轴 A 的转速 n_A（r/min）；（4）当 n_A 为 1（r）时，轴 B 的转速 n_B（r/min）；（5）当轴 B 为 1（r）时，螺母 C 移动的距离（mm）。

3-5　数控车床上有哪些运动传动是属于外联系传动链？哪些运动传动属于内联系传动链？

3-6　在 TND360 型卧式数控车床上，当主轴转速为 500r/min 时，主电动机的输出转速为多少？

3-7　采用什么方法可以消除滚珠丝杠螺母副的轴向间隙？

3-8　如何确定车削加工中的切削用量？

3-9　机夹可转位车刀与焊接式车刀相比有哪些特点?

3-10　何谓定心? 定心夹紧机构有什么特点?

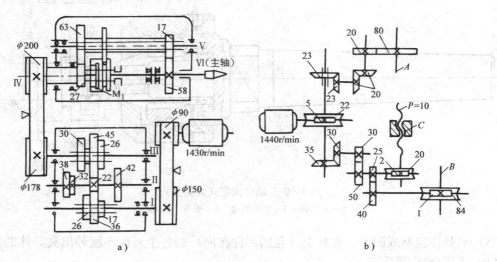

图 3-31　题 3-4 图

第四章 铣削加工

铣削是一种应用非常广泛的切削加工方法,主要适用于平面、曲面、台阶、沟槽及成形表面等的加工,其公差等级一般为 IT7 ~ IT9,表面粗糙度为 $Ra1.6 ~ 6.3\mu m$。由于铣刀为多齿刀具,铣削时有几个刀齿同时参加切削,还可以采用高速铣削,所以具有较高的生产率。图 4-1 所示为常见铣刀及典型铣削加工工艺。

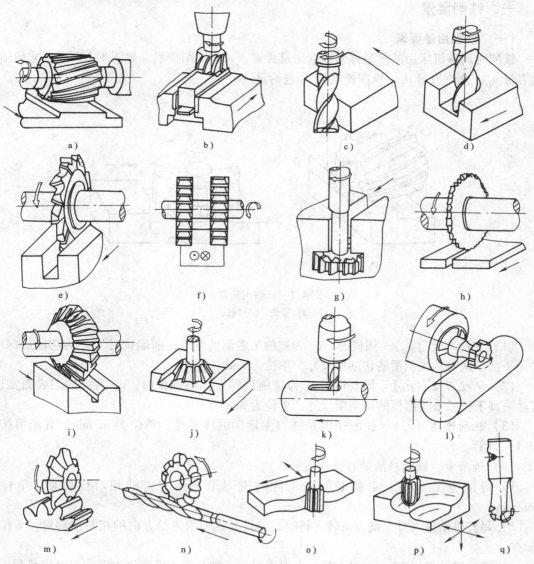

图 4-1 铣刀与铣削加工

a)、b)、c) 铣平面 d)、e) 铣沟槽 f) 铣台阶 g) 铣 T 形槽 h) 切断 i)、j) 铣角度槽
k)、l) 铣键槽 m) 铣齿形 n) 铣螺旋槽 o) 铣曲面 p) 铣立体曲面 q) 球头铣刀

第一节　铣削原理

　　铣刀是典型的多刃回转刀具，它的每一个刀齿相当于一把车刀，其铣削基本规律与车削相似。但由于铣削是断续切削，刀齿依次切入和切离工件，切削厚度与切削面积随时在变化，容易引起振动和冲击，所以铣削过程又有一些特殊规律。

　　铣刀刀齿在刀具上的分布有两种形式，一种是切削刃分布在铣刀的圆柱面上；一种是切削刃分布在铣刀的端部，对应的铣削方式分别是圆周铣削（周铣）和端面铣削（端铣）。

一、铣削要素

（一）铣削用量要素

　　铣削时调整机床用的参量称为铣削用量要素，又称铣削要素，如图 4-2 所示。它包括背吃刀量 a_p，侧吃刀量 a_e，铣削速度 v_c 和进给量。

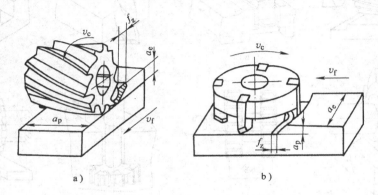

图 4-2　铣削用量要素
a）周铣　b）端铣

　　（1）背吃刀量（a_p）　周铣时，a_p 为被加工表面的宽度；而端铣时，a_p 为切削层深度。它是平行于铣刀轴线测量的切削层尺寸，单位为 mm。

　　（2）侧吃刀量（a_e）　周铣时，a_e 为切削层深度；而端铣时，a_e 为被加工表面宽度。它是垂直于铣刀轴线测量的切削层尺寸，单位为 mm。

　　（3）铣削速度（v_c）　铣削速度是铣刀主运动的线速度，单位为 m/min，其值可按式（2-1）计算。

　　（4）进给量　铣削进给量有三种表示方式：

　　1）进给速度（v_f）。单位时间内工件与铣刀沿进给方向的相对位移量，单位为 mm/min。

　　2）每转进给量（f）。铣刀每转一转时，工件与铣刀沿进给方向的相对位移量，单位为 mm/r。

　　3）每齿进给量（f_z）。铣刀每转一个刀齿时，工件与铣刀沿进给方向的相对位移量，单位为 mm/z。

　　v_f、f 和 f_z 三者之间的关系见式（2-2）。

（二）铣削切削层要素

铣削时，铣刀相邻的两个刀齿在工件上先后形成的两个过渡表面之间的一层金属称为切削层，也就是刀齿正在切削的那一层金属，如图4-3所示。铣削过程的一些机理，经常通过切削层参数来说明。

（1）切削层公称厚度（h_D）　它是指在给定瞬间和选定点，铣刀相邻两个刀齿主切削刃所形成的过渡表面间的垂直距离，简称切削厚度，单位为mm。从图4-3a可看出，在用直齿圆柱形铣刀铣削过程中，切削厚度是不断地变化的，即在不同瞬间，切削刃上选定点的切削层局部厚度h_D是不等的。h_D可按下式计算

$$h_D = f_z \sin\psi \tag{4-1}$$

式中　ψ——瞬时接触角，它是工作刀齿所在位置与起始切入位置间的夹角。

在刀齿刚切入时，$\psi=0$，$h_D=0$为最小值；当刀齿切离工件时，$\psi=\delta$，h_D达到最大值，其大小为

$$h_{Dmax} = f_z \sin\delta$$

一般以$\psi=\delta/2$处的切削厚度作为平均切削厚度h_{Dav}。从图4-3a中的几何关系可求出

$$h_{Dav} = f_z \sin\frac{\delta}{2} = f_z\sqrt{\frac{a_e}{d}} \tag{4-2}$$

式中　d——铣刀直径，单位为mm。

面铣刀端铣时，其切削厚度h_D如图4-3b所示，刀齿在任意位置时的切削厚度为

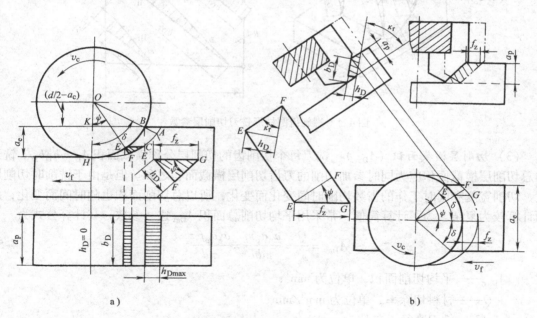

图4-3　铣削切削层参数

a）周铣时的切削厚度　b）端铣时的切削厚度

$$h_D = f_z \cos\psi \sin\kappa_r \tag{4-3}$$

端铣时，刀齿的接触角由最大变为零，然后由零变为最大。因此，刀齿刚切入工件时，切削厚度为最小，以后逐渐增大，到中间位置时，切削厚度为最大，然后又逐渐减小。

（2）切削层公称宽度（b_D）　它是指在给定瞬间，铣刀作用主切削刃的长度，在基面中测量，简称切削宽度，单位为 mm。直齿圆柱形铣刀的切削宽度等于背吃刀量，即 $b_D = a_p$，在切削过程中，其大小保持不变，如图 4-3a 所示。

面铣刀端铣时，铣刀的单个刀齿类似于车刀，每个刀齿的切削宽度如图 4-3b 所示，其值为

$$b_D = \frac{a_p}{\sin \kappa_r} \tag{4-4}$$

其大小也是固定不变的。

螺旋齿圆柱形铣刀铣削时，铣刀每一个刀齿的切削厚度不仅是不断变化的，而且其切削宽度也是随刀齿的不同位置而变化的，如图 4-4 所示。从图中可以看出，螺旋齿圆柱形铣刀同时切削的齿数有三个，h_{D1}、h_{D2}、h_{D3} 为三个刀齿同时切得的切削厚度；b_{D1}、b_{D2}、b_{D3} 为三个不同的切削宽度。但对同一刀齿而言，在刀齿切入工件后，切削宽度 b_D 由零逐渐增大到最大值，然后又逐渐减小至零，即无论刀齿切入还是切离工件，都有一个平缓的量变过程，因此螺旋齿圆柱形铣刀比直齿圆柱形铣刀切削过程平稳。

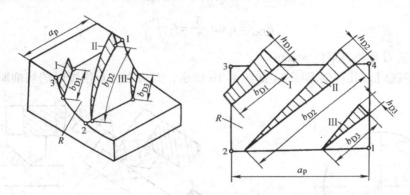

图 4-4　螺旋齿圆柱形铣刀切削层参数

（3）切削层横截面积（A_{Dav}）　铣刀每个切削齿的切削层公称横截面积 $A_D = h_D b_D$。铣刀的总切削层横截面积应为同时参加切削的刀齿切削层横截面积之和。但是由于铣削时切削厚度、切削宽度和同时工作的齿数均随时间变化而变化，所以总切削面积也随时间而变化，从而计算较为复杂。为了计算简便，常采用平均切削总面积 A_{Dav} 这一参数，其计算公式为

$$A_{Dav} = \frac{Q}{v_c} = \frac{a_e a_p v_f}{\pi dn} = \frac{a_e a_p f_z z}{\pi d} \tag{4-5}$$

式中　A_{Dav}——平均切削面积，单位为 mm^2；

　　　　Q——材料切除率，单位为 mm^3/min；

　　　　d——铣刀直径，单位为 mm；

　　　　z——铣刀刀齿数。

二、铣削力和铣削功率

（一）铣削合力和分力

铣刀的铣削合力（即总切削力）是作用在每一个工作切削齿上的切削力之和。为便于

分析计算，把铣削合力 F_r 看作是作用在一个切削齿上，并将其分解为三个互相垂直的分力，如图 4-5 所示。

（1）**主切削力**（F_c）　铣削合力 F_r 在主运动方向的分力。它消耗的功率最多。

（2）**垂直切削力**（F_{cN}）　铣削合力 F_r 在垂直于主运动方向的分力。它会使铣刀刀杆产生弯曲和扭转变形。

（3）**背向力**（F_p）　铣削合力 F_r 在铣刀轴线方向上的分力，它的大小与螺旋齿的螺旋角有关。对直齿圆柱形铣刀，其 $F_p = 0$。

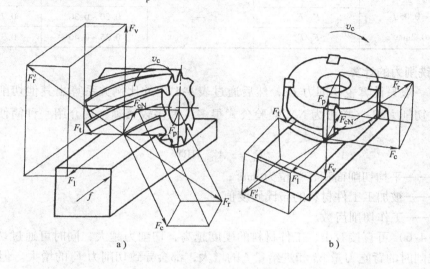

图 4-5　铣削力
a）周铣铣削力　b）端铣铣削力

用螺旋齿圆柱形铣刀铣削时，应使背向力 F_p 指向刚度较大的主轴方向，如图 4-6 所示。这样可减少支架和整个工艺系统的变形，并可减轻支架轴承磨损；同时可增加铣刀心轴与主轴锥孔间的摩擦力，以传递足够的转矩。

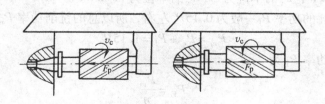

图 4-6　螺旋齿圆柱形铣刀的背向力指向主轴

为了机床、夹具设计的需要和测量方便，通常又将铣削合力沿机床工作台及刀具运动方向分解为以下三个分力：铣削合力在纵向进给方向的分力 F_l（F_f）、铣削合力在横向进给方向的分力 F_t 和铣削合力在垂直进给方向的分力 F_v（F_{fN}）。F_l、F_t 及 F_v 与 F_c 的比例关系见表 4-1。

表 4-1　各铣削分力的经验比值

切削条件	比值	对称端铣	不对称铣削	
			逆铣	顺铣
端铣：	F_1/F_e	0.30～0.40	0.60～0.90	0.15～0.30
$a_e = (0.4～0.8)\,d$	F_v/F_e	0.85～0.95	0.45～0.70	0.90～1.00
$f_z = 0.1～0.2\text{mm}/z$	F_t/F_e	0.50～0.55	0.50～0.55	0.50～0.55
立铣、圆柱铣、盘铣和成	F_1/F_c		1.00～1.20	0.80～0.90
形铣 $a_e = 0.05d$	F_v/F_c	—	0.20～0.30	0.75～0.80
$f_z = 0.1～0.2\text{mm}/z$	F_t/F_c		0.35～0.40	0.35～0.40

（二）铣削力的计算

铣削力一般只计算主切削力 F_c，然后通过表 4-1 中的比例关系算出其他切削分力的大小。计算主切削力 F_c（单位为 N）经验公式很多，大多较繁琐，现介绍一种简便实用的经验公式如下

$$F_c = z_e A_{\text{Dav}} \text{HBW} \tag{4-6}$$

式中　A_{Dav}——平均切削面积，单位为 mm^2；

　　　HBW——被加工工件材料的布氏硬度值；

　　　z_e——工作切削齿数。

从式（4-6）可直接看出，工件材料的硬度越高，切削力越大，同时可通过切削面积间接得知，铣削时的背吃刀量 a_p 和进给量 f_z 的增大，都会导致切削力 F_c 的增大。但是 f_z 对 F_c 的影响要比 a_p 对 F_c 的影响小。所以在切削面积一定的条件下，应选用较小的背吃刀量和较大的进给量，以减小切削变形和振动。

（三）铣削功率

铣削功率由主运动和进给运动所消耗的两部分功率组成。主运动消耗的功率为

$$P_c = \frac{F_c v_c}{60 \times 1000} \tag{4-7}$$

式中，P_c 的单位为 kW；F_c 的单位为 N；v_c 的单位为 m/min。

进给运动所消耗的功率 P_f 一般为 $0.15P_c$ 左右，所以总的铣削功率 P_m（单位为 kW）

$$P_m = P_c + P_f = 1.15 P_c$$

机床的电动机功率 P_E 为

$$P_E = \frac{P_m}{\eta}$$

式中　η——机床的传动效率。

三、铣削方式

铣削方式是指铣削时铣刀相对于工件的运动和位置关系，它对铣刀寿命、工件的表面粗糙度、铣削过程平稳性及切削加工生产率都有较大的影响。

（一）端铣和周铣

如前所述，铣平面时根据所用铣刀的类型不同，可分为端铣和周铣两种方式（图 4-2）。

端铣一般在立式铣床上进行，也可以在其他各种形式的铣床上进行；周铣通常只在卧式铣床上进行。端铣与周铣相比，容易使加工表面获得较小的表面粗糙度值和较高的生产率。因为端铣时，副切削刃具有修光作用；而周铣时只有主切削刃切削。此外，端铣时主轴刚性好，并且面铣刀易于采用硬质合金可转位刀片，因而所用切削用量大，生产率高。所以在平面铣削中，端铣基本上代替了周铣，但周铣可以加工成形表面和组合表面。

（二）逆铣和顺铣

圆周铣削有逆铣和顺铣两种方式，如图 4-7 所示。

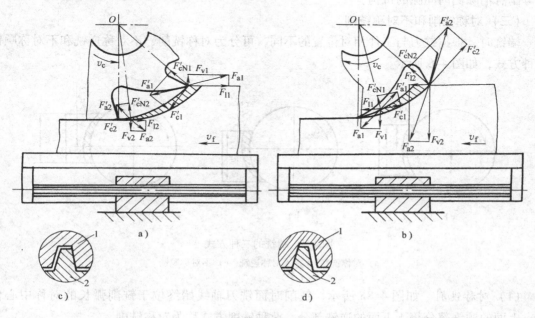

图 4-7　逆铣和顺铣
1—螺母　2—丝杠

（1）逆铣　如图 4-7a 所示，铣刀刀齿在工件切入处的切削速度 v_c 方向与工件的进给速度 v_f 方向相反时称为逆铣。

逆铣时，切削厚度从零逐渐增大。由于切削刃钝圆半径的影响，刀齿在工件表面上打滑、挤压和摩擦一段距离后，才能切入工件。因此，刀齿容易磨损，刀具寿命短，工件表面会产生严重的冷硬层，表面粗糙度值较大。但刀齿不与工件待加工表面发生撞击，不易崩刃，因此，逆铣适合加工有硬皮的工件。

逆铣时，作用在工件上的垂直分力 F_v 在刀齿的不同切削位置，其大小和方向是变化的，当 F_v 向上时，将工件上抬，对工件夹紧不利。但作用在工件上的纵向分力 F_l 与进给运动 v_f 方向相反，铣床工作台丝杠与螺母始终是一边接触（图 4-7c），工作台不会产生窜动现象，使铣削过程较平稳。因此，当铣床进给机构有间隙时，应采用逆铣。

（2）顺铣　如图 4-7b 所示，铣刀刀齿在工件切出处的切削速度 v_c 的方向与工件的进给速度 v_f 方向相同时称为顺铣。

顺铣时，刀齿的切削厚度从最大逐渐递减至零，没有逆铣时的刀齿滑行现象，冷硬程度大为减轻，已加工表面质量较高，刀具寿命比逆铣时高，但不适用于有硬皮的工件加工。

与逆铣相比,顺铣时,刀齿在不同位置(瞬时)作用在工件上的垂直分力 F_v 始终将工件压向工作台,避免了上下振动,在垂直方向铣削比较平稳。另一方面,大小变化的纵向分力 F_l 始终与进给方向相同,如果在丝杠与螺母传动副中存在较大间隙,当纵向分力 F_l 大于工作台摩擦力时,则 F_l 有可能使工作台连同丝杠一起沿 v_f 方向移动,使得丝杠与螺母的接触如图 4-7d 所示。这样,在顺铣过程中就可能出现工作台带动丝杠在纵向左、右窜动和进给不均匀的现象,严重时会使铣刀崩刃。因此,如采用顺铣,必须要求铣床工作台进给丝杠螺母副有消除侧向间隙的机构。

(三) 对称铣削和不对称铣削

端铣时,根据铣刀与工件相对位置的不同,可分为对称铣削、不对称逆铣和不对称顺铣三种方式,如图 4-8 所示。

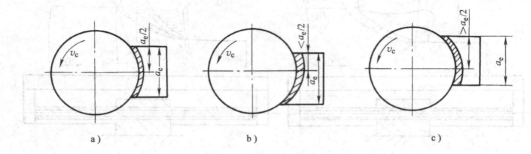

图 4-8　端铣的三种方式
a) 对称铣削　b) 不对称逆铣　c) 不对称顺铣

(1) **对称铣削**　如图 4-8a 所示,铣削时面铣刀轴线始终位于铣削弧长的对称中心位置,上面的顺铣部分等于下面的逆铣部分,此种铣削方式称为对称铣削。

(2) **不对称逆铣**　如图 4-8b 所示,铣削时面铣刀轴线偏置于铣削弧长对称中心的一侧,且逆铣部分大于顺铣部分,这种铣削方式称为不对称逆铣。

(3) **不对称顺铣**　如图 4-8c 所示,铣削时面铣刀轴线偏置于铣削弧长对称中心的一侧,且顺铣部分大于逆铣部分,这种铣削方式称为不对称顺铣。

对称铣削方式具有最大的平均切削厚度,可避免铣刀切入时对工件表面的挤压、滑行,铣刀寿命高,加工表面质量好。一般端铣多用此种铣削方式,尤其适用于铣削淬硬钢。不对称逆铣刀齿切入时切削厚度小,减小了冲击力,使得切削平稳,刀具寿命和工件表面质量较高,适用于端铣碳钢和低碳合金钢。不对称顺铣刀齿以较大的切削厚度切入,而以较小的切削厚度切出,适合于加工不锈钢等中等强度和高塑性的材料。

第二节　铣　床

铣床是一种应用非常广泛的机床,其主运动是铣刀的旋转运动,进给运动一般是工作台带动工件的运动。铣床的类型很多,主要有卧式升降台铣床、立式升降台铣床、龙门铣床、工具铣床、各种专门化铣床及数控铣床等。

一、升降台铣床

在铣床中，使用较为广泛的为升降台式铣床。其工作台安装在可垂直升降的升降台上，使工作台可在相互垂直的三个方向上调整位置或完成进给运动。由于升降台刚性差，所以只适合于加工中小型工件。

（一）万能升降台铣床

万能升降台铣床的主轴为水平布置，它主要用于单件及成批生产中加工平面、沟槽和成形表面。

万能升降台铣床的外形如图 4-9 所示。床身 2 固定在底座 1 上，用于安装和支承机床的其他部件。床身内装有主轴部件、主运动变速传动机构和变速操纵机构等。床身 2 的顶部的燕尾槽导轨上装有悬梁 3，可沿主轴轴线方向前后调整位置。在悬梁的下面装有刀杆支架 5，用于支承刀杆的悬臂端，以提高刀杆的刚度。升降台安装在床身前面的垂直导轨上，可以沿导轨垂直上下移动，升降台 9 内装有进给机构及其操纵机构。升降台的水平导轨上装有床鞍 8 可沿主轴轴线方向移动（横向移动）。床鞍的导轨上安装有工作台 6，可沿垂直于主轴轴线方向移动（纵向移动）。万能升降台铣床与一般升降台

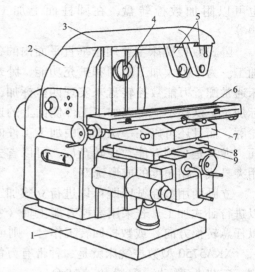

图 4-9　万能升降台铣床
1—底座　2—床身　3—悬梁　4—主轴
5—刀杆支架　6—工作台　7—回转盘
8—床鞍　9—升降台

铣床基本相同，主要区别是在工作台 6 和床鞍 8 之间增有一层回转盘 7，它可以相对床鞍在水平面内调整 ±45° 偏转，改变工作台的移动方向，从而可加工斜槽、螺旋槽等。此外，万能升降台铣床还可选配立式铣头、圆工作台等附件，扩大机床的加工范围。

（二）立式升降台铣床

立式升降台铣床与卧式升降台铣床的主要区别在于安装铣刀的机床主轴垂直于工作台面，主要适用于单件及成批生产，用面铣刀或立铣刀加工平面、沟槽、台阶；若采用分度头或圆形工作台等附件，还可铣削齿轮、凸轮以及铰刀和钻头等刀具上的螺旋面。立式升降台铣床很适合加工模具型腔和凸轮成形表面，故在模具加工中应用广泛。

图 4-10 所示为常见的立式升降台铣床，其工作台 3、床鞍 4 和升降台 5 的结构与卧式升降台铣床相同。铣头 1 可以在垂直平面内调整角度，主轴可沿其轴线方向进给或调整位置。

二、数控铣床

数控铣床是一种用途广泛的机床。目前，三坐标立式数控铣床占多数。一般都可以进行三个坐标联动加工，也有部分机床只能进行三个坐标中的任意两个坐标联动、第三坐标周期性进给的加工，即两轴半加工。一般情况下，在数控铣床上适合加工平面曲线轮廓。但对于有些功能较强的数控铣床，配置一些附件，可以加工像螺旋槽、叶片等较复杂型面零件。数控铣床特别适合各种模具、凸轮、板类及箱体类零件的加工。

（一）数控铣床的分类

数控铣床通常分为立式数控铣床、卧式数控铣床和立卧两用数控铣床三类。

立式数控铣床是数控铣床中数量最多的一种，主要用于水平面内的型面和简单的立体型面加工，也可以附加数控转盘，在圆柱面上加工曲线沟槽等。

卧式数控铣床主要用于垂直平面内的各种型面加工。为了扩大加工范围和扩充功能，卧式数控铣床通常配置万能数控转盘来实现四坐标加工、五坐标加工。这样不但可以加工工件侧面上的连续回转轮廓，而且还可以在一次安装中加工工件的四个侧面。尤其是采用万能数控转盘后，可以省去很多专用夹具或专用角度的成形铣刀。

立卧两用数控铣床既可以进行立式加工，又可以进行卧式加工。若采用数控万能主轴（主轴头可以任意转换方向）或数控回转工作台，则可进一步提高其加工能力。

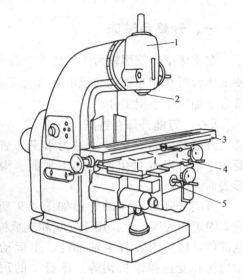

图 4-10　立式升降台铣床
1—铣头　2—主轴　3—工作台
4—床鞍　5—升降台

XKA5750 型数控铣床就是一种带有万能铣头的立卧两用数控铣床。该铣床是半闭环控制，三坐标联动，配置数控转台后，可实现四坐标加工。可以铣削凸轮、模具、样板、叶片、弧形槽等具有复杂曲线、曲面轮廓的零件。下面以该机床为例，介绍数控铣床的组成、传动系统及主要部件。

（二）数控铣床的组成

图 4-11 所示是 XKA5750 型数控铣床。其中件 1 为底座，件 5 为床身，工作台 13 由交流伺服电动机 15 驱动在升降滑座 16 上作纵向（x 轴）移动；交流伺服电动机 2 驱动升降滑座 16 作垂直（z 轴）移动；滑枕 8 作横向（y 轴）移动，实现横向进给运动，可获得较大的工作行程。机床主运动由交流伺服电动机驱动，万能铣头 9 不仅可以将铣头主轴调整到垂直和水平位置（图 4-12），还可以在前半球面内使主轴中心线处于任意空间角

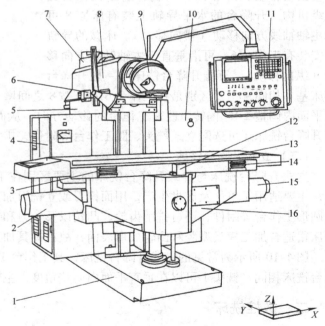

图 4-11　XKA5750 型数控铣床
1—底座　2—伺服电动机　3、14—行程限位挡铁　4—强电柜
5—床身　6—横向限位开关　7—壳体　8—滑枕　9—万能铣头
10—数控柜　11—按钮站　12—纵向限位开关　13—工作台
15—伺服电动机　16—升降滑座

度。纵向行程限位挡铁 3、14 起限位保护作
用，件 6 和件 12 分别为横向和纵向限位开关，
件 4 和件 10 为强电柜和数控柜，悬挂按钮站
11 上集中了机床全部操作的控制键与开关。

（三）数控铣床的传动系统

图 4-13 所示为 XKA5750 型数控铣床的传
动系统。

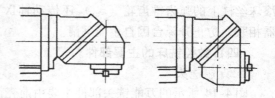

图 4-12　主轴立式和卧式位置

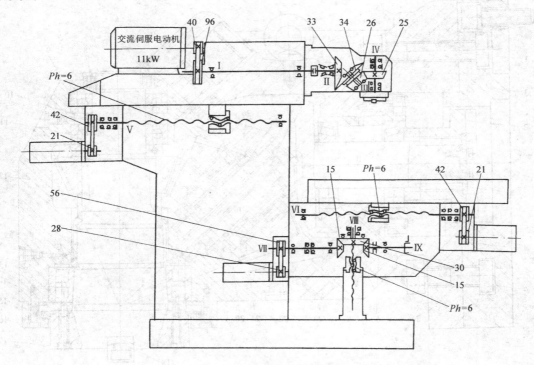

图 4-13　XKA5750 型数控铣床的传动系统

1. 主运动传动

XKA5750 型数控铣床的主运动是主轴的旋转运动，由装在滑枕后部的主轴交流伺服电
动机驱动，电动机的运动通过一对弧齿同步带轮（40/96）传到轴Ⅰ上，再经过万能铣头的
两对弧齿锥齿轮副（33/34、26/25）将运动传到主轴Ⅳ。主轴转速范围为 50～2500r/min
（电动机转速范围为 120～6000r/min）。当主轴转速在 625r/min 以下是为恒转矩输出；主轴
转速在 625～1875r/min 内为恒功率输出；超过 1875r/min 后输出功率下降，达到 2500r/min
时，输出功率下降到额定功率的 1/3。

2. 进给运动传动

工作台的纵向（x 向）进给和滑枕的横向（y 向）进给，分别由交流伺服电动机通过一
对同步圆弧齿形带轮（21/42），将运动传至导程 Ph=6mm 的滚珠丝杠Ⅵ和Ⅴ。升降台的垂
直（z 向）进给由交流伺服电动机通过一对同步带轮（28/56）将运动传到轴Ⅶ，再经过一
对弧齿锥齿轮（15/30）传到导程 Ph=6mm 的垂直滚珠丝杠Ⅷ上，驱动升降台运动。垂直

滚珠丝杠上的弧齿锥齿轮（z_{30}）还传动轴Ⅸ上的锥齿轮（z_{15}），经单向超越离合器与自锁器相联，防止升降台因自重而下滑。

（四）数控铣床的主要部件

1. 万能铣头

图 4-14 所示的万能铣头部件主要由前壳体 12、后壳体 5、法兰 3、传动轴Ⅱ和Ⅲ、主轴Ⅳ及两对弧齿锥齿轮组成。

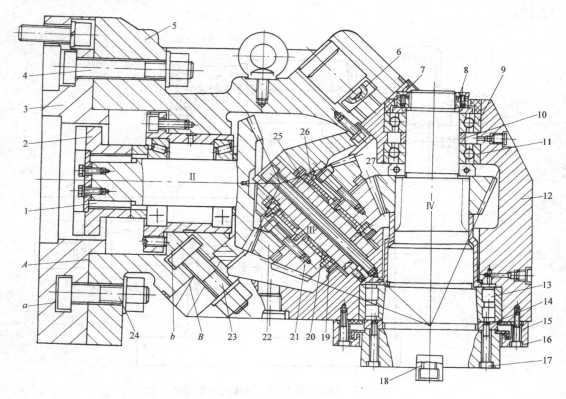

图 4-14　万能铣头部件结构

1—键　2—连接盘　3、15—法兰　4、6、23、24—T形螺栓　5—后壳体　7—锁紧螺钉
8—螺母　9、11—角接触球轴承　10—隔套　12—前壳体　13—双列短圆柱滚子轴承
14—半圆环垫片　16、17—螺钉　18—端面键　19、25—推力圆柱滚子轴承
20、26—滚针轴承　21、22、27—弧齿锥齿轮

铣削主运动由滑枕上传动轴Ⅰ（图 4-13）的端面键经连接盘 2、平键 1 传到轴Ⅱ，再经轴Ⅱ右端的弧齿锥齿轮与轴Ⅲ上的弧齿锥齿轮 22 啮合传到轴Ⅲ，最后由轴Ⅲ的弧齿锥齿轮 21 与主轴Ⅳ上的弧齿锥齿轮 27 啮合传到主轴。空心主轴下端的 7:24 内锥孔用于安装刀具，端面键 18 用于给刀具传递转矩。

万能铣头能通过两个互成 45°的回转面 A 和 B 调节主轴Ⅳ的方位，松开装在 T 形槽 a 和 b 中的 T 形螺栓 4、24、6 和 23，后壳体 5 绕轴Ⅱ转动，主轴Ⅳ绕轴Ⅲ转动，可使主轴在前半球面内调至任意角度。

万能铣头中的三根轴均采用了精度较高的轴承。轴Ⅱ上的两个圆锥滚子轴承，既能承受径向力，又能承受两个方向的轴向力；轴Ⅲ上滚针轴承 20 和 26 只承受径向力，而两个方向的轴向力由推力圆柱滚子轴承 19 和 25 承受；主轴Ⅳ下端的双列短圆柱滚子轴承 13 只承受径向力，上端的两个大口相背的角接触球轴承 9 和 11，既承受径向力，又分别承受两个方向的轴向力。主轴上下端的间隙消除和预紧需分别调整。下端调整时，拧松锁紧螺钉 7 和螺母 8（使主轴下移），拆下螺钉 16、法兰 15 和螺钉 17，取出两个半圆环垫片 14，根据间隙大小磨薄垫片，然后再装上，使主轴的锥颈相对轴承锥孔上移，弹性扩张轴承内圈，从而消除径向间隙并预紧。上端调整时，拆下锁紧螺钉 7、螺母 8、角接触球轴承 9 和隔套 10，根据调整量大小修磨隔套，重新装上后，使角接触球轴承 9 和隔套 10 内圈产生相对轴向位移，同时进行径向和轴向间隙消除和预紧。

2. 升降台传动机构及自动平衡机构

升降台传动机构如图 4-15 所示，交流伺服电动机 1 经一对齿形带轮 2 和 3 将运动传到传动轴Ⅶ，再经一对弧齿锥齿轮 7 和 8 使滚珠丝杠Ⅷ转动（螺母 24 和支承套 23 固定在机床底座上），驱动升降台升降。传动轴Ⅶ有左、中、右三个支承，中间支承用于轴Ⅶ轴向定位。其中螺钉 25 用于调节轴Ⅶ轴向位置，螺母 4、隔套 5 和 6 用于两角接触球轴承消隙和预紧。装在滚珠丝杠Ⅷ上的弧齿锥齿轮 8 通过承受径向载荷的深沟球轴承 9 和角接触球轴承 10 以及承受轴向载荷的推力圆柱滚子轴承 11 与升降台连接。

在图 4-15 中，右边的是升降台平衡机构，由单向超越离合器和自锁器组成，经弧齿锥齿轮 8 和 12 传动。当升降台上升时，外环 14 与轴Ⅸ上的星形轮 21 脱开，不随轴Ⅸ转动，

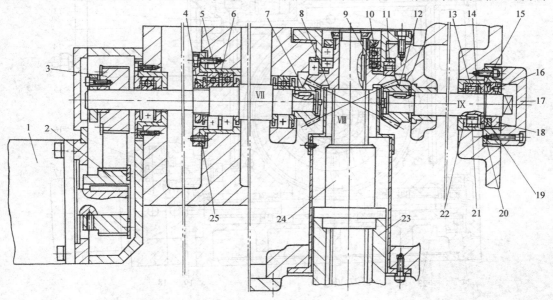

图 4-15　升降台传动机构
1—交流伺服电动机　2、3—齿形带轮　4、18、24—螺母　5、6—隔套
7、8、12—弧齿锥齿轮　9—深沟球轴承　10—角接触球轴承　11—推力圆柱滚子轴承
13—滚子　14—外环　15、22—摩擦环　16、25—螺钉　17—端盖
19—碟形弹簧　20—防转销　21—星形轮　23—支承套

自锁器不起作用；当升降台下降时，滚子 13 楔紧在星形轮和外环之间，使外环随轴Ⅸ转动。外环两端与固定的摩擦环 15 和 22 产生摩擦力，其摩擦力由碟形弹簧 19 调节，大小应能平衡升降台重力，以保证电动机断电后升降台不下滑，处于平衡状态。

3. 数控回转工作台

数控回转工作台主要用于零件的回转表面和多面加工。图 4-16 所示为既可立式安装又可卧式安装的立卧式数控回转工作台。工作台的转动由尾部装有码盘（用于半闭环控制）的

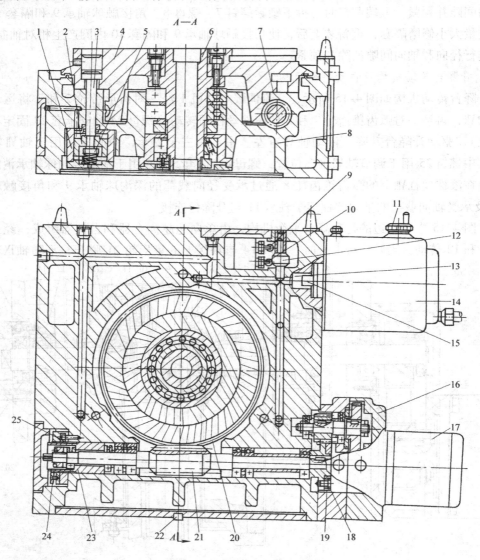

图 4-16　立卧式数控回转工作台

1—夹紧液压缸　2—活塞　3—拉杆　4—工作台　5—弹簧　6—主轴孔
7—工作台导轨面　8—底座　9、10—信号开关　11—脉冲发生器　12—触头
13—油腔　14—气液转换装置　15—活塞杆　16—法兰盘　17—直流伺服电动机
18、24—锁紧螺钉　19—齿轮　20—蜗轮　21—蜗杆　22—定位键　23—螺纹套　25—螺母

直流伺服电动机 17 经两对消隙齿轮副和一对蜗轮蜗杆副 20 和 21 传动。蜗轮蜗杆副采用变齿厚双导程蜗杆消隙。调整时，松开锁紧螺钉 24 和螺母 25，转动螺纹套 23，使蜗杆轴向移动，改变其与蜗轮的啮合部位，从而消除侧隙。

数控回转台的松开、回转和夹紧动作受气液转换装置 14 控制。工作时，气液转换装置驱动活塞杆 15 缩回，使油腔 13 和与其相通的夹紧液压缸 1 上腔的油压下降，由弹簧推动活塞 2 和拉杆 3 上移，松开工作台。同时，触头 12 在弹簧作用下退回，松开夹紧信号开关 9，压下松开信号开关 10。此时，伺服电动机开始驱动工作台回转（或分度）。回转结束（或分度到位）后，气液转换装置驱动活塞杆伸出，使油腔 13 和夹紧液压缸 1 上腔油压上升，推动活塞 2 和拉杆 3 下移，将工作台压紧在底座 8 上。同时，触头 12 在油压作用下向外伸出，脱开松开信号开关 10，压下夹紧信号开关 9。工作台完成一个工作循环后，零位信号开关（图中未画出）发信号，使工作台返回零位。手摇脉冲发生器 11 可用于工作台手动微调。

第三节　铣刀及铣削用量

一、铣刀

（一）铣刀的类型及应用

铣刀的种类很多，结构不一，应用范围广泛。一般按其用途可分为加工平面用铣刀、加工沟槽用铣刀、加工成型面用铣刀三大类。通用规格的铣刀已标准化，由专业工具厂生产。现介绍几种常用铣刀的特点及应用。

（1）圆柱铣刀　如图 4-1a 所示，一般用高速工具钢制成整体式，螺旋形切削刃分布在圆周表面上，无副切削刃，铣刀直径 $d = 50 \sim 100mm$，加工效率不太高，主要用于卧式铣床上加工面积不太大的狭长平面。

（2）面铣刀　如图 4-1b 所示，主切削刃分布在圆柱或圆锥表面上，端面切削刃为副切削刃，铣刀轴线垂直于被加工表面。主要用于立式铣床上加工平面，尤其适合加工大面积平面。用面铣刀加工平面，同时参加切削的刀齿较多，又有副切削刃的修光，使工件表面的表面粗糙度值小；刀具的刚性好，可采用较大的切削用量，生产率高，故应用广泛。

（3）槽铣刀　如图 4-1e、f 所示，主要用于加工直槽（图 4-1e），也可加工台阶面（图 4-1f）。前者在圆周和两端面上均有切削刃，而且圆周上的刀齿呈左右旋交错分布，既具有刀齿逐渐切入工件、切削较为平稳的优点，又可以平衡左右方向的轴向力。这种三面刃错齿槽铣刀比图 4-1f 所示的直齿槽铣刀，在同样的切削条件下，有较高的切削效率。

图 4-1h 所示为锯片铣刀切断。这种铣刀形状和结构与直齿槽铣刀相同，主要用于铣窄槽（$B \leqslant 6mm$）和切断。

（4）立铣刀　如图 4-1c、d 所示，立铣刀的切削刃分布在圆柱面和端面上。主要用于立式铣床上铣沟槽（图 4-1d），也可用于加工平面（图 4-1c）、台阶面和二维曲面（如平面凸轮的轮廓）。另外还有粗齿大螺旋角立铣刀、玉米铣刀、硬质合金波形刃立铣刀等，它们的直径较大，可以采用大的进给量，生产率很高。

（5）键槽铣刀　如图 4-1k 所示，它的外形与立铣刀相似，不同的是它在圆周上只有两个螺旋刀齿，其端面刀齿的切削刃延伸至中心，因此兼有钻头和立铣刀的功能，在铣两端不通的键槽时，可以作适量的轴向进给。主要用于加工圆头封闭键槽。

（6）球头铣刀　如图4-1q所示，切削刃分布在铣刀球形头部。主要用于数控铣床和加工中心上加工立体表面。

此外还有 T 形槽铣刀（图4-1g）、角度铣刀（图4-1i、j）、盘形齿轮铣刀（图4-1m）和成形铣刀（图4-1n）等。

（二）面铣刀及其参数选择

面铣刀多制成套式镶齿结构，刀齿为高速工具钢或硬质合金。硬质合金面铣刀与高速工具钢面铣刀相比，可加工带有硬皮和淬硬层的工件，切削性能更好。

（1）硬质合金面铣刀的类型　硬质合金面铣刀按刀片和刀齿的安装方式可分为整体焊接式、机夹—焊接式和可转位式三种。整体焊接式面铣刀是将硬质合金刀片直接焊接到铣刀刀体上，如图4-17a所示。机夹—焊接式面铣刀是将硬质合金刀片焊接在小刀齿上，再将小刀齿用机械夹固的方式安装在刀体上，如图4-17b所示。这两种铣刀的焊接应力大，难于保证焊接质量，刀具寿命低；并且重磨时装卸、调整较费时间，已逐渐被可转位面铣刀取代。

可转位面铣刀是将可转位刀片通过夹紧元件夹固在刀体上，如图4-17c所示。当刀片的一个切削刃用钝后，直接在机床上将刀片转位或更换新刀片。因此，这种铣刀在提高加工质量和效率、降低成本、方便操作等方面具有明显的优越性，已得到广泛应用。

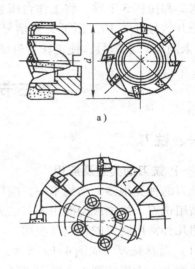

a)

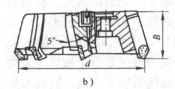

b)

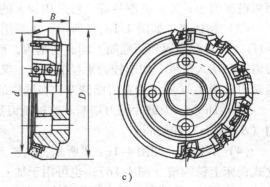

c)

（2）面铣刀主要参数的选择　标准可转位面铣刀直径为 16～630mm。粗铣时，铣刀直径要小些，因为粗铣切削力大，选小直径铣刀可减小切削转矩。精铣时，铣刀直径要大些，尽量包容工件整个加工宽度，以提高加工精度和效率，并减少相邻两次进给之间的接刀痕迹。

面铣刀的几何角度如图4-18所示。铣刀前角的选择应根据刀具和工件材料来确定，面铣刀铣削时有冲击，故前角数值一般比车刀略小，尤其是硬质合金面铣刀，由于硬质合金脆性大，强度较低，前角数值减小

图4-17　硬质合金面铣刀

a）整体焊接式　b）机夹—焊接式　c）可转位式

得更多些。铣削强度和硬度都高的材料时可选用负前角，其具体数值可参考表4-2。

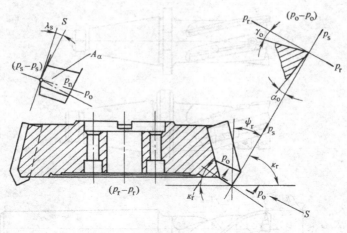

图 4-18　面铣刀的几何角度

表 4-2　面铣刀的前角

工件材料 刀具材料	钢	铸铁	黄铜、青铜	铝合金
高速工具钢	$10° \sim 20°$	$5° \sim 15°$	$10°$	$25° \sim 30°$
硬质合金	$-15° \sim 15°$	$-5° \sim 5°$	$4° \sim 6°$	$15°$

在铣削过程中，由于铣刀刀齿的切削厚度比较小，刀齿的磨损主要发生在后刀面上，因此可采用较大的后角，以减少磨损，当刀具采用较大的负前角时，可适当加大后角，常取 $\alpha_o = 5° \sim 12°$。一般粗齿硬质合金面铣刀 $\alpha_o = 6° \sim 8°$，细齿 $\alpha_o = 12° \sim 15°$。

铣削时冲击力大，为了保护刀尖，硬质合金面铣刀的刃倾角常取 $\lambda_s = -5° \sim -15°$。只有在铣削低强度材料时，取 $\lambda_s = 5°$。

主偏角 κ_r 常取 45°、60°、75°、90°。工艺系统刚性好，取小值，反之取大值。铣削铸铁常用 45°，铣削一般钢材常用 75°，铣削带凸肩的平面或薄壁零件时要用 90°。

（三）立铣刀及其参数选择

（1）立铣刀的结构　如图 4-19 所示，立铣刀圆柱表面上的切削刃为主切削刃，端面上的切削刃为副切削刃。主切削刃一般为螺旋齿，这样可以提高切削平稳性和加工精度。普通立铣刀端面中心处无切削刃，故不能作轴向进给，端面刃主要用于加工与侧面相垂直的底平面。

为了能加工较深的沟槽，并保证有足够的备磨量，立铣刀的轴向长度一般较长。

为了改善切屑卷曲情况，增大容屑空间，防止切屑堵塞，刀齿数一般比较少，而容屑槽圆弧半径则较大。一般粗齿立铣刀齿数 $z = 3 \sim 4$，细齿立铣刀齿数 $z = 5 \sim 8$，套式结构立铣刀齿数 $z = 10 \sim 12$，容屑槽圆弧半径 $r = 2 \sim 5mm$。当立铣刀直径较大时，可制成不等齿距结构，以增强抗振作用，使切削过程平稳。

标准立铣刀的螺旋角 $\beta = 41° \sim 45°$（粗齿）和 $\beta = 31° \sim 35°$（细齿），套式结构立铣刀的 $\beta = 15° \sim 25°$。

直径较小的立铣刀，一般制成带柄形式。$\phi 2 \sim \phi 71mm$ 的立铣刀制成直柄；$\phi 6 \sim \phi 63mm$

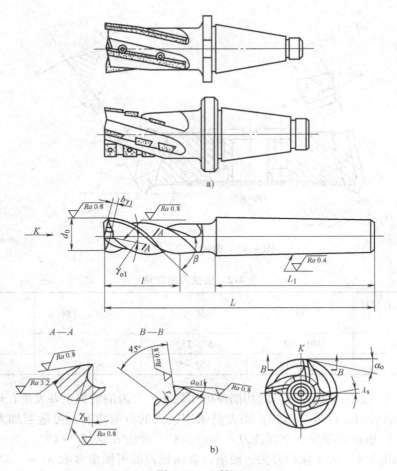

图 4-19　立铣刀

a）硬质合金立铣刀　b）高速工具钢立铣刀

的立铣刀制成莫氏锥柄；$\phi25 \sim \phi80$mm 的立铣刀制成 7∶24 锥柄，内有螺孔用于拉紧刀具。立铣刀柄部是由专业厂家按照一定的规范设计制造成统一形式，统一尺寸的刀柄。直径大于 $40 \sim 60$mm 的立铣刀可制成套式结构。

（2）立铣刀主要参数的选择　立铣刀主切削刃的前角在法剖面内测量，后角在端剖面内测量，前、后角的标注如图 4-19b 所示。前、后角都为正值，分别根据工件材料和铣刀直径选取，其具体数值可分别参考表 4-3 和表 4-4。

表 4-3　立铣刀前角

工件材料		前角
钢	$R_m < 0.589$GPa	20°
	$R_m = 0.589 \sim 0.981$GPa	15°
	$R_m > 0.981$GPa	10°
铸铁	≤150HBW	15°
	>150HBW	10°

表 4-4 立铣刀后角

铣刀直径 d/mm	后角
≤10	25°
10 ~ 20	20°
>20	16°

为了使端面切削刃有足够的强度，在端面切削刃前刀面上一般磨有棱边，其宽度 $b_{r1} = 0.4 \sim 1.2$ mm，前角为6°。

立铣刀的有关尺寸参数（图4-20），推荐按下述经验数据选取。

1）刀具半径 r 应小于零件内轮廓面的最小曲率半径 R_{min}，一般取 $r = (0.8 \sim 0.9) R_{min}$。

2）零件的加工高度 $H \leqslant (1/6 \sim 1/4) r$，以保证刀具有足够的刚度；

3）对不通孔（深槽），刀具切削部分长度 $L = H + (5 \sim 10)$ mm；

4）加工外形及通槽时，刀具切削部分长度 $L = H + r_0 + (5 \sim 10)$ mm（r_0 为端刃圆角半径）。

5）加工肋时，刀具直径为 $d = (5 \sim 10)b$（b 为肋的厚度）。

6）粗加工内轮廓面时，铣刀最大直径 d 可按下式计算（图4-21）

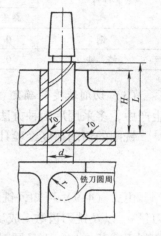

图4-20 立铣刀的尺寸参数

$$d = \frac{2(\delta \sin \varphi/2 - \delta_1)}{1 - \sin \varphi/2} + D \qquad (4-8)$$

式中　D——轮廓的最小凹圆角直径；

　　　δ——圆角邻边夹角等分线上的精加工余量；

　　　δ_1——精加工余量；

　　　φ——圆角两邻边的最小夹角。

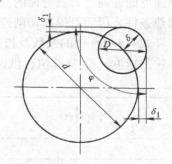

图4-21 粗加工立铣刀直径估算

二、铣削用量的确定

铣削用量应根据工件的加工精度、铣刀的寿命及机床的刚性来确定。首先是确定背吃刀量或侧吃刀量，其次是每齿进给量，最后确定铣削速度。

（1）背吃刀量（端铣）或侧吃刀量（周铣）的确定　背吃刀量（a_p）或侧吃刀量（a_e）的确定主要由加工余量和加工要求来确定。粗铣时，若加工余量小于 5 ~ 6mm，则一次进给切除。但当余量较大时，工艺系统刚性不足或机床动力不足时，可分两次进给。半精铣时，取吃刀量 a_e 或（a_p）= 1.5 ~ 2mm。精铣时，周铣取 $a_e = 0.3 \sim 0.5$mm，端铣取 $a_p = 0.5 \sim 1$mm。

（2）进给速度的确定　进给速度 v_f 的确定方法是先根据加工条件选择每齿进给量 f_z，然后根据铣刀转速 n、刀齿数 z 用式（2-2）计算。每齿进给量 f_z 的选取主要取决于工件材料、刀具材料、铣刀种类及表面粗糙度等因素。工件材料的强度和硬度越高，f_z 越小；反之则越大。硬质合金铣刀的每齿进给量高于同类高速工具钢铣刀，面铣刀的 f_z 可以大于圆柱铣刀和立铣刀。工件表面质量要求越高，f_z 就越小。每齿进给量的确定可参考表 4-5 选取。工件刚性差或刀具强度低时，应取小值。

表 4-5　铣刀每齿进给量 f_z

工件材料	每齿进给量 f_z/（mm/z）			
	粗铣		精铣	
	高速工具钢铣刀	硬质合金铣刀	高速工具钢铣刀	硬质合金铣刀
钢	0.10 ~ 0.15	0.10 ~ 0.25	0.02 ~ 0.05	0.10 ~ 0.15
铸　铁	0.12 ~ 0.20	0.15 ~ 0.30		

（3）切削速度的确定　切削速度 v_c 可以用计算的方法确定，也可以查表或凭经验选取。生产中，多采用后两种方法。

铣削的切削速度经验计算公式为

$$v_c = \frac{c_V d^q}{T^m f_z^{y_V} a_p^{x_V} a_e^{P_V} z^{x_V} 60^{1-m}} K_V \qquad (4-9)$$

由式（4-9）可知，铣削的切削速度与刀具寿命 T、每齿进给量 f_z、背吃刀量 a_p、侧吃刀量 a_e 以及铣刀齿数 z 成反比，而与铣刀直径 d 成正比。其原因为 f_z、a_p、a_e 和 z 增大时，切削刃载荷增加，而且同时工作齿数也增多，使切削热增加，刀具磨损加快，从而限制了切削速度的提高。刀具寿命的提高使允许使用的切削速度降低。但是加大铣刀直径 d 则可改善散热条件，因而可提高切削速度。

式（4-9）中的系数及指数是经过试验求出的，可参考有关切削用量手册选用。表 4-6 是铣削速度 v_c 的推荐值，供选用时参考。

表 4-6　铣削时的切削速度

工件材料	铣削速度/（m/min）	
	高速工具钢铣刀	硬质合金铣刀
20	20 ~ 45	150 ~ 190
45	20 ~ 35	120 ~ 150
40Cr	15 ~ 25	60 ~ 90
HT150	14 ~ 22	70 ~ 100
黄　铜	30 ~ 60	120 ~ 200
铝合金	112 ~ 300	400 ~ 600
不锈钢	16 ~ 25	50 ~ 100

注：1. 粗铣时取小值，精铣时取大值。

2. 工件材料强度和硬度高取小值，反之取大值。

3. 刀具材料耐热性好取大值，耐热性差取小值。

第四节　铣 床 夹 具

铣床夹具在多数情况下是随机床工作台一起作进给运动的，因此，夹具的结构形式主要取决于铣削加工进给方式。按照铣削时的进给方式，通常将铣床夹具分为直线进给式、圆周进给式和靠模式三种，其中直线进给式和圆周进给式用得较多。

一、典型铣床夹具

（一）直线进给式铣床夹具

这类铣夹具安装在铣床工作台上并随之按直线进给方式运动。按照在夹具上同时安装的工件数量，可分为单件铣夹具和多件铣夹具。前者多用单件小批生产或加工尺寸较大的工件以及定位夹紧方式较特殊的中小型零件，后者广泛用于成批或大量生产中的中小型零件加工。

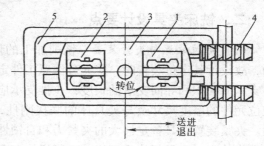

图 4-22 双工位转台直线进给夹具工作过程
1、2—夹具 3—转台 4—铣刀 5—工作台

若采用双工位转台，可使加工的机动时间和装卸工件的辅助时间重合。图 4-22 所示即为双工位转台直线进给夹具。在转台 3 上安装有两个工作夹具 1 和 2，一个夹具在工作时，可在另一夹具上装卸工件。当第一个工作夹具上的工件加工完毕后，退出刀具将双工位转台回转 180°，即可对第二个工作夹具上的工件进行加工。

（二）圆周进给式铣床夹具

圆周进给式铣床夹具一般在有回转工作台的铣床上使用，有多个工位。由于该铣削方式能在不停车的情况下装卸工件且连续进给，可使辅助时间与机动时间重合，因此，生产率很高，适应于大批大量生产时的中小型零件加工。

图 4-23 所示为在立式铣床上连续铣削拨叉上下两端面的夹具。工件以圆孔、端面及侧面在定位销 2 和挡销 4 上定位，由液压缸 6 驱动拉杆 1 通过开口垫圈 3 将工件夹紧。夹具上同时装夹 12 个工件。工作台由电动机通过蜗杆蜗轮机构带动回转。AB 扇形区是切削区域，CD 是装卸工件区域。操作者可在装卸区域卸下铣好的工件，再装好待铣的工件毛坯件。

设计圆周进给式铣床夹具时应注意下列问题：

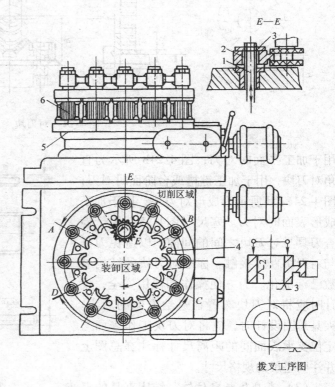

拨叉工序图

图 4-23 圆周进给式铣床夹具
1—拉杆 2—定位销 3—开口垫圈 4—挡销 5—转台 6—液压缸

1）沿圆周排列的工件应尽量紧凑，以减少铣刀的空行程和夹具的尺寸及重量。

2）夹紧用手柄、螺母等最好沿转台外沿分布，以便操作。

3）应注意工人的劳动强度和安全。

（三）靠模式铣床夹具

将靠模式铣床夹具安装在普通铣床上便可实现各种成形表面的进给，扩大了普通铣床的工艺范围，但随着数控铣床的不断普及，其使用几率越来越小，故此处不再作介绍。

二、铣床夹具设计要点

（1）**定位装置与夹紧装置**　铣削加工的切削力较大，又是断续切削，加工中易引起振动，故设计其定位装置时，应充分注意工件定位的稳定性及定位装置的刚性。如尽量增大主要支承的面积和导向支承的长度；止推支承应分布在工件刚性最好的部位。还可以通过增大定位元件的厚度尺寸及与夹具体的联接刚性，必要时可采用辅助支承来提高工件的装夹刚性。夹紧装置应具备足够大的夹紧力和自锁性，着力点应尽量靠近加工表面。为了提高夹具的工作效率，应尽可能采用机动夹紧机构和联动夹紧机构，并在可能的情况下，采用多件夹紧和多件加工。

（2）**对刀装置**　对刀装置用以确定夹具相对于刀具的位置。铣床夹具的对刀装置主要由对刀块和塞尺构成。图4-24所示为几种常用的对刀块，其中图4-24a所示为高度对刀块，

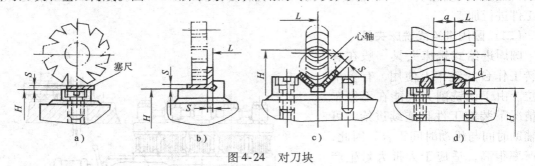

图 4-24　对刀块

用于加工平面时对刀；图4-24b所示为直角对刀块，用于加工键槽或台阶面时对刀；图4-24c、d所示为成形对刀块，用于加工成形表面时对刀。塞尺（图4-25）用于检查刀具与对刀块之间的间隙，以避免刀具与对刀块直接接触。标准对刀块的结构参数已标准化。为方便操作和使用安全，设计时应将对刀块布置在进给方向的后方。夹具总图设计时，应将对刀块工作表面与定位支承表面间的距离尺寸标注在总图上并注明塞尺的规格尺寸。

（3）**夹具体与定位键**　铣床夹具的夹具体要承受较大的切削力，因此要有足够

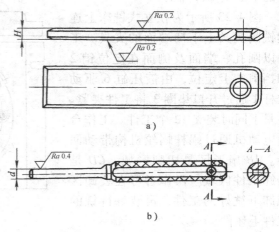

图 4-25　对刀用的标准塞尺

a）对刀平塞尺　b）对刀圆柱塞尺

的强度、刚度和稳定性。通常在夹具体上要适当地布置肋板，夹具体的安装面应足够大，且尽可能作成周边接触的形式。铣床夹具大都在夹具体上设计有耳座（图4-26），并通过螺栓将夹具牢固地紧固在机床工作台的T形槽上。铣床夹具通常通过定位键与铣床工作台T形槽的配合来确定夹具在机床上的方位。定位键能承受部分切削力矩，以减轻夹具体与工作台的联接所用螺栓的载荷，并增强夹具在铣削过程中的稳定性。图4-27所示为定位键结构及应用情况。定位键与夹具体配合多采用H7/h6。为了提高夹具的安装精度，定位键的下部（与工作台T形槽配合部分）可留有余量进行修配，或在安装夹具时使定位键一侧与工作台T形槽靠紧，以消除间隙的影响。

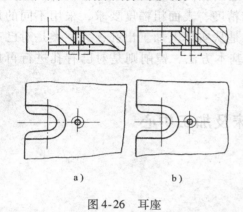

图4-26 耳座

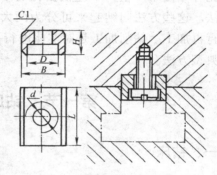

图4-27 定位键结构及应用情况

习题与思考题

4-1 铣削的工艺特点有哪些？铣床能进行哪些表面的加工？

4-2 铣削力可分解成哪几个分力？它们对刀具、机床和工件各有何影响？

4-3 分析圆周铣削与端面铣削的切削厚度、切削宽度、切削层面积和铣削力，它们对铣削过程有何影响？

4-4 为何铣削加工时容易引起振动？

4-5 试分析比较圆周铣削时顺铣和逆铣的优缺点。

4-6 铣床主要有哪些类型？各用于什么场合？

4-7 XKA5750型数控铣床是如何实现主轴的立卧变换的？

4-8 立铣刀和键槽铣刀有何区别？

4-9 螺旋齿圆柱形铣刀的螺旋方向和旋转方向与轴向力有何关系？应使轴向力指向何方？为什么？

4-10 铣床夹具的对刀装置有何作用？对刀块常安装在夹具的什么位置？

第五章 钻削与镗削加工

根据零件在机械产品中的作用不同，内孔有不同的结构和精度、表面粗糙度要求。在机械加工中，内孔的加工与外圆的加工相比有诸多不利因素，如刀杆细长、刚性差、排屑困难、切削液不易达到切削区等。因此，要达到相同的精度和表面粗糙度，内孔加工远比外圆困难。生产中应根据孔的不同结构和精度、表面粗糙度要求，采用不同的加工方法。这些方法归纳起来可分为两大类：一类是从实体上加工出孔；另一类是对已有孔进行再加工。钻削加工是对实体进行孔加工的基本方法，镗削则是对已有孔进行再加工的典型方法。

第一节 钻床、镗床及加工中心

一、钻床

（一）钻床的工艺范围与主要类型

主要用钻头在工件上加工孔的机床称为钻床。通常钻头的旋转运动为主运动，钻头的轴向移动为进给运动。按有无数控装置，钻床可分为普通钻床与数控钻床。

普通钻床分为：坐标镗钻床、深孔钻床、摇臂钻床、台式钻床、立式钻床、卧式钻床、铣钻床、中心孔钻床等八组。它们中的大部分是以最大钻孔直径为其主参数值。

数控钻床按机床布局形式及其功能特点可划分为立式数控钻床、钻削中心、印制线路板数控钻床、深孔数控钻床及其他大型数控钻床等。

钻床的主要功用为钻孔和扩孔，也可以用于铰孔、攻螺纹、锪沉头孔及锪凸台端面等。

（二）常用钻床

1. 立式钻床

立式钻床的主轴呈垂直布置且位置固定不动，被加工孔位置的找正，必须通过移动工件来实现。根据主轴数，可分为单轴和多轴立式钻床。

图 5-1 所示为方柱立式钻床的外形图。立柱 4 是机床的基础件，其上有垂直导轨。主轴箱 3 和工作台 1 可沿立柱上下移动调整它们的位置，以适应不同高度工件加工的需要。由于立式钻床主轴转速和进给量的级数比较少，而且功能简单，所以把主运动和进给运动的变速操纵机构都装在主轴箱 3 中。钻削时，主轴旋转实现主运动，同时沿轴向移动实现进给运动。利

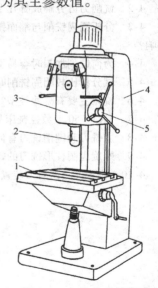

图 5-1　方柱立式钻床
1—工作台　2—主轴　3—主轴箱
4—立柱　5—进给操纵机构

用装在主轴箱上的进给操纵机构5，可实现主轴的快速升降、手动进给，以及接通和断开机动进给。

由于立式钻床主轴中心位置不能调整，若要加工工件上几个不同位置上的孔，必须调整工件的位置，这对大而重的工件，操纵很不方便。所以其生产率不高，大多用于单件小批生产的中小型零件加工，钻孔直径 $D < 50\text{mm}$。

如果在工件上需钻削一个平行孔系，而且生产批量较大，则可考虑使用可调多轴立式钻床。加工时，主轴使全部钻头一起转动，并同时进给。一次进给即将孔系加工出来，具有很高的生产率。

2. 摇臂钻床

对于体积和质量都比较大的工件，在立式钻床上找正孔的位置是很不方便的。这时，可采用摇臂钻床，工件固定不动而移动主轴，使主轴中心对准被加工孔的中心。

图5-2所示为一摇臂钻床，主轴箱4装在摇臂3上，并可沿摇臂3上的导轨作水平移动，摇臂3可沿立柱2作垂直升降运动，摇臂还可以绕立柱轴线回转。这样能适应不同高度和不同位置的工件加工。为使钻削时机床有足够的刚性，并使主轴箱的位置不变，当主轴箱在空间的位置完全调整好后，应对产生上述相对移动和相对转动的立柱、摇臂和主轴箱用机床内相应的夹紧机构快速夹紧。

摇臂钻床结构完善，操纵方便，主轴转速范围和进给量范围大，广泛用于单件、成批生产中，加工大中型工件上直径为 $25 \sim 80\text{mm}$ 的孔。

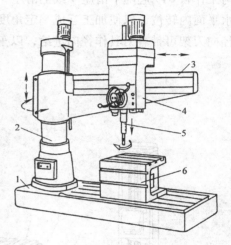

图5-2　摇臂钻床
1—底座　2—立柱　3—摇臂
4—主轴箱　5—主轴　6—工作台

二、镗床

（一）镗床的工艺范围与主要类型

镗床的主要工作是用镗刀镗孔，这些孔一般尺寸较大、质量较高，且分布在工件的不同表面上，它们不仅有较高的尺寸和形状精度，而且相互之间有较高的位置精度要求。如卧式车床主轴箱上的诸多孔系，孔之间有较高的同轴度、平行度、垂直度要求。镗床除用于镗孔外，还可用来钻孔、扩孔、铰孔、车螺纹、铣平面等加工。

由于镗刀及镗杆的刚度比较差，容易产生变形和振动，加之切削液的注入和排屑困难，观察和测量不便，镗削加工的生产率较低。但在单件和中、小批生产中，尤其是大型、复杂的箱体类零件，镗削仍是一种经济实用的加工方法。其公差等级一般为IT7 ~ IT9，表面粗糙度为 $Ra0.8 \sim 6.3\mu\text{m}$。

镗床的主要类型有卧式铣镗床、坐标镗床和金刚镗床等，其中以卧式铣镗床应用最广泛。

（二）卧式铣镗床

1. 卧式铣镗床的组成及其运动

卧式铣镗床如图 5-3 所示。主轴箱 10 可沿前立柱 9 的导轨上下移动。在主轴箱中装有镗杆 8、平旋盘 7、主运动和进给运动变速机构和操纵机构。根据加工情况，刀具可以装在镗杆 8 或平旋盘 7 上。镗杆 8 作旋转主运动，并可作轴向进给运动；平旋盘 7 只能作旋转主运动。装在后立柱 1 上的后支架 2，用于支承悬伸长度较大的镗杆的悬伸端，以增加刚性。后支架可沿后立柱上的导轨与主轴箱同步升降，以保持后支架支承孔与镗杆在同一轴线上。后立柱可沿床身的导轨 3 移动，以适应镗杆的不同悬伸长度。工件安装在工作台 6 上，可以与工作台 6 一起随下滑座 4 或上滑座 5 作纵向或横向移动。工作台还可绕上滑座的圆导轨在水平面内转位，以便加工互成一定角度的平面或孔。当刀具装在平旋盘 7 的径向刀架上时，径向刀架可带着刀具作径向进给，以车削端面。

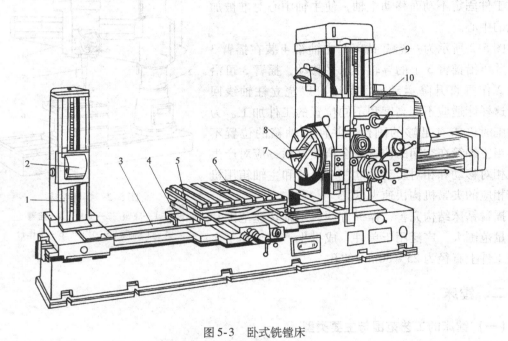

图 5-3 卧式铣镗床

1—后立柱 2—后支架 3—导轨 4—下滑座 5—上滑座 6—工作台 7—平旋盘

8—镗杆 9—前立柱 10—主轴箱

综上所述，卧式铣镗床具有的运动有：

1）镗杆和平旋盘的旋转主运动。

2）镗杆的轴向进给运动。

3）主轴箱的垂直进给运动。

4）工作台纵向和横向进给运动。

5）平旋盘上的径向刀架进给运动。

6）辅助运动，包括主轴、主轴箱及工作台在进给方向上的快速调位运动；后立柱的纵向调位运动；后支架的竖直调位运动；工作台的转位运动等。这些辅助运动可以手动，也可以由快速电动机传动。

2. 卧式铣镗床的典型加工方法

卧式铣镗床结构复杂，通用性较大，其典型加工方法如图5-4所示。图5-4a所示为用装在镗轴上的悬伸刀杆镗浅孔，镗轴完成纵向进给运动（f_1）；图5-4b所示为用装在平旋盘上的悬伸刀杆镗大孔，由工作台完成纵向进给运动（f_2）；图5-4c所示为用装在平旋盘刀具溜板上的单刀铣端面，由刀具溜板完成径向进给运动（f_3）；图5-4d所示为用装在镗轴上钻头钻孔，由钻头完成进给运动（f_4）；图5-4e所示为用装在镗轴上的面铣刀铣平面，由主轴箱完成垂直进给运动（f_5），工作台作横向调位运动（f'_5），完成整个平面的铣削；图5-4f所示为用一端装在镗轴内，另一端用后支承架支承的长镗杆同时镗削工件上的两个孔，由工作台完成纵向进给（f_6）；图5-4g和h所示为用装在平旋盘上的螺纹刀架和装在镗杆上的附件带动车刀车内螺纹，它们分别由工作台和镗杆完成纵向进给运动（f_7和f_8）。在各种典型加工方法中，主运动都是刀具的旋转运动。

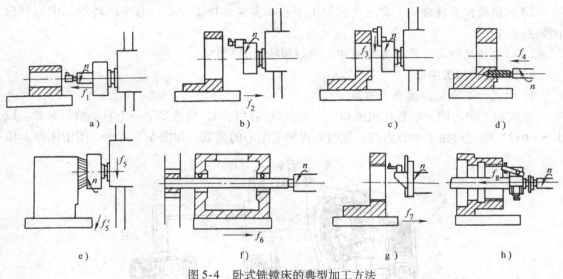

图 5-4 卧式铣镗床的典型加工方法

三、加工中心

加工中心是备有刀库，并能自动更换刀具的数控机床。适用于零件形状比较复杂、加工内容较多、精度要求较高、产品更换频繁的中小批量生产。

（一）加工中心的特点及分类

1. 加工中心的特点

加工中心由于增加了自动换刀装置，使工件在一次装夹后，可以连续对工件自动进行钻孔、扩孔、铰孔、镗孔、攻螺纹、铣削等加工。它具有以下特点：

（1）工序高度集中、生产率高 工件经一次装夹后，数控系统能控制机床按不同加工要求，自动选择和更换刀具，依次完成工件上多个面的加工。由于工序集中和自动换刀，减少了工件的装夹、测量和机床调整等时间，使机床的切削时间达到机床开动时间的80%左右（普通机床仅为15%～20%）；同时也减少了机床与机床、车间与车间之间的工件周转、搬运和存放时间，缩短了生产周期，提高了生产率。

（2）加工质量稳定　与单机、人工操作方式比较，加工中心能排除加工过程中人为干扰因素，使加工质量稳定。

（3）功能完善　除自动换刀功能外，加工中心还具有各种一般功能和特殊功能，以保证加工过程的自动进行，有的数控系统还能进行自动编程。

2. 加工中心的分类

加工中心种类较多，一般按以下几种方式分类：

（1）按机床的功用分类　有镗铣加工中心、车削加工中心、钻削加工中心、磨削加工中心、电火花加工中心等。一般镗铣类加工中心简称加工中心，其余种类加工中心要有前面的定语。

（2）按机床结构分类　有立式加工中心、卧式加工中心、龙门式加工中心和万能加工中心。

（3）按数控系统分类　有三坐标加工中心和多坐标加工中心；有半闭环加工中心和全闭环加工中心。

（4）按精度分类　可分为普通加工中心和精密加工中心。

（二）立式加工中心

1. 立式加工中心的组成及布局

立式加工中心同一般数控机床相比，其组成大致相同，只是多了一个自动换刀装置。以 JCS－018A 型立式加工中心为例，说明立式加工中心的组成，如图5-5所示。图中床身1和

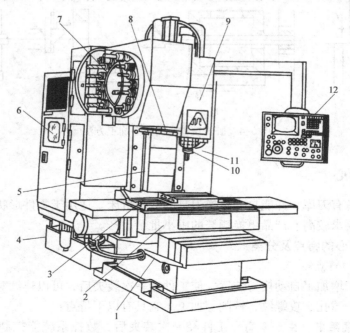

图 5-5　JCS－018A 型立式加工中心

1—床身　2—滑座　3—工作台　4—润滑油箱　5—立柱　6—数控柜　7—刀库　8—机械手

9—主轴箱　10—主轴　11—强电气柜　12—操纵面板盒

立柱 5 是机床的基础部件。工作台 3 和滑座 2 都由床身支承，它们分别由 x、y 向的直流伺服电动机经滚珠丝杠螺母副传动，实现 x、y 坐标的进给运动。主轴箱 9 安装在立柱垂直导轨上，由立柱上端 z 向直流伺服电动机驱动其作 z 坐标的进给运动。主轴 10 的主运动由交流变频调速电动机经主轴箱内的传动机构传动。圆盘形刀库 7 安装在立柱左上侧，可容纳 16 把刀，由机械手 8 进行自动换刀。机床的数控柜 6 布置在立柱的左后部，强电气柜 11 布置在立柱右侧，润滑油箱 4 布置在左下侧。为便于操作，操纵面板盒悬挂在工作台右上方。

立式加工中心的布局形式按立柱结构可分为单柱式和龙门式。中小型立式加工中心多采用单柱水平刀库（刀套轴线水平）布局。这种布局形式，加工空间大，外形整齐，刀库容易扩展。龙门式布局结构刚性好，有利于热对称设计，多用于精密、大型和重型立式加工中心。

立式加工中心的工作台为长方形，无分度回转功能，具有三个直线运动坐标。若在工作台上安装一个水平轴的数控转台，则可扩大其加工功能。

2. 立式加工中心的主要机械部件

（1）主轴结构　图 5-6 所示为 JCS-018A 型立式加工中心主轴部件的结构简图。主轴 1 采用两支承，前支承配置了三个高精度的角接触球轴承 4，用以承受径向载荷和双轴向载荷，下面两个轴承大口朝下，上面一个轴承大口朝上。前支承按预加载荷计算的预紧量由螺母 5 来调整。后支承为一对小口相对配置的角接触球轴承 6，它们只承受径向载荷，因此轴承外圈不需要定位。该主轴选择的轴承类型和配置形式，能满足主轴高转速和承受较大轴向载荷的要求，主轴受热变形向后伸长，不影响加工精度。

（2）刀具夹紧机构　如图 5-6 所示，主轴内部和上端安装的是刀具自动夹紧机构。它主要由拉杆 7、拉杆端部的四个钢球 3、碟形弹簧 8、活塞 10、松刀液压缸 11 等组成。当机床执行换刀指令，机械手要

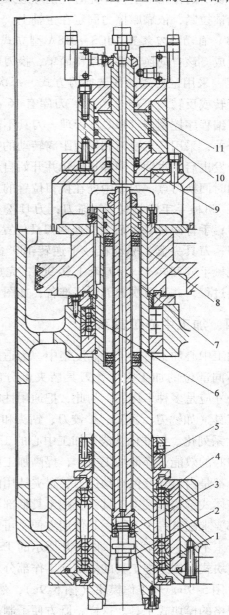

图 5-6　JCS-018A 型立式加工中心主轴部件的结构简图
1—主轴　2—拉钉　3—钢球　4、6—角接触球轴承
5—螺母　7—拉杆　8—碟形弹簧　9—弹簧
10—活塞　11—液压缸

从主轴拔刀时，液压缸上腔通液压油，其活塞推动拉杆向下移动，并压缩碟形弹簧，使钢球进入主轴锥孔上端直径较大的槽内，不再约束刀柄（图中未画出）尾部的拉钉，之后机械手拔刀。在松刀过程中，压缩空气进入活塞和拉杆的中间孔，吹净主轴锥孔，以保证刀具的安装精度。当机械手将下一把刀具插入主轴后，液压缸上腔回油，活塞和拉杆分别在碟形弹簧和弹簧9的作用下上移，此时，钢球进入直径较小的槽中，被迫径向收拢而卡住拉钉，因而刀柄被拉紧，依靠摩擦力固定在主轴上。

　　（3）自动换刀装置　JCS–018A型立式加工中心的自动换刀装置（ATC）由刀库及机械手组成，该自动换刀装置结构简单，换刀可靠，由于它安装在立柱上，故不影响主轴箱移动精度。采用记忆式的任选换刀方式，每次选刀运动，刀库正转或反转均不超过180°。刀库有16个刀位，刀具由可编程序控制器（PLC）管理。刀具不需要设置编码和开关，采用任意换刀和最短距离转动的方式。当换刀指令发出后，主轴立即停止旋转并开始自动定向，主轴箱同时回换刀点；刀库中处在换刀位置的刀套向下回转90°；机械手手臂旋转75°抓刀；刀具松开，手臂下降拔刀；手臂回转180°后，交换两刀具位置，机械手上升插刀；刀具夹紧，驱动机械手逆转180°的液压缸复位，机械手臂回转75°，刀套上转90°，完成刀具的自动交换过程，并为下次选刀做好准备，如图5-7所示。

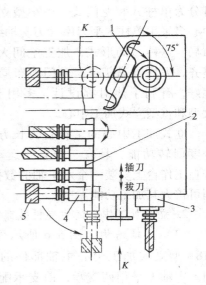

图5-7　自动换刀过程示意图
1—机械手　2—刀库　3—主轴
4—刀套　5—刀具

四、加工中心工具系统

　　加工中心加工时，工序高度集中，为适应多种形式零件不同部位的加工需要，刀具装夹部分的结构、形式、尺寸应是多种多样的。为此，把通用性较强的几种装夹工具（如铣刀、镗刀、扩铰刀、钻头和丝锥等装夹工具）系列化、标准化就成为加工中心的工具系统。只有使用好工具系统，才能充分发挥加工中心的效能，降低加工成本，提高加工精度。工具系统分为整体式结构和模块式结构两大类。都是由刀具及供自动换刀装置夹持用的刀柄和拉钉组成。

　　整体式结构镗铣类工具系统把工具柄部和装夹刀具的工作部分连成一体。这样针对不同刀具都要求配有一个刀柄，其使用方便、可靠。但所用的刀柄规格品种数量较多，给生产、管理带来不便，成本上升。图5-8所示的TSG82工具系统就是这类系统。

　　模块式结构是把工具的柄部和工作部分分开，制成系列化的主柄模块（图5-9a）、中间模块（图5-9b）和工作模块（图5-9c），然后用不同规格的中间模块，组装成不同用途、不同规格的模块式工具。这样，既方便了制造、也使使用和保管变得简单了，又大大减少了用户的刀柄储备。国内的TMG10和TMG21工具系统就属于这一类。

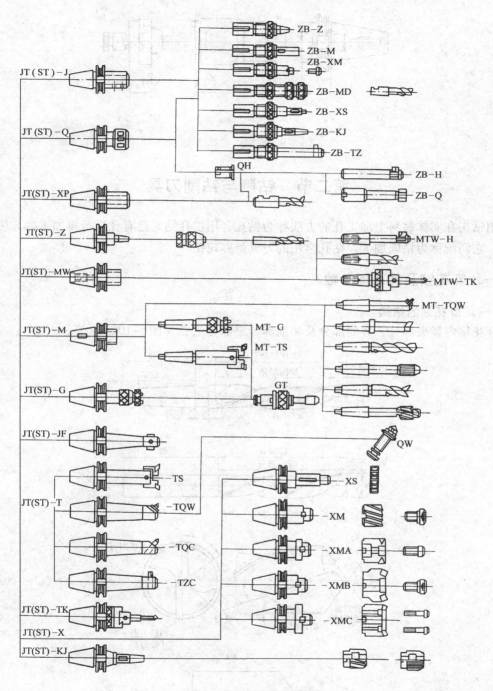

图 5-8　TSG82 工具系统

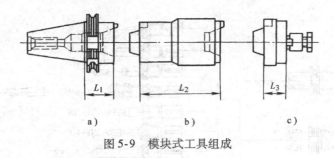

图 5-9　模块式工具组成

第二节　钻削与钻削刀具

用钻头在实体材料上加工孔的方法称为钻孔，用扩孔钻对已有孔进行再加工的方法称为扩孔，它们统称为钻削加工。钻孔常用的刀具是麻花钻。

一、麻花钻及其几何参数

（一）麻花钻的结构

麻花钻由装夹部分、导向部分及切削部分三部分组成（图 5-10a）。

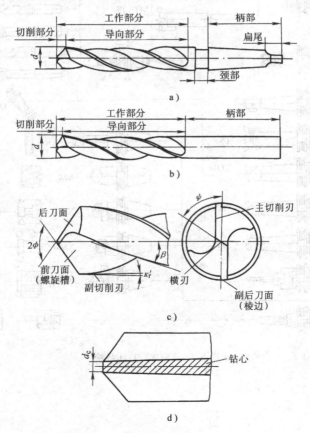

图 5-10　标准高速工具钢麻花钻

（1）装夹部分 装夹部分用于装夹钻头和传递动力，包括柄部和颈部。$\phi 12mm$ 以下的钻头多用直柄（图 5-10b），$\phi 12mm$ 以上的用莫氏锥柄。锥柄后端做出扁尾，用于传递转矩和使用楔铁将钻头从钻套中取出。颈部常打印钻头标志。

（2）导向部分 导向部分即钻头的螺旋部分。它起的作用是当切削部分切入工件后起引导作用，也是切削部分的后备部分。其中的螺旋槽是流入切削液，排出切屑的通道，也是钻头的前刀面。外圆表面上的两条螺旋形刃带，是钻头的副切削刃，一方面起导向作用，另外也有修光孔壁的作用。为了保证钻头必要的刚性与强度，工作部分的钻芯直径 d_c 向柄部方向递增（图 5-10d）。

（3）切削部分 切削部分担负着切削工作，标准高速工具钢麻花钻切削部分有两个前刀面、两个后刀面、两条主切削刃、两条副切削刃和一个横刃（图 5-10c）。

（二）麻花钻的主要结构参数

（1）外径（d） 钻头的外径即刃带的外圆直径，它按标准尺寸系列设计。

（2）钻芯直径（d_c） 它决定钻头的强度及刚度并影响容屑空间的大小。一般来说

$$d_c = (0.125 \sim 0.15)d$$

（3）顶角（2ϕ） 它是两条主切削刃在与它们平行的平面上投影之间的夹角。它决定切削刃长度及切削刃载荷情况。

（4）螺旋角（β） 钻头外圆柱面与螺旋槽交线的切线与钻头轴线的夹角。若螺旋槽的导程为 Ph，钻头外径为 d，则

$$\tan\beta = \frac{\pi d}{Ph} = \frac{2\pi r}{Ph} \tag{5-1}$$

式中 r——钻头半径，单位为 mm。

由于螺旋槽上各点的导程相等，在主切削刃上不同半径处的螺旋角则不等。钻头主切削刃上任意点 y（图 5-11）的螺旋角 β_y 可按下式计算

$$\tan\beta_y = \frac{2\pi r_y}{Ph} = \frac{r_y}{r}\tan\beta \tag{5-2}$$

式中 r_y——主切削刃上任意点的半径，单位为 mm。

由式（5-2）可知：钻头外径处螺旋角最大，越接近钻芯处，其螺旋角越小。螺旋角直接影响钻头前角的大小、切削刃强度及钻头排屑性能。它应根据工件材料及钻头直径的大小来选取。标准高速工具钢麻花钻的螺旋角一般在 $18° \sim 30°$ 范围内，大直径钻头取大值。

（三）麻花钻的几何参数

麻花钻的几何参数主要有前角、后角和横刃斜角，如图 5-11 所示。

（1）前角（γ_o） 麻花钻主切削刃上选定点的前角 γ_o 是在正交平面内测量的前刀面与基面之间的夹角。由于钻头主切削刃上每一点的基面位置不同，所以主切削刃上每一点的前角不等。从外缘到钻芯，前角逐渐减小，标准麻花钻外缘处的前角为 $30°$，到钻芯减至 $-30°$。

（2）进给后角（α_{of}） 麻花钻上主切削刃上选定点的进给后角 α_{of} 是在以钻头轴线为轴心的圆柱面的切平面（假定工作平面 P_f）上测量的钻头后刀面与切削平面之间的夹角，如图 5-12 所示。如此确定后角的测量平面是由于钻头主切削刃在进行切削时作圆周运动，进给后角更能确切地反映钻头后刀面与工件加工表面之间的摩擦情况，同时也便于测量。

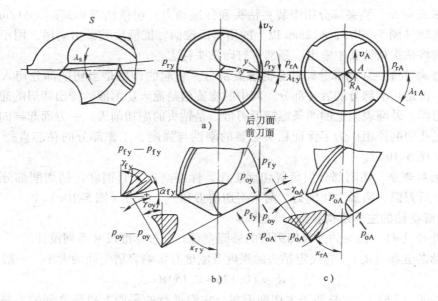

图 5-11　麻花钻的几何参数

刃磨钻头后刀面时，考虑进给运动的影响，应沿主切削刃将后角从外缘到钻心逐渐增大，以使钻心处工作后角不致过小并适应前角的变化，使切削刃各点楔角大致相等，同时可改善横刃处的切削条件。

（3）横刃斜角（ψ）　横刃斜角是在刃磨后角时自然形成的，后角刃磨合适时，一般 $\psi = 50° \sim 55°$，ψ 小于此值表明后角磨得太大，反之则说明磨得太小。

（4）横刃前角（$\gamma_{o\psi}$）及横刃后角（$\alpha_{o\psi}$）　由图 5-13 可知，在横刃处有很大的负前角，$\gamma_{o\psi} = -54° \sim -60°$。由于横刃长，负前角大及横刃主偏角 $\kappa_{r\psi} = 90°$，钻孔时横刃实际上不是切削而是挤压，产生很大的进给抗力，同时定心也差。横刃后角 $\alpha_{o\psi} \approx 90° - |\gamma_{o\psi}|$。

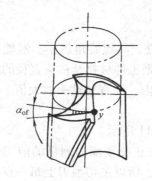

图 5-12　麻化钻的后角

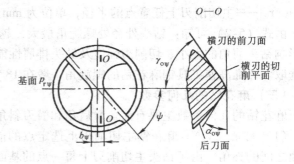

图 5-13　麻花钻横刃前角及横刃后角

（四）麻花钻的修磨

1. 标准高速工具钢麻花钻存在的问题

标准麻花钻由于结构上的缺陷，在使用过程中存在以下五个方面的缺点。

1）沿主切削刃上各点前角分布不合理，相差悬殊（$+30° \sim -30°$），横刃处前角竟达

$-54°\sim-60°$，造成很大进给抗力，切削条件差。

2）横刃太长，有 90°的大偏角，并且有很大的负前角，定心性能差。

3）在主、副切削刃相交处的切削速度最大，发热量最多，而散热条件差，磨损太快。

4）两条主切削刃过长，切屑宽，而各点的切屑流出方向和速度各异，切屑呈宽螺卷状，排出不畅，切削液也难于注入切削区域。

5）棱边近似圆柱面（稍有倒锥），副后角为零度，摩擦严重。

标准麻花钻结构上的这些缺陷，严重影响了它的切削性能，因此在使用中常加以修磨。

2. 标准高速工具钢麻花钻的修磨改进方法

（1）修磨横刃 标准麻花钻上横刃处的切削条件最差，修磨横刃的目的是减小横刃长度，增大横刃前角，降低轴向力。常用的方法有：

1）将横刃磨短（图 5-14a）。采用这种方法可以减小横刃的不良作用，加大该处前角，使轴向力明显减小。这种方法简单方便，常用于直径较大的钻头。

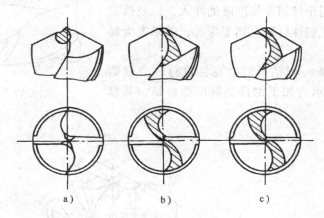

图 5-14 修磨横刃

2）加大横刃前角（图 5-14b）。横刃长度不变，而将其分为两半，分别磨出新的前角（可磨成正前角），从而改善切削性能，但修磨后的钻尖削弱很大，不宜加工硬度高的材料。

3）综合修磨（图 5-14c）。同时磨短横刃和加大前角。经修磨的钻头不仅分屑好，还能保持一定强度，效果较好。

（2）修磨前刀面 这种修磨是改变前角的大小和前刀面的形式，以适应不同材料的要求。加工较硬材料时，可将主切削刃外缘处的前刀面磨去一部分，以减小该处前角，保证足够强度及改善散热条件（图 5-15a）；加工较软材料时，在前刀面上磨出卷屑槽，既便于切屑卷曲，又加大了前角，减小切削变形，改善孔面加工质量（图 5-15b）。

（3）修磨切削刃 为改善散热条件，在主副切削刃交接处磨出过渡刃（$0.2d$），形成双重顶角（图 5-16a）或三重顶角，后者用于大直径钻头。生产中还有把主切削刃磨成圆弧状，如图 5-16b 所示，这种圆弧刃钻头切削刃长，切削刃单位长度上的载荷明显下降，而且还改善了主副切削刃相交处的散热条件，提高了刀具的使用寿命。

（4）修磨棱边 标准麻花钻的副后角为零，在加工无硬皮的韧性材料时，可在棱边处磨出 $\alpha_o'=6°\sim8°$ 的副后角，以减少棱边与孔壁的磨擦和提高麻花钻寿命。

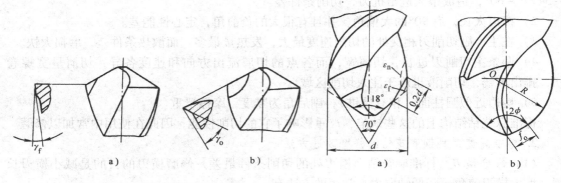

图 5-15　修磨前刀面　　　　　　　图 5-16　修磨切削刃

（5）**磨出分屑槽**　沿钻头两主切削刃在后刀面交错磨出分屑槽，有利于排屑及切削液的注入，以及改善切削条件，特别是在韧性材料上加工深孔，效果尤为显著（图 5-17）。

（6）**群钻的修磨**　群钻是对麻花钻进行综合修磨的典型。图 5-18 所示为加工钢件的标准型群钻，其修磨特点如下：

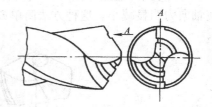

图 5-17　磨出分屑槽

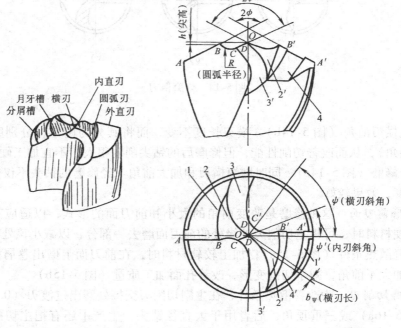

图 5-18　标准型群钻
1、1'—外刃后刀面　2、2'—月牙槽　3、3'—内刃前刀面　4、4'—分屑槽

1）钻心部分磨出内直刃及很短的横刃，改善钻心处的切削条件。

2）中段磨出内凹的圆弧刃，以增大该段切削刃的前角。同时，对称的圆弧刃在钻削过程中能起定心及分屑作用。

3）在外直刃上磨出分屑槽，改善断屑、排屑情况。

经过综合修磨而成的群钻，切削性能显著提高。钻削时进给抗力下降35%~50%，转矩下降10%~30%，刀具使用寿命提高3~5倍，生产率、加工精度都得到显著提高。

二、钻削精度与钻削用量

（一）钻削精度

钻孔的精度较低，一般只能达到 IT11~IT13，钻孔后的表面也较粗糙，表面粗糙度为 $Ra12.5~50\mu m$，一般作为孔的预加工或精度要求很低的孔的最终加工。

（二）钻削用量及其确定

（1）切削速度的确定 钻削时的切削速度 v_c 是指钻头外缘处的线速度，可根据钻头寿命计算求得，但生产中一般按经验选取，或查阅切削用量手册确定。表5-1列举了高速工具钢钻头钻削不同材料时的切削速度值，供参考选取。

表5-1 高速工具钢麻花钻钻削速度推荐值

加工材料	钻削速度/m·min^{-1}	加工材料	钻削速度/m·min^{-1}
低碳钢	25~30	铸铁	20~25
中、高碳钢	20~25	铝合金	40~70
合金钢、不锈钢	15~20	铜合金	20~40

（2）进给量的确定 小直径钻头进给量 f 主要受钻头的刚性或强度限制，大直径钻头受机床进给机构动力及工艺系统刚性限制。

普通麻花钻进给量可按以下经验公式计算

$$f = (0.01~0.02)d \qquad (5-3)$$

式中 d——钻头直径，单位为 mm。

直径为 3~5mm 的小钻头，一般用手动进给。

采用先进钻型与修磨方法，能有效降低进给抗力，成倍提高进给量。例如，群钻可选用 $f=0.03d$ 的进给量。

（3）背吃刀量的确定 对钻削而言，钻头直径的一半就是钻削时的背吃刀量，即

$$a_p = \frac{d}{2} \qquad (5-4)$$

钻孔的直径一般不超过80mm。孔径大于30mm的孔，一般应分两次钻，第一次钻孔直径为第二次的（0.5~0.7）倍。

（三）扩孔

扩孔是用扩孔刀具对已钻出、铸出或锻出的孔进行加工的方法。扩孔常用作铰孔前的预加工，也可作为加工要求不高的孔的最终加工。扩孔的公差等级可达IT10，表面粗糙度为 $Ra3.2~6.3\mu m$。因为扩孔钻的结构刚性好，切削刃数较多（有3~4个），无端部横刃，加工余量较小（一般为2~4mm），切削时进给抗力小，切削过程较平稳，可以采用较大的切削速度和进给量，所以扩孔的加工质量和生产率均比钻孔高。扩孔还能修正孔轴线的歪斜。

但当孔径大于100mm时，多采用镗孔。

　　扩孔钻的结构形式有高速工具钢整体式（图5-19a）、镶齿套式（图5-19b）及硬质合金可转位式（图5-19c）等。

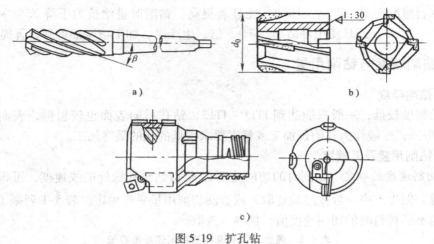

图 5-19　扩孔钻

第三节　铰削与铰刀

　　用铰刀从未淬硬的孔壁上切除微量金属层，以提高其尺寸精度和降低表面粗糙度值的方法称为铰孔。铰孔是未淬硬孔的主要精加工方法之一，在生产中应用很广泛。

一、铰刀及其几何参数

（一）铰刀的种类

　　铰刀的种类较多，按使用方法不同，可分为机用铰刀和手用铰刀两大类，如图5-20所示。此外，也可按铰刀的结构、用途和制造材料分类。

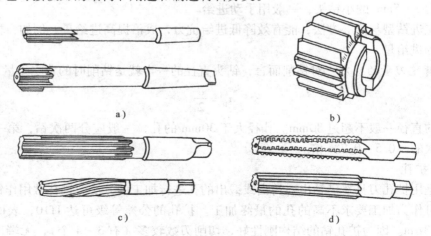

图 5-20　铰刀的种类
a）机用直柄和锥柄铰刀　b）机用套式铰刀　c）手用直槽与螺旋槽铰刀　d）锥孔的粗铰刀与精铰刀

机用铰刀由机床引导切削方向，导向性好，故工作部分较短。有直柄（$d = 1 \sim 20mm$）、锥柄（$d = 10 \sim 32mm$）及套式（$d > 20mm$）三种（图5-20a、b）。用机用铰刀铰削带有轴向直槽的内孔时，必须采用螺旋槽铰刀。机用铰刀切削部分的材料常用高速工具钢，也可采用镶硬质合金刀片。

手用铰刀的柄部为圆柱形，端部制成方头，工作时用扳手通过方头转动铰刀。为减少进给抗力和便于导向，其工作部分较长，无圆柱校准部分，切削锥和倒锥都较小。手用铰刀的加工直径范围一般为 $1 \sim 50mm$，形式有直槽式和螺旋槽式两种（图5-20c），用碳素工具钢制成。锥度铰刀用于铰制锥孔。由于铰削余量大，锥铰刀常分粗铰刀和精铰刀，一般做成2把或3把一套（图5-20d）。

除上述铰刀外，生产中还有可调式手用铰刀、硬质合金铰刀和带刃倾角铰刀，工作时，可根据需要合理选用。

（二）铰刀的结构及几何参数

虽然铰刀种类多，外形各异，但基本结构相似。铰刀结构如图5-21所示，由柄部、颈部和工作部分组成。工作部分包括切削部分和校准部分，校准部分包括圆柱部分和倒锥部分。

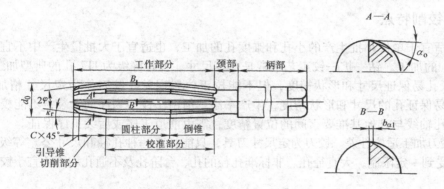

图5-21　铰刀的结构

对于铰刀，锥角 2φ 相当于麻花钻的顶角。半锥角 φ 过大，切削部分长度过短，使进给抗力增大并造成铰削时定心精度差；φ 角过小会使切削宽度加大，切削厚度变小，不利于排屑。对于机用铰刀，加工钢件等韧性材料时一般取 $\varphi = 12° \sim 15°$，加工铸铁等脆性材料时一般取 $\varphi = 3° \sim 5°$；手用铰刀一般取 $\varphi = 30' \sim 1°30'$。

因铰削余量小，前角对切削变形影响不大，故前角一般取 $\gamma_o = 0°$。

为保证刀齿强度，避免崩刃，铰刀后角一般取 $\alpha_o = 5° \sim 8°$。

在铰刀校准部分磨出 $b_{\alpha1} = 0.05 \sim 0.3mm$ 的刃带，能保证良好的导向和修光作用，提高工件已加工表面的质量。其中的圆柱部分能保证铰刀直径和便于测量，倒锥部分可减少铰刀与孔壁的摩擦和减少孔径扩大量。

螺旋槽铰刀的螺旋角一般为8°。

二、铰削精度与铰削用量

（一）铰削精度

由于铰刀的制造十分精确，加上铰削时切削余量小（精铰时仅为 $0.01 \sim 0.03mm$），所以铰孔后公差等级一般可达 IT7 ~ IT9，表面粗糙度为 $Ra0.63 ~ 5\mu m$，精细铰的公差等级最高可达 IT6，表面粗糙度为 $Ra0.16 ~ 0.32\mu m$。

（二）铰削用量的确定

铰孔余量对铰孔质量有较大的影响。若余量过大，会因切削力大，发热过多而引起铰刀振摆增大，导致孔径扩大，精度降低，孔壁表面粗糙。背吃刀量过小，则切不掉上道工序所留下的表面粗糙度和变质层，同时由于刀齿不能连续切削而沿孔壁打滑使孔的表面粗糙。通常，铰孔余量依孔径大小而定。孔径为 5 ~ 30mm 时，粗铰余量为 0.15 ~ 0.35mm，精铰余量为 0.04 ~ 0.15mm，孔径较小或精度要求较高时取小值。

铰孔的切削速度低，切削力、切削热都小，可有效减少积屑瘤的产生。提高切削速度，铰刀磨损加剧，还会引起振动，被加工孔的尺寸精度和表面质量都会下降，对铰孔极为不利。一般铰削钢件时 $v_c = 1.5 ~ 5m/min$；铰铸铁件时 $v_c = 8 ~ 10m/min$。铰孔的进给量也应适中，进给量太小，切削厚度过薄，铰刀的挤压作用会明显加大，加速铰刀后刀面的磨损；进给量太大，则背向力也大，孔径可能扩大。一般铰削钢件时 $f = 0.3 ~ 2mm/r$，铰削铸铁件时 $f = 0.5 ~ 3mm/r$。

三、铰削特点

铰孔适宜于单件小批生产的小孔和锥度孔的加工，也适宜于大批量生产中不宜拉削的孔（如锥孔）的加工。钻—扩—铰工艺常常是中等尺寸、公差等级为 IT7 孔的典型加工方案。

1）铰孔易保证尺寸和形状精度，但不能校正位置误差。铰刀作为定尺寸精加工刀具，比精镗容易保证孔的尺寸和形状精度，生产率高。但由于铰刀为浮动安装，不能校正孔轴线的偏斜，孔轴线与其他基准要素间的位置精度，需由前道工序或后续工序保证。

2）铰刀加工适应性差。铰刀为定尺寸刀具，只能加工一种孔径和尺寸公差等级的孔；孔径、孔形受到一定限制，大直径孔、非标准孔径的孔、台阶孔及不通孔均不适宜于铰削加工。

第四节　镗削与镗刀

镗削是用镗孔刀具在镗床上进行孔加工，是直径较大的孔、内成形面以及有一系列位置精度要求的孔的主要切削加工方法。

一、镗刀

镗刀是在车床、镗床、加工中心、自动机床以及组合机床上使用的孔加工刀具。镗刀种类很多，按切削刃数量可分为单刃镗刀、双刃镗刀和多刃镗刀。

（1）**单刃镗刀**　单刃镗刀的切削效率低，对工人操作技术要求高。加工小直径孔的镗刀通常做成整体式，加工大直径孔时应尽量采用机夹可调式。图 5-22a 所示为单刃镗刀中最简单的一种，镗刀和刀杆制成一体。图 5-22b 所示为用于镗削通孔的单刃镗刀，图 5-22c、d 所示分别为用于镗阶梯孔和不通孔的单刃镗刀，均采用机夹可调式。

单刃镗刀只能单向移动，调整尺寸麻烦，切削效率低，只适用于单件小批生产。

为了提高镗刀的调整精度，在数控机床、加工中心和精密镗床上常使用微调镗刀，其分度值可达 0.01mm。图 5-23 所示的微调镗刀，调整时，先松开拉紧螺钉 5，然后转动带刻度盘的调整螺母 3，待刀头调至所需尺寸，再拧紧拉紧螺钉 5。

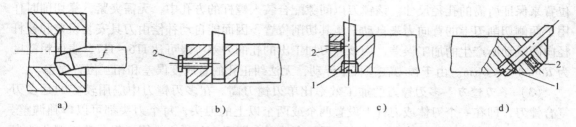

图 5-22　单刃镗刀

a）整体式　b）用于镗通孔　c）用于镗阶梯孔　d）用于镗不通孔

1—调整螺钉　2—紧固螺钉

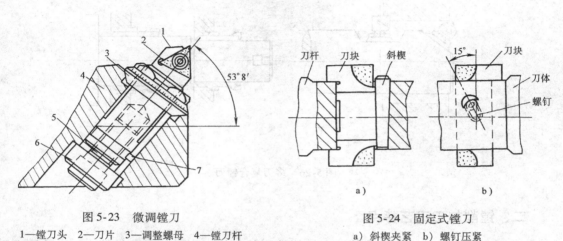

图 5-23　微调镗刀

1—镗刀头　2—刀片　3—调整螺母　4—镗刀杆
5—拉紧螺钉　6—垫圈　7—导向键

图 5-24　固定式镗刀

a）斜楔夹紧　b）螺钉压紧

（2）**双刃镗刀**　常用的双刃镗刀有固定式镗刀块和浮动式镗刀块。

固定式镗刀块主要用于粗镗或半精镗直径大于 40mm 的孔。如图 5-24 所示，镗刀块由高速工具钢制成整体式，也可由硬质合金制成焊接式或可转位式。工作时，镗刀块通过楔块或在两个方向上倾斜的螺钉夹紧在镗刀杆上。安装后，镗刀块相对镗杆的位置误差会造成孔径扩大，所以，镗刀块与镗杆上的方孔的配合要求较高，方孔对镗杆轴线的垂直度与对称度误差应小于 0.01mm。

精镗大多采用浮动结构，图 5-25 所示为一常用的浮动镗刀，通过调节两切削刃的径向

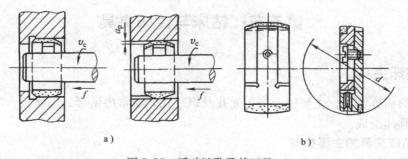

图 5-25　浮动镗孔及其刀具

a）浮动镗刀镗孔　b）可调节浮动镗刀块

位置来保证所需的孔径尺寸。该镗刀以间隙配合装入镗杆的方孔中，无需夹紧，靠切削时作用于两侧切削刃上的背向力来自动平衡其切削位置，因而能自动补偿由刀具安装误差和镗杆径向圆跳动所产生的加工误差。用该镗刀加工出的孔的公差等级可达 IT6 ~ IT7，表面粗糙度为 $Ra0.4 ~ 1.6\mu m$。由于镗刀在镗杆中浮动，无法纠正孔的直线度误差和相互位置误差。

（3）多刃镗刀　多刃镗刀的加工效率比单刃镗刀高。在多刃镗刀中应用较多的是多刃复合镗刀，即在一个刀体或刀杆上设置两个或两个以上的刀头，每个刀头都可以单独调整。图 5-26a 所示为用于镗通孔和止口的双刃复合镗刀；图 5-26b 所示为用于粗、精镗双孔的多刃复合镗刀。

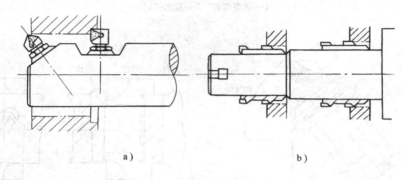

　　　　　　　　a)　　　　　　　　　　　　　　　　b)

图 5-26　多刃复合镗刀

二、镗削加工工艺特点

1）镗削适宜加工机座、箱体、支架等外形复杂的大型零件上孔径较大、尺寸精度较高、有位置精度要求的孔和孔系。

2）镗削加工灵活性大，适应性大。在镗床上除可镗削孔和孔系外，还可以车外圆、车端面、铣平面。且一把镗刀可加工一定直径和长度范围内的孔，生产批量亦可大可小。

3）镗削加工能获得较高的加工精度和较小的表面粗糙度值。一般尺寸的公差等级为IT7 ~ IT8，表面粗糙度为 $Ra0.8 ~ 1.6\mu m$。若采用加工中心、金刚镗床和坐标镗床，则加工精度和表面质量可更高。通过多次进给，可纠正原孔的轴线偏斜。

4）镗床和镗刀调整复杂，操作技术要求高，在大批量生产中，可使用镗模来提高生产率。

第五节　钻床与镗床夹具

一、钻床夹具

钻床夹具简称钻模，主要用于加工光孔及螺纹孔，通常由钻套、钻模板、定位元件、夹紧元件和夹具体组成。

（一）钻床夹具的主要类型

钻模的类型很多，有固定式、分度式、回转式、盖板式、滑柱式等。下面介绍常见的几种。

1. 固定式钻模

加工中钻模相对于工件的位置保持不变的钻模称为固定式钻模。这类钻模加工精度高，主要用于在立式钻床上加工直径较大的单孔，或在摇臂钻床上加工平行孔系。

在立式钻床上安装固定式钻模时，先将装在主轴上的钻头（精度高时用心轴）插入钻套中，使钻模处于正确位置，然后利用 T 形螺栓通过夹具体上设置的凸缘或耳座将钻模紧固在钻床的工作台上。

图 5-27 所示的是用于加工工件上 $\phi10\text{mm}$ 孔的固定式钻模。工件在钻模上以其 $\phi68H7$ 孔、端面和键槽与定位法兰盘 3 和定位块 4 相接触定位。拧紧螺母 7 使螺杆 2 右移，拉动摆动垫圈 1 将工件夹紧。松开螺母 7，螺杆 2 便在弹簧 6 作用下左移，摆动垫圈 1 绕螺钉 9 摆动而松开工件。钻套 5 用以确定钻孔的位置并引导钻头。

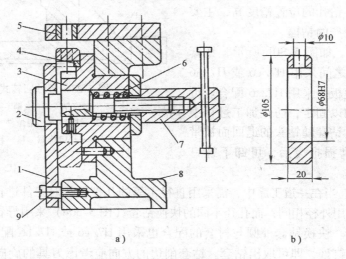

图 5-27　固定式钻模
a）钻模结构　b）工作图
1—摆动垫圈　2—螺杆　3—法兰盘　4—定位块　5—钻套　6—弹簧　7—螺母　8—夹具体　9—螺钉

2. 回转式钻模

加工同一圆周上的平行孔系、同一截面内径向孔系或同一直线上的等距孔系时，钻模上应设置分度装置。带有回转分度装置的钻模称为回转式钻模。

图 5-28 所示为一卧轴回转式钻模，用于加工工件上三个径向均布孔。在转盘 6 的圆周上有三个径向均布的钻套孔，其端面上有三个对应的分度锥孔。钻孔前，对定销 2 在弹簧力作用下，插入分度锥孔中，反转手柄 5，螺套 4 通过锁紧螺母使转盘 6 锁紧在夹具体 1 上。钻孔后，正转手柄 5 将转盘松开，同时螺套 4 上的端面凸轮将对定销 2 拔出，进行分度，直至对定销插入第二个锥孔，然后锁紧，进行第二个孔的加工。

3. 盖板式钻模

盖板式钻模的特点是没有夹具体，定位元件、夹紧装置及钻套均设在钻模板上，加工时将钻模板覆盖在工件上。由于要经常搬动，故应尽可能减轻重量。图 5-29 所示为加工车床溜板箱多个小孔的盖板式钻模。工件在圆柱销 2、削边销 3 和 B 面上的三个支承钉 4 上定位。因工件较重，加工时不需夹紧。

（二）钻床夹具的设计要点

1. 钻套

（1）**钻套的结构**　钻套是钻模上特有的元件，用于引导刀具防止引偏，以保证被加工孔的位置精度和减少加工时产生的振动。按其结构和使用情况，可分为以下四种类型。

1）固定钻套。如图 5-30a 所示，分无肩的 A 型和有肩的 B 型两种。钻套与钻模板或夹具体的配合采用 H7/n6 或 H7/r6。固定钻套结构简单，钻孔的位置精度高，主要用于中、小批量生产的钻模。

2）可换钻套。如图 5-30b 所示，钻套 1 的外圆与衬套 2 之间采用 H7/g6 或 H7/h6 配合，衬套与钻模板 3 采用 H7/r6 配合。可换钻套用螺钉 4 加以固定，防止加工过程中钻套转动及退刀时钻套随钻头的退回而被带出。当可换钻套磨损报废后，可卸下螺钉 4，更换新的钻套。

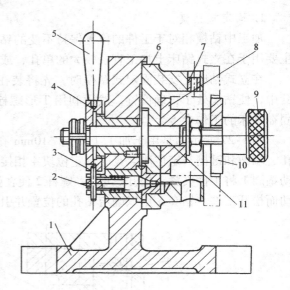

图 5-28　卧轴回转式钻模

1—夹具体　2—对定销　3—横销　4—螺套　5—手柄
6—转盘　7—钻套　8—定位件　9—滚花螺母
10—开口垫圈　11—转轴

3）快换钻套。当在一道工序中，需采用直径不等的几把刀具对工件进行钻、扩、铰等多工步加工时，应选用外径相同，而孔径不同的快换钻套（图 5-30c）来引导钻具，实现快速更换不同孔径的钻套。快换钻套外圆与衬套的配合也采用 H7/g6 或 H7/h6 配合。更换钻套时，将钻套缺口转至螺钉处，即可取出钻套。钻套削边的方向应考虑刀具的旋向，以免钻套自动脱出。

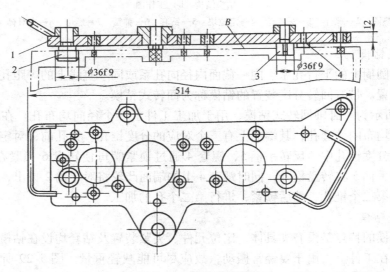

图 5-29　盖板式钻模

1—钻模板　2—圆柱销　3—削边销　4—支承钉

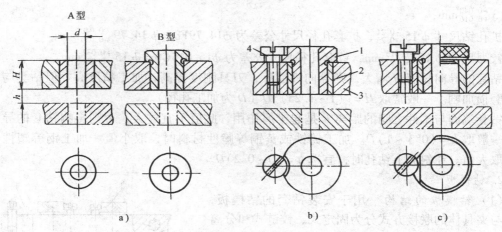

图 5-30　标准钻套

a）固定钻套　b）可换钻套　c）快换钻套

1—钻套　2—衬套　3—钻模板　4—螺钉

以上三种钻套均已标准化，其规格可参阅有关国家标准。

4）非标准钻套。凡是尺寸或形状与标准钻套不同，需自行设计的钻套都称为特殊钻套。这种钻套的种类很多，图 5-31a 所示为加长钻套，用于加工凹面上的孔。为减少刀具与钻套的摩擦，可将钻套引导高度 H 以上的孔径扩大。图 5-31b 所示的是在斜面上钻孔的钻套。为防钻头引偏或折断，增加钻头刚度，可加长其引导长度。

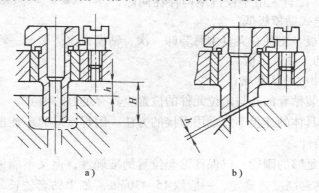

图 5-31　特殊钻套

a）加长钻套　b）斜面钻套

（2）钻套结构尺寸的确定　钻套的结构选定之后，需确定钻套内孔的尺寸、公差及其他有关尺寸。

钻套内孔 D 的尺寸及其公差是根据刀具的种类和被加工孔的尺寸精度来确定的。钻套内孔的公称尺寸取刀具的上极限尺寸，钻套孔径公差按 F8 或 G7 制造，若被加工孔的公差等级高于 IT8 时，则按 F7 或 G6 制造。

例如，被加工孔为 $\phi15H7$。分钻、扩、铰三个工步完成加工，所用刀具及快换钻套孔径的尺寸公差分别为：

麻花钻头尺寸 $\phi13.3$mm，上极限偏差为零，钻套孔径尺寸公差为 $\phi13.3F8 =$

$\phi 13.3^{+0.040}_{+0.016}$ mm；

　　扩孔钻尺寸 $\phi 15^{-0.21}_{-0.25}$，扩套孔径尺寸公差为 $\phi 14.79\text{F8} = \phi 14.79^{+0.040}_{+0.016}$ mm；

　　铰刀尺寸 $\phi 15^{+0.015}_{+0.007}$ mm，铰套孔径尺寸公差为 $\phi 15.015\text{G6} = \phi 15^{+0.032}_{+0.021}$ mm。

　　钻套的导向长度 H 增大，则导向性能好，刀具刚度提高，加工精度高。但钻套与刀具间的磨损加剧。一般常取 $H = (1 \sim 1.25)D$（D 为加工孔径）。

　　钻套端面与工件之间的距离 h 是起排屑作用，此值不宜过大，否则影响钻套的导向作用，一般取 $h = (0.3 \sim 1)D$。加工铸铁或黄铜等脆性材料时，取小值。加工钢等塑性材料时，取大值。在斜面上钻孔时，宜选 $h = (0 \sim 0.2)D$。

　　2. 钻模板

　　（1）钻模板的结构　用于安装钻套的钻模板，按其与夹具体的联接方式分为固定式、铰链式和分离式等。

　　1）固定式钻模板。固定在夹具体上的钻模板称为固定式钻模板。这种钻模板结构简单，钻孔精度高。

　　2）铰链式钻模板。当钻模板妨碍工件装卸或钻孔后需攻螺纹时，可采用如图 5-32 所示的铰链式钻模板。销轴 2 与钻模板 4 的销孔采用 H7/h6 配合，与铰链座 1 的销孔采用 N7/h6 配合，钻模板 4 与铰链座 1 之间采用 H8/g7 配合。由于铰链结构存在间隙，它的加工精度比固定式钻模板低。

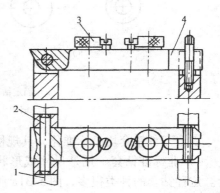

图 5-32　铰链式钻模板
1—铰链座　2—销轴　3—钻套　4—钻模板

　　3）分离式钻模板。工件在夹具中每装卸一次，钻模板也需装卸一次。这种钻模板加工的工件精度高但装卸工件效率低。

　　（2）钻模板设计时的注意点

　　1）钻模板上安装钻套的孔与定位元件的位置应具有足够的精度。

　　2）钻模板与夹具体的连接不宜采用焊接的方法。因焊接应力不能彻底消除，影响夹具制造精度的长期保持性。

　　3）钻模板应有足够的刚性，以保证钻套位置的准确性，但又不能做得太厚太重。钻模板的厚度通常根据钻套高度来确定，一般取 15 ~ 30mm。如果钻套较长，可将钻模板局部加厚和设置加强肋，以提高钻模板的刚性。

二、镗床夹具

　　镗床夹具又称镗模，它与钻床夹具相似，也采用了引导刀具的镗套和安装镗套的镗模架。镗床夹具主要用于镗床、镗孔组合机床或车床上加工有较高精度要求的孔或孔系。

　　（一）镗床夹具实例

　　图 5-33 所示为镗削车床尾座孔的镗模。镗模上有两个引导镗刀杆的支承，分别设置在刀具的两侧，镗刀杆和主轴之间通过浮动接头 11 连接。工件以底面、槽及侧面在定位板 3、4 及可调支承钉 7 上定位，限制六个自由度。采用联动夹紧机构，拧紧夹紧螺钉 6，压板 5、8 同时将工件夹紧。镗模支架 1 上装有滚动回转镗套 2，用以支承和引导镗杆。镗模以底面

A 安装在机床工作台上，其位置用 B 面找正。

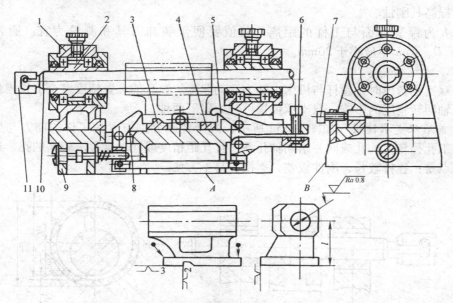

图 5-33 镗削车床尾座孔的镗模

1—支架 2—镗套 3、4—定位板 5、8—压板 6—夹紧螺钉
7—可调支承钉 9—镗模底座 10—镗刀杆 11—浮动接头

（二）镗床夹具的主要类型

1. 单支承镗模

这类镗模只有一个导向支承，镗杆与机床主轴采用刚性联接。安装镗模时，应使镗套轴线与机床主轴轴线重合。主轴的回转精度将影响镗孔精度。根据支承相对刀具的位置，单支承镗模又可分为以下两种：

（1）前单支承镗模 如图 5-34a 所示，镗模支承在刀具前方。主要用于加工孔径 $D >$ 60mm，加工长度 $l < D$ 的通孔。

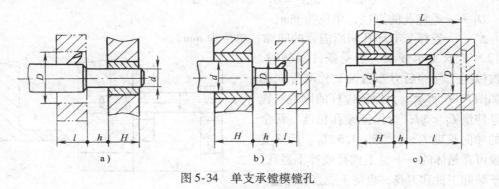

a) b) c)

图 5-34 单支承镗模镗孔

（2）后单支承镗模 如图 5-34b、c 所示，镗模支承在刀具后方。主要用于镗削 $D <$ 60mm 的通孔或不通孔。

当镗孔的 $l < D$ 时，镗杆引导部分直径 d 须大于孔径，镗杆的刚性好（图 5-34b）；当 l

> （1～1.25）D 时，镗杆应制成相同尺寸并小于加工孔直径（图 5-34c），以便缩短镗杆悬伸长度，提高其刚性。

尺寸 h 为镗套端面与工件的距离，其值要便于装卸刀具和测量为宜。通常取 h =（0.5～1）D，但 h 不应小于 20mm。

2. 双支承镗模

采用双支承镗模时，镗杆与机床主轴为浮动联接。镗孔的位置精度完全由镗模保证，不受机床主轴回转精度的影响。双支承镗模可分为以下两种：

（1）前后双支承镗模 如图 5-35a 所示，两个镗套分别布置在工件的前方与后方。主要用于加工孔径较大的孔或同一组同轴孔系，且孔距精度或同轴度要求较高的孔。这种支承方式的缺点是：镗杆较长，刚性较差，更换刀具不方便。

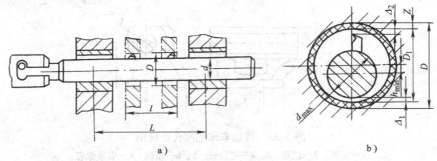

图 5-35 前后双支承多刀镗孔及让刀量

设计这种镗模时应注意：当 $L > 10d$ 时，应设置中间支承；在采用单刃刀具镗削同一轴线上的几个等直径孔时，镗模应设计让刀机构。一般采用工件抬起一个高度的办法（图 5-35b）。此时所需要的最小抬起量 h_{min}（单位为 mm）为

$$h_{min} = Z + \Delta_2 \qquad (5-5)$$

式中 Z——孔的单边加工余量，单位为 mm；

Δ_2——刀尖通过毛坯所需要的间隙，单位为 mm。

镗杆最大直径 d_{max}（单位为 mm）为

$$d_{max} = D_1 - 2(h_{min} + \Delta_1) \qquad (5-6)$$

式中 D_1——毛坯孔的直径，单位为 mm；

Δ_1——镗杆与毛坯孔间所需要的间隙，单位为 mm。

（2）后双支承镗模 当受条件限制时，常在被镗削工件的后方布置两个镗套导向镗削，如图 5-36 所示。为保证镗杆的刚性，镗杆的悬伸量 $L_1 < 5d$；为保证镗孔精度，两个支承的导向长度 $L > (1.25～1.5)L_1$。后双支承镗模可在箱体的一个壁上镗孔或镗不通孔。它便于装卸工件和刀具，也便于观察和测量。

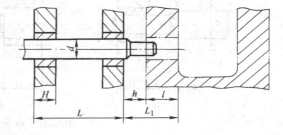

图 5-36 后双支承镗孔

（三）镗床夹具的设计要点

1. 镗套

（1）镗套的结构 镗套的结构形式和精度直接影响被加工孔的精度。常用的镗套有以

下两类：

1）固定式镗套。图 5-37 所示为固定式镗套，它在镗孔时不随镗杆运动。图中 A、B 型镗套现已标准化，其中 A 型不带油杯和油槽，靠镗杆上开的油槽润滑；B 型则带油杯和油槽，使镗杆和镗套之间能充分地润滑。从而减少镗套的磨损。固定式镗套的优点是外形尺寸小，结构简单，精度高，但易磨损，只适用于低速镗孔。一般摩擦面的线速度 $v < 0.3\text{m/s}$，导向长度 $L = (1.5 \sim 2)d$。

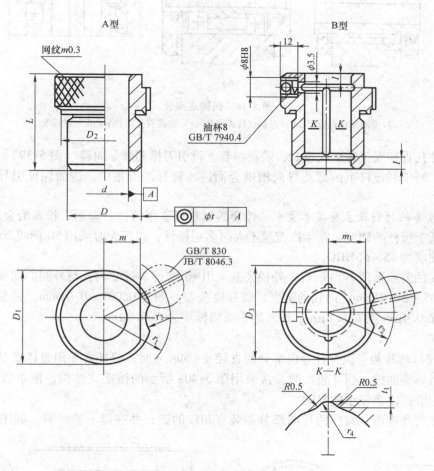

图 5-37　固定式镗套

2）回转式镗套。回转式镗套随镗杆一起转动，镗杆与镗套之间只有相对移动而无相对转动，从而大大减少了镗套的磨损，也不会因摩擦发热出现"卡死"现象。因此，它适合于高速镗孔。回转式镗套有滑动和滚动两种。

图 5-38a 所示为滑动回转式镗套，其优点是结构尺寸较小，回转精度高，减振性好，承载能力大，但需要充分润滑，摩擦面的线速度不宜超过 0.3m/s。图 5-38b、c 所示为滚动回转式镗套，摩擦面的线速度比滑动式高，一般 $v > 0.4\text{m/s}$。但径向尺寸较大，回转精度受轴承精度影响。常采用滚针轴承以减小径向尺寸，采用高精度轴承以提高回转精度。图 5-38c 为立式镗孔用的滚动回转式镗套，设有防屑结构，以免切屑落入而加速磨损。回转式镗套的

导向长度 $L = (1.5 \sim 3)d$。

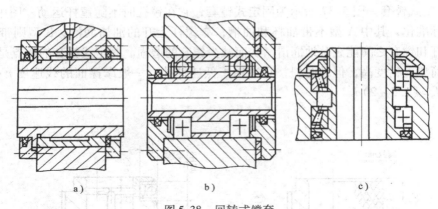

a)　　　　　　　　　　b)　　　　　　　　　　c)

图 5-38　回转式镗套

a）滑动回转式镗套　b）滚动回转式镗套　c）立式镗孔用的滚动回转式镗套

当工件孔直径大于镗套孔径时，需在镗套上设引刀槽和装导向键（图 5-39）。键的头部制成尖头，便于和镗杆上的螺旋导向槽啮合而进入镗杆的键槽中，进而保证引导槽与镗刀对准。

（2）镗套的材料及主要技术要求　镗套的材料可选用铸铁、青铜、粉末冶金或钢制成，硬度一般低于镗杆的硬度。在生产批量不大时多用铸铁，载荷大时采用 50 钢或 20 钢渗碳淬火，淬火硬度为 55 ~ 60HRC。

镗套内径公差采用 H6 或 H7，外径公差采用 g6 或 g5。镗套内孔与外圆的同轴度公差一般为 $\phi 0.005 \sim \phi 0.01 \mathrm{mm}$，内孔的圆度、圆柱度公差一般为 $0.002 \sim 0.01 \mathrm{mm}$。镗套内孔表面粗糙度为 $Ra0.4 \mu \mathrm{m}$ 或 $Ra0.8 \mu \mathrm{m}$，外圆的表面粗糙度为 $Ra0.8 \mu \mathrm{m}$。

2. 镗杆

（1）镗杆的结构　当镗杆导向部分的直径 $d < 50 \mathrm{mm}$ 时，镗杆常采用整体式结构，并在镗杆上车出螺旋油槽。当 d 较大时，常采用图 5-40a 所示的镶条式结构，镶条数量为 4 ~ 6 条，材料为磨擦因数较小的青铜。

若镗套内开键槽，镗杆的导向部分则装有相应的键，并在键下装弹簧，如图 5-40b 所

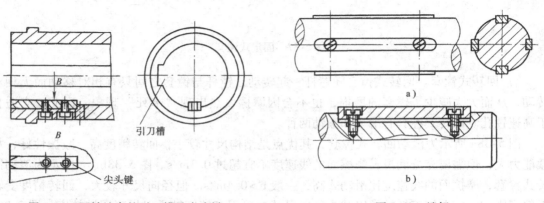

引刀槽

尖头键

a)

b)

图 5-39　回转镗套的引刀槽及尖头键　　　　　图 5-40　镗杆

示。镗杆引进时键被压下，并可在镗杆的回转过程中自动进入键槽。

若镗套内装有键，则镗杆上铣有长键槽与其配合。这时镗杆前端多做成螺旋引导结构，如图 5-41 所示。其螺旋角一般小于 45°，便于使尖头键能顺利进入镗杆槽中。

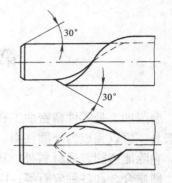

图 5-41　镗杆前端的引导结构

（2）镗杆的直径及公差　确定镗杆直径时，应保证镗杆的刚度和镗孔时应有的容屑空间，一般取镗杆直径 $d = （0.6 \sim 0.8）D$。也可以根据所镗孔的直径 D 及刀具截面尺寸 $B \times B$ 参考表 5-2 选取镗杆直径 d。

表 5-2　镗孔直径 D、镗杆直径 d 与镗刀截面 $B \times B$ 之间的尺寸关系　（单位：mm）

D	30~40	40~50	50~70	70~90	90~100
d	20~30	30~40	40~50	50~65	65~90
$B \times B$	8×8	10×10	12×12	16×16	20×20

镗杆的精度一般比加工孔的精度高两级。镗杆的直径公差，粗镗时选 g6，精镗时选 g5；表面粗糙度值按 $Ra0.4 \sim 0.2\mu m$ 选取；圆柱度公差选直径公差的一半；直线度要求为 0.01:500。

（3）镗杆的材料　镗杆的材料常选用 45 钢或 40Cr 钢，淬硬到 40~45HRC；也可用 20 钢或 20Cr 钢渗碳淬火，硬度为 61~63HRC。

习题与思考题

5-1　常用钻床有哪几类？其适用范围如何？

5-2　卧式镗床的工艺范围如何？它有哪些运动？

5-3　加工中心有哪些工艺特点？

5-4　适合加工中心加工的对象有哪些？

5-5　试述加工中心换刀机构的工作过程。

5-6　标准高速工具钢麻花钻由哪几部分组成的？切削部分包括哪些几何参数？

5-7　试分析麻花钻前角和后角的变化规律。

5-8　标准麻花钻在结构上有哪些缺陷？应如何修磨来加以改进？

5-9　为何扩孔的质量高于钻孔？为何铰孔的质量高于扩孔？

5-10　铰刀上的刃带有何作用？

5-11　为什么铰孔不能提高孔的位置精度？

5-12　试分析钻孔、扩孔和铰孔三种孔加工方法的工艺特点，并说明这三种孔加工工艺之间的联系。

5-13　镗孔加工有哪些特点？常用的镗刀有哪几种类型？其结构和特点如何？

5-14　钻模有何特点？选择和设计钻套时应注意哪些问题？

5-15　铰链钻模适合于什么场合？设计时应注意哪些问题？

5-16　镗套有哪几种类型，各适于什么场合？

第六章　磨削加工

磨削加工是零件精密加工和超精加工的一种主要切削加工方法。在磨床上采用各种类型的磨具，可以完成内外圆柱面、平面、螺旋面、花键、齿轮、导轨和成形面等各种表面的加工。它除能磨削普通材料外，还常适用于一般刀具难以切削的高硬度材料的加工，如淬硬钢、硬质合金和各种宝石等，应用十分广泛。

第一节　砂轮的特性与选用

以磨料为主制成的切削工具称为磨具，如油石、砂轮、砂带等，其中以砂轮应用最为广泛，砂轮是由按一定比例的磨料和结合剂经压制和烧结而成的，具有很多气孔，而用磨粒进行切削的工具。砂轮的结构示意图如图 6-1 所示。它的特性取决于磨料、粒度、结合剂、硬度和组织等五个参数。

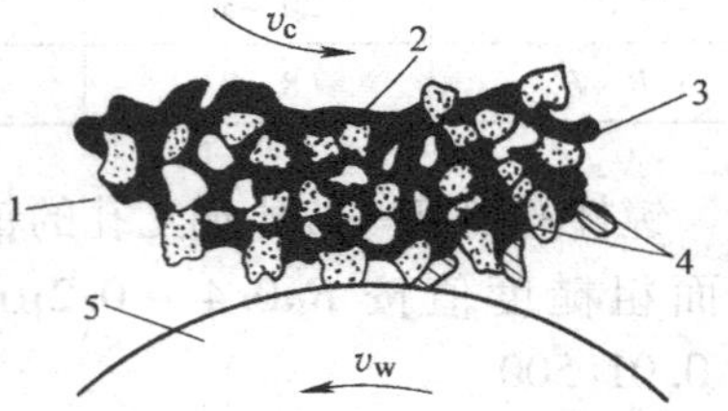

一、磨料

用作砂轮的磨料，应具有很高的硬度、适当的强度和韧性，以及高温下稳定的物理、化学性能。目前工业

图 6-1　砂轮的结构示意图
1—砂轮　2—结合剂
3—颗粒磨料　4—磨屑　5—工件

上使用的几乎均为人造磨料，常用的有刚玉类、碳化硅类和高硬度磨料类。常用磨料性能及适用范围见表 6-1。

表 6-1　常用磨料性能及适用范围

	磨料名称	代号	主要成分	颜色	力学性能	反应性	热稳定性	适用磨削范围
刚玉类	棕刚玉	A	Al_2O_3　95% TiO_2　2% ~3%	褐色	韧性大 硬度大	稳定	2100℃ 熔融	碳钢、合金钢、铸铁
	白刚玉	WA	Al_2O_3 >99%	白色				淬火钢、高速工具钢
碳化硅类	黑碳化硅	C	SiC >95%	黑色		与铁有反应	>1500℃ 氧化	铸铁、黄铜、非金属材料
	绿碳化硅	GC	SiC >99%	绿色				硬质合金等
高硬度磨料	氮化硼	CNB	立方氮化硼	黑色	高强度 高硬度	高温时与水碱有反应	<1300℃ 稳定	硬质合金、高速工具钢
	人造金刚石	D	碳结晶体	乳白色			>700℃ 石墨化	硬质合金、宝石

二、粒度

粒度是指磨粒尺寸的大小。根据国家标准，可分为粗磨粒和微粉两种。粗磨粒的粒度号为 F4 ~ F220，微粉的粒度号为 F230 ~ F2000。粒度号越大，则磨料的颗粒越细。

磨料粒度选择的原则是：粗磨时以高生产率为主要目标，应选小的粒度号，一般为 F30 ~ F60；精磨时以表面粗糙度小的 Ra 值为主要目标，应选大的粒度号，一般为 F80 ~ F120；工件材料塑性大或磨削接触面积大时，为避免磨削温度过高，使工件表面烧伤，宜选小粒度号；工件材料软时，为避免砂轮气孔堵塞，也应选用小粒度号，反之则选大粒度号；成形磨削，为保持砂轮轮廓的精度，宜用大粒度号。常用磨料的粒度号及应用范围见表 6-2。

表 6-2　常用磨料粒度号及应用范围　　　　　　　　（单位：μm）

类别	粒度	应用范围	类别	粒度	应用范围
粗磨粒	F12 ~ F36	荒磨、打毛刺	微粉	F280 ~ F360	珩磨、研磨
	F46 ~ F80	粗磨、半精磨、精磨		F400 ~ F500	研磨、超精加工
	F100 ~ F220	精磨、珩磨		F600 ~ F1000	研磨、超精加工、镜面磨削

三、结合剂

结合剂的作用是将磨料粘合成具有一定强度和各种形状及尺寸的砂轮。砂轮的强度、耐热性和寿命等重要指标，很大程度上取决于结合剂的特性。结合剂对磨削温度和磨削表面质量有很大影响。常用结合剂的性能及适用范围见表 6-3。

表 6-3　常用结合剂的性能及适用范围

结合剂	代号	性　能	适用范围
陶瓷	V	耐热、抗酸、碱的腐蚀，强度较高，较脆	最常用，适用于各类磨削加工
树脂	B	结合强度高，有弹性，能在高速下工作，自锐性好，耐热性差，不耐酸、碱	适用于荒磨、高速磨削、切断、开槽等
增强树脂	BF		
橡胶	R	强度高，弹性好，耐热性差，不耐油和酸，磨粒钝化后易脱落	适用于制造无心磨导轮，切割薄片砂轮，精磨、抛光砂轮
增强橡胶	RF		

四、硬度

砂轮的硬度是指磨粒受力后从砂轮表面脱落的难易程度，也反映出磨粒与结合剂的粘固强度。砂轮硬就表示磨粒难以脱落；砂轮软则与之相反。砂轮的硬度等级名称及代号见表 6-4。

表 6-4　砂轮的硬度等级名称及代号

A	B	C	D	极软
E	F	G	—	很软
H	—	J	K	软
L	M	N	—	中级
P	Q	R	S	硬
T	—	—	—	很硬
—	Y			极硬

注：硬度等级用英文字母标记，"A"到"Y"由软至硬。

一般说来，砂轮组织较疏松时，砂轮硬度低。树脂结合剂的砂轮，其硬度比陶瓷结合剂的低。

砂轮硬度的选用原则是：

1）工件材料越硬，应选用越软的砂轮。这是因为硬材料易使磨粒磨损，需用较软的砂轮以使磨钝的砂粒及时脱落。但是磨削有色金属（铝、黄铜、青铜等）、橡胶、树脂等软材料，却也要用较软的砂轮。这是因为这些材料易使砂轮堵塞，选用软些的砂轮可使堵塞处较易脱落，露出锋利的新磨粒。

2）砂轮与工件磨削接触面积大时，磨粒参加切削的时间较长，较易磨损，应选用较软的砂轮。

3）半精磨与粗磨相比，需用较软的砂轮，以免工件发热烧伤。但精磨和成形磨削时，为了使砂轮廓形保持较长时间，则需用较硬一些的砂轮。

4）砂轮气孔率较低时，为防止砂轮堵塞，应选用较软的砂轮。

5）树脂结合剂砂轮由于不耐高温，磨粒容易脱落，其硬度可比陶瓷结合剂砂轮选高1~2级。

在机械加工中，常用的砂轮硬度等级是 F~N，荒磨钢锭及铸件时常用至 Q 或 R。

五、组织

砂轮的组织是指磨粒、结合剂和气孔三者体积的比例关系，用于表示结构紧密或疏松的程度。磨粒在砂轮中占有体积的百分比（即磨粒率），称为砂轮的组织号。组织号越大，组织越松；反之，组织越密。砂轮的组织号及适用范围见表6-5。

表 6-5　砂轮的组织号及适用范围

组织号	0	1	2	3	4	5	6	7	8	9	10	11	12	13	14
磨粒率（%）	62	60	58	56	54	52	50	48	46	44	42	40	38	36	34
疏密程度	紧密				中等				疏松					大气孔	
适用范围	重载荷、成形、精密磨削、间断及自由磨削，或加工硬脆材料				外圆、内圆、无心磨及工具磨，淬火钢工件及刀具刃磨等				粗磨及磨削韧性大、硬度低的工件，适合磨削薄壁、细长工件，或砂轮与工件接触面积大以及平面磨削等					有色金属及塑料橡胶等非金属以及热敏性大的合金	

六、砂轮的形状、尺寸和标志

为了适应在不同类型的磨床上磨削各种形状工件的需要，砂轮有许多形状和尺寸。常见砂轮的形状、代号及用途见表6-6。

砂轮的标记印在砂轮的端面上，其顺序是：形状代号、尺寸、磨料、粒度号、硬度、组织号、结合剂、线速度。

例如：符合国标 GB/T 4127 规定的平形砂轮，圆周型面，外径300mm，厚度50mm，孔径75mm，棕刚玉，粒度 F60，硬度 L，5 号组织，陶瓷结合剂，最高工作线速度 35m/s，其标记为：

砂轮 GB/T 41271N—300×50×75—···A/F60L5V···—35m/s

表 6-6 常用砂轮的形状、代号及用途

砂轮名称	代号	断面形状	主要用途
平形砂轮	1		外圆磨、内圆磨、平面磨、无心磨、工具磨
平形切割砂轮	41		切断及切槽
筒形砂轮	2		端磨平面
碗形砂轮	11		刃磨刀具、磨导轨
碟形砂轮	12a		磨铣刀、铰刀、拉刀、磨齿轮
双斜边砂轮	4		磨齿轮及螺纹
杯形砂轮	6		磨平面、内圆、刃磨刀具

七、新型磨料磨具

新型磨料磨具的出现，推动着磨削技术向高精度、高效率、高硬度的方向发展。在 20 世纪 80 年代美国的 3M 公司和诺顿公司推出了一种被称为 SG 的新型磨料。该磨料是指用溶胶—凝胶（SG）工艺生产的刚玉磨料，其工艺过程是：$Al_2O_3 \cdot H_2O$ 的水溶胶体，经凝胶化后，干燥固化，再破碎成颗粒，最后烧结成磨料。SG 磨料的韧性特别好，是普通刚玉的两倍以上，其硬度和普通刚玉相接近。此外，SG 磨料颗粒是由大量亚微米级的 Al_2O_3 晶体烧结而成，在磨削时能不断破裂暴露出新的切削刃，因此自锐性特别好，其磨削性能明显优于普通刚玉，主要表现为耐磨、自锐性好、磨除率高、磨削比大等优点。用 SG 磨料可制成各种磨具，其中诺顿公司的 SG 砂轮是将 SG 磨料与该公司的 38A 磨料混合而制成的（其混合比例有四种：含 100%、50%、30%、10% 的 SG 磨料），所用结合剂为陶瓷。特别是用 SG 磨料和 CBN（立方氮化硼）磨料混合而结合成的 SG/CBN 砂轮，既具有 SG 磨料韧性又具有 CBN 的超硬性。这种新型砂轮耐磨、寿命长、磨除率高和加工精度高，因而特别适于航空、汽车、刀具等行业对超硬度材料的精密磨削，顺应了磨削加工向高精度、高效率和高硬度方向发展的趋势。

第二节　磨削过程与特点

一、磨削过程

磨削过程是由磨具上的无数个磨粒的
微切削刃对工件表面的微切削过程而构成
的。如图 6-2 所示，磨料磨粒的形状是很
不规则的多面体，不同粒度号磨粒的顶尖
角多为 90° ~ 120°，并且尖端均带有半径
的尖端圆角。经修整后的砂轮，磨粒前角
可达 −80° ~ −85°。

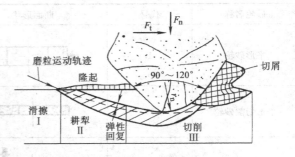

图 6-2　磨粒切入过程

单个磨粒的典型磨削过程可分为三个
阶段，如图 6-3 所示。

（1）滑擦阶段　磨粒切削刃开始与工件接触，
切削厚度由零开始逐渐增大，由于磨粒具有绝对
值很大的实际负前角和相对较大的切削刃钝圆半
径 r_n，所以磨粒并未切削工件，而只是在其表面
滑擦而过，工件仅产生弹性变形。这一阶段称为
滑擦阶段。这一阶段的特点是磨粒与工件之间的
相互作用主要是摩擦作用，磨削区产生大量的热，
工件温度升高。

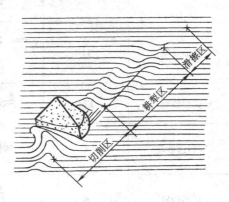

图 6-3　磨削过程中的隆起现象

（2）刻划阶段　当磨粒切入工件，磨粒作用在
工件上的法向力 F_n 增大到一定值时，工件表面产生
塑性变形，使磨粒前方受挤压的金属向两边流动，在工件表面上耕犁出沟槽，而沟槽的两侧
微微隆起（图 6-3）。此时磨粒和工件间的挤压摩擦加剧，热应力增加。这一阶段称为刻划
阶段，也称耕犁阶段。这一阶段的特点是工件表面层材料在磨粒的作用下，产生塑性变形，
表层组织内产生变形强化。

（3）切削阶段　随着磨粒继续向工件切入，切削厚度不断增加，当其达到临界值时，
被磨粒挤压的金属材料产生剪切滑移而形成切屑。这一阶段以切削作用为主，但由于磨粒刃
口钝圆的影响，同时也伴随有表面层组织的塑性变形强化。

在一个砂轮上，各个磨粒随机分布，形状和高低各不相同，其切削过程也有差异。其中
一些突出和比较锋利的磨粒，切入工件较深，经过滑擦、耕犁和切削三个阶段，形成非常微
细切屑，由于磨削温度很高而使磨屑飞出时氧化形成火花；比较钝的、突出高度较小的磨
粒，切不下切屑，只是起刻划作用，在工件表面上挤压出微细的沟槽；更钝的、隐藏在其他
磨粒下面的磨粒只能滑擦工件表面。

综上所述，磨削过程是包含切削、刻划和滑擦作用的综合复杂过程。切削中产生的隆起
残余量增加了磨削表面的表面粗糙度，但实验证明，隆起残余量与切削速度有着密切的关

系，随着磨削速度的提高而成正比下降。因此，高速切削能减小表面粗糙度。

二、磨削特点

磨粒的硬度很高，就像一把锋利的尖刀，切削时起着刀具的作用，在砂轮高速旋转时，其表面上无数锋利的磨粒，就如同多刃刀具，将工件上一层薄薄的金属切除，而形成光洁精确的加工表面。因此，磨削加工容易得到高的加工精度和好的表面质量。磨削加工具有如下特点：

（1）具有很高的加工精度和很小的表面粗糙度 磨削加工的公差等级可达 IT5 ~ IT6 或更高，表面粗糙度：普通磨削为 $Ra0.2 ~ 0.8\mu m$；精密磨削为 $Ra0.025\mu m$；镜面磨削为 $Ra0.01\mu m$。

（2）具有很高的磨削速度 在磨削时，砂轮的转速很高，普通磨削可达 30 ~ 35m/s，高速磨削可达 45 ~ 60m/s，甚至更高。

（3）具有很高的磨削温度 砂轮的磨削线速度可达 2000 ~ 3000m/min，约为切削加工的 10 倍，同时砂轮与工件的接触面积又很大，所以在磨削区内因摩擦产生大量的热，故磨削温度很高，可达 1000℃以上。因此，在磨削时要充分供给切削液，将热量带走。

（4）具有很小的切削余量 磨粒的切削厚度极薄，均在微米以下，比一般切削加工的切削厚度小几十倍甚至数百倍。因此，加工余量比其他切削加工要小得多。

（5）能够磨削硬度很高的材料 可磨削淬硬钢、硬质合金以及其他硬度很高的材料。

第三节 磨削运动与磨削用量

一、磨削运动

图 6-4 所示为外圆、内圆和平面磨削时的磨削运动。

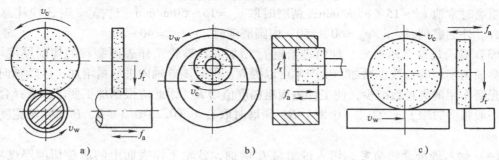

图 6-4 磨削运动
a）外圆磨削 b）内圆磨削 c）平面磨削

（一）主运动

砂轮的旋转运动是主运动。砂轮旋转的线速度为磨削速度 v_c，单位为 m/s。

（二）进给运动

1. 外圆、内圆磨削

（1）工件旋转进给运动 进给速度为工件切线速度 v_w，单位为 m/min。

（2）工件相对砂轮的轴向进给运动　其大小用轴向进给量f_a表示。指工件每转一转工件相对砂轮移动的距离，单位为 mm/r。

（3）砂轮切入运动　即砂轮切入工件的运动，进给量用工作台每单行程或双行程砂轮切入工件的深度f_r表示（相当于车削时背吃刀量），单位为 mm/单行程或 mm/双行程。

2. 平面磨削

（1）工件纵向进给运动　即工作台往复运动，它的速度为v_w，单位为 m/min。

（2）砂轮相对工件的轴向进给运动　进给量用工作台每单行程或双行程，砂轮轴向移动量表示f_a，单位为 mm/单行程或 mm/双行程。

（3）砂轮切入运动　进给量用工件表面切削一次后砂轮切入工件深度f_r（背吃刀量）表示，单位为 mm。

二、磨削用量的确定

磨削用量是指磨削速度（砂轮速度）v_c、工件周向（纵向）进给速度v_w、工件或砂轮轴向进给量f_a、砂轮切入进给量f_r或磨削深度（背吃刀量）。

（1）磨削速度的确定　确定磨削速度v_c时，主要应考虑工件材料的特点、加工要求、磨床工作情况和砂轮特性等。

目前，普通磨削时一般取$v_c = 30 \sim 35 \text{m/s}$；高速磨削时取$v_c = 45 \sim 100 \text{m/s}$或更高一些。提高磨削速度，可减小磨粒切削厚度，减小作用在磨粒上的磨削力。改善磨削条件，提高砂轮寿命，减小工件表面粗糙度。同时，有利于提高生产率，但磨削速度不能太高，以防止砂轮离心力过大，使砂轮破裂，损坏设备甚至导致人身事故。另外，磨削速度太高，也可能产生振动和工件表面烧伤，影响加工表面质量。

（2）工件旋转（纵向）进给速度的确定　确定工件旋转（纵向）进给速度v_w时，主要应考虑磨削热量的大小、热源作用的时间、工件表面粗糙度和高速回转所产生的振动等因素。v_w太低时，工件易烧伤；v_w太高时，机床可能产生振动。

粗磨时常取$v_w = 15 \sim 85 \text{m/min}$；精磨时取$v_w = 15 \sim 50 \text{m/min}$。选择$v_w$时还应注意与$v_c$相配合。外圆磨削时，$v_c/v_w = 60 \sim 150$；内圆磨削时，$v_c/v_w = 40 \sim 80$。

（3）轴向进给量的确定　轴向进给量f_a增加时，砂轮工作表面磨粒的切削厚度增加，同时参加切削的磨粒数也增加，生产率可以提高。但是随着轴向进给量增加，砂轮轴向截面上起光磨作用的磨粒数减少，使工件表面粗糙度值增大。因此应根据加工要求来选择合理数值。一般粗磨时取$f_a = (0.3 \sim 0.85) B$；精磨时取$f_a = (0.2 \sim 0.3) B$，B为砂轮宽度，单位为 mm。

（4）切入进给量的确定　切入进给量f_r增加，砂轮工作表面上的磨粒切削厚度增加，每颗磨粒切去的金属体积也就增加，因而提高了磨削效率。但磨粒切削厚度增加时，在工件表面留下的切痕深度增加，使工件表面粗糙度值增大，同时产生的磨削力和磨削热也会增加。这样既影响工件的加工精度，也会使单颗磨粒的载荷增加，使磨粒过早地破碎和脱落，从而加速了砂轮的磨损。因此，切入进给量也要根据加工质量和生产率要求来选择。一般粗磨时取$f_r = 0.01 \sim 0.07 \text{mm}$，精磨时取$f_r = 0.0025 \sim 0.02 \text{mm}$，镜面磨削时可取$f_r = 0.0005 \sim 0.0015 \text{mm}$。磨细长工件时，要选择较小的$f_r$；磨粗而短的工件时，$f_r$可以选得大些；$v_c$提高时，可相应提高$f_r$。

　　由于影响磨削过程的因素很多，对于不同的磨床、工件、砂轮以及不同磨削方法，磨削用量也可根据具体情况查阅有关的切削用量手册确定。

第四节　磨　　床

　　用磨料磨具（砂轮、砂带、油石和研磨料）作为工具进行切削加工的机床，称为磨床。磨床的种类很多，常用的有外圆磨床（如普通外圆磨床、万能外圆磨床、无心外圆磨床等）、内圆磨床、平面磨床、专门化磨床（如曲轴磨床、花键轴磨床等）、工具磨床和数控磨床等。

一、外圆磨床

（一）万能外圆磨床

　　万能外圆磨床中应用最广泛的是 M1432B 型。该机床是综合 M131W 型磨床和 M1432A 型磨床的优点进行改进的一种手动操纵\电气\液压控制的万能外圆磨床，主要用于磨削公差等级为 IT6～IT7 级的圆柱形或圆锥形的外圆和内孔，最大磨削外圆直径为 320mm，最大磨削内孔直径为 100mm，也可用于磨削阶梯轴的轴肩、端面、圆角等。磨后的表面粗糙度为 $Ra1.25～0.08\mu m$ 之间。

　　这种机床通用性较好，但磨削效率不高，自动化程度也较低，通常用于工具车间、机修车间和单件小批生产车间。

　　1. 万能外圆磨床的组成

　　图 6-5 所示为 M1432B 型万能外圆磨床。头架 2 用于装夹工件，并带动其旋转作圆周进给运动。头架还可在水平面内逆时针方向旋转 0°～90°，以磨削锥面。工作台 3 由上、下两层组成，上工作台可相对下工作台在水平面内顺（逆）时钟回转 3°（6°），用以磨削锥度不大的长圆锥面。头架和尾座 6 随工作台一起沿床身导轨作纵向往复运动。砂轮架 5 用于支承并传动高速旋转的砂轮主轴。砂轮架装在滑鞍上，当需磨削短圆锥时，可在 ±30° 内调整位置。

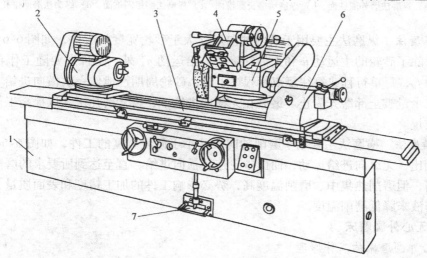

图 6-5　M1432B 型万能外圆磨床

1—床身　2—头架　3—工作台　4—内圆磨装置　5—砂轮架　6—尾座　7—脚踏操纵板

　　另外，M1432B 型万能外圆磨床还配有内圆磨装置，用于支承磨内孔的砂轮主轴部件，由单独的电动机驱动。

　　2. 万能外圆磨床的磨削方法

　　图 6-6 所示为万能外圆磨床磨削内外圆柱面、圆锥面的加工示意图。其基本磨削方法有纵磨法和横磨法两种。

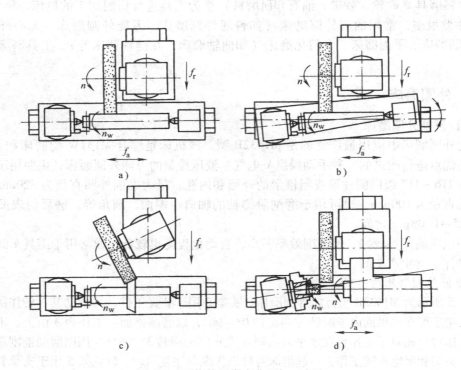

图 6-6　万能外圆磨床典型加工方法

a）纵磨法磨外圆柱面　b）纵磨法磨长圆锥面　c）横磨法磨短圆锥面　d）纵磨法磨圆锥孔

　　（1）纵磨法　纵磨法主要用于磨削轴向尺寸大于砂轮宽度的工件，如图 6-6a、b、d 所示。纵磨时除了砂轮的主运动 n 和工件的旋转进给运动 n_w 外，工件还要随工作台一起作纵向进给运动 f_a，每单行程或每往复双行程终了时，砂轮周期性地作一次横向进给 f_r，如此反复直至加工余量被全部磨光为止。最后在无横向进给下，再光磨几次，以提高工件的磨削精度和表面质量。

　　（2）横磨法　横磨法主要用于磨削轴向尺寸小于砂轮宽度的工件，如图 6-6c 所示。横磨与纵磨相比，无纵向进给运动，而由砂轮连续横向进给，直至达到所要求的磨削尺寸。横磨生产率高，但磨削热集中、磨削温度高，势必影响工件的加工精度和表面质量，必须给予充分的切削液来降低磨削温度。

　　（二）无心外圆磨床

　　1. 无心外圆磨床的工作原理

　　无心外圆磨床进行磨削时，工件放在砂轮与导轮之间，且工件中心高于砂轮和导轮中心线（0. 15 ~ 0. 25）d（d 为工件直径），不用顶尖支承，以被磨削外圆表面作定位基准，支承在托板上，如图 6-7a 所示。砂轮和导轮的旋转方向相同，但由于磨削砂轮的旋转速度很大，而导轮（它是用摩擦因素较大的树脂或橡胶作粘结剂制成的刚玉砂轮）则依靠摩擦力限制工件旋转，使工件的圆周速度基本上等于导轮的线速度，从而在砂轮和工件间形成很大速度差，产生磨削作用。改变导轮转速，即可调节工件的圆周进给速度。

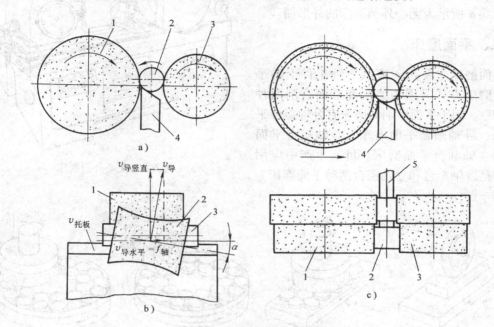

图 6-7 无心外圆磨床加工方法
1—砂轮 2—工件 3—导轮 4—托板 5—挡块

2. 无心外圆磨床的磨削方法

无心外圆磨床有两种磨削方法：贯穿磨削法（纵磨法）和切入磨削法（横磨法）。贯穿磨削时，使导轮轴线在垂直平面内倾斜一个角度 α（图 6-7b），由导轮与工件间水平摩擦作用，使工件沿轴向移动，完成纵向进给运动。改变导轮偏转角 α 的大小，可调节工件纵向进给速度。通常粗磨时取 $\alpha = 2° \sim 6°$，精磨时取 $\alpha = 1° \sim 2°$。贯穿磨削适用于磨削不带凸台的圆柱形工件，加工时一个接一个连续生产，生产率高。

切入磨削时（图 6-7c），由磨削砂轮横向切入进给，导轮仅需要转一个很小的角度（约 $30'$），使工件有微小轴向推力紧靠在挡块上，得到可靠轴向定位。

3. 无心外圆磨床的应用范围

在无心外圆磨床上加工工件不需要打中心孔，装夹工件省时省力，而且可以连续磨削，所以生产率很高。消除了工件中心孔误差和工作台运动方向与前后顶尖连线不平行误差对加工精度的影响，所以磨削出来的工件尺寸精度和几何精度都比较高，表面粗糙度也比较小。如果装上自动上下料机构，容易实现单机自动化。

无心外圆磨床在成批、大批量生产中普遍应用。适用于磨削细长轴、无中心孔短轴、销子类和套类工件，特别是磨削刚性很差的细长轴、细长管时，由于导轮抵住工件，使工件不易弯曲变形，从而保证了较高的磨削精度和生产率。

　　无心外圆磨床调整费时，生产批量较小时不宜采用；当工件表面周向不连续或与其他表面的同轴度要求较高时，也不宜采用无心外圆磨床加工。

　　图 6-8 所示为无心外圆磨床的外形图。

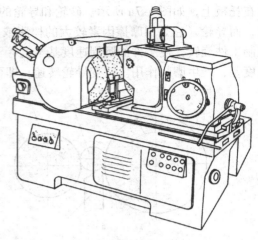

图 6-8　无心外圆磨床

二、平面磨床

　　平面磨床主要用于磨削各种工件上的平面，其磨削方式有周边磨削和端面磨削两种（图 6-9）。用于平面磨削的磨床有卧轴矩台平面磨床、卧轴圆台平面磨床、立轴矩台平面磨床和立轴圆台平面磨床。目前生产中应用最广的是卧轴矩台和立轴圆台两种平面磨床。

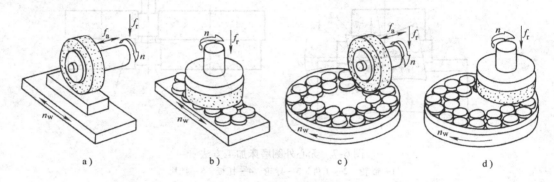

图 6-9　平面磨床典型加工方法
a）卧轴矩台平面磨床周边磨削　　b）立轴矩台平面磨床端面磨切削
c）卧轴圆台平面磨床周边磨削　　d）立轴圆台平面磨床端面磨削

　　1. 卧轴矩台平面磨床

　　图 6-10 所示为卧轴矩台平面磨床，这种机床的砂轮主轴通常是用内连式异步电动机带动的。往往电动机轴就是主轴，电动机的转子就装在砂轮架 3 的壳体内。砂轮架可沿进给箱 4 的燕尾导轨作间歇的横向进给运动（手动或液动）。进给箱和砂轮架一起沿立柱 5 的导轨作间歇的竖直切入运动（手动）。工作台 2 沿床身 1 的导轨作纵向进给运动（液压驱动）。

　　卧轴矩台平面磨床采用周边磨削，磨削时砂轮和工件接触面积小，发热量小，冷却和排屑条件好，可获得较高的加工精度和较小的表面粗糙度，且工艺范围宽。除了用砂轮的周边磨削水平面外，还可用砂轮的端面磨削沟槽、台阶等的垂直侧平面。

　　目前国产卧轴矩台平面磨床分普通精度级和高精度级。普通精度级的加工精度及表面粗糙度：加工面对基准面的平行度公差为 $15\mu m/1000mm$，$Ra0.32 \sim 0.63\mu m$；高精度级的加工精度和表面粗糙度：加工面对基准面的平行度公差为 $5\mu m/1000mm$，$Ra 0.01 \sim 0.04\mu m$。

　　2. 立轴圆台平面磨床

　　图 6-11 所示为立轴圆台平面磨床，该磨床砂轮架 3 的主轴也是由内连式异步电动机直

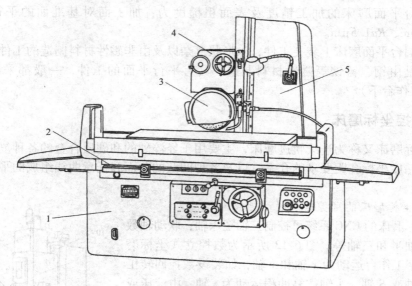

图 6-10 卧轴矩台平面磨床
1—床身 2—工作台 3—砂轮架 4—进给箱 5—立柱

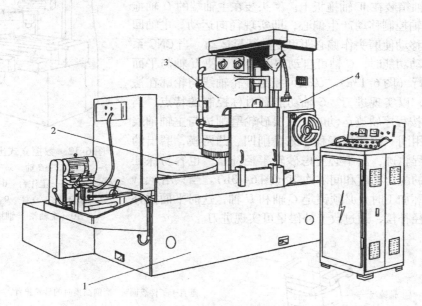

图 6-11 立轴圆台平面磨床
1—床身 2—回转工作台 3—砂轮架 4—立柱

接驱动的。砂轮架 3 可沿立柱 4 的导轨作间歇的竖直切入运动，回转工作台旋转作圆周进给运动。为便于装卸工件，回转工作台 2 还能沿床身导轨作纵向运动。

立轴圆台平面磨床由于采用端面磨削，砂轮与工件接触面积大，且为连续磨削，所以生产率较高。但磨削时发热量大，切削液不易进入磨削区，且切屑不易排出，从砂轮中心到边缘各点磨削速度不均匀，所以加工精度较低，表面粗糙度较大。主要用于成批生产中磨削一般精度的工件或粗磨铸、锻毛坯件。

立轴圆台平面磨床的加工精度及表面粗糙度为：加工面对基准面的平行度公差为 $20\mu m/1000mm$，$Ra1.5\mu m$。

在立轴圆台平面磨床上装夹工件，除形状复杂以及由非磁性材料制造的工件需采用特殊夹具外，凡是由钢、铸铁等磁性材料制造，具有平行平面的工件，一般都采用电磁吸盘（装在机床工作台下）。

三、数控坐标磨床

数控坐标磨床又称为连续轨迹磨床，主要用于经淬硬的和硬质合金的各种复杂模具的型面、具有高精度坐标孔距要求的孔系，以及各种凹凸的曲面和任意曲线组成的平面等的磨削加工。

1. 数控坐标磨床的可控轴及联动轴数

数控坐标磨床的 CNC 系统可控制三轴至六轴，联动轴数有二轴、二轴半和三轴等。图6-12 所示为数控立式坐标磨床。图中十字工作台运动为 x 轴和 y 轴，如装设数控回转工作台则有 A 轴或 B 轴。主轴往复冲程运动为 z 轴，由液压或气压驱动，z 轴有的装数显装置或 CNC 控制。主轴回转由 C 轴控制。主轴箱装在 W 轴拖板上。磨头装在主轴端的 U 轴拖板上，由 U 轴控制移动产生偏心，即实现径向运动。主轴回转加上 U 轴移动使磨头作偏心距可变的行星运动。当 CNC 系统有 C 轴联动功能时，C 轴可自动跟踪转动，使 U 轴与平面轮廓法线平行（图6-13a）。U 轴可控制砂轮轴线与轮廓在法线上的距离，以实现进刀。C 轴功能有对称控制的特点，当 x、y 轴联动按程序轨迹运动时，只要砂轮磨削边与主轴轴线重合，就可用同一数加工程序来磨削凹、凸两模，磨出的轮廓就是编程轨迹，而不必考虑砂轮半径补偿，也容易保证凹、凸两模的配合精度和间隙均匀（图6-13b）。当只用 x、y 轴联动作轮廓加工时，必须锁定 C 轴和 U 轴，这时平面插补则须砂轮半径补偿，通过改变补偿量可实现进刀。

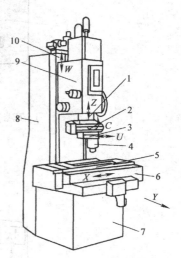

图6-12 数控立式坐标磨床
1—主轴　2—C 轴　3—U 轴拖板
4—磨头　5—工作台　6—y 轴拖板
7—床身　8—立柱　9—主轴箱
10—主轴箱 U 轴拖板

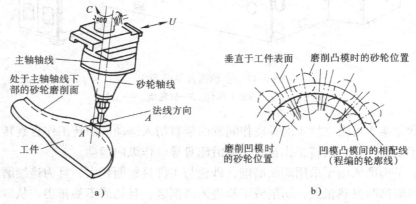

a）　　　　　　　　　b）

图6-13 凹、凸两模加工
a）C 轴、U 轴和轮廓法线方向　b）C 轴的对称控制

2. 数控坐标磨床的分辨率和定位精度

数控坐标磨床采用高精度位置检测装置，分辨率（最小输入单位）比一般数控机床高。x、y 轴分辨率为 $1\mu m$ 或 $0.5\mu m$，z、W 轴为 $1\mu m$，U 轴为 $0.1\mu m$，C、A（或 B）轴为 $0.001°$ 或 $0.0001°$。数控坐标磨床定位精度也较高，直线（x、y 轴）为任意 300mm 内 $0.8\mu m$，全行程 $2\mu m$；转角为 $\pm0.002°$。轮廓加工精度可达 $3\sim5\mu m$，磨孔圆度为 $2\mu m$。

3. 数控坐标磨床的基本磨削加工工艺范围

数控坐标磨床上常用的基本加工方法见表6-7。

表6-7 数控坐标磨床基本加工方法

方法	简图及说明	方法	简图及说明
通孔磨削	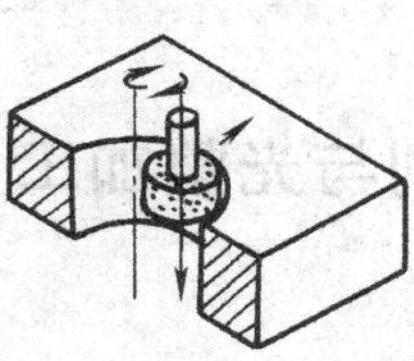 主轴冲程运动，磨头行星运动，U 轴径向进给，用砂轮周边磨削	锥孔磨削（二）	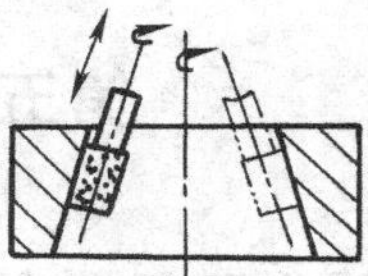 将砂轮调一个角度，此角为锥孔锥角之半
锥孔磨削（一）	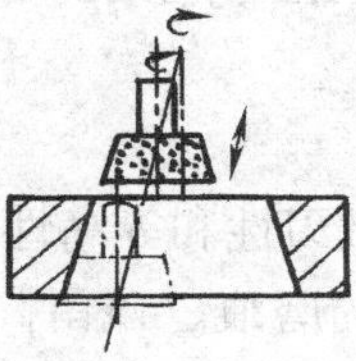 砂轮修成与锥孔相适应，随砂轮下降，行星运动直径不断扩大	外圆磨削	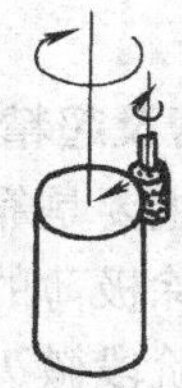 砂轮垂直进给，行星运动的直径不断缩小
外圆锥磨削	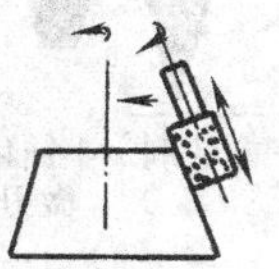 与锥孔磨削（二）相似	阶梯磨削	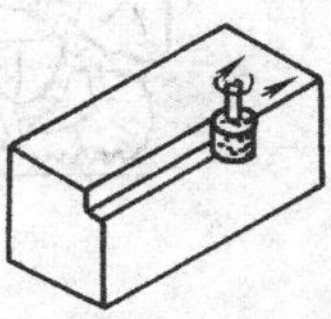 可同时加工直角面，直线进给，不作行星运动，砂轮底部凹形
深孔磨削	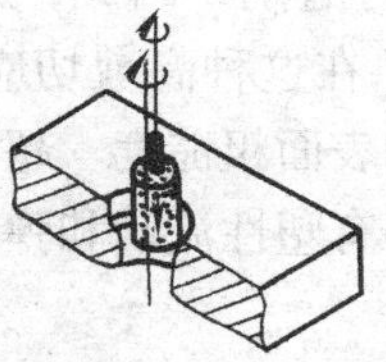 与通孔磨削相似，控制主轴行程位置轴向进给或径向进给均可	球凹磨削	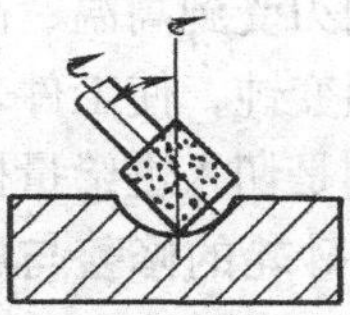 将磨头安装在 45° 安装板上

（续）

方法	简图及说明	方法	简图及说明
平面磨削	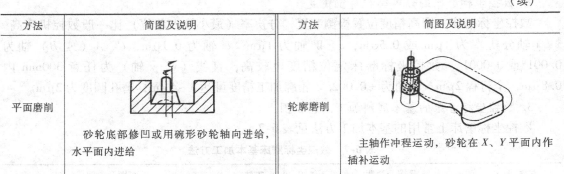砂轮底部修凹或用碗形砂轮轴向进给，水平面内进给	轮廓磨削	主轴作冲程运动，砂轮在 X、Y 平面内作插补运动

第五节　精密、超精密磨削与光整加工

一、精密及超精密磨削

精密磨削是指加工精度为 $1 \sim 0.1\mu m$、表面粗糙度 Ra 为 $0.06 \sim 0.16\mu m$ 的磨削方法；而超精密磨削是指加工精度在 $0.1\mu m$ 以下，表面粗糙度 Ra 为 $0.02 \sim 0.04\mu m$ 以下的磨削方法。

（一）精密及超精密磨削机理

精密磨削主要是靠对砂轮的精细修整，使磨粒具有微刃性和等高性（图6-14）。这些等高的微刃能切除极薄的金属，从而获得具有大量极细微的磨痕、残留高度极小的加工表面，再加上无火花阶段微刃的滑挤、摩擦、抛光等作用，使工件得到很高的加工精度。

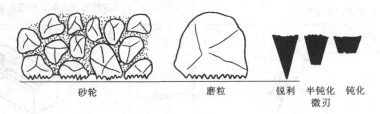

砂轮　　　　　磨粒　　　　　锐利　半钝化　钝化
　　　　　　　　　　　　　　　　　　　微刃

图6-14　磨粒微刃性和等高性

超精密磨削则是采用人造金刚石、立方氮化硼等超硬磨料对工件进行磨削加工。这时磨粒去除的金属比精密磨削时还要薄，有可能是在晶粒内进行磨削，因此，磨粒将承受很高的应力，使切削刃受到高温、高压的作用。普通材料的磨粒，在这种高剪切应力、高温的作用下，将很快磨损变钝，使工件表面难以获得要求的尺寸精度和表面粗糙度。超精密磨削与普通磨削最大的区别是切入进给量极小，是超微量切除，可能还伴有塑性流动和弹性破坏等作用。

（二）砂轮的修整与磨削用量

1. 砂轮的修整

砂轮修整的方法有单粒金刚石修整、金刚石粉末烧结型修整器修整和金刚石超声波修整等（图6-15）。修整时修整器应安装在低于砂轮中心 $0.5 \sim 1.5mm$ 处，并向上倾斜

$10° \sim 15°$，如图 6-16 所示，以防止振动和金刚石"啃"入砂轮而划伤砂轮表面。

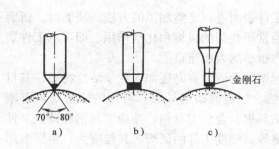

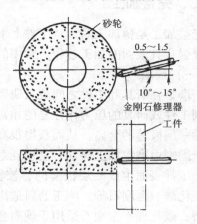

图 6-15 砂轮修整的方法

图 6-16 金刚石修整砂轮时的安装位置

a）单粒金刚石修整 b）金刚石粉末烧结型修整器修整
c）金刚石超声波修整

砂轮的修整用量有修整导程、修整深度、修整次数和光修次数。修整导程越小，工件表面粗糙度值越低，一般为 $10 \sim 15mm/min$。修整深度为 $2.5\mu m/$单行程，而一般修去 $0.05mm$ 就可恢复砂轮的切削性能。修整时一般可分为初修与精修，初修用量可大些，逐次减小，一般精修需 $2 \sim 3$ 次单行程。光修为无修整深度修整，主要是为了去除砂轮个别表面突出微刃，使砂轮表面更加平整，其次数一般为 1 次单行程。

2. 磨削用量

表 6-8 列出了精密磨削和超精密磨削的磨削用量，供参考选用。

应当指出，磨削用量与被加工材料和砂轮材料有关，确定磨削用量时要加以考虑。

（三）精密与超精密磨削的应用

精密与超精密磨削主要用于对钢铁等黑色金属材料的精密与超精密加工。如果采用金刚石砂轮和立方氮化硼砂轮，还可对各种高硬度、高脆性材料（如硬质合金、陶瓷、玻璃等）和高温合金材料进行精密及超精密加工。因此，精密及超精密磨削加工的应用范围十分广泛。

表 6-8 精密及超精密磨削用量

磨削用量	精密磨削	超精密磨削
砂轮线速度/$m \cdot s^{-1}$	$2 \sim 3$	$12 \sim 20$
工件线速度/$m \cdot min^{-1}$	$6 \sim 12$	$4 \sim 10$
工作台纵向进给速度/$mm \cdot min^{-1}$	$50 \sim 100$	$50 \sim 100$
背吃刀量/mm	$0.0025 \sim 0.005$	≤ 0.0025
磨削横进给次数	$1 \sim 2$	$1 \sim 2$
无火花光磨工作台往复次数	$5 \sim 6$	$5 \sim 6$
磨削余量	$0.002 \sim 0.005$	$0.002 \sim 0.005$
可达到表面粗糙度 $Ra/\mu m$	$0.01 \sim 0.2$	$0.01 \sim 0.025$

二、光整加工

光整加工是精加工后，从工件上不切除加工余量或仅切除极薄金属层，用以减小表面粗糙度或强化其表面的加工过程。常用的加工方法有研磨、珩磨和超精加工等。

（一）研磨

研磨是在研具和工件之间放入研磨剂，对工件表面进行光整加工的方法。研磨时，研磨剂受到工件或研具的压力作往复的相对运动。通常研磨剂的机械和化学作用，即可从工件表面切除一层极薄的金属，从而获得很高的精度和很小的表面粗糙度。

研磨剂由磨粒加上煤油、全损耗系统用油等调制而成。有时还加入化学活性物质，其目的是使工件表面生成一层极薄的、较软的化合物，以提高研磨效果。常用的研磨磨料有刚玉、碳化硅、金刚石等。刚玉磨料适用于碳素工具钢、合金工具钢、高速工具钢和铸铁工件的研磨；碳化硅、金刚石适用于硬质合金、硬铬等高硬度工件的研磨。其粒度为：粗研磨用F100 ~ F240 或 F280；精磨用 F500 或更细的。

研磨前要求工件应进行良好的精加工，研磨余量为 0.003 ~ 0.005mm；压力为 0.1 ~ 0.3MPa；研磨速度粗研为 40 ~ 50m/min；精研为 10 ~ 15m/min。常见的研磨方法有手工研磨和机械研磨两种。

1. 手工研磨

手工研磨是手持研具或工件进行研磨。例如研磨外圆时，工件装在车床卡盘或顶尖上，由主轴带动作低速旋转（20 ~ 40r/min），研具套在工件上用手推动研具作往复直线运动。手工研磨方法简单，不需特殊设备，但生产率低，适用于单件小批量生产。

2. 机械研磨

图 6-17 所示为机械研磨圆盘形工件的装置。工件置于隔板上的槽内互相隔开。研磨时，上、下研盘的转动方向相反，转速不等。隔板 4 由下研磨盘上的偏心销 5 带动旋转，从而使置于隔板槽内的工件既转动又沿着图 6-17 中 N 的方向作径向往复滑动，使磨料的研磨轨迹不重复，从而保证了工件表面研磨均匀。研磨时压力的大小，通过作用于法兰 6 上的力 F 大小来调节，一般为 $(0.1 ~ 3) \times 10^5 Pa$。机械研磨具有生产率高、劳动强度小的特点。但需专用生产设备，仅用于大批量生产。

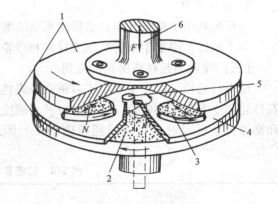

图 6-17　研磨工作简图
1—研磨盘　2—研磨剂　3—工件
4—隔板　5—偏心销　6—法兰

研磨一般可获得工件的尺寸公差等级为IT4 ~ IT6，形状精度高（圆度公差为 0.001 ~ 0.003mm），表面粗糙度为 $Ra0.08 ~ 0.1\mu m$，但是不能改善工件的位置精度。

（二）珩磨

1. 珩磨方法

珩磨主要用于孔的光整加工，图 6-18a 所示为珩磨加工示意图。珩磨头上的油石磨条在一定的压力下与工件孔壁接触，由机床主轴带动其旋转并轴向往复直线运动。这样磨条便从工件表面切去一层极薄的金属层。为避免磨条磨粒的轨迹互相重复，珩磨头的转速必须与其每分钟往复行程数互为质数。图 6-18b 所示为磨条的运动轨迹成交叉而不重复的网状。实践表明，交叉角 α 是影响表面粗糙度和生产率的主要因素，α 角增大，切削效率高，表面粗糙度大。一般粗珩磨取 $\alpha = 40° \sim 60°$；精珩磨取 $\alpha = 20° \sim 40°$。珩磨余量为 $0.015 \sim 0.02\text{mm}$。

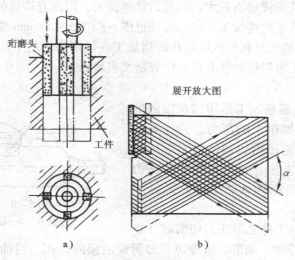

图 6-18　珩磨方法
a）珩磨示意图　b）螺旋线轨迹

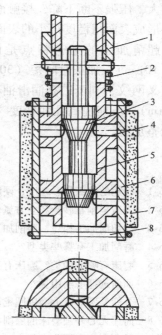

　　为了加工出直径一致、圆柱度好的孔，必须调整好油石的工作行程及相应的越程量。油石的越程量一般取油石长度的 1/5 ~ 1/3。越程量过大，被加工孔易出现喇叭形；越程量过小，被加工孔易出现腰鼓形；两端的越程量相差较大时，被加工孔会出现锥度。

　　为了减少机床主轴与工件孔中心的同轴度误差及主轴回转精度对加工精度的影响，珩磨头与机床主轴采用浮动联接。

　　珩磨时要使用切削液，以便冲走切屑和磨粒碎末，冷却和润滑加工面，改善表面质量。通常使用的切削液是由煤油加入少量的全损耗系统用油配置而成的。

　　2. 珩磨头结构

　　图 6-19 所示为一种比较简单的机械调压式珩磨头。本体 5 与机床主轴浮动联接，油石 7 用粘结剂与垫块固结在一起并装入珩磨头本体 5 的圆周等分槽中，用弹簧卡箍 8 将垫块 6 的上下两端紧固，以防其脱落。转动螺母 1 可使锥体 3 向下移动，推动顶销 4 使油石向外方向均匀胀开，增大对工件孔壁的压力。然而，这种调压机构不仅操作费事，而且压力大小难以控制，不能在加工

图 6-19　机械调压式珩磨头
1—螺母　2—弹簧　3—锥体　4—顶销
5—本体　6—垫块　7—油石　8—弹簧卡箍

过程中随时调整，只适用于单件、小批量生产。在批量生产中经常采用液压自动调节方式。工作时油石能自动胀开，工作压力稳定可靠。

　　3. 珩磨的应用

　　通过珩磨加工可获得工件的尺寸公差等级为 IT4～IT5，表面粗糙度为 $Ra0.1～0.25\mu m$，圆度和圆柱度公差为 $0.003～0.005mm$，但它不能提高孔的位置精度。由于珩磨头的圆周速度较低，油石磨条与孔的接触面积大，往复运动速度大，因而有较高的生产率。在大批量生产中广泛应用于精密孔系的终加工工序，孔径范围一般为 5～500mm 或更大，孔的深径比可达 10 以上，如发动机的气缸孔和液压缸孔的精加工。但珩磨不适于加工软而韧的有色合金材料的孔，也不能加工带键槽的孔和内花键等断续表面。

　　（三）超精加工

　　如图 6-20 所示，超精加工是用细粒度的磨具（油石）对工件施加很小的压力，并作短行程低频往复振动和慢速进给运动，以实现微量磨削的一种光整加工方法。对工件施加的压力为 5～20MPa；振动频率为 8～35Hz，振幅为 1～5mm。

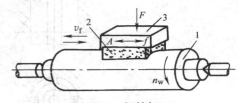

图 6-20　超精加工
1—工件　2—油石　3—振动头

　　加工时，在油石与工件之间注入切削液（煤油加锭子油）以起到冷却、润滑、清理切屑和形成油膜的作用。当油石最初与工件表面接触时，因表面凹凸不平，接触面积小，压强大，不能形成完整油膜，加工面微观凸峰很快被切除。随着加工面逐渐被磨平，以及细微切屑嵌入油石，使油石表面也逐渐平滑，接触面不断增大，压强不断下降，接触面间逐渐形成完整油膜，切削作用逐渐减弱，经过摩擦抛光，最终形成表面粗糙度很小的表面。

　　超精加工的工艺特点是设备简单，自动化程度较高，操作简便；切削余量极小（3～10μm），加工时间短（30～60s），生产率高；因油石运动轨迹复杂，加工后表面具有交叉网纹，利于贮存润滑油，耐磨性好，超精加工只能提高加工表面质量（$Ra0.008～0.1\mu m$），不能提高几何精度。超精加工主要用于轴类零件的外圆柱面、圆锥面和球面等的光整加工。

习题与思考题

　　6-1　砂轮的组织号、粒度、硬度是如何规定的？

　　6-2　人造金刚石砂轮和立方氮化硼砂轮各有什么特性？各适应于磨削哪些材料？

　　6-3　与切削加工相比，磨削加工过程及特点有何不同？

　　6-4　磨削加工有哪些类型？

　　6-5　磨床有哪些种类？磨床有哪些运动？

　　6-6　如何选择磨削用量？

　　6-7　万能外圆磨床上磨削圆锥面有哪几种方法？各适用于何种情况？机床应如何调整？

　　6-8　简述无心外圆磨床的磨削特点？

　　6-9　平面磨床有哪些磨削方式和磨削特点？

　　6-10　比较卧轴矩台平面磨床和立轴圆台平面磨床各有何特点？

　　6-11　数控坐标磨床有哪些可控坐标？除了表 6-7 中所列基本加工方法外，是否还有其他加工方法？

6-12　什么是精密磨削？什么是超精密磨削？其磨削用量如何选择？

6-13　简述精密磨削的机理。

6-14　精密磨削过程中，砂轮如何修整？

6-15　什么是光整加工？其常用的加工方法有哪些？

6-16　简述研磨的工作原理。

6-17　简述珩磨的工作原理。

6-18　简述超精加工的工作过程。

第七章 齿 形 加 工

齿轮的加工关键是齿形加工。目前齿形的切削加工方法，就其工作原理可分为成形法和展成法两大类。

成形法是在通用铣床上用盘状或指状成形铣刀加工，但每铣一个齿槽后应分度一次，对于同一模数不同齿数的齿轮，齿廓形状就不同，需采用不同规格的成形铣刀，这显然是不经济的。在实际生产中，为减少成形铣刀的数量，通常每一种模数只配八把或十五把成形铣刀，每把成形铣刀只加工一定齿数范围内的一组齿轮。每把成形铣刀的齿形曲线是按其加工范围内的最小齿数制造的，当用于加工其他齿数的齿轮时，均存在不同程度的齿形误差。同时由于分度装置的影响，齿轮的加工精度和生产率不高。该方法常用于齿轮精度要求不高的单件小批量生产。

展成法是利用齿轮啮合传动原理，只需一把刀具就可加工模数相同、齿数不同的齿轮，并有较高加工精度和生产率，但机床的运动和结构复杂。展成法的主要加工方法有：滚齿、插齿、剃齿、珩齿和磨齿。其中滚齿和插齿用于一般精度的齿轮加工，剃齿、珩齿和磨齿用于齿轮的精加工。

第一节 滚 齿

一、滚齿原理及运动

1. 滚齿原理

滚齿加工是根据展成法原理加工齿轮轮齿的（图 1-3d）。用齿轮滚刀加工齿轮的过程，相当于一对交错轴螺旋齿轮副的啮合传动过程（图 7-1a）。将其中的一个齿轮齿数减少到一个或几个，轮齿的螺旋角很大，就形成了蜗杆形齿轮（图 7-1b）。再将"蜗杆"开槽并铲背，就形成了齿轮滚刀（图 7-1c）。齿轮滚刀装在刀架主轴上，工件装在工作台上，两者间的相对关系如同一对螺旋齿轮相互啮合，由展成运动传动链保证其两端件（滚刀—工作台）的相对运动关系，通过滚刀和工件的连续转动，即可在工件表面上加工出渐开线齿形（图 1-3d）。

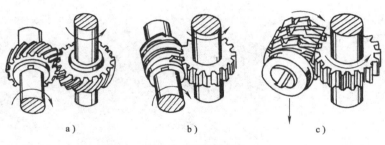

a)   b)   c)

图 7-1 滚齿原理

2. 加工直齿圆柱齿轮的运动和传动原理

加工直齿圆柱齿轮的成形运动有：形成渐开线齿廓（母线）的展成运动，它由滚刀传动 B_{11} 和工件转动 B_{12} 复合而成（复合运动）；形成齿长为直线（导线）的进给运动，由滚刀架沿工件轴向作直线进给运动 A_2（简单运动），如图 7-2 所示。要完成这两个成形运动，机床必须具有三条运动传动链。

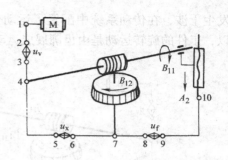

图 7-2　滚刀直齿圆柱齿轮的传动原理图

（1）展成运动传动链　该传动链由"滚刀—4—5—u_x—6—7—工作台"组成，是一条内联系传动链。通过换置机构 u_x 保证滚刀与工件之间保持严格的传动比关系。设滚刀的头数为 K，工件齿数为 z，则滚刀和工件之间的相对运动关系为：滚刀 1 转—工件 K/z 转。为此，u_x 值的计算及配置交换齿轮应准确，注意 u_x 还包括方向的调整。工件的转动 B_{12} 方向取决于滚刀的转动方向 B_{11} 和滚刀的螺旋方向。

（2）主运动传动链　这是一条外联系传动链，它的作用是向成形运动提供运动和动力，实现主运动。它由"电动机—1—2—u_v—3—4—滚刀"组成。其换置机构 u_v 用以调整滚刀的转速。传动链的两末端件是电动机和滚刀，其对应运动关系为：电动机 $n_{电}$（r/min）—滚刀 $n_{刀}$（r/min）。

（3）轴向进给传动链　为切出整个齿宽，即形成轮齿表面的导线，滚刀须沿工件轴线方向作连续的进给运动 A_2。为便于控制轮齿表面的加工质量，通常以工件每转一转刀具沿工件轴向的移动量来计算。因此，这条传动链由"工件—7—8—u_f—9—10—刀架"组成。其中的换置机构 u_f 用于调整滚刀轴向进给量的大小和进给方向，以适应不同加工表面粗糙度的要求。由于滚刀的轴向进给运动是简单运动，所以，这条传动链是外联传动链。传动链的两末端件是工件和刀架，它们之间的对应运动关系为：工件 1 转—刀架 f（mm）。

3. 加工斜齿圆柱齿轮的运动和传动原理

斜齿圆柱齿轮和直齿圆柱齿轮一样，其端面均为渐开线。所不同的是，斜齿圆柱齿轮齿宽方向的齿形线不是直线而是一条螺旋线，是采用展成法实现的。因此，当滚刀在沿工件轴向进给时，要求工件在展成运动 B_{12} 的基础上再产生一个附加运动 B_{22}，以形成螺旋齿形线。图 7-3a 所示为滚切斜齿圆柱齿轮的传动原理图，其中展成运动传动链、轴向进给运动传动链、主运动传动链与直齿圆柱齿轮的传动原理相同，只是在刀架与工件之间增加了一条附加运动（差动运动）传动链（刀架—12—13—u_y—14—15—合成机构—6—7—u_x—8—9—工作台），以保证形成螺旋齿形线。其中换置机构 u_y 用于适应工件螺旋线导程 Ph 和螺旋方向的变化。图 7-3b 形象地说明了这个问题。设工件的螺旋线为右旋，当滚刀沿工件轴向进给运动 f（单位为 mm），滚刀由 a 点到 b 点，这时工件除了作展成运动 B_{12} 以外，还要附加转动 $\overset{\frown}{b'b}$，才能形成螺旋齿形线。同理，当滚刀移至 c 点时，工件应附加转动 $\overset{\frown}{c'c}$。依次类推，当滚刀移动一个工件螺旋线导程至 p 点时，工件附加转动 $\overset{\frown}{p'p}$，正好转 1 转。附加运动 B_{22} 的旋转方向与工件展成运动 B_{12} 旋转方向是否相同，取决于工件的螺旋方向及滚刀的进给方向。由于在滚切斜齿圆柱齿轮时，工件的旋转运动 B_{12} 是由展成传动链传递的；而工件附加旋转运动 B_{22} 是由附加运动传动链传给工件的。为使 B_{12} 和 B_{22} 这两个运动同时传给工件又不发生干涉，在传动系统中配置了运动合成机构，将这两个运动合成之后，再传给工件。所以，工件的旋转运动是由齿廓展成运动 B_{12} 和螺旋齿形线展成运动 B_{22} 合成的。

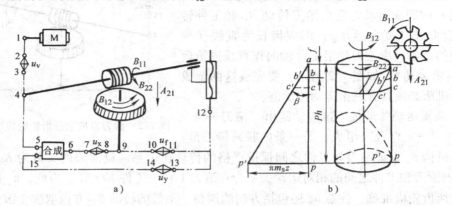

图 7-3　滚切斜齿圆柱齿轮的传动原理图

4. 蜗轮加工方法

在滚齿机上用蜗杆滚刀加工蜗轮，其工作原理和加工齿轮相似，但要求蜗轮滚刀的模数、头数、分度圆直径、螺纹升角等参数与被切蜗轮相啮合的蜗杆相同，滚刀与被切蜗轮轴线垂直并位于被切蜗轮的中心剖面上。有两种加工蜗轮的方法：一种是径向进给法（图7-4a、c），滚刀与工件在作展成运动的同时，滚刀或工件沿径向作切入运动，直至切至全齿深，工件再转几圈后完成加工。另一种方法是切向进给法（图7-4b、d），滚刀与工件的中

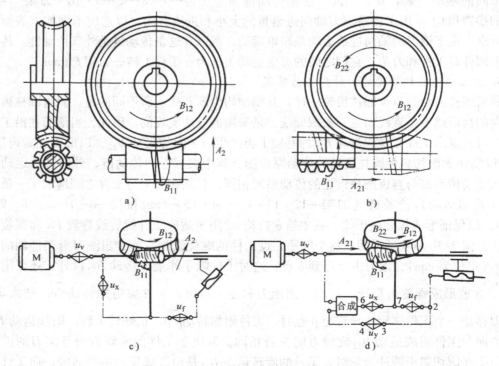

图 7-4　蜗轮滚切原理图

心距按蜗轮蜗杆啮合时的中心距调整，滚刀为带切削锥的蜗轮滚刀，沿工件切线方向（即滚刀轴线方向）移动，当滚刀圆柱部分完全切入工件（即切到全齿深）后，工件再转几圈才完成加工。

5. 滚刀的安装

滚齿时，应使滚刀在切削点处的螺旋方向与被加工齿轮齿槽方向一致。为此，需将滚刀轴线与被切齿轮端面安装成一定的角度，称作滚刀的安装角 δ。加工直齿圆柱齿轮时，$\delta = \gamma$（γ 为滚刀的螺纹升角），图 7-5a、b 分别表示右旋和左旋滚刀加工直齿圆柱齿轮时滚刀的安装角。加工斜齿圆柱齿轮时，滚刀安装角 δ 不仅与滚刀的螺旋方向及螺纹升角 γ 有关，而且与被加工齿轮的螺旋方向与螺旋角 β 有关。当滚刀与齿轮的螺旋线方向相同时，滚刀的安装角 $\delta = \beta - \gamma$，图 7-6a 所示为滚刀和齿轮均为右旋的情况。当滚刀与齿轮的螺旋线方向相反时，滚刀的安装角 $\delta = \beta + \gamma$，图 7-6b 所示为滚刀是右旋，齿轮是左旋的情况。

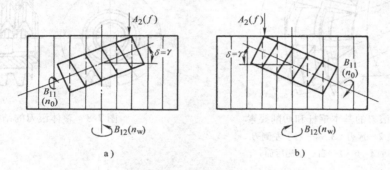

图 7-5　滚切直齿圆柱齿轮时滚刀安装角

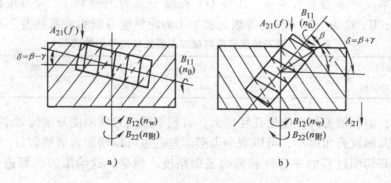

图 7-6　滚切斜齿圆柱齿轮时滚刀安装角

二、齿轮滚刀

齿轮滚刀可以用于加工外啮合的直齿圆柱齿轮。模数从 0.1~40mm 的齿轮，均可用齿轮滚刀加工。

1. 滚刀的结构

从上述滚齿原理可知，齿轮滚刀是一个蜗杆形刀具。为了形成切削刃以及前角和后角，在基本蜗杆上开出了容屑槽，并经铲背形成滚刀。如图 7-7 所示。图 7-7 中的 1、5、6、7

分别为前面、顶后面、右侧后面和左侧后面，2、3、4分别为顶刃、右侧刃和左侧刃。容屑槽有直槽和螺旋槽两种。直槽滚刀的前面为平面（轴剖面），左、右侧刃上的工作前角为绝对值相等的正、负值。螺旋槽滚刀左、右侧刃的工作前角相等，均为0°。容屑槽的螺旋方向必须与滚刀基本蜗杆的螺旋方向相反。此外，容屑槽的螺旋角必须与基本蜗杆的螺纹升角相等。

滚刀结构分为整体式、镶片式和可转位式等类型。目前中、小模数（$m = 1 \sim 10\text{mm}$）滚刀都做成整体结构，如图7-8所示。模数较大的滚刀为节省材料和便于热处理一般做成镶片式和转位式。

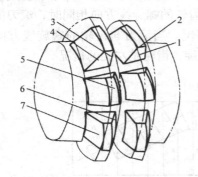

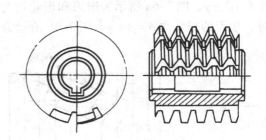

图 7-7　滚刀的基本蜗杆和切削要素　　　　　　图 7-8　整体滚刀的结构

1—前面　2—顶刃　3、4—右、左侧刃

5—顶侧后面　6、7—右、左侧后面

2. 滚刀的基本尺寸参数和精度

滚刀的基本尺寸参数有外径 d、孔径 D、长度 L 及容屑槽数 z。滚刀按精密程度分为 AAA、AA、A、B、C 级。滚刀精度等级与被加工齿轮精度等级的关系见表7-1。

表 7-1　滚刀精度等级与被加工齿轮精度等级的关系

滚刀精度等级	AAA 级	AA 级	A 级	B 级	C 级
可加工齿轮精度等级	6	7 ~ 8	8 ~ 9	9	10

一般来说，增加滚刀外径能使孔径增大，有利于提高刀杆刚度及滚齿效率；同时滚刀外径越大，分度圆螺纹升角越小，可以减小齿形误差，也可以增加容屑槽数目，增加包络刀齿数，有利于提高切削过程的平稳性和齿廓表面精度。但是，这给滚刀的锻造和热处理带来困难。

三、滚齿机传动系统与调整计算

图7-9所示为Y3150E型滚齿机。立柱2固定在床身1上，刀架溜板3可沿立柱导轨上下移动。刀架体5安装在刀架溜板上，可绕自己的水平轴线转位。滚刀安装在刀杆4上，作旋转运动。工件安装在工作台9的心轴7上，随同工作台一起转动。后立柱8和工作台一起装在床鞍10上，可沿机床水平导轨移动，用于调整工件的径向位置或作径向进给运动。该机床主要用于加工直齿圆柱齿轮和斜齿圆柱齿轮，也可用手动径向切入法加工蜗轮。

从前面分析可知，滚齿机的主要运动是由主运动传动链、展成运动传动链、轴向进给运

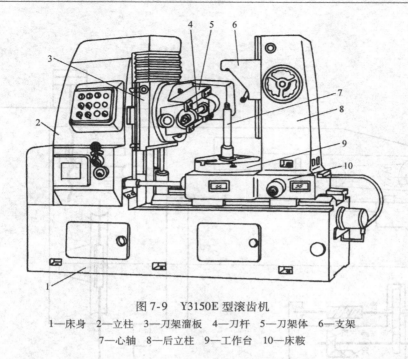

图 7-9 Y3150E 型滚齿机

1—床身 2—立柱 3—刀架溜板 4—刀杆 5—刀架体 6—支架
7—心轴 8—后立柱 9—工作台 10—床鞍

动传动链和附加运动传动链组成。此外，还有空行程快速传动链，用于快速调整机床的部件。图 7-10 所示为 Y3150E 型滚齿机的传动系统图。下面具体分析滚切直齿、斜齿圆柱齿轮时各传动链的调整计算。

1. 主运动传动链

主运动传动链的两末端件是：电动机—滚刀主轴Ⅷ，计算位移是：电动机 $n_{电}$（r/min）—滚刀主轴 $n_{刀}$（r/min），其运动平衡式为

$$1430 \times \frac{115}{165} \times \frac{21}{42} \times u_{Ⅱ-Ⅲ} \frac{A}{B} \times \frac{28}{28} \times \frac{28}{28} \times \frac{28}{28} \times \frac{20}{80} = n_{刀}$$

由上式可得换置公式

$$u_v = u_{Ⅱ-Ⅲ} \frac{A}{B} = \frac{n_{刀}}{124.583}$$

式中 $u_{Ⅱ-Ⅲ}$——轴Ⅱ—Ⅲ之间的可变传动比，共三种：$u_{Ⅱ-Ⅲ}=27/43$；31/39；35/35。

A/B——主运动变速交换齿轮齿数比，共三种：22/44；33/33；44/22。

滚刀的转速确定后，就可算出 u_v 的数值，并由此决定变速箱中滑移齿轮的啮合位置和交换齿轮的齿数。

2. 展成运动传动链

展成运动传动链的两末端件是：滚刀主轴—工作台，计算位移：滚刀 1 转（r）—工件 K/z 转（r），其运动平衡式为

$$1 \times \frac{80}{20} \times \frac{28}{28} \times \frac{28}{28} \times \frac{28}{28} \times \frac{42}{56} u_{合1} \times \frac{E}{F} \frac{a}{b} \frac{c}{d} \times \frac{1}{72} = \frac{K}{z}$$

运动平衡式中的 $u_{合1}$ 是合成机构传动比，加工直齿圆柱齿轮时用短齿离合器 M_1，其传动比 $u_{合1}=1$；加工斜齿圆柱齿轮时用长齿离合器 M_2，其传动比 $u_{合1}=-1$，即输入合成机构

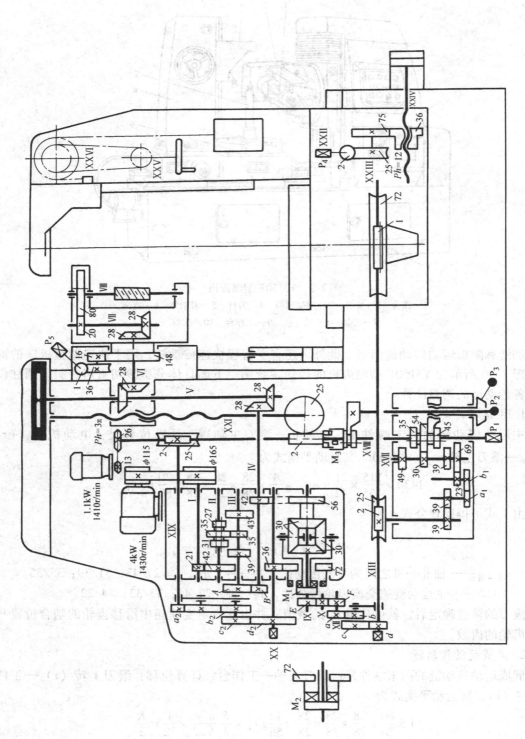

图 7-10　Y3150E 型滚齿机传动系统图

的运动与输出运动方向相反，所以在安装展成运动传动链的分齿交换齿轮时，要按机床使用说明书的规定选用惰轮。

将传动比 $u_{合1}$ 的数值代入上式可得展成运动传动链的换置公式：

加工直齿圆柱齿轮时
$$u_x = \frac{E}{F}\frac{a}{b}\frac{c}{d} = \frac{E}{F}\frac{24K}{z}$$

加工斜齿圆柱齿轮时
$$u_x = -\frac{E}{F}\frac{24K}{z}$$

上式中的 E/F 为结构交换齿轮，用于工件齿数 z 在较大范围内变化时调整 u_x 的数值，使其数值适中，以便于选取交换齿轮 a、b、c、d 的齿数。当 $5 \le z/K \le 20$ 时，取 $E/F = 48/24$；当 $21 \le z/K \le 142$ 时，取 $E/F = 36/36$；当 $z/K \ge 143$ 时，取 $E/F = 24/48$。

3. 轴向进给运动传动链

轴向进给运动传动链的两末端件是：工作台—刀架，计算位移是：工作台 1 转（r）—刀架 f（mm），其运动平衡式为

$$1 \times \frac{72}{1} \times \frac{2}{25} \times \frac{39}{39} \times \frac{a_1}{b_1} \times \frac{23}{69} \times u_{XVII-XVIII} \times \frac{2}{25} \times 3\pi = f$$

化简上式可得换置公式

$$u_f = \frac{a_1}{b_1}u_{XVII-XVIII} = \frac{f}{0.4608\pi}$$

式中　　f——轴向进给量，单位为 mm/r；

　　　a_1/b_1——轴向进给交换齿轮；

　$u_{XVII-XVIII}$——进给箱 XVII—XVIII 之间的可变传动比，共有三种：49/35、30/54 和 39/45。

4. 附加运动传动链（又称差动链）

附加运动传动链的两末端件是：刀架—工作台，计算位移是：刀架 P_h（mm）—工作台附加 ± 1（r），其运动平衡式为

$$\frac{P_h}{3\pi} \times \frac{25}{2} \times \frac{2}{25} \times \frac{a_2}{b_2}\frac{c_2}{d_2} \times \frac{36}{72}u_{合2}\frac{E}{F}\frac{a}{b}\frac{c}{d} \times \frac{1}{72} = \pm 1$$

$$P_h = \frac{\pi m_n z}{\sin \beta}$$

式中　3π——轴向进给丝杠导程，单位为 mm；

　$u_{合2}$——运动合成机构在附加运动中的传动比（使用长齿啮合器 M_2），$u_{合2} = 2$；

　P_h——被加工齿轮螺旋线的导程，单位为 mm；

　m_n——被加工齿轮法向模数，单位为 mm；

　β——被加工齿轮的螺旋角，单位为（°）；

经整理上式得换置公式：

$$u_y = \frac{a_2}{b_2}\frac{c_2}{d_2} = \pm 9\frac{\sin \beta}{m_n K}$$

式中　a_2、b_2、c_2、d_2——附加运动交换齿轮，可根据附加运动 B_{22} 的方向，按机床使用说明书进行调整。

5. 刀架快速移动传动链

刀架快速移动传动链的传动路线为：快速电动机（1410r/min）—13/26—XVIII—2/25—

XXI—刀架。利用快速电动机使刀架作快速升降运动，以便调整刀架位置及实现刀具快速接近或快速退离工件，还可用以检查工作台附加运动的方向。在起动快速电动机之前，必须先用手柄 P_3 将轴XVIII上的三联滑移齿轮（齿数为35、54、45）移到空挡位置，脱开轴XVII与轴XVIII之间的联系，以免蜗轮传动蜗杆而引起事故。

在加工直齿和斜齿圆柱齿轮时应注意，在整个加工过程中，展成运动传动链和附加运动传动链都不可脱开。例如，在第一次粗切完毕后，须将刀架快速向上退回以便进行第二次切削时，绝不可分开展成运动传动链和附加运动传动链中的交换齿轮和离合器，否则将会使工件产生乱牙及斜齿被破坏等现象，并可能造成刀具和机床的损坏。

四、数控滚齿机

1. 数控滚齿机的主要性能特点

1）数控滚齿机的各个传动环节都是独立驱动的，完全排除了传动齿轮和行程挡块的调整，加工时通过人机对话的方式用键盘输入程序（或调用存储程序），只要把所要求的加工方式、工件和刀具参数、切削用量等输入即可。其调整时间仅为普通滚齿机的 10% ~30% 。

2）高度自动化和柔性化，工艺范围宽。通过编程几乎可以完成任意加工循环方式，如垂直进给滚齿，切向进给加工蜗轮（图 7-11a、b）。图 7-11c 所示为一次工作循环中完成双联齿轮上两个齿圈的加工。不仅能加工直齿和斜齿圆柱齿轮，还能加工带微锥的直齿和斜齿锥齿轮以及带圆弧的直齿和斜齿鼓齿轮。此外，还可以在滚刀主轴上安装两把不同的滚刀，选用不同的切削用量，加工出模数、齿数、螺旋角和螺旋方向以及齿宽都不同的齿轮。

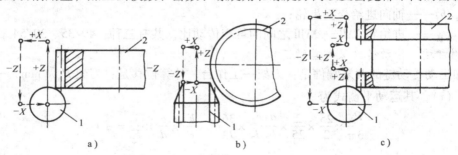

图 7-11　数控滚齿机循环方式
1—刀具　2—工件　--▶快速移动　——▶工作进给

3）数控滚齿机的所有内联系传动都是由数控系统控制软件实现的，代替了普通滚齿机的机械传动，机床的传动链大为缩短，简化了结构，增强了机床刚性，有利于采用大切削用量，大大提高了加工效率。

4）缩短了传动链，提高了传动精度。数控滚齿机的加工精度可达 4~6 级，甚至更高。此外，可设置检测装置，自动补偿中心距和刀具直径的变化，保持了加工尺寸精度的稳定性。

2. 数控滚齿机的主要组成部分

数控滚齿机按工件主轴在空间的位置分为立式和卧式两种，其中立式应用较多。在立式数控滚齿机中，有工作台固定，立柱和刀架移动的，也有立柱和刀架固定，工作台移动的。图 7-12 所示为一工作台固定，立柱和刀架移动的六坐标数控滚齿机外形图。图 7-12 中件 1 为径向滑座（也称立柱），可沿 x 轴方向移动；件 2 为轴向滑座，可沿 z 轴方向移动；件 3 为切向滑座，可沿 y 轴方向移动；件 4 为滚刀架，可绕 A 轴转动；件 5 为工作台，可绕 C 轴转动；B 为滚刀旋转轴。

3. 数控滚齿机的传动系统

图 7-13 所示为一立柱和刀架固定，工作台移动的数控滚齿机传动系统。

（1）主运动　主运动为滚刀的转动。由伺服电动机 M_1 经齿轮副 z_1/z_2 传动铣刀。

（2）展成运动　展成运动为滚刀和工件的转动。由伺服电动机 M_4 经齿轮副 z_7/z_8 和蜗杆蜗轮副 z_9/z_{10} 传动工件。伺服电动机 M_1 和 M_4 在数控系统的软件控制下，按控制指令运动，严格保证滚刀和工件间的相对运动关系，即滚刀转 1 转时，工件转 K/z 转。

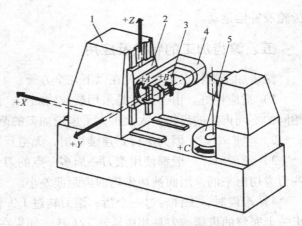

图 7-12　数控滚齿机外形图
1—径向滑座　2—轴向滑座　3—切向滑座
4—滚刀架　5—工作台

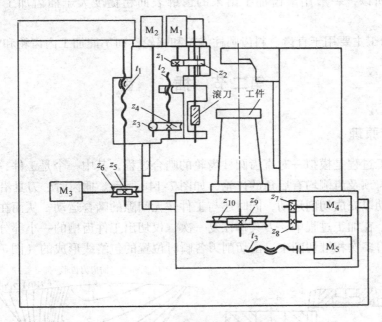

图 7-13　数控滚齿机传动系统

（3）轴向进给运动　轴向进给运动为滚刀沿工件轴向的移动，由伺服电动机 M_3 经蜗杆蜗轮副 z_5/z_6 传动刀架移动。调整伺服电动机 M_3 的转速，可改变轴向进给量大小。

（4）切向进给运动　为滚刀沿工件圆周切向移动。当使用锥度蜗轮滚刀或变齿厚蜗轮滚刀加工蜗轮时，常采用切向进给。切向进给量以工件转一转时，滚刀切向移动距离计算。切向进给由伺服电动机 M_2 经蜗杆蜗轮副 z_3/z_4 使滚刀切向移动。调整伺服电动机的转速即可得到要求的切向进给量。

（5）径向进给运动　为工件向滚刀方向作径向移动。由伺服电动机 M_5 经丝杠驱动工作台移动。改变伺服电动机的转速可得到要求的径向进给量。径向进给常用于加工蜗轮、特殊齿轮及补偿运动。

五、滚齿加工的特点及应用

滚齿加工的特点主要体现在以下几个方面：

1）适应性好。由于滚齿是采用展成法加工，因而一把滚刀可以加工与其模数、齿形角相同的不同齿数的齿轮，大大扩大了齿轮加工的范围。

2）生产率高。因为滚齿是连续切削，无空行程损失。

3）滚齿时，一般都使用滚刀一周多一点的刀齿参加切削，工件上所有的齿槽都是由这些刀齿切出来的，因而被切齿轮的齿距偏差小。

4）滚齿时，工件转过一个齿，滚刀转过 $1/k$ 转（k 为滚刀头数）。因此，在工件上加工出一个完整的齿槽，刀具相应地转 $1/k$ 转。如果在滚刀上开有 n 个刀槽，则工件的齿廓是由 $j = n/k$ 个折线组成。由于受滚刀强度限制，对于直径在 $50 \sim 200\text{mm}$ 范围内的滚刀，n 值一般为 $8 \sim 12$。这样，使得形成工件齿廓包络线的刀具齿形（即"折线"）十分有限，比起插齿要少得多。所以，一般用滚齿加工出来的齿廓表面粗糙度大于插齿加工的齿廓表面粗糙度。

5）滚齿加工主要用于直齿、斜齿圆柱齿轮和蜗轮，而不能加工内齿轮和多联齿轮。

第二节　插　齿

一、插齿原理

插齿的加工过程是模拟一对直齿圆柱齿轮的啮合过程，其中一个是工件，而另一个是端面磨有前角，齿顶及齿侧均有后角的齿轮，如图7-14a所示。插齿时，刀具沿工件轴向作高速往复直线运动以完成切削运动，同时还与工件作无间隙的啮合运动，从而在工件上加工出全部齿形齿廓。在加工过程中，刀具每往复一次，仅切出工件齿槽的一小部分，齿槽曲线是在插齿刀切削刃多次相继切削中，由切削刃各瞬时位置的包络线形成的（图7-14b）。

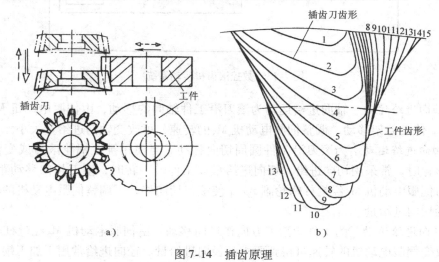

图 7-14　插齿原理

插齿加工时，机床必须具备以下运动：

（1）**主运动**　插齿刀作上、下往复运动，向下为切削运动，向上为返回的退刀运动。当切削速度 v_c（单位为 m/min）和往复运动的行程长度 L（单位为 mm）确定后，即可用公式 $n_0 = 1000v_c/(2L)$ 算出插齿刀每分钟的往复行程次数 n_0。

（2）**展成运动**　在加工过程中，必须使插齿刀和工件保持一对齿轮的啮合关系，即刀具转过一个齿（$1/z_刀$转）时，工件也应准确地转过一个齿（$1/z_工$转）。

（3）**径向进给运动**　为了使刀具逐渐切至工件的全齿深，插齿刀必须作径向进给。径向进给量是插齿刀每往复一次径向移动的距离，当达到全齿深后，机床便自动停止径向进给运动。这时工件必须再转动一周，才能加工出全部完整的齿形。

（4）**圆周进给运动**　圆周进给运动是插齿刀的回转运动。插齿刀每往复运动一次，同时回转一个角度，其转动的快慢直接影响插齿刀的切削用量和工件转动的快慢。圆周进给量用插齿刀每次往复行程中，刀具在分度圆上转过的圆周弧长表示，其单位为 mm/往复行程。

（5）**让刀运动**　为了避免插齿刀在回程时擦上已加工表面和减少刀具磨损，刀具和工件之间应让开一段距离，而在插齿刀重新开始向下工作行程时，应立刻恢复到原位。这种让开和恢复的动作称为让刀运动。有的机床的让刀运动是由工件完成的，而有的机床的让刀运动是由刀具完成的。

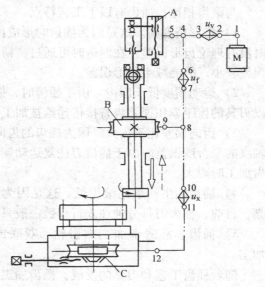

图 7-15　插齿机的传动原理图

如图 7-15 所示为插齿机的传动原理图。其中"电动机 M—1—2—u_v—3—4—5—曲柄偏心盘 A—插齿刀"为主运动传动链，u_v 为换置机构，用于改变插齿刀每分钟往复行程数；"曲柄偏心盘 A—5—4—6—u_f—7—8—9—插齿刀主轴套上的蜗杆蜗轮副 B—插齿刀"为圆周进给运动传动链；u_f 为调节插齿刀圆周进给量的换置机构；"插齿刀—蜗杆蜗轮副 B—9—8—10—u_x—11—12—蜗杆蜗轮副 C—工件"为展成运动传动链，u_x 为调节插齿刀与工件之间传动比的换置机构，当刀具转 $1/z_刀$ 转时，工件转 $1/z_工$ 转。

由于让刀运动及径向切入运动不直接参加工件表面成形运动，因此图 7-15 中没有表示出来。

二、插齿刀

常用插齿刀的结构类型如图 7-16 所示。盘形插齿刀（图 7-16a）以内孔和支承端面定位，用螺母紧固在机床主轴上，主要用于加工直齿外齿轮及大直径的内齿轮。它的公称分度圆直径有四种：75mm、100mm、160mm 和 200mm，用于加工模数为 1～12mm 的齿数。

碗形直齿插齿刀（图 7-16b）主要用于加工多联齿轮和带有凸肩的齿轮。它以内孔定位，夹紧用螺母可容纳在刀体内。公称分度圆直径也有四种：50mm、75mm、100mm 和

125mm，用于加工模数 1～8mm 的齿数。

锥柄插齿刀（图 7-16c）主要用于内齿轮，它的公称分度圆直径有两种：25mm 和 35mm，用于加工模数为 1～3.75mm 的齿轮。这种插齿刀为带锥柄（莫氏短圆锥柄）的整体结构，用带有内锥孔的专用接头与机床主轴联接。

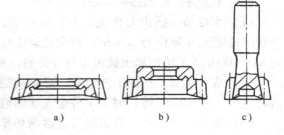

图 7-16　插齿刀的结构类型

插齿刀一般制成三种精度等级：AA、A 和 B，在正常的工艺条件下分别用于 6、7、8 级精度齿轮的加工。

三、插齿工艺特点和应用范围

与滚齿相比，插齿有以下工艺特点：

1) 齿形精度高。这是因为插齿时形成齿面的包络线数比滚齿多。此外，插齿刀在设计时没有理论齿形误差，在制造时可通过高精度磨齿机获得精确的渐开线形齿。插齿刀的装夹误差较小，故能减小齿形误差。

2) 运动精度低于滚齿。由于插齿时，插齿刀上各个刀齿顺次切削工件的各个齿槽，所以刀具的齿距累积误差将直接传递给被加工齿轮，从而影响被切齿轮的运动精度。

3) 齿向误差比滚齿大。因为插齿的齿向误差取决于插齿机主轴回转轴线与工作台回转轴线的平行度误差。由于插齿刀往复运动频繁，主轴与套筒容易磨损，所以齿向误差常比滚齿加工时要大。

4) 插齿的生产率比滚齿低。这是因为插齿刀的切削速度受往复运动惯性限制难以提高，目前，插齿刀每分钟往复行程数一般只有几百次。此外，插齿有空行程损失。

5) 插齿非常适于加工内齿轮、双联或多联齿轮、齿条、扇形齿轮，而滚齿则无法加工。

随着插齿工艺和刀具的发展，插齿加工正朝着高速插齿和硬齿面加工两个方向发展。首先，高速插齿机的出现使现有插齿刀的冲程数从 800～900 次/min，提高到 1200 次/min 以上，有的可达 2500 次/min。切削速度由 30～400m/min，提高到 60～80m/min。使用优质合金钢插齿刀能够使圆周进给量由 0.5mm/行程，提高到 3mm/行程左右，大大提高了插齿的加工效率。其次，采用硬质合金插齿刀进行硬齿面加工，在一定程度上代替了 6、7 级精度硬齿面磨削加工，提高了硬齿面齿轮的加工效率，从而降低了成本。

第三节　齿面精加工

对于 6 级精度以上的齿轮或者淬火后的硬齿面加工，往往要在滚齿或插齿后进行热处理，再进行齿面的精加工。常用的齿面精加工方法有剃齿、珩齿和磨齿等。

一、剃齿

剃齿常用于未淬火圆柱齿轮的精加工。生产率很高，是软齿面精加工最常用的加工方法之一。

1. 剃齿原理

剃齿是由剃齿刀带动工件自由转动并模拟一对螺旋齿轮作双面无侧隙啮合的过程。（图7-17）。剃齿刀与工件的轴线交错成一定角度。剃齿刀可视为一个高精度的斜齿轮，并在齿面上沿渐开线齿向开了很多槽形成切削刃。剃齿时，被剃齿轮装在心轴上，顶在机床工作台上的两顶尖间，可以自由转动；剃齿刀装在机床的主轴上，带动工件旋转。剃齿刀工作时，在进给力的作用下，依靠刀齿和工件齿面之间的相对滑移，从齿面上切除较薄的切削层（厚度可小至 0.005 ~ 0.01mm）。为了使整个齿面都能得到加工，工件尚须作往复直线运动，同时在往复运动一次后剃齿刀还应径向进给一次，使加工余量逐渐被切除以达到工件图样要求。所以，剃齿应具备以下运动（图7-17）：

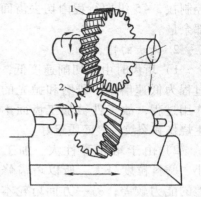

图 7-17　剃齿刀及剃齿原理
1—剃齿刀　2—工件

1）剃齿刀的正、反转运动（工件由剃齿刀带动旋转）。

2）工件沿轴向的往复直线运动。

3）工件每往复运动一次后的径向进给运动。

2. 剃齿的工艺特点及应用

1）剃齿加工效率高，一般只要 2 ~ 4min 便可完成一个齿轮的加工。剃齿加工的成本也是很低的，平均要比磨齿低90%。

2）剃齿加工对齿轮的齿形误差和基节误差有较强的修正能力，因而有利于提高齿轮的齿形精度，但剃齿加工对齿轮的切向误差的修正能力差，故其前道工序一般为滚齿。因为滚齿的运动精度比插齿好，滚齿后的齿形误差虽然比插齿大，但这在剃齿工序中是不难纠正的。

3）剃齿加工的精度主要取决于刀具，只要剃齿刀本身精度高，刃磨质量好，就能够剃出表面粗糙度为 $0.32\mu m < Ra \le 1.25\mu m$、精度为 6 ~ 7 级的齿轮。在大批量生产中，加工中等精度、6 ~ 7 级精度、非淬硬齿面的齿轮，剃齿是最常用的加工方法。

20 世纪 80 年代中期发展了硬齿面剃齿技术，它采用 CBN 镀层剃齿刀，可加工 60HRC 以上的渗碳淬硬齿轮，刀具转速达 3000 ~ 4000r/min，机床采用 CNC，与普通剃齿比较，加工时间缩短20%，调整时间节省90%。

二、珩齿

1. 珩齿原理

珩齿是一种用于加工淬硬齿面的齿轮精加工方法。工作时它与工件之间的相对运动关系与剃齿相同（图7-18），所不同的是作为切削工具的珩磨轮为一个用金刚砂磨料加入环氧树脂等材料作结合剂浇铸或热压而成的塑料齿轮，而不像剃齿刀有许多切削刃。在珩磨轮与工件"自由啮合"的过程中，凭借珩磨轮齿面密布的磨粒，以一定的压力和相对滑动速度进行切削。

珩齿余量一般不超过 0.025mm，切削速度为 1.5m/s 左右，工件的纵向进给量为 0.3mm/r 左右。径向进给量控制在 3~5 纵向行程内切去齿面的全部余量。

2. 珩齿的特点

1）珩齿时由于切削速度低，加工过程为低速磨削、研磨和抛光的综合作用过程，故工件被加工齿面不会产生烧伤和裂纹，表面质量好。

2）由于珩轮弹性大、加工余量小、磨料粒度号大，所以珩齿修正误差的能力较差；另一方面珩轮本身的误差对加工精度的影响也很小。珩前

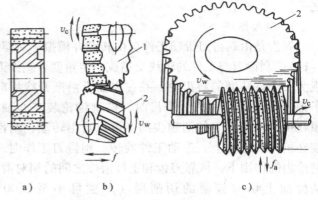

图 7-18　珩磨轮与珩磨原理
a) 珩磨轮结构　b) 螺旋齿轮珩磨　c) 直齿轮珩磨
1—珩磨轮　2—工件

的齿槽预加工尽可能采用滚齿，因为它的运动精度高于插齿，从而对齿面精加工工序，降低了对齿距累积误差等进行修整的要求。

3）与剃齿刀相比，珩磨轮的齿形简单，容易获得高精度的造型。

4）生产率高，一般为磨齿的 10~20 倍。刀具寿命也很高，珩轮每修一次，可加工齿轮 60~80 件。

3. 珩齿的应用

由于珩齿修正误差的能力不强，一般主要用于减小齿轮热处理后的表面粗糙度，一般表面粗糙度可从 $Ra1.6\mu m$ 减小到 $Ra0.4\mu m$ 以下。7 级精度的淬火齿轮，常采用"滚齿—剃齿—齿部淬火—修正基准—珩齿"的齿廓加工路线。

三、磨齿

1. 磨齿原理

磨齿是最重要的一种齿形精加工方法，磨齿按其加工原理可分为成形法磨齿与展成法磨齿两种。

（1）成形法磨齿　成形法磨齿如图 7-19 所示。其砂轮修整成与被磨齿轮齿槽一致的形状，磨齿过程与用齿轮铣刀铣齿类似。

成形法磨齿的生产率高，但受砂轮修整精度与分齿精度的影响，加工精度较低。

（2）展成法磨齿　展成法磨齿是利用齿条与齿轮的啮合原理来展成加工而成的，由砂轮侧面构成假想齿条。根据所用砂轮形状的不同，展成法磨齿包括锥形砂轮、双碟形砂轮磨齿和蜗杆砂轮磨齿等形式。

1）锥形砂轮磨齿。将砂轮的磨削部分修整成锥形，以便构成假想齿条（图 7-20）。磨削时强制砂轮与被磨齿轮保持齿条和齿轮的啮合运动关系，使砂轮锥面包络出渐开线齿形。为了便于在磨齿机上实现这种啮合，采用假想齿条固定不动而由齿轮作往复纯滚动的方式。采用锥形砂轮的磨齿机，为了便于实现这种啮合，需要有以下运动：

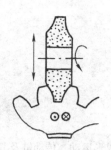

图 7-19　成形法磨齿

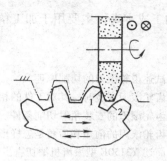

图 7-20　锥形砂轮磨齿

① 主运动——砂轮的高速旋转运动。

② 齿轮的往复滚动——强制被磨齿轮沿固定的假想齿条作纯滚动，齿轮边转动，边移动，以磨削齿槽的两个侧面 1 和 2。

③ 砂轮往复进给运动——为磨削出全齿宽，砂轮沿被磨齿轮齿向作往复运动。

④ 分齿运动——每磨完一个齿槽后，砂轮自动退离，齿轮自动转过 $1/z$ 圈（z 为工件齿数）进行分齿运动，直到全部齿槽磨完为止。

2）双碟形砂轮磨齿。如图 7-21 所示，用两个碟形砂轮倾斜成一定角度，以构成假想齿条的两齿侧面，同时对齿轮的两齿面进行磨削。其原理与锥面砂轮磨齿相同。为磨出全齿宽，工件应沿被磨齿轮齿向进行往复直线运动。

这种磨齿法根据砂轮的倾斜角度不同可分为 20°磨削法和 0°磨削法。20°磨削法（也有采用15°的）可在齿面形成网状花纹，有利于储油润滑；0°磨削法可对齿顶和齿根修形，也可磨鼓形齿，且展成长度和轴向进给长度较短，可采用大磨削用量，生产率较高。

3）蜗杆砂轮磨齿。目前，在批量生产中日益采用蜗杆砂轮磨齿。它的工作原理与滚齿加工相同，蜗杆砂轮相当于滚刀。加工时，砂轮与工件相对倾斜一定的角度，两者保持严格的啮合传动关系，如图 7-22 所示。为磨出整个齿宽，还需沿工件有轴向进给运动。由于砂轮的转速很高（约 2000r/min），工件相应的转速也很高，所以磨削效率高。

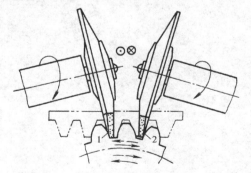

图 7-21　双碟形齿轮磨齿

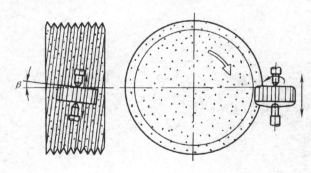

图 7-22　蜗杆砂轮磨齿

2. 磨齿加工特点及应用

磨齿加工的主要特点是：加工精度高，一般条件下加工精度可达 4～6 级，表面粗糙度为 $Ra0.2\sim0.8\mu m$。由于采取强制啮合方式，不仅修正误差能力强，而且可以加工表面硬度很高的齿轮。但是，一般磨齿（除蜗杆砂轮磨齿外）加工效率较低、机床结构复杂、调整困难、加工成本高，主要用于加工精度很高的齿轮。

习题与思考题

7-1 试述齿轮滚刀的切削原理。

7-2 齿轮滚刀安装时，其对工件的相对位置取决于哪些因素？

7-3 齿轮滚刀的安装角对切削条件、刀具寿命有何影响？

7-4 齿轮滚刀的前角和后角是怎样形成的？

7-5 简述 Y3150E 型滚齿机滚切直齿和斜齿圆柱齿轮时，机床的成形运动、传动链及其特点。

7-6 试述插齿原理及运动，指出与滚齿异同之处？

7-7 为何剃齿的加工精度高于滚齿和插齿？

7-8 为何珩齿前齿廓的粗加工最好采用滚齿，而尽量不用插齿？

7-9 试分析比较滚齿和插齿的工艺特征及应用范围，为什么"滚齿—剃齿"比"插齿—剃齿"工艺更合理？

7-10 为何剃齿和珩齿时，没有像滚、插、磨那样对刀具与工件间的传动比必须恒定的严格要求？

7-11 磨齿之所以有很高的加工精度，除了磨削加工固有的特点外，还有哪些原因？

7-12 试为某机床齿轮的齿面加工选择加工方案，加工条件为

生产类型：大批生产；

工件材料：45 钢，高频淬火 52HRC；

齿面加工要求：模数 $m = 2.25$mm；齿数 $z = 56$；精度等级为 7—7—6；

表面粗糙度：$Ra0.8\mu$m。

第八章 其他加工方法

第一节 刨削加工

一、刨削加工的工艺范围与特点

刨削主要用于加工平面（包括水平面、垂直面和斜面）和直槽（包括 T 型槽、燕尾槽、和 V 型槽等），如果对机床进行适当的调整，用成形刨刀还可以加工齿轮、花键以及一些母线为直线的成形表面，如图 8-1 所示。刨削公差等级一般可达 IT7 ~ IT8，表面粗糙度可达 $Ra1.6 ~ 6.3\mu m$。

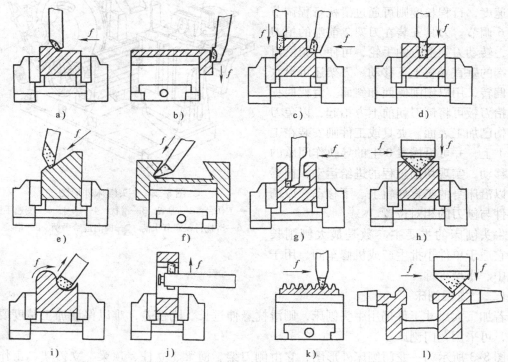

图 8-1 刨削的工艺范围

a）刨平面 b）刨垂直面 c）刨台阶 d）刨直角沟槽 e）刨斜面 f）刨燕尾形工件
g）刨 T 形槽 h）刨 V 形槽 i）刨曲面 j）刨键槽 k）刨齿条 l）刨复合表面

刨削加工的工艺特点如下：

1）加工费用低。刨床结构简单，调整、操作方便，准备工作省时；刨刀结构简单、易于刃磨。

2）可满足一般平面的加工要求。刨削特别适宜加工尺寸较大的 T 形槽、燕尾槽及窄长的平面，可达较高的直线度。普通刨削精度不高，但可满足一般平面的加工要求。若采用宽刃刨刀精加工平面，可得到较小的表面粗糙度。

3）生产率较低。由于刨床的主运动是直线往复运动，变向时要克服较大的惯性力，因此，限制了速度的提高，而在空行程时又不进行切削，故对大平面加工时机床生产率不高。但在加工窄长面和进行多件或多刀加工时，刨削生产率仍然较高。

二、刨床

刨削加工是在刨床上进行的，刨床按其结构特征可分为牛头刨床和龙门刨床。

（一）牛头刨床

牛头刨床主要由床身、滑枕、刀架、横梁、工作台等组成，如图 8-2 所示。

牛头刨床工作时，装有刀架的滑枕 3 由床身内部的摆杆带动，沿床身 4 顶部的导轨作直线往复运动，使刀具实现切削过程的主运动，通过调整变速手柄 5 可以改变滑枕的运动速度，行程长度则可通过滑枕行程调节手柄 6 调节。刀具安装在刀架 2 前端的抬刀板上，转动刀架上方的手轮，可使刀架沿滑枕前端的垂直导轨上下移动。刀架还可沿水平轴偏转，用以刨削侧面和斜面。滑枕回程时，抬刀板可将刨刀朝前上方抬起，以免刀具擦伤已加工表面。夹具或工件则安装在工作台 1 上，并可沿横梁 8 上的导轨作间歇的横向移动，实现切削过程的进给运动，横梁还可以沿床身的竖直导轨上、下移动，以调整工件与刨刀的相对位置。

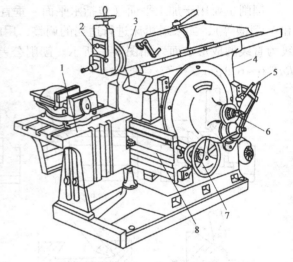

图 8-2　牛头刨床外形图
1—工作台　2—刀架　3—滑枕　4—床身　5—变速手柄
6—滑枕行程调节手柄　7—横向进给手柄　8—横梁

牛头刨床的主要主参数是最大刨削长度，它适于单件小批生产或机修车间，用于加工中、小型工件。

（二）龙门刨床

若加工大尺寸工件仍用牛头刨床，则滑枕悬伸过长、刚性差，难以保证加工精度要求，此时，可采用龙门刨床。

图 8-3 所示为一龙门刨床外形图，它由侧刀架、横梁、立柱、顶梁、立刀架、工作台、床身等部分组成。

龙门刨床的主参数是最大刨削宽度。与牛头刨床相比，其体积大，结构复杂、刚性好，传动平稳、工作行程长，主要用于加工大型复杂零件的平面，或同时加工多个中、小型零件，加工精度和生产率都比牛头刨床高。

三、刨刀

刨削所用的工具是刨刀，常用的刨刀有平面刨刀、偏刀、角度刀及成形刀等，如图 8-4

所示。刨刀的几何参数与车刀相似，但它切入和切出工件时，冲击很大，容易发生"崩刃"或"扎刀"现象。所以刨刀刀杆截面较粗大，以增加刀杆刚性和防止折断，而且往往做成弯头的，这样弯头刨刀的切削刃碰到工件上的硬点时，就比较容易弯曲变形，而不会像直头刨刀那样使刀尖扎入工件，破坏工件表面和损坏刀具，如图 8-5 所示。

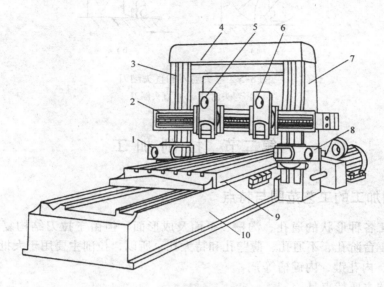

图 8-3　龙门刨床外形图

1、8—侧刀架　2—横梁　3、7—立柱　4—顶梁
5、6—立刀架　9—工作台　10—床身

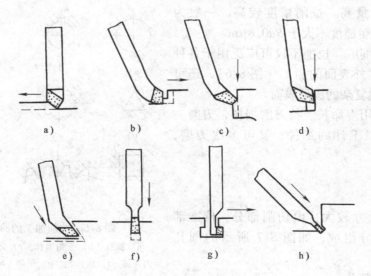

图 8-4　常用刨刀及应用

a) 平面刨刀　b)、d) 台阶偏刀　c) 普通偏刀
e) 角度刀　f) 切刀　g) 弯切刀　h) 割槽刀

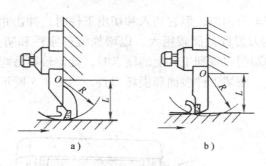

图 8-5　弯头刨刀和直头刨刀

a) 弯头刨刀　b) 直头刨刀

第二节　拉 削 加 工

一、拉削加工的工艺范围与特点

拉削可加工各种形状的通孔、沟槽、平面及成形面，但由于拉刀结构复杂、制造成本高，且不能加工台阶孔、不通孔、薄壁孔和特大孔，所以，拉削主要用于大批量加工各种内孔（如圆柱孔、内花键、内键槽等）。

拉削加工的主要特点是：

1）生产率高。虽然拉削速度较低，但由于同时工作齿数多，拉刀在一次行程中能切除被加工面的全部加工余量，完成粗、精加工，生产率高。

2）加工质量高。拉削精度较高，一般为 IT7 ~ IT8，表面粗糙度不大于 $Ra0.8\mu m$。

3）加工范围广。拉削不仅可广泛用于各种截面形状的内、外表面的加工（图 8-6），还可以拉削一些形状复杂的成形表面。

4）拉刀使用寿命长。拉刀磨损慢，刃磨一次，可加工数以千计的工件，又可多次刃磨，故使用寿命长。

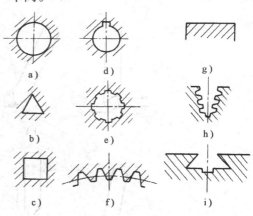

图 8-6　拉削加工的典型表面

a) 圆孔　b) 三角形孔　c) 方孔　d) 键槽
e) 内花键　f) 内齿轮　g) 平面　h) 榫槽　i) 燕尾槽

二、拉刀

拉刀轴向尺寸较大，由切削部分、校准部分以及辅助部分组成，如图 8-7 所示的圆孔拉刀。

（一）切削部分

切削部分担负全部余量的切削工作，它由粗切齿、过渡齿和精切齿组成。相邻两齿之间的半径差称为齿升量（图 8-8）。通常粗切齿能切去全部余量的 80% 左右，齿升量最大，一般为 0.02 ~ 0.2mm；精切齿是为提高加工表面精度和降低表面粗糙度而设置的，齿升量较小，一般为 0.005 ~ 0.015mm；过渡齿的齿升量是变化的，它由粗切齿的齿升量逐渐递减至精切齿的齿升量。

切削部分除最后的精切齿外，各齿的后刀面上都均匀地开出前后错开的分屑槽。

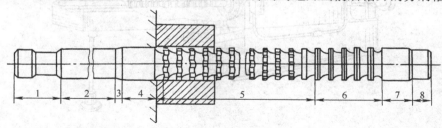

图 8-7 圆孔拉刀的组成

1—前柄 2—颈部 3—过渡锥 4—前导部 5—切削齿 6—校准齿 7—后导部 8—后柄

（二）校准部分

校准部分起修光、校准作用，以进一步提高加工表面的精度和降低表面粗糙度。

校准齿无齿升量，也不开分屑槽，其直径和工件直径相同。因此，校准齿还可以在拉刀重磨后，作为精切齿的后备齿，以提高拉刀的使用寿命。

（三）辅助部分

辅助部分包括前柄、颈部、过度锥、前导部、后导部及后柄等。

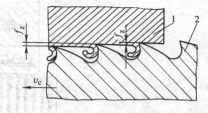

图 8-8 拉刀拉削过程

1—工件 2—拉刀

（1）前柄 它与拉床夹头相连接，起传递运动和动力的作用。

（2）颈部 前柄与过度锥之间的连接部分，在此打印标记。

（3）过度锥 引导拉刀前导部进入工件预制孔的锥度部分。

（4）前导部 起引导作用，并对工件预加工孔进行直接检测。若孔径过小，前导部通不过，拉力力会急剧增大，机床超载，液压保险装置（如压力继电器）使机床自动停车，以防止工件余量过大，拉刀切削部分的工作齿受到损坏。

（5）后导部 其作用是保证拉刀在离开工件前具有正确的位置。

（6）后柄 它置于拉床的活动支承座孔内，起辅助支承作用，防止既长又重的拉刀下垂，一般拉刀则不需要。

三、拉床

拉床按结构形式可分为卧式和立式，按加工表面可分为内拉式和外拉式。其中以卧式内拉式应用最普遍。

图 8-9 所示为卧式内拉床。拉刀的切削运动一般都采用液压驱动。当液压缸 1 工作时，通过活塞杆驱动圆孔拉刀 4，连同拉刀尾部的活动支承 5 一起左移，装在固定支承上的工件 3 即被拉制出符合精度要求的内孔。其拉力通过压力表 2 显示。

拉削时，工件以端面定位，垂直支承在拉床的支承板上。工件预加工孔的中心线应与端面有一定的垂直度要求，否则拉刀由于受力不均匀而容易损坏。为此，拉床支承板上装有自动定心的球面垫板（图 8-10）。

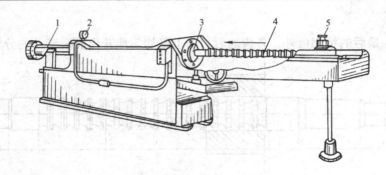

图 8-9　卧式内拉床
1—液压缸　2—压力表　3—工件　4—拉刀　5—活动支承

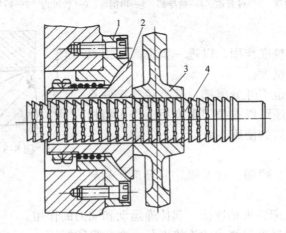

图 8-10　球面支承垫板
1—固定支承板　2—球面垫板　3—工件　4—拉刀

第三节　螺 纹 加 工

螺纹的应用非常广泛，既可传递运动和动力，也可用作零件间的固定联结。螺纹的加工方法有车削、铣削、攻螺纹和套螺纹、滚压和磨削等。

一、车削螺纹

车削螺纹是常用的螺纹加工方法，它所使用的刀具结构简单，适应性广，同一把车刀可车削不同直径的螺纹。使用普通车床、数控车床都能加工未淬硬的各种材料、不同截面形状和尺寸的内外螺纹。加工精度可达 4~9 级，表面粗糙度为 $Ra0.32~0.8\mu m$。多用于单件小批量生产。

（一）螺纹车刀

螺纹按牙型可分为普通三角螺纹、矩形螺纹、梯形螺纹和模数螺纹等。车削不同牙形的螺纹，车刀切削部分的形状应与螺纹轴向截面的牙槽形状相一致，如图 8-11 所示。图中上排为车削内螺纹车刀，下排为车削外螺纹车刀。

（二）螺纹车刀的几何角度及安装

螺纹车刀的几何角度及安装与被加工螺纹的牙型精度密切相关。以普通三角螺纹车刀为例，为保证其牙型精度，应注意：

1）螺纹车刀刃磨后的刀尖角应与螺纹牙型相吻合，即普通三角螺纹车刀刀尖角应为60°，为此螺纹车刀刃磨时应采用角度样板或对刀样板检验刃形（图8-12）。

2）精加工时，为保证牙齿精度，一般取前角 $\gamma_o = 0° \sim 5°$；粗加工时，为改善切削条件，常取 $\gamma_o = 5° \sim 15°$。

3）车削螺纹时，纵向进给运动对刀具工作角度影响较大，因此车刀两侧后角应有区别，车削右螺纹时左侧后角应大于右侧后角，车削左螺纹时，右侧后角应大于左侧后角。

4）车刀安装时，应使刀尖与工件轴线等高，刀尖的角平分线与工件轴线垂直。为此，可采用样板对刀，如图8-12所示。

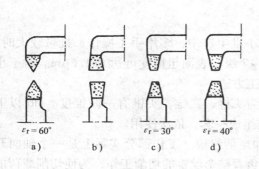

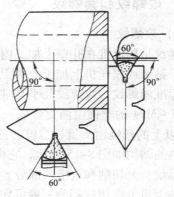

图8-11　几种常用的螺纹车刀
a）普通三角螺纹车刀　b）矩形螺纹车刀
c）梯形螺纹车刀　d）模数螺纹车刀

图8-12　检验螺纹车刀刃形及对刀方法

二、铣削螺纹

铣削螺纹一般是在专门的螺纹铣床上进行，生产率比车削螺纹高，在成批和大量生产中，广泛用于未淬硬的一般精度的螺纹或作为精密螺纹的预加工。加工精度可达5~9级，表面粗糙度为 $Ra3.2 \sim 6.3\mu m$。根据所使用铣刀结构的不同，可分为以下两种主要的方法：

（一）盘形铣刀铣削螺纹

如图8-13所示，铣削时铣刀轴线与工件轴线倾斜成 ψ 角，铣刀作快速旋转运动，同时工件与刀具作相对的螺旋进给运动，即工件每转一转，铣刀（或工件）沿工件轴向移动一个螺纹导程。这种方法的加工精度较低，适于粗加工尺寸较大的传动螺纹。

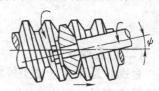

图8-13　盘形铣刀铣削螺纹

（二）旋风铣削螺纹

如图8-14所示，用装在特殊铣刀盘上的硬质合金刀头，高速铣削螺纹的加工方法，称为旋风铣削。常在改装的车床、螺纹加工机床或专用机床上进行。加工时，铣刀盘作高速旋转（900~3000r/min），并沿工件轴线作轴向进给，工件装在卡盘中低速转动（3~30r/

min），工件每转一转，刀盘移动一个导程。为了减少切削时的干涉现象，使刀盘上的刀齿（不超过 4 个）左、右切削刃的载荷相等，一般刀齿旋转平面相对垂直平面倾斜一个螺纹升角。铣刀盘中心与工件中心有一偏心距 e，因而切削刃是间断切削，刀齿的散热条件好。一般只需一次进给便可切出完整的螺纹，生产率较一般铣削螺纹高 3～6 倍，常用于大批量生产螺杆或作为精密丝杆的粗加工。

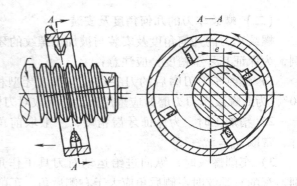

图 8-14　旋风铣削螺纹

三、攻螺纹和套螺纹

（一）攻螺纹

攻螺纹是用丝锥在孔壁上加工内螺纹。单件小批生产中，多用手工操作；批量较大时，在车床、钻床或攻丝机上加工。加工精度可达 6～7 级，表面粗糙度可达 $Ra1.6\mu m$。对于小尺寸的标准内螺纹，攻螺纹几乎是唯一有效的加工方法。

M16～M24 的丝锥由两支合成一套，分别称为头锥、二锥，头锥有一段锥度。M6 以下及 M24 以上的丝锥由头锥、二锥、三锥三支丝锥组成一套，依次使用。

丝锥的结构如图 8-15 所示，它由工作部分和尾柄组成。工作部分实际上是一个轴向开槽的外螺纹，分切削和校准两部分。切削部分担负着整个丝锥的切削工作，为使切削载荷能分配在各个齿上，切削部分一般可作成圆锥形；校准部分有完整的廓形，用以校准螺纹廓形和起导向作用。柄部用以传递转矩，其形状和尺寸视丝锥的用途不同而不同。

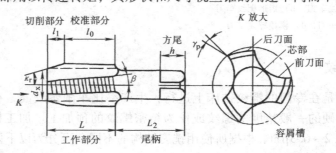

图 8-15　丝锥的结构

（二）套螺纹

套螺纹是用板牙加工外螺纹，加工精度可达 6～7 级，表面粗糙度可达 $Ra1.6\mu m$。套螺纹的螺纹直径一般小于 16mm，既可手工套丝，也可在机床上加工。

圆板牙如图 8-16 所示，其基本结构是一个螺母，在端面上钻出几个排屑孔以形成切削刃，两端磨出切削锥，中间部分为校准齿。板牙的廓形因属内表面，很难磨削，因此，板牙的加工精度一般较低。

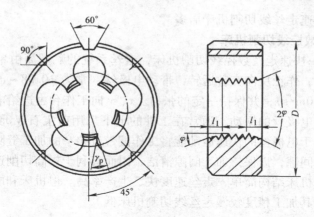

图 8-16　圆板牙

第四节　数控线切割加工

数控线切割加工是在电火化成形加工基础上发展起来的，因机床的运动由数控装置控制，且采用线状电极通过火化放电对工件进行切割，故称数控电火化线切割加工，简称数控线切割加工。

一、数控线切割加工原理

数控线切割加工的基本原理如图 8-17 所示。被切割的工件（须是导电或半导电材料）接脉冲电源的正极，电极丝（细的铜丝或钼丝）接脉冲电源的负极，利用移动的电极丝对工件进行脉冲火花放电而进行加工。加工时，电极丝相对工件作往复（或单向）移动（慢速走丝是单向移动，快速走丝是往复移动）；而装夹工件的十字形工作台，则由数控装置控制，在 x、y 平面的两坐标方向实现切割进给，从而切割出各种平面曲线。切割加工是靠电极丝和工件之间产生火花放电，使工件不断地被电蚀，从而控制工件的尺寸。电极丝和工件之间除加上脉冲电源外，还需加入矿物油、乳化液或去离子水等工作液，工作液作为放电介质，在加工过程中还起冷却、排屑等作用。

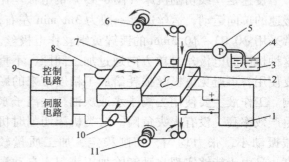

图 8-17　数控线切割加工的基本原理

1—脉冲电源　2—工件　3—工件液箱　4—去离子水　5—泵
6—放丝卷筒　7—工作台　8—x 轴电动机　9—数控装置
10—y 轴电动机　11—收丝卷筒

二、数控线切割机床

数控线切割机床根据电极丝运动的方式，可以分为快速走丝数控线切割机床和慢速走丝数控线切割机床，一般由主机、脉冲电源、数控系统、工作液循环过滤系统和机床附件等几部分组成。我国以快速走丝线切割机床居多。

（一）快速走丝数控线切割机床

图 8-18 所示为一快速走丝数控线切割机床，走丝系统的贮丝筒由单独电动机、联轴器和专门的换向器驱动，作正反向交替运转，带动电极丝（常为 $\phi0.08 \sim \phi0.2mm$ 的钼丝）作高速往复运动（$8 \sim 10m/s$），并保持一定的张力。x、y 向工作台由进给电动机经滚珠丝杆螺母副驱动。为了减少电极丝的振动，通常在工件的上下采用蓝宝石 V 形导向器或圆孔金刚石模导向器导向。由于电极丝的快速运动能将工作液带进狭窄的加工缝隙进行冷却，同时还能将电蚀物带出加工间隙，以保持加工间隙清洁，因而有利于提高切削速度。

快速走丝线切割机床结构简单，走丝速度快、生产率高。但机床和电极丝振动大，导丝导轮损耗也大，因而其加工精度较慢走丝线切割机床低。

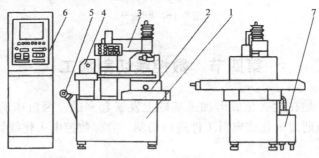

图 8-18　快速走丝数控线切割机床

1—床身　2—工作台　3—丝架　4—贮丝筒　5—走丝电动机　6—数控箱　7—工作液循环系统

（二）慢速走丝线切割机床

慢速走丝线切割机床（图 8-19）的电极丝作慢速的单向运动，运丝速度一般为 $3m/min$ 左右，常采用 $\phi0.03 \sim \phi0.3mm$ 的镀锌黄铜丝作电极丝。这种机床的电极丝是单方向通过加工间隙，不重复使用，可避免电极丝损耗给加工精度带来的影响。工作液主要使用去离子水或煤油，去离子水生产效率高，没有火灾危险。这类机床切削时机械振动小，张力均匀，切削稳定，加工质量较高。且由于能够实现自动卸除加工废料、自动搬运工件、自动穿电极丝和自适应控制，因而能实现无人化操作。

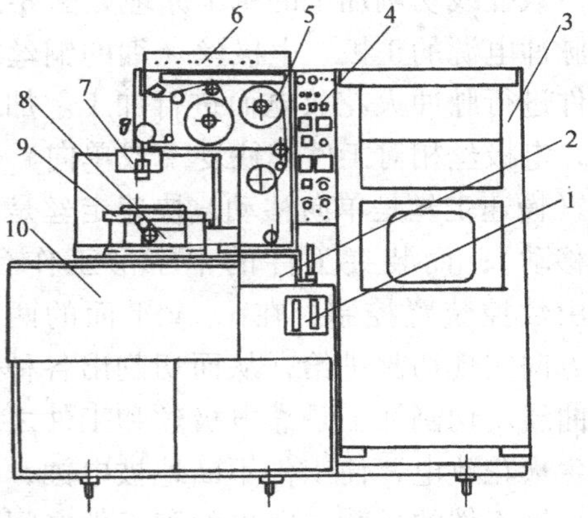

图 8-19　慢速走丝数控电火花线切割机床

1—工作液流量计　2—图画工作台　3—数控箱　4—电参数设定面板　5—走丝系统　6—放电容箱　7—上丝架　8—下丝架　9—工作台　10—床身

三、数控线切割加工工艺特点及应用

（一）数控线切割加工的工艺特点

1）以金属线为工具电极，无需特定形状的工具电极，降低了生产成本，节约了生产准备时间。

2）加工表面的几何轮廓由数控装置实现，可切割轮廓复杂的零件。采用四轴联动控制时，可加工上、下面异形体，形状扭曲的曲面体，变锥度和球形体等更为复杂的零件。

3）除金属丝直径决定的内侧角部的最小半径 R（金属丝半径＋放电间隙）受限制外，任何微细孔、异形孔，窄缝和复杂形状的零件，只要能编制出加工程序就能加工，适合于小批量零件和试制品的加工。

4）无论被加工工件的硬度如何，只要是导电体或半导电体的材料都能进行加工。

5）电极丝细小，切缝窄，实际金属去除量很少，材料的利用率高，对加工贵重材料有重要意义。

6）采用移动的电极丝进行加工，电极丝单位长度的损耗较小，因而对加工精度的影响小，特别是慢走丝线切割加工，电极丝一次使用，电极损耗对加工精度的影响更小。

7）不能加工不通孔类零件表面。

（二）数控线切割加工的应用

数控线切割加工为新产品试制、精密零件及模具加工开辟了一条新的途径，主要应用于以下几个方面：

1）加工模具。适用于各种形状和硬度的冲模。调整不同的间隙补偿量，只需一次编程就可以切割凸模、凸模固定板、凹模卸料板等，模具配合间隙、加工精度一般都能达到要求。此外，还可加工挤压模、粉末冶金模、弯曲模、塑压模等通常带锥度的模具。

2）加工电极。一般穿孔加工用的电极、带锥度型腔加工的电极和微细复杂形状的电极都适合数控线切割加工。

3）加工零件。在试制新产品时，用线切割在板料上直接切割出零件，不需另行制造模具，可大大缩短制造周期，降低成本，同时修改设计、变更加工程序比较方便。加工薄件时还可多片叠加在一起加工。在零件制造方面，特别适合加工多品种、小批量的零件；各种难加工材料；贵重、稀有金属零件；各种轮廓复杂零件；零件微细加工等。

习题与思考题

8-1　刨刀刀杆为什么常做成弯头的？

8-2　刨削加工和铣削加工比较有哪些特点？

8-3　拉床有何特点？适合于加工什么样的零件？

8-4　车削螺纹时如何保证准确的牙型精度？

8-5　旋风铣削螺纹有何特点？

8-6　为什么慢速走丝比快速走丝加工精度高？

8-7　为什么在模具制造中，数控线切割加工得到广泛应用？

第九章　机械加工质量分析与控制

第一节　概　　述

一、机械加工质量的含义

机械产品的工作性能和使用寿命，总是与组成产品的零件的加工质量和产品的装配精度直接有关。而零件的加工质量又是整个产品质量的基础，零件的加工质量包括加工精度和表面质量两个方面。

1. 机械加工精度

加工精度是指零件加工后的几何参数（尺寸、几何形状和相互位置）与理想零件几何参数相符合的程度，它们之间的偏离程度则为加工误差。加工误差的大小反映了加工精度的高低。加工误差越小，加工精度越高。加工精度包括：

（1）尺寸精度　限制加工表面与其基准间尺寸误差不超过一定的范围。

（2）几何形状精度　限制加工表面的宏观几何形状误差，如圆度、圆柱度、平面度、直线度等。

（3）相互位置精度　限制加工表面与其基准间的相互位置误差，如平行度、垂直度、同轴度、位置度等。

2. 加工表面质量

加工表面质量包括如下两方面的内容。

（1）表面粗糙度及波度　根据加工表面不平度的特征（步距 L 与波高 H 的比值），可将不平度分为三种类型（图 9-1）。

$L/H < 50$，为微观几何形状误差，常称为表面粗糙度；$L/H = 50 \sim 1000$，称为波度；$L/H > 1000$，称为宏观几何形状误差，此误差属于加工精度范畴。

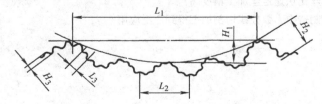

图 9-1　机械加工表面几何特征

（2）表面层力学物理性能　表面层力学物理性能的变化，主要有以下三个方面的内容：①表面层加工硬化；②表面层金相组织的变化；③表面层残余应力。

二、表面质量对零件使用性能的影响

（1）对零件耐磨性的影响　零件表面粗糙度太大和太小都不耐磨。表面粗糙度太大，

接触表面的压强增大，粗糙不平的凸峰相互咬合、挤裂、切断，故磨损加剧；表面粗糙度太小，表面太光滑，存不住润滑油，接触面间不易形成油膜，还会增加零件表面间的吸附力而加剧磨损。表面粗糙度的最佳值与零件的工作情况有关，如图 9-2 所示，载荷加大时，磨损曲线向上、向右移动，最佳表面粗糙度 Ra 也随之右移。

加工表面的冷作硬化使表层的显微硬度增加，耐磨性有所提高。但冷作硬化过度，将引起金属组织剥落，在接触面上形成小颗粒，使零件磨损加剧。

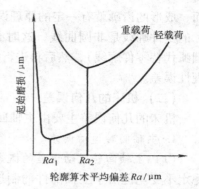

图 9-2　表面粗糙度与初期
磨损量的关系

（2）对零件疲劳强度的影响　零件疲劳破坏都是从表层开始的，因此表面层的表面粗糙度对零件的疲劳强度影响很大。在交变载荷作用下，零件表面粗糙度的凹谷部位产生应力集中而形成疲劳裂纹，然后裂纹逐渐扩大和加深，最终导致零件的断裂破坏。表面越粗糙，凹谷越深，应力集中现象越严重，疲劳强度也就越低。

零件表面的冷硬层，有助于提高疲劳强度。因为强化过的表面冷硬层具有阻碍裂纹继续扩大和新裂纹产生的能力。此外，当表面层具有残余压应力时，能使疲劳强度提高。但当表面层具有残余拉应力时，会使疲劳强度进一步降低。

（3）对零件配合性质的影响　在间隙配合中，如果配合表面粗糙，则在初期磨损阶段由于配合表面迅速磨损，使配合间隙增大，降低了配合精度。在过盈配合中，如果配合表面粗糙，则装配后表面的凸峰将被挤压，而使有效过盈量减小，降低配合的强度。

第二节　影响加工精度的主要因素

工艺系统在完成任何一个加工过程时，将有许多原始误差影响零件的加工精度，这些误差大致可分为两部分：一部分是与工艺系统本身的结构和状态有关的；另一部分则与切削过程有关。根据误差的性质可将其归纳为四个方面：

1）工艺系统的几何误差。
2）工艺系统受力变形引起的误差。
3）工艺系统受热变形引起的误差。
4）工件内应力引起的误差。

一、工艺系统的几何误差

工艺系统的几何误差包括：加工原理误差；机床的几何误差；调整误差；刀具和夹具的制造误差；工件、刀具、夹具的安装误差以及工艺系统磨损引起的误差。

（一）加工原理误差

加工原理误差是由于加工时采用了近似的切削刃轮廓或近似的成形运动而产生的误差。例如齿轮滚刀加工齿轮，由于滚刀切削刃数有限，切削是不连续的，因而滚切出的齿轮齿形不是光滑的渐开线，而是折线。再如模数铣刀成形铣削齿轮，模数相同而齿数不同的齿轮，齿形参数是不同的。为减少刀具数量，常用一把模数铣刀加工某一齿数范围内的齿轮，因而，成形的齿廓就有一定的原理误差。又如大多数数控机床只有直线和圆弧插补功能，而实际的零件廓线是非圆曲线，这时必须先对零件廓线进行直线或圆弧拟合（即用多段直线、圆弧代替零件廓线），然后再进行插补加工，而这种拟合过程是一种近似逼近，也会产生原理性误差。

（二）机床的几何误差

机床的几何误差主要由主轴回转误差、导轨误差及传动链误差组成。

1. 主轴回转运动误差

（1）**主轴回转运动误差的概念**　主轴工作时的理想情况是其回转轴线的空间位置保持稳定不变。但由于主轴部件的制造误差、装配误差及受力、受热后的变形，使主轴在工件时，其实际回转轴线偏离理想的位置，这个偏离量即是主轴的回转误差。

主轴的回转误差可分为三种基本形式：轴向窜动、径向圆跳动和角度摆动（图9-3）。轴向窜动是指瞬时回转轴线沿平均回转轴线方向的轴向运动。径向圆跳动是指瞬时回转轴线始终平行于回转轴线方向的径向圆跳动。角度摆动是指瞬时回转轴线与平均回转轴线成一倾斜角度，其交点位置固定不变的运动。

实际上，主轴工作时的回转误差是上述三种基本运动形式的合成。使加工后的工件在轴向产生圆柱度误差，在径向产生圆度误差，在端面产生垂直度误差，加工螺纹时产生周期性的螺距误差。

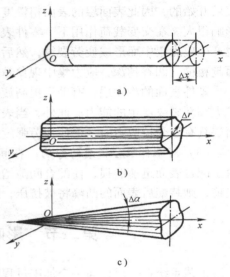

（2）**主轴回转运动误差的影响因素**　主轴回转误差主要是由主轴的制造误差、轴承的误差、轴承间隙、与轴配合零件的误差及主轴系统的径向刚度不等性和热变形等因素引起。不同类型的机床，其影响的因素也各不相同。如对工件回转类机床的主

图9-3　主轴回转运动误差的基本形式

a）轴向窜动　b）径向圆跳动　c）角度摆动

轴（如车床），因切削力 F_p 的方向不变，主轴回转时作用在支承上的作用力方向也不变化，此时，主轴的支承轴颈的圆度误差影响较大，而轴承孔圆度误差影响较小，如图9-4a 所示；对于刀具回转类机床（如镗床），切削力 F_p 方向随旋转方向而改变，此时，主轴支承轴颈的圆度误差影响较小，而轴承孔的圆度误差影响较大，如图9-4b 所示。

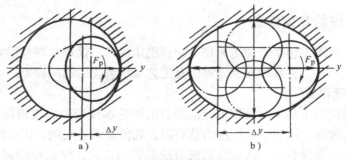

图9-4　两类主轴回转误差的影响

（3）提高主轴回转精度的措施

1）设计与制造高精度的主轴部件。提高主轴部件的制造精度，采用高精度的滚动轴承或高精度的多油楔动压轴承和静压轴承。

2）提高装配和调整质量。采用相应的装配和调整措施，可使主轴的回转精度高于主轴部件的制造精度。如高精度机床的主轴轴承（P4 级）内环径向圆跳动为 $3 \sim 6 \mu m$，装配后，主轴组件的径向圆跳动可达 $1 \sim 3 \mu m$。

3）使回转精度不依赖于机床主轴。外圆磨削时，采用一对固定顶尖来支承工件，主轴通过拨盘带动工件转动并传递转矩，此时工件表面的几何形状误差取决于固定顶尖和中心孔的定位误差，而与主轴回转误差无关。

2. 机床导轨误差

机床导轨副是实现直线运动的主要部件，其制造和装配精度是影响直线运动的主要因素，它直接影响工件的加工质量，现以车床导轨为例进行分析：

（1）导轨在水平面内的直线度误差　如图 9-5 所示，导轨在水平面内存在直线度误差 Δy，引起被加工零件在半径方向产生误差 ΔR，当车削较长工件时，则使工件产生圆柱度误差。

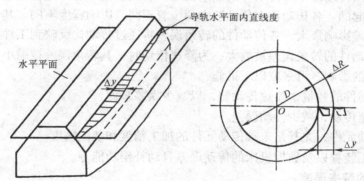

图 9-5　导轨在水平面内的直线度误差对加工精度的影响

（2）导轨在垂直平面内的直线度误差　如图 9-6 所示，导轨在垂直平面内存在直线度误差 Δz，车削外圆时，使刀具在工件的切线方向（误差非敏感方向）产生位移，此时工件产生半径误差 $\Delta R \approx \Delta z^2 / 2R$，因 $\Delta z^2 \ll 2R$，故 ΔR 可忽略不计。但对立式加工中心、数控铣床等机床而言，导轨在垂直平面内的直线度误差将引起工件在加工表面的法线方向（误差敏感方向）产生位移，其误差将直接反映到被加工面上，造成形状误差。

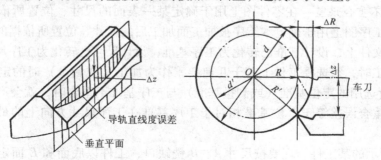

图 9-6　导轨在垂直平面内的直线度误差对加工精度的影响

（3）导轨面间的平行度误差　设车床两导轨的平行度误差使溜板产生的横向扭曲量为 δ，主轴中心高为 H，导轨宽度为 B，则由图 9-7 所示几何关系知，工件的半径误差 $\Delta R = H\delta/B$。一般车床 $H \approx 2B/3$，外圆磨床 $H = B$，可见此误差对加工精度影响很大。

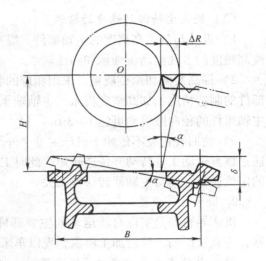

图 9-7　导轨平行度误差对加工精度的影响

3. 机床的传动误差

传动误差是指内联系传动链中首、末两端传动件之间相对运动的误差。传动误差破坏了传动链中首、末两端传动件之间的严格的传动比要求。如对车、磨、铣螺纹，滚、插、磨齿轮等加工会影响分度精度，造成加工表面的形状误差，如螺距精度、齿距精度等。传动误差必须控制在允许的范围内。

传动误差是由传动链中各传动件的制造误差、装配误差、加工过程中由于力和热而产生变形以及磨损引起的。各传动件在传动链中的位置不同，影响程度不同，其中末端元件的误差对传动链的误差影响最大。各传动件的转角误差将通过传动比反映到工件上。当传动链为升速传动时，传动件的转角误差被放大；为降速传动时，其转角误差被缩小。为减小传动链误差对加工精度的影响，可采取以下措施：

1）减少传动件的数量，缩短传动链，以减少误差来源。

2）采用降速传动，减少传动误差。

3）提高传动元件，尤其是末端传动元件的加工精度和装配精度。

4）采用校正装置以及数控机床的传动误差自动补偿功能等。

（三）工件的装夹误差

工件的装夹误差主要包括定位误差和夹紧误差。如何减小夹紧误差在第一章中已介绍，这里着重分析定位误差。

一批工件逐个在夹具上定位时，各个工件在夹具上占据的位置不可能完全一致，以致使加工后各工件的工序尺寸存在误差。这种因工件定位而产生的工序基准在工序尺寸方向上的最大变动量，称为定位误差，用 Δ_D 表示。

1. 定位误差产生的原因

（1）基准不重合误差　在零件图上用于确定某一表面的尺寸、位置所依据的基准称为设计基准。在工序图上用于确定本工序被加工面加工后的尺寸、位置所依据的基准称为工序基准。在工艺文件上，设计基准已转化为工序基准，设计尺寸已转化为工序尺寸。在机床上对工件进行加工时，须选择工件上若干几何要素作为加工（或测量）时的定位基准（或测量基准），如所选用的定位基准（或测量基准）与工序基准不重合时，就会产生基准不重合误差。基准不重合误差等于定位基准相对于工序基准在工序尺寸方向上的最大变动量，用 Δ_B 表示。

图 9-8a 所示的某工件，现要按尺寸 A、B 铣缺口，工件以底面和 E 面定位，加工如图 9-8b 所示。在一批工件的加工过程中，尺寸 C、B 是固定不变的。但尺寸 A 是否不变，要看

一批工件尺寸 A 的工序基准 F 面的位置是否一致。由于受尺寸 S 公差的影响，F 面位置是变动的，变动的原因是尺寸 A 的定位基准是 E 面，而工序基准是 F 面。F 面的变动影响尺寸 A 的大小，给尺寸 A 造成误差，这个误差就是基准不重合误差。

　　显然，F 面变动范围等于尺寸 S 的公差 T_S。尺寸 S 是定位基准 E 与工序基准 F 间的联系尺寸，因此得出结论：基准不重合误差等于定位基准与工序基准之间联系尺寸 S 的公差，即 $\Delta_B = A_{max} - A_{min} = S_{max} - S_{min} = T_S$。

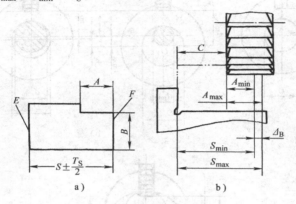

图 9-8　基准不重合误差

　　（2）基准位移误差　一批工件定位基准相对于定位元件的位置最大变动量（或定位基准本身的位置变动量）称为基准位移误差，用 Δ_Y 表示。

　　加工如图 9-9a 所示键槽，其中工序尺寸 A 是由工件相对刀具的位置决定的。工件以内孔在圆柱心轴上定位，如图 9-9b、c 所示。刀具与心轴的相对位置按工序尺寸 A 确定后保持不变。由于工件内孔直径和定位心轴直径的制造误差和最小配合间隙，使定位基准（工件内孔轴线）与定位心轴轴线不重合，在工序尺寸 A 方向上产生位移，给工序尺寸 A 造成了误差，这个误差就是基准位移误差。其大小为定位基准的最大变动范围，即

$$\Delta_Y = A_{max} - A_{min}$$

式中　A_{max}——最大工序尺寸；

　　　A_{min}——最小工序尺寸。

　　2. 定位误差的计算方法

　　定位误差是由基准不重合误差与基准位移误差两项组合而成的。计算时，先分别算出 Δ_B 和 Δ_Y，然后再根据不同情况分别按照下述方法进行合成，从而求得定位误差 Δ_D：

　　1）工序基准不在定位基面上，$\Delta_D = \Delta_Y + \Delta_B$。　　　　　　　　　　　　(9-1)

　　2）工序基准在定位基面上，$\Delta_D = |\Delta_Y \pm \Delta_B|$。　　　　　　　　　　　　(9-2)

　　"＋"、"－"的确定可按如下原则判断：当由于基准不重合和基准位移分别引起工序尺寸作相同方向变化（即同时增大或同时减小）时，取"＋"号；而当引起工序尺寸彼此向相反方向变化时，取"－"号。

　　3. 常见定位方式的定位误差

　　（1）工件以圆柱面配合定位的基准位移误差

　　1）定位副固定单边接触。如图 9-9b 所示，当心轴水平放置时，工件在自重作用下与

心轴固定单边接触，此时

$$\Delta_Y = OO_1 - OO_2 = \frac{D_{max} - d_{min}}{2} - \frac{D_{min} - d_{max}}{2} = \frac{D_{max} - D_{min}}{2} + \frac{d_{max} - d_{min}}{2} = \frac{T_D + T_d}{2}$$

(9-3)

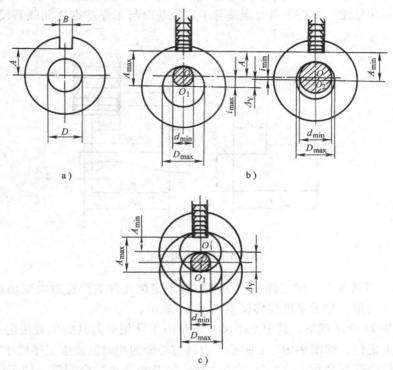

图 9-9　基准位移误差

2）定位副任意边接触。如图 9-9c 所示，当心轴垂直放置时，工件与心轴任意边接触，此时

$$\Delta_Y = D_{max} - d_{min} = T_D + T_d + X_{min}$$

(9-4)

式中　T_D——工件定位孔直径公差；

　　　T_d——定位心轴直径公差；

　　　X_{min}——定位孔与定位心轴间的最小配合间隙。

（2）工件以外圆在 V 形块上定位的定位误差　如图 9-10a 所示，工件以外圆在 V 形块上定位，定位基准是工件外圆轴线，因工件外圆柱面直径有制造误差，由此产生的工件在竖直方向上的基准位移误差为

$$\Delta_Y = OO_1 = \frac{\dfrac{d}{2}}{\sin\dfrac{\alpha}{2}} - \frac{\dfrac{d - T_d}{2}}{\sin\dfrac{\alpha}{2}} = \frac{T_d}{2\sin\dfrac{\alpha}{2}}$$

(9-5)

对于图 9-10b 中的三种工序尺寸标注，其定位误差分别为：

1）当工序尺寸标为 h_1 时，因基准重合，$\Delta_B = 0$，所以

$$\Delta_D = \Delta_Y = \frac{T_d}{2\sin\frac{\alpha}{2}} \qquad (9\text{-}6)$$

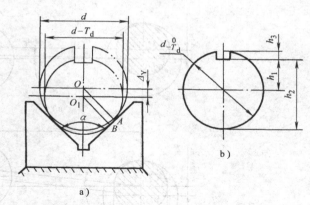

2）当工序尺寸标为 h_2 时，工序基准为外圆柱面下母线，与定位基准不重合，二者以 $d_{-T_d}^{~0}/2$ 相联系，所以 $\Delta_B = T_d/2$。由于工序基准在定位基面上，因此 $\Delta_D = |\Delta_Y \pm \Delta_B|$。符号的确定：当定位基面直径由大变小时，定位基准朝下运动，使 h_2 变大；当定位基面直径由大变小时，假定定位基准不动，工序基准相对于定位基准向上运动，使 h_2 变小。两者变动方向相反，故有

$$\Delta_D = |\Delta_Y - \Delta_B| = \left|\frac{T_d}{2\sin\frac{\alpha}{2}} - \frac{T_d}{2}\right| = \frac{T_d}{2}\left[\frac{1}{\sin\frac{\alpha}{2}} - 1\right] \qquad (9\text{-}7)$$

图 9-10　工件以外圆在 V 形块上定位

3）当工序尺寸标为 h_3 时，工序基准为外圆柱面上母线，基准不重合误差仍为 $\Delta_B = T_d/2$。当定位基面直径由大变小时，Δ_B 和 Δ_Y 都使 h_3 变小，故有

$$\Delta_D = \Delta_Y + \Delta_B = \frac{T_d}{2\sin\frac{\alpha}{2}} + \frac{T_d}{2} = \frac{T_d}{2}\left[\frac{1}{\sin\frac{\alpha}{2}} + 1\right] \qquad (9\text{-}8)$$

（3）工件以一面两孔组合定位的基准位移误差

1）移动的基准位移误差。该误差可按定位销垂直放置时计算，一般取决于第一定位副的最大配合间隙，即

$$\Delta_Y = X_{1\max} = T_{d1} + T_{D1} + X_{1\min} \qquad (9\text{-}9)$$

式中　$X_{1\max}$——圆柱销与定位孔的最大配合间隙；

$\qquad T_{d1}$——圆柱销直径公差；

$\qquad T_{D1}$——与圆柱销配合的定位孔的直径公差；

$\qquad X_{1\min}$——圆柱销与定位孔的最小配合间隙。

2）转动的基准位移误差（转角误差）。如图 9-11 所示，转角误差取决于两定位孔与定位销的最大配合间隙 $X_{1\max}$ 和 $X_{2\max}$、中心距 L 以及工件的偏转方向。

当两孔偏转于两定位销同一侧时（图 9-11a），其单边转角误差

$$\Delta_\beta = \arctan\frac{X_{2\max} - X_{1\max}}{2L} \qquad (9\text{-}10)$$

当两孔偏转于两定位销异侧时（图 9-11b），其单边转角误差

$$\Delta_\alpha = \arctan\frac{X_{1\max} + X_{2\max}}{2L} \qquad (9\text{-}11)$$

实际上，工件还可能向另一方向偏转 Δ_β 和 Δ_α，所以真正的转角误差应当是 $\pm\Delta_\beta$ 和 $\pm\Delta_\alpha$。

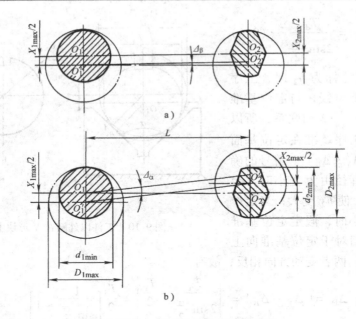

图 9-11　一面两孔定位的转角误差

（四）其他几何误差

1. 刀具的制造、安装、调整及换刀误差

机械加工中常用的刀具有：一般刀具、定尺寸刀具和成形刀具。

一般刀具（如车刀、单刃镗刀、立铣刀等）的制造误差，对加工精度没有直接影响。但磨损后对加工精度有影响。

定尺寸刀具（如钻头、铰刀、键槽铣刀等）的尺寸误差会直接影响加工工件的尺寸精度。

成形刀具（如螺纹车刀、成形铣刀及齿轮刀具等）的制造误差与磨损误差会影响被加工面的尺寸与形状精度。

在数控加工中，确定刀具与工件原点位置的对刀误差、刀具长度和半径补偿误差以及刀具在主轴孔中重复安装的重复位置误差等都会影响零件表面加工精度。

2. 夹具的制造误差

夹具的制造误差一般指定位元件、分度装置及夹具体等零件的加工和装配误差。这些误差对被加工零件的精度影响较大，所以在设计和制造夹具时，凡影响零件加工精度的尺寸都应严格控制。

二、工艺系统受力变形引起的误差

工艺系统在切削力、传动力、惯性力、夹紧力以及重力等的作用下，会产生相应的变形，从而破坏刀具和工件之间已调整好的正确位置关系，使工件产生加工误差。

工艺系统受力变形通常是弹性变形，其抵抗弹性变形的能力与自身的刚度有关。刚度越大，抵抗变形能力越强，加工误差就越小。

研究工艺系统的受力变形，主要研究误差敏感方向，即通过刀尖的加工表面的法线方向的位移。因此，工艺系统刚度 K_{xt}（单位为 N/mm）定义为：工件和刀具的法向切削分力 F_p（单位为 N）与在该方向上的相对位移 Y_{xt}（单位为 mm）的比值，即

$$K_{xt} = \frac{F_p}{Y_{xt}} \qquad (9-12)$$

工艺系统在某一处的法向的总变形 Y_{xt} 是各组成部分在同一处的法向变形的叠加，即

$$Y_{xt} = Y_{jc} + Y_{dj} + Y_{jj} + Y_{gj} \qquad (9-13)$$

式中，下标 jc、dj、jj 和 gj 分别表示机床、夹具、刀具和工件。

若工艺系统各组成部分受力均为 F_p，则由式（9-12）得

$$K_{xt} = \frac{F_p}{Y_{xt}}、K_{jc} = \frac{F_p}{Y_{jc}}、K_{jj} = \frac{F_p}{Y_{jj}}、K_{dj} = \frac{F_p}{Y_{dj}}、K_{gj} = \frac{F_p}{Y_{gj}}$$

代入式（9-13）可得工艺系统刚度的一般表达式为

$$K_{xt} = \frac{1}{\dfrac{1}{K_{jc}} + \dfrac{1}{K_{jj}} + \dfrac{1}{K_{dj}} + \dfrac{1}{K_{gj}}} \qquad (9-14)$$

由式（9-14）可知，当知道工艺系统各组成部分刚度，即可求出系统刚度。

用刚度一般式求解某一系统刚度时，应针对具体情况进行分析。例如外圆车削时，车刀本身在切削力作用下的变形对加工误差影响很小，可忽略不计，这时计算式中可省去刀具刚度一项。再如镗孔时，镗杆的受力变形严重影响加工精度，而工件（如箱体零件）的刚度一般较大，其受力变形很小，可忽略不计。

（一）工艺系统受力变形引起的加工误差

1. 切削力作用点位置变化引起的加工误差

假设在车床两顶尖间车削一细长轴，如图 9-12 所示。由于工件细长，刚度小，在切削力作用下，其变形大大超过机床、夹具和刀具所产生的变形。因此，机床、夹具和刀具的受力影响可略去不计，工艺系统的变形完全取决于工件的变形。加工中车刀处于图 9-12 所示位置时，工件的轴线产生弯曲变形。根据材料力学的计算公式，其切削点的变形量为

$$Y_w = \frac{F_p}{3EI} \frac{(L-z)^2 z^2}{L} \qquad (9-15)$$

从上式的计算结果和车削的实际情况都可证实，切削后的工件呈鼓形，其最大直径在通过轴线中点的横截面内。

若车削一短而粗刚度很大的光轴时，通过推证可知工艺系统在工件切削点处的变形量为

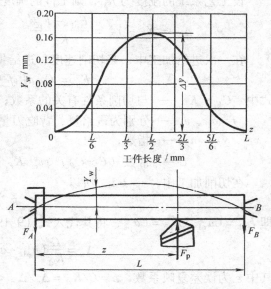

图 9-12　工艺系统变形随受力点位置变化而变化

$$Y_{xt} = F_p \left[\frac{1}{K_{dj}} + \frac{1}{K_{zz}} \left(\frac{L-z}{L} \right)^2 + \frac{1}{K_{wz}} \left(\frac{z}{L} \right)^2 \right] \qquad (9-16)$$

综合上述两种情况，工艺系统的总变形量为式（9-15）和式（9-16）的叠加，即

$$Y_{xt} = F_p \left[\frac{1}{K_{dj}} + \frac{1}{K_{zz}} \left(\frac{L-z}{L} \right)^2 + \frac{1}{K_{wz}} \left(\frac{z}{L} \right)^2 + \frac{(L-z)^2 z^2)}{3EIL} \right] \qquad (9\text{-}17)$$

工艺系统的刚度为

$$K_{xt} = \frac{F_p}{Y_{xt}} = \frac{1}{\dfrac{1}{K_{dj}} + \dfrac{1}{K_{zz}} \left(\dfrac{L-z}{L} \right)^2 + \dfrac{1}{K_{wz}} \left(\dfrac{z}{L} \right)^2 + \dfrac{(L-z)^2 z^2}{3EIL}} \qquad (9\text{-}18)$$

式中　K_{zz}——车床主轴箱的刚度，单位为 N/mm；

　　　K_{wz}——车床尾座的刚度，单位为 N/mm。

2. 切削力大小的变化引起的加工误差

当被加工表面的几何形状误差或材料的硬度不均匀时，会引起切削力的变化，从而会引起工艺系统受力变形的变化而产生加工误差。

如图 9-13 所示，工件由于毛坯的圆度误差，车削使背吃刀量在最大值 a_{p1} 与最小值 a_{p2} 之间变化，切削分力 F_p 也相应地在 F_{p1} 与 F_{p2} 之间变化，工艺系统的变形也在最大值 Y_1 与最小值 Y_2 之间变化。由于工艺系统受力变形的变化，会使工件产生与毛坯形状误差（$\Delta_m = a_{p1} - a_{p2}$）相似的形状误差（$\Delta_w = Y_1 - Y_2$），这种误差称为"误差复映"。

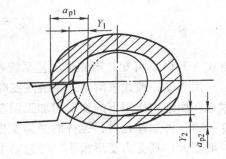

图 9-13　毛坯形状误差复映

设工艺系统的刚度为 K_{xt}，则工件的圆度误差

$$\Delta_w = Y_1 - Y_2 = \frac{F_{p1} - F_{p2}}{K_{xt}} \qquad (9\text{-}19)$$

在一次进给加工中，当切削速度、进给量及其他切削条件均不变时，切削分力

$$F_p = C_{F_p} a_p^{x_{F_p}} f^{y_{F_p}} v_c^{n_{F_p}} K_{F_p} = C a_p^{x_{F_p}}$$

式中　C_{F_p}、K_{F_p}——与切削条件有关的系数；

　　　f、a_p、v_c——分别为进给量、背吃刀量和切削速度；

　x_{F_p}、y_{F_p}、n_{F_p}——指数；

　　　C——常数（$C = C_{F_p} f^{y_{F_p}} v_c^{n_{F_p}} K_{F_p}$）。

在切削加工中，$x_{F_p} \approx 1$，所以

$$F_p = C a_p$$

即 $F_{p1} = C a_{p1}$，$F_{p2} = C a_{p2}$，将其代入式（9-19）得

$$\Delta_w = \frac{C}{K_{xt}} (a_{p1} - a_{p2}) = \frac{C}{K_{xt}} \Delta_m = \varepsilon \Delta_m \qquad (9\text{-}20)$$

其中 ε 为误差复映系数，$\varepsilon = C/K_{xt} = \Delta_w / \Delta_m < 1$，它定量地反映了毛坯误差经加工后减小的程度。当工艺系统刚度越高，ε 越小，毛坯复映到工件上的误差也越小。

当一次进给不能满足要求时，可进行多次进给。设每次进给的复映系数依次为 ε_1、ε_2、…、ε_n，则总的误差复映系数 $\varepsilon_\text{总} = \varepsilon_1 \varepsilon_2 \varepsilon_3 \cdots \varepsilon_n$，第 n 次进给后工件的误差为 $\Delta_{wn} = \varepsilon_\text{总} \Delta_m$。由于误差复映系数总是小于 1，经过 n 次进给后，$\varepsilon_\text{总}$ 降到很小的值，加工误差也降到允许的范围内。

3. 受力方向的变化引起的加工误差

（1）离心力引起的加工误差　高速旋转的零部件（含夹具、工件和刀具等）的不平衡

将产生离心力 F_q。F_q 在每转中不断地改变方向，因此，它在切削点法线方向的分力大小的变化，会引起工艺系统的受力变形也随之变化从而产生误差，如图 9-14 所示。车削一个不平衡工件，离心力 F_q 与切削力 F_p 方向相反时，将工件推向刀具，使背吃刀量增加；当 F_q 与 F_p 同向时，工件被拉离刀具，背吃刀量减小，其结果都造成工件的圆度误差。

在生产中常在不平衡质量的对称方位配置平衡块，使两者离心力抵消。此外，还可适当降低工件转速以减小离心力。

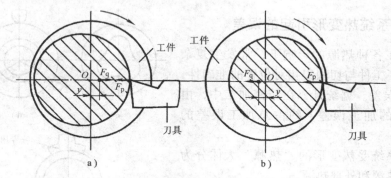

图 9-14　离心力引起的加工误差

a) F_q 与 F_p 反向时　b) F_q 与 F_p 同向时

（2）传动力引起的加工误差　在车床或磨床类机床上加工轴类零件时，常用单拨销通过鸡心夹头带动工件回转，如图 9-15 所示。由于拨销上的传动力方向不断变化，它在切削点法线方向的分力有时和切削分力 F_p 同向，有时相反，它产生的加工误差和离心力近似，造成工件的圆度误差。为此，在加工精密零件时，可采用双拨盘或柔性传动装置带动工件。

此外，工件的刚性较差或夹紧力过大，机床零部件的自重也会产生变形，引起加工误差。

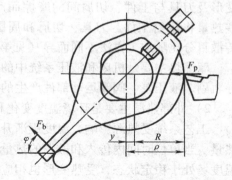

图 9-15　单拨销传动力的影响

（二）减少工艺系统受力变形的主要措施

（1）提高接触刚度　一般部件的接触刚度大大低于实体零件本身的刚度，所以提高接触刚度是提高工艺系统刚度的关键。常用的方法是改善工艺系统主要零件接触面的配合质量，如机床导轨副的刮研，配研顶尖锥体同主轴和尾座套筒锥孔的配合面，多次研磨加工精密零件用的顶尖孔等。通过刮研改善了配合面的表面粗糙度和形状精度，使实际接触面增加，从而有效地提高接触刚度。

另外一个措施是预加载荷，这样可消除配合面间的间隙，增加接触面积，减小受力后的变形量，预加载荷法常用在各类轴承的调整中。

（2）提高工件刚度，减少受力变形　当工件刚度较差时，应采用合理的装夹和加工方法来提高工件的刚度。如车细长轴时，利用中心架或跟刀架来提高工件的刚度；箱体孔系加工中，采用支承镗套来增加镗杆刚度。

（3）合理安装工件，减少夹紧变形　加工薄壁件时，由于工件刚度低，解决夹紧变形的影响是关键问题之一。如薄壁套的加工，在夹紧前，薄壁套的内外圆是正圆形，当用自定心卡盘夹紧后，套筒变成三棱形（图9-16a），镗孔后，内孔呈正圆形（图9-16b），当松开卡爪后，工件由于弹性回复，使已镗圆的孔产生三棱形（图9-16c）。为了减少加工误差，应使夹紧力均匀分布，可采用开口过渡环（图9-16d），或专用卡爪（图9-16e）夹紧。

三、工艺系统热变形引起的误差

工艺系统在各种热源的影响下，常发生复杂的变形，破坏了工件与切削刃相对位置的准确性，从而产生加工误差。据统计，在精密加工中，由于热变形引起的加工误差，约占总加工误差的40%～70%。

引起工艺系统受热变形的"热源"大体分为两类：即内部热源和外部热源。

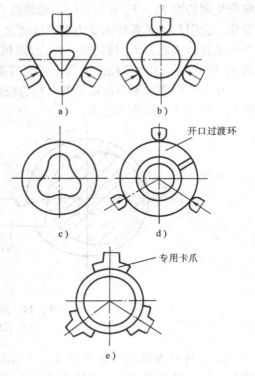

图9-16　工件夹紧变形引起的误差

1）内部热源主要是指切削热和摩擦热。切削热是由于切削过程中，切削层金属的弹性、塑性变形及刀具与工件、切屑间的摩擦而产生的，这些热量将传给工件、刀具、切屑和周围介质，其传散百分比随加工方法不同而异（见第二章）。

摩擦热主要是机床和液压系统中的运动部件产生的，如电动机、轴承、齿轮等传动副、导轨副、液压泵、阀等运动部件产生的摩擦热。摩擦热是机床热变形的主要热源。

2）外部热源主要是环境温度变化和辐射热，其对精密工件的加工影响很大。

工艺系统受热源影响，温度逐渐升高，与此同时，它们也通过各种传递方式向四周散发热量。当单位时间内传入和散发的热量相等时，温度不再升高，即达到热平衡状态。此时的温度场处于稳定状态，受热变形也相应地趋于平稳。

（一）工艺系统热变形引起的加工误差

1. 机床热变形引起的加工误差

机床受热源的影响，各部分将发生不同程度的热变形，破坏了机床原有的几何精度，从而降低了机床的加工精度。不同类型的机床，其结构和工作条件相差很大，其主要热源不同，变形方式也不同。

车床、铣床等机床，主要热源是主轴箱轴承的摩擦热和主轴箱中油池的发热。这些热量使主轴箱和床身的温度上升，从而造成机床主轴抬高和倾斜，使主轴在水平面内和垂直平面内产生位移。对刀具水平安装的车床而言，水平面内的位移对加工精度影响较大；而对刀具垂直安装的铣床、立式加工中心来说，垂直平面内的位移对加工精度影响较大。

对长床身的车床，其温差的影响也是很显著的。由于床身上表面温度比床身底面温度高，两表面热变形量不等，因此，床身将产生弯曲变形，表面呈中凸状，如图9-17所示。同时床鞍也因床身的热变形而产生相应的位置变化。

此外，在半闭环的数控机床上，随着加工过程的持续进行，丝杠本身的温度变化造成丝杠伸长，从而产生刀具相对夹具的位移误差。如用卧式加工中心加工跨距较大箱体两端同轴孔时，一般采用掉头加工方式，此时的同轴度取决于主轴中心线和工作台回转中心的对中性。如果原来的对中性好，但由于丝杠伸长会造成工作台中心偏离主轴中心线，例如丝杠温度升高 2℃，在离丝杠固定端 500mm 处，就可伸长 0.009mm，回转 180°后镗出孔的中心线就要偏离前孔中心线 0.009 × 2mm = 0.018mm，显然，这个误差将严重影响两孔的同轴度。

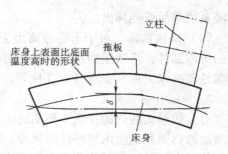

图 9-17　床身纵向温差热效应的影响

2. 工件热变形引起的加工误差

工件的热变形主要是由切削热引起的，外部热源只对大型件或较精密件有影响。加工方法不同，工件材料、结构和尺寸不同，工件的受热变形也不相同。

轴类零件在车削或磨削加工时，一般是均匀受热，开始切削时工件温升为零，随着切削的进行，工件温度逐渐升高，直径逐渐增大，但增大部分均被刀具切除，当工件冷却后形成锥形，产生圆柱度和尺寸误差。

精密丝杠磨削时，工件的热伸长会引起螺距累积误差。

在铣、磨削平面时，工件单面受热，由于受热不均匀，上、下表面之间形成温差，导致工件上凸，由于凸起部分被磨削掉，冷却后工件呈下凹状，形成直线度误差。

在加工铜、铝等线膨胀系数较大的有色金属工件时，其热变形尤其显著，必须予以重视。

在 FMS（柔性制造系统）上或工序高度集中的加工中心上，粗、精加工间隔时间较短，粗加工的热变形将影响到精加工，工件冷却后，将产生加工误差。例如，在加工中心上，通过钻孔→扩孔→铰孔的顺序加工孔，如果钻完孔后接着扩孔和铰孔，则工件冷却后孔的收缩量就可能超过孔径尺寸公差。因此，在这种情况下，一定要采用冷却措施，否则将出现废品。

3. 刀具热变形引起的加工误差

传给刀具的热源主要是切削热。传给刀具的热量虽不多，但由于刀具切削部分体积小，热容量小，切削部分仍产生很高的温升，引起较大的热变形。如高速工具钢刀具切削时，刃部的温度可达 700 ~ 800℃，刀具的热伸长量可达 0.03 ~ 0.05mm，因此，影响不可忽视。但当刀具达到热平衡后，热变形基本稳定，对加工精度的影响也就很小了。

（二）减少工艺系统热变形的主要措施

1. 减少热源发热和隔离热源

（1）减少切削热或磨削热　通过控制切削用量，合理选择和使用刀具来减少切削热。当零件精度要求高时，还应注意将粗加工和精加工分开进行。

（2）减少机床各运动副的摩擦热　从运动部件的结构和润滑等方面采取措施，改善摩擦特性以减少发热。如主轴部件采用静压轴承、低温动压轴承等；或采用低黏度润滑油、锂基润滑脂；或采用循环冷却润滑、油雾润滑等措施，均有利于降低主轴轴承的温升。

（3）分离热源　凡能从工艺系统分离出去的热源，如电动机、变速箱、液压系统、切削液系统等尽可能移出。

（4）隔离热源　对于不能分离出去的热源，如主轴轴承、丝杠螺母副、高速运动的导轨副等零部件，可从结构和润滑等方面改善其摩擦特性，减少发热。还可采用隔热材料将发热部件和机床大件（如床身、立柱等）隔离开来。

2. 加强散热能力

对发热量大的热源，既不便从机床内部移出，又不便隔热，则可采用有效的冷却措施，如增加散热面积或使用强制性的风冷、水冷、循环润滑等。

使用大流量切削液或喷雾方法等冷却，可带走大量切削热或磨削热。在精密加工时，为增加冷却效果，可控制切削液的温度。如大型精密丝杠磨床采用恒温切削液淋浴工件，机床的空心母丝杠也通入恒温油，以降低工件与母丝杠的温差，提高加工精度的稳定性。

大型数控机床、加工中心机床普遍采用冷冻机，对润滑油、切削液进行强制冷却，机床主轴轴承和齿轮箱中产生的热量可由恒温的切削液迅速带走。

3. 均衡温度场

当机床零部件温升均匀时，机床本身就呈现一种热稳定状态，从而使机床产生不影响加工精度的均匀热变形。

图9-18 所示为平面磨床采用热空气加热温升较低的立柱后壁，以均衡立柱前后壁的温度场，从而减少立柱的弯曲变形。图9-18 中热空气从电动机风扇排出，通过特设管道引向防护罩和立柱的后壁空间。采用此措施可使工件端面平行度误差降低为原来的 1/4 ~ 1/3。

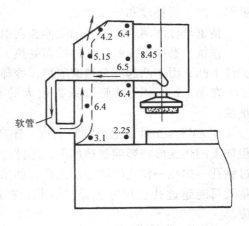

图 9-18　用热空气均衡立柱
前后壁温度场（单位为℃）

4. 保持工艺系统的热平衡

由热变形规律可知，机床刚开始运转的一段时间内（预热期），温升较快，热变形大。当达到热平衡后，热变形逐渐趋于稳定。所以，对于精密机床，特别是大型机床，缩短预热期，加速达到热平衡状态，加工精度才易保证。一般有两种方法：一是加工前，让机床先高速空运转，当机床迅速达到热平衡以后再进行加工；二是在机床某部位设置"控制热源"，人为地给机床局部加热，使其加速达到热平衡，并且在加工过程中，自动控制温度场的稳定状态。

精密加工不仅应在达到热平衡后才开始进行，而且应注意连续加工，尽量避免中途停车。

5. 控制环境温度

对于精密机床，一般应安装在恒温车间，其恒温精度应严格控制，一般在 ±1℃，超精密级为 ±0.5℃。恒温的标准温度可按季节调整，一般为20℃，冬季可取 17℃，夏季取23℃。

四、工件内应力引起的误差

内应力是指当外部载荷去除后，仍残存在工件内部的应力，也称残余应力。具有这种内应力的零件处于一种不稳定的相对平衡状态，可以保持形状精度的暂时稳定，一旦外界条件产生变化，如环境温度的变化、受到撞击等，内应力的暂时平衡就会被打破而进行重新分布，零件将产生相应的变形，从而破坏原来的精度。如果把具有内应力的重要零件装配成机器，在机器的使用过程中也会产生变形，破坏整台机器的质量。因此，必须采用措施消除内应力对零件加工精度的影响。

（一）产生内应力的原因及引起的加工误差

1. 热加工中产生的内应力

在铸造、锻造、焊接和热处理过程中，由于工件各部分热胀冷缩不均匀，以及金相组织转变时的体积变化，使工件内部产生相当大的残余应力。工件的结构越复杂、壁厚越不均匀、散热条件差别越大，内部产生的内应力也越大。具有这种内应力的工件，内应力暂时处于相对平衡状态，变形缓慢，但当切去一层金属后，就打破了这种平衡，内应力重新分布，工件就明显地出现了变形。

图 9-19 所示为一机床床身，在浇铸后的冷却过程中，上下表面冷却快，内部冷却慢。当上下表面由塑性状态冷却至弹性状态时，内部还处在塑性状态，上下表面的收缩不受内部阻碍。当内部冷却到弹性状态时，上下表面的温度已降低很多，收缩速度比内部慢得多，此时内部的收缩受到上下表面的阻碍。因此，在内部产生了拉应力，上下表面产生了压应力，暂时处于相互平衡的状态，当床身导轨面刨去一层金属后，内应力不再平衡，须重新分布达到新的平衡，引起床身弯曲变形。

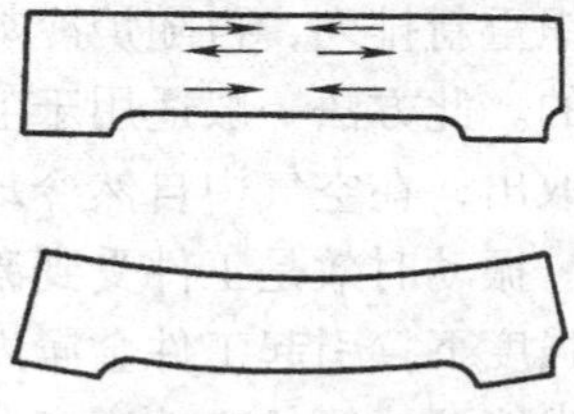

图 9-19　床身内应力
引起的变形

2. 冷校直引起的内应力

丝杠一类的细长轴零件经车削后，其内应力（在棒料扎制过程中产生的）要重新分布，使轴产生弯曲变形。为了纠正这种变形，常采用冷校直。校直的方法是在弯曲的反方向加外力 F，如图 9-20a 所示。在外力 F 的作用下，工件内部应力分布如图 9-20b 所示，在轴线以上产生压应力（用负号表示），在轴线以下产生拉应力（用正号表示）。在轴线和两条细双点画线之间，是弹性变形区域，在细双点画线以外是塑性变形区。当外力 F 去除后，外层的塑性变形部分阻止内部弹性变形的回复，使内应力重新分布，如图 9-20c 所示。所以说，冷校直虽减少了弯曲，但工件仍处于不稳定状态，如再次加工，又将产生新的弯曲变形。因此，高精度丝杠的加工，不允许冷校直，而是用多次人工时效来消除内应力，或采用热校直代替冷校直。

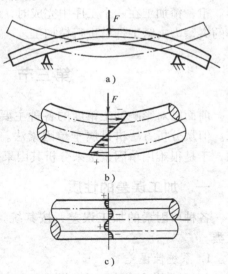

图 9-20　冷校直引起的内应力

3. 切削加工中产生的内应力

工件表面层在切削力和切削热的作用下，各部分产生不同程度的塑性变形，以及金相组织的变化引起的体积改变，因而就产生内应力并造成加工后工件的变形。实践表明，具有内应力的工件，当在加工过程中切去表面一层金属后，所引起的内应力的重新分布和变形最为强烈。因此，粗加工后，应将被夹紧的工件松开使之有时间使内应力重新分布。

（二）减少或消除内应力的措施

（1）**合理设计零件结构**　在零件的结构设计中，应尽量简化结构，考虑壁厚均匀，增大零件的刚度，以减少在铸、锻毛坯制造中产生的内应力。

（2）**采取时效处理**　自然时效处理主要是在毛坯制造之后，或粗加工后，精加工前，让工件停留一段时间，利用温度的自然变化，经过多次热胀冷缩，使工件内部组织产生微观变化，从而达到减少或消除内应力的目的。这种过程一般需要半年至五年时间，因周期长，所以除特别精密件外，一般较少使用。

人工时效处理，这是使用最广的一种方法，分高温时效和低温时效。前者将工件放在炉内加热到 $500 \sim 680℃$，使工件金属原子获得大量热能来加速运动，并保温 $4 \sim 6h$，达到原子组织重新排列，再随炉冷却至 $100 \sim 200℃$ 出炉，在空气中自然冷却，以达到消除内应力的目的。此方法一般适用于毛坯或粗加工后进行。低温时效是加热到 $200 \sim 300℃$，保温 $3 \sim 6h$ 后取出，在空气中自然冷却。低温时效一般适用半精加工后进行。

振动时效是工件受到激振器的敲击，或工件在滚筒中回转互相撞击，使工件在一定的振动强度下，引起工件金属内部组织的转变，一般振动 $30 \sim 50min$ 即可消除内应力。这种方法节省能源、简便、效率高，但有噪声污染。此方法适用于中小零件及有色金属件等。

（3）**合理安排工艺**　机械加工时，应将粗、精加工分开在不同的工序进行，使粗加工后有一定的间隔时间让内应力重新分布，以减少对精加工的影响。

切削时应注意减小切削力，如减小余量、减小背吃刀量进行多次进给，以避免工件变形。粗、精加工在一个工序中完成时，应在粗加工后松开工件，让其自由变形，然后再用较小的夹紧力夹紧工件后进行精加工。

第三节　加工误差综合分析

前面已对影响加工精度的各种主要因素进行了分析，也提出了一些保证加工精度的措施。但从分析方法讲是属于单因素法。生产实际中，影响加工精度的因素往往是错综复杂的，于是很难用单因素法来分析其因果关系，而要用数理统计方法来找出解决问题的途径。

一、加工误差的性质

各种单因素的加工误差，按其统计性质的不同，可分为系统性误差和随机性误差两大类。

1. 系统性误差

（1）**常值系统性误差**　顺次加工一批工件中，其大小和方向保持不变的误差，称为常值系统性误差。如加工原理误差，机床、夹具、刀具的制造误差及工艺系统的受力变形等，都是常值系统性误差。

（2）**变值系统性误差**　顺次加工一批工件中，其大小和方向按一定规律变化的误差（通常是时间的函数），称为变值系统性误差。如机床、夹具和刀具等在热平衡前的热变形和刀具磨损等，都是变值系统性误差。

2. 随机性误差

在顺序加工一批工件时，若误差的大小和方向作无规律的变化（时大时小，时正时负），这类误差称为随机性误差。如毛坯误差的复映、定位误差、夹紧误差、内应力引起的误差、多次调整的误差都是随机性误差。

误差性质不同，其解决的途径也不一样。对于常值系统性误差，在查明其大小和方向后，采取相应调整或检修工艺装备，以及用一种常值系统性误差去抵偿原来的常值系统性误差。对于变值系统性误差，查明其变化规律后，可采取自动连续补偿，或自动周期补偿。对于随机性误差，由于没有明显的变化规律，只能查出产生根源，采取措施以减小其影响。

必须指出，在不同的场合下，误差的性质也有所不同。例如，机床在一次调整中加工一批工件时，机床的调整误差是常值系统性误差，但是，当多次调整机床时，每次调整时发生的调整误差则具有随机性，故调整误差又成为随机性误差。

二、加工误差的统计分析法

在生产实际中，常用统计分析法研究加工精度，分析方法主要有分布图解析法和点图法。

（一）分布图解析法

这种方法是通过测量一批零件加工后的实际尺寸，作出尺寸分布曲线，然后按此曲线来判断这种加工方法产生的误差大小。

1. 实际分布曲线

测量每个工件的加工尺寸，把测量的数据记录下来，按尺寸大小将整批工件进行分组，则每一组中的零件尺寸处于一定的间隔范围内。同一尺寸间隔内的零件数量称为频数，频数与该批零件总数之比称为频率。以工件尺寸范围的中点尺寸为横坐标，以频数（或频率）为纵坐标，便可在坐标图上得到若干个点，用直线连接这些点后，就得到一条折线，这就是实际分布曲线。

例如，检查一批精镗后的活塞销孔径，图样规定的尺寸及公差为 $\phi 28_{-0.015}^{0}$ mm，检查件数为 100 个，将测量所得的数据按尺寸大小分组，每组的尺寸间隔为 0.02mm，然后填在表 9-1 内，表中 n 是测量的工件的总数，m 是每组的件数。

表 9-1 活塞销孔直径测量结果

组别	尺寸范围/mm	中点尺寸 x/mm	组内工件数 m	频率 m/n
1	27.992 ~ 27.994	27.993	4	4/100
2	27.994 ~ 27.996	27.995	16	16/100
3	27.996 ~ 27.998	27.997	32	32/100
4	27.998 ~ 28.000	27.999	30	30/100
5	28.000 ~ 28.002	28.001	16	16/100
6	28.002 ~ 28.004	28.003	2	2/100

以每组工件的中点尺寸 x 为横坐标，以频率 m/n 为纵坐标，便可绘出实际分布曲线，如图 9-21 所示。在图上再标注测得尺寸的分散范围及其中心，公差带及其中心，便可分析加工质量。

图 9-21 中，分散范围 = 最大孔径 - 最小孔径 = （28.004 - 27.992）mm = 0.012mm；分散范围中心（即平均孔径）= $\sum mx/n$ = 27.9979mm；公差带中心 = （28 - 0.015/2）mm = 27.9925mm。

从实际测量的结果和分布曲线（图 9-21）中发现，一部分工件已超出公差范围（28.000 ~ 28.004mm，约占 18%），成为废品（图 9-21 中阴影部分）。但从图 9-21 中也可看出，这批工件的分散范围 0.012mm，比公差带 0.015mm 还小，如果将分散中心调整得与公差带中心重合，这批工件就全部合格。具体地讲，镗孔时将镗刀伸出量调短（27.9979 - 27.9925）mm = 0.0054mm 的一半，消除本工序的常值系统性误差，废品的问题可得到解决。

2. 正态分布曲线

工件的加工尺寸误差是由很多相互独立的随机误差综合作用的结果，如果其中又没有一个随机误差起决定作用，则其分布将服从正态分布。这时的分布曲线称为正态分布曲线（图 9-22）。

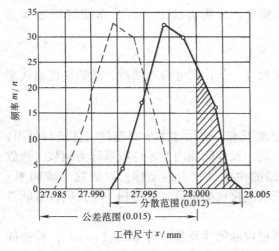

图 9-21 活塞销孔直径尺寸实际分布曲线   图 9-22 正态分布曲线

正态分布曲线方程为

$$y = \frac{1}{\sigma\sqrt{2\pi}}e^{-\frac{1}{2}\left(\frac{x-\bar{x}}{\sigma}\right)^2} \quad (-\infty < x < +\infty, \ \sigma > 0) \tag{9-21}$$

式中 y——工件尺寸为 x 的概率密度；

       x——工件尺寸，单位为 mm；

       $\bar{x}$——批工件的平均尺寸（分散范围中心），$\bar{x} = \frac{1}{n}\sum_{i=1}^{n} x_i$，单位为 mm；

       n——批工件的数量；

       σ——批工件的均方根偏差，$\sigma = \sqrt{\left[\sum_{i=1}^{n}(x_i - x)^2\right]/n}$，单位为 mm。

$\bar{x}$、σ 是正态分布曲线的两个特征参数。$\bar{x}$ 影响曲线的位置，如果改变 $\bar{x}$ 值，分布曲线将沿 x 坐标移动而不改变曲线形状。σ 确定曲线的形状，即曲线分布对 $\bar{x}$ 的分散情况，如果改

变 σ 值, 分布曲线形状将发生改变。

工件尺寸的总体平均值 $\bar{x}=0$, 标准差 $\sigma=1$ 的正态分布称为标准正态分布。任何不同的 $\bar{x}$ 和 σ 的正态分布都可通过坐标变换令 $z=(x-\bar{x})/\sigma$ 而变成标准正态分布, 故可利用标准正态分布的函数值, 求得各种正态分布的函数值。但在生产中感兴趣的问题往往不是工件为某一确定尺寸的概率是多大, 而是加工工件尺寸落在某一区间内的概率是多大。该概率等于图 9-22 所示阴影的面积 $F(x)$。

$$F(x) = \frac{1}{\sigma\sqrt{2\pi}}\int_{-\infty}^{x} e^{-\frac{1}{2}\left(\frac{x-\bar{x}}{\sigma}\right)^2}dx$$

令 $z=(x-\bar{x})/\sigma$, 则有

$$F(z) = \frac{1}{\sqrt{2\pi}}\int_0^z e^{-\frac{z^2}{2}}dz \qquad (9\text{-}22)$$

对于不同的 z 值, 可查表 9-2 求 $F(z)$。

表 9-2　$F(z)$ 的值

z	$F(z)$	z	$F(z)$	z	$F(z)$	z	$F(z)$	z	$F(z)$
0.00	0.0000	0.20	0.0793	0.60	0.2257	1.00	0.3413	2.00	0.4772
0.01	0.0040	0.22	0.0871	0.62	0.2324	1.05	0.3531	2.10	0.4821
0.02	0.0080	0.24	0.0948	0.64	0.2389	1.10	0.3643	2.20	0.4861
0.03	0.0120	0.26	0.1023	0.66	0.2454	1.15	0.3749	2.30	0.4893
0.04	0.0160	0.28	0.1103	0.68	0.2517	1.20	0.3849	2.40	0.4918
0.05	0.0199	0.30	0.1179	0.70	0.2580	1.25	0.3944	2.50	0.4938
0.06	0.0239	0.32	0.1255	0.72	0.2642	1.30	0.4032	2.60	0.4953
0.07	0.0279	0.34	0.1331	0.74	0.2703	1.35	0.4115	2.70	0.4965
0.08	0.0319	0.36	0.1406	0.76	0.2764	1.40	0.4192	2.80	0.4974
0.09	0.0359	0.38	0.1480	0.78	0.2823	1.45	0.4265	2.90	0.4981
0.10	0.0398	0.40	0.1554	0.80	0.2881	1.50	0.4332	3.00	0.49865
0.11	0.0438	0.42	0.1628	0.82	0.2039	1.55	0.4394	3.20	0.49931
0.12	0.0478	0.44	0.1700	0.84	0.2995	1.60	0.4452	3.40	0.49966
0.13	0.0517	0.46	0.1772	0.86	0.3051	1.65	0.4505	3.60	0.499841
0.14	0.0557	0.48	0.1814	0.88	0.3106	1.70	0.4554	3.80	0.499928
0.15	0.0596	0.50	0.1915	0.90	0.3159	1.75	0.4599	4.00	0.499968
0.16	0.0636	0.52	0.1985	0.92	0.3212	1.80	0.4641	4.50	0.499997
0.17	0.0675	0.54	0.2004	0.94	0.3264	1.85	0.4678	5.00	0.49999997
0.18	0.0714	0.56	0.2123	0.96	0.3315	1.90	0.4713	—	—
0.19	0.0753	0.58	0.2190	0.98	0.3365	1.95	0.4744	—	—

当 $x-\bar{x}=\pm3\sigma$ 即 $z=\pm3$, 由表 9-2 查得 $2F(3)=0.49865\times2=99.73\%$, 这说明工件尺寸落在 $(\bar{x}\pm3\sigma)$ 范围内的概率为 99.73%, 而落在该范围外的概率只占 0.27%, 可忽略不计。故正态分布曲线的分散范围一般取 $\bar{x}\pm3\sigma$, 3σ 代表某种加工方法在一定条件下所能达到的加工精度, 所以在一般情况下应该使公差带的宽度 T 和均方根差 σ 之间的关系满足 $6\sigma\leqslant T$。

3. 非正态分布曲线

工件的实际分布, 有时并不近于正态分布。例如, 将在两台机床上分别调整加工出的工

件混在一起测定，其分布图呈双峰曲线（图9-23a）。实际上是两组正态分布曲线（如虚线所示）的叠加，也即随机性误差中混入了常值系统性误差。每组有各自的分散中心 $\bar{x}$ 和标准偏差 σ。

又如，在活塞销贯穿磨削中，如果砂轮磨损较快而没有自动补偿的话，工件的实际尺寸分布将成平顶分布（图9-23b）。它实质上是正态分布曲线的分散中心在不断地移动，也即在随机性误差中混有变值系统性误差。

再如，用试切法加工轴或孔时，由于操作者为避免不可修复的废品，主观地使轴径宁大勿小，使孔径宁小勿大，则它们的尺寸就呈偏态分布（图9-23c）。

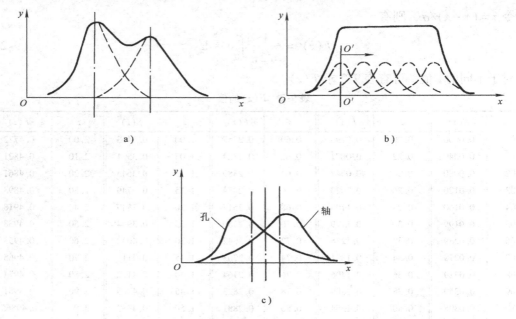

图9-23　非正态分布曲线

4. 分布曲线的应用

（1）判别加工误差的性质　如果 $\bar{x}$ 值偏离公差带中心，则表明加工过程中工艺系统存在常值系统性误差。如果按加工顺序分批抽检同一批工件，它们的 $\bar{x}$ 值有规律地递增或递减，则说明存在变值系统性误差。

正态分布的标准偏差 σ 的大小表明随机变量的分散程度。若 σ 值较大，说明工艺系统随机误差比较大。

（2）确定工序能力及其等级　工序能力即工序处于稳定状态时，加工误差正常波动的幅度。当加工尺寸分布接近于正态分布时，工序能力为 6σ。而工序能力等级是以工序能力系数来表示的，即工序能满足加工精度要求的程度，当工序处于稳定状态时，工序能力系数 C_p 按下式计算

$$C_p = \frac{T}{6\sigma} \tag{9-23}$$

式中　T——工件尺寸公差。

根据工序能力系数 C_p 的大小，工序能力共分为五级，见表9-3。

表 9-3　工序能力系数等级

C_p	$C_p \geq 1.67$	$1.67 > C_p \geq 1.33$	$1.33 > C_p \geq 1.0$	$1.0 > C_p \geq 0.67$	$0.67 > C_p$
工序能力等级	特级工艺	一级工艺	二级工艺	三级工艺	四级工艺
工序能力判断	工序能力很充分	工序能力充分	工序能力够用但不算充分	工序能力明显不足	工序能力非常不足

一般情况下，工序能力不应低于二级。

（3）估算合格品率和不合格品率　分布曲线与 x 轴包围的面积代表了一批零件的总数，如果尺寸分散范围大于零件的公差带时，则将有废品产生。图 9-24 所示阴影部分的面积即为不合格品率，空白部分的面积即为合格品率。

图 9-24 中左、右阴影部分的面积，即不合格品率分别为

$$A_1 = 0.5 - F(z_1) \quad A_2 = 0.5 - F(z_2)$$

式中，$F(z_1) = \dfrac{1}{\sqrt{2\pi}} \displaystyle\int_0^{z_1} e^{-\frac{z^2}{2}} dz, z_1 = \dfrac{|L_{\min} - \bar{x}|}{\sigma}$;

$$F(z_2) = \dfrac{1}{\sqrt{2\pi}} \int_0^{z_2} e^{-\frac{z^2}{2}} dz, z_2 = \dfrac{|L_{\max} - \bar{x}|}{\sigma}。$$

当加工外圆时，左边的阴影部分为不可修复的废品，而右边的阴影部分为可修复的不合格品。加工孔时，恰好相反。

图 9-24 中空白部分的面积，即合格品率为

$$A_h = 1 - (A_1 + A_2)$$

例如，在车床上车削一批图样要求为 $\phi 25_{-0.1}^{\ 0}$ mm 的轴，检查其合格品率和不合格品率。抽取一批工件，经实测后计算得 $\bar{x} = 24.96$ mm，$\sigma = 0.02$ mm，其尺寸分布如图 9-25 所示，符合正态分布。

进行标准化变换：$z_1 = |x_{\min} - \bar{x}|/\sigma = |24.90 - 24.96|/0.02 = 3$

$z_2 = |x_{\max} - \bar{x}|/\sigma = |25.00 - 24.96|/0.02 = 2$

查表 9-2 得 $F(z_1) = F(3) = 0.49865$，$F(z_2) = F(2) = 0.4772$。

偏小的不合格品率为：$0.5 - F(3) = 0.5 - 0.49865 = 0.135\%$，这些不合格品不可修复。偏大的不合格品率为：$0.5 - F(2) = 0.5 - 0.4772 = 2.28\%$，这些不合格品可修复。合格品率为：$1 - 0.135\% - 2.28\% = 97.585\%$。

5. 分布曲线分析法的缺点

分布曲线法没有考虑一批工件加工的先后顺序，因此不能区分变值系统性误差和随机误差，并且需要把一批工件全部加工完后才能测绘出分布曲线，因此不能在加工过程中控制加工精度，点图法可以克服其缺点。

（二）点图法

在加工过程中按工件加工顺序，定期对工件进行抽样检测，作出加工尺寸随时间（或加工顺序）变化的图称为点图。

1. 点图的形式

点图有多种形式，但基本格式是相似的。例如，其纵坐标都是用于标注（记录）实测

尺寸，并标出公差带上、下限作控制参考值；其横坐标主要有两种标注方法，一种是标注加工件的顺序号（逐件检查），还有一种是标注工件的组序号。把有关数据点到相应的纵横坐标上，做成数据记录表，通常称为"管理图"。常用的点图是 $\bar{x} - R$ 图（图9-26）。

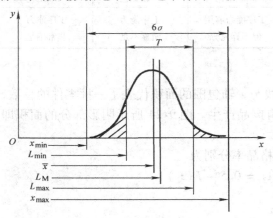

图9-24　废品率计算

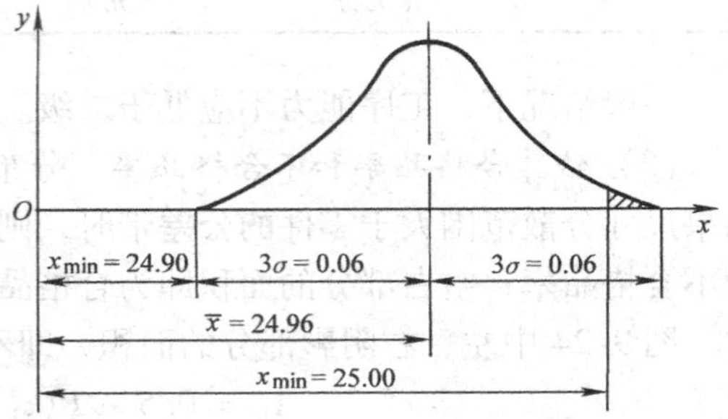

图9-25　轴直径尺寸分布图

2. $\bar{x} - R$ 图

$\bar{x} - R$ 管理图是 $\bar{x}$ 管理图与 R 管理图并用的一种形式。由于 $\bar{x}$ 在一定程度上代表了瞬时的尺寸分散中心，故 $\bar{x}$ 点图可反映出系统性误差及其变化趋势。R 在一定程度上代表了瞬时的尺寸分散范围，故 R 点图可反映出随机误差及其变化趋势。

设以顺次加工的 m（$m = 2 \sim 10$）个工件作为一组，那么每样组的平均值 $\bar{x}$ 和极差 R 是

$$\bar{x} = \frac{1}{m} \sum_{i=1}^{m} x_i \qquad (9\text{-}24)$$

$$R = x_{max} - x_{min} \qquad (9\text{-}25)$$

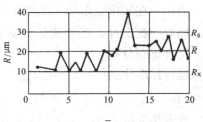

图9-26　$\bar{x} - R$ 图

式中　x_{max}、x_{min}——分别为同一样组中工件的最大尺寸和最小尺寸。

以样组序号为横坐标，分别以 $\bar{x}$ 和 R 为纵坐标，就可分别作出 $\bar{x}$ 点图和 R 点图。

3. 点图的应用

1）观察加工中的常值系统误差、变值系统误差和随机误差的大小及变化趋势。根据其变化趋势，或维持工艺过程现状不变，或中止加工采取相应的补偿与调整措施。

2）判断工艺过程稳定性。任何一批工件的加工尺寸都有波动性，因此各样组的平均值和极差 R 也都有波动性。如果加工误差主要是随机性误差，且系统性误差影响很小时，那么这种波动属于正常波动，加工工艺是稳定的。如果加工存在较大的变值系统性误差，或随机性误差的大小有明显的变化时，那么这种波动属于异常波动，这个加工工艺就被认为是不稳定的。

为判别工艺过程是否稳定，需分析 $\bar{x}$ 和 R 的分布规律，在 $\bar{x} - R$ 图上加上中心线和上、下控制线。中心线和上、下控制线按下式计算，即

$\bar{x}$ 点图：　　中心线　　　　　$\bar{\bar{x}} = \dfrac{1}{k}\sum\limits_{i=1}^{k}\bar{x_i}$　　　　　　　　　　　(9-26)

　　　　　　　上控制线　　　$\bar{x}_{s} = \bar{\bar{x}} + A\bar{R}$　　　　　　　　　　(9-27)

　　　　　　　下控制线　　　$\bar{x}_{x} = \bar{\bar{x}} - A\bar{R}$　　　　　　　　　　(9-28)

R 点图：　　中心线　　　　　$\bar{R} = \dfrac{1}{k}\sum\limits_{i=1}^{k}R_i$　　　　　　　　　　(9-29)

　　　　　　　上控制线　　　$R_{s} = D\bar{R}$　　　　　　　　　　　(9-30)

　　　　　　　下控制线　　　$R_{x} = 0$　　　　　　　　　　　　(9-31)

式中，D、A 均为常数，查表 9-4。k（$k = 20 \sim 30$ 个）为样本组数。

表 9-4　A 与 D 系数表

每组个数 m	A	D
4	0.73	2.28
5	0.58	2.11
6	0.48	2.00

　　在点图上作出中心线和控制线后，就可根据图中点的情况来判别工艺过程是否稳定（波动状态是否正常），判别的标志见表 9-5。

表 9-5　正常波动与异常波动的标志

正常波动	异常波动	正常波动	异常波动
1. 没有点子超出控制线	1）有点子超出控制线		6）连续 14 点中有 12 点以上出现在中心线一侧
	2）点子密集在中心线上下附近		
	3）点子密集在控制线附近	3. 点子没有明显的规律性	7）连续 17 点中有 14 点以上出现在中心线一侧
2. 大部分点子在中心线上下波动，小部分在控制线附近	4）连续 7 点以上出现在中心线一侧		8）连续 20 点中有 16 点以上出现在中心线一侧
	5）连续 11 点中有 10 点出现在中心线一侧		9）点子有上升或下降倾向
			10）点子有周期性波动

　　下面以磨削一批轴径 $\phi 50 ^{+0.06}_{+0.01}$ mm 的工件为例，来说明用点图判别工艺过程稳定性的方法和步骤。

　　1）抽样、测量及计算 $\bar{x}$ 及 R。按照加工顺序和一定的时间间隔随机地抽取 4 件为一组，共抽取 25 组，并算出每组的 $\bar{x}$、R 值见表 9-6。

　　2）画 $\bar{x} - R$ 图。先算出 $\bar{x}$ 的平均值 $\bar{\bar{x}}$ 和 R 的平均值 $\bar{R}$，再计算 $\bar{x}$ 点图和 R 点图的上、下控制线位置。

　　本例 $\bar{\bar{x}} = 37.3\mu m$，$\bar{x}_{s} = 49.24\mu m$，$\bar{x}_{x} = 25.36\mu m$，$\bar{R} = 16.36\mu m$，$R_{s} = 37.3\mu m$，$R_{x} = 0$。并据此画出 $\bar{x} - R$ 图，如图 9-27 所示。

表 9-6 $\overline{x} - R$ 值的数据表　　　　　　（单位：μm）

组号	$\overline{x}$	R	组号	$\overline{x}$	R	组号	$\overline{x}$	R	组号	$\overline{x}$	R	组号	$\overline{x}$	R
1	36.8	22	6	40.5	18	11	34.0	14	16	32.5	12	21	19.5	4
2	33.5	18	7	42.3	8	12	30.0	22	17	45.0	25	22	41.3	7
3	39.8	20	8	41.0	12	13	38.5	20	18	38.0	9	23	31.5	26
4	29.0	18	9	35.0	27	14	40.0	10	19	46.8	21	24	40.5	15
5	42.5	18	10	42.0	22	15	37.5	4	20	39.5	17	25	35.5	20

注：表中 $\overline{x}$ 为各样组的平均值与基本尺寸之差。

　　3）计算工序能力系数，确定工序等级。本例 $T = 50\mathrm{\mu m}$，$\sigma = 8.93\mathrm{\mu m}$，$C_\mathrm{p} = T/(6\sigma)$ $= 50/(6 \times 8.93) = 0.933$，属于三级工艺。

　　4）分析总结。　从本例 $\overline{x}$ 图中第 21 组的点子超出下控制线，说明工艺过程发生了异常变化，可能有不合格品出现，从工序能力系数看也小于 1，这些都说明本工序的加工质量不能满足零件的精度要求，因此要查明原因，采取措施，消除异常变化。

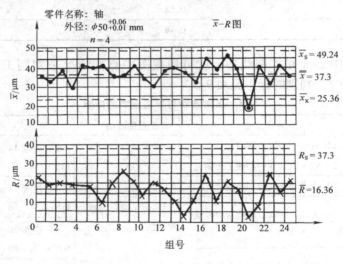

图 9-27　$\overline{x} - R$ 图实例

第四节　影响表面质量的因素

一、影响表面粗糙度的主要因素

（一）切削加工中影响表面粗糙度的主要因素

1. 刀具几何参数

切削加工表面粗糙度主要取决于切削残留面积（已加工表面上留下的刀纹在切削层尺寸平面内的横截面积）的高度。影响残留面积高度的因素主要包括：主偏角 κ_r、副偏角 κ_r'、进给量 f 及刀尖圆弧半径 r_ε 等。

图 9-28a 所示为刀尖圆弧半径 $r_\varepsilon = 0$ 时的切削情况，留在已加工表面上的残留面积高

度为

$$R_y = \frac{f}{\cot \kappa_r + \cot \kappa_r'} \tag{9-32}$$

图 9-28b 所示为刀尖圆半径 $r_\varepsilon > 0$ 时的切削情况，留在已加工表面上的残留面积高度为

$$R_y = \frac{f^2}{8r_\varepsilon} \tag{9-33}$$

从式（9-32）、式（9-33）可知，减小进给量 f、主偏角 κ_r 和副偏角 κ_r'，增大刀尖圆弧半径 r_ε 能降低残留面积高度，减小表面粗糙度。

2. 工件材料

一般韧性较大的塑性材料，加工后表面粗糙度较大，而韧性较小的塑性材料加工后易得到较小的表面粗糙度。但像铸铁这样的脆性材料加工后表面粗糙度较大。对于同样材料，其晶粒组织越大，加工表面粗糙度越大。因此，为了减小加工表面粗糙度，常在切削加工前对材料进行调质或正火处理，以获得均匀细密的晶粒组织和较高的硬度。

3. 切削速度

对于塑性材料，一般情况下，低速或高速切削时，不会产生积屑瘤，故加工表面粗糙度都较小，但在中等切削速度下，塑性材料由于容易产生积屑瘤，且塑性变形较大，因此加工表面粗糙度会变大；对于脆性材料，加工表面粗糙度主要是由于切屑脆性挤裂而成，与切削速度关系较小。

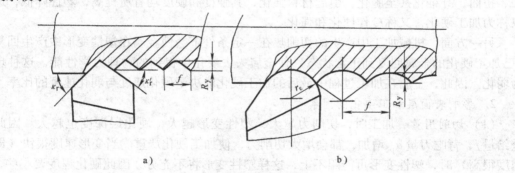

图 9-28　表面残留面积

此外，合理使用切削液，适当增大刀具前角，提高刀具刃磨质量等，均能有效地减小表面粗糙度。

（二）磨削加工中影响表面粗糙度的主要因素

磨削加工是用分布在砂轮表面上的磨粒通过砂轮和工件的相对运动来进行的。由于磨粒在砂轮表面上的分布不均匀，有高有低，而磨粒的切削刃钝圆半径较大，同时磨削厚度又很小，因此在磨削过程中，磨粒在工件表面上滑擦、耕犁和切下切屑，把加工表面刻划出无数微细的沟槽，沟槽两边伴随着塑性隆起，形成表面粗糙度。其主要影响因素有磨削用量、砂轮和工件材料等。

（1）**磨削用量**　提高砂轮速度可以增加单位时间内工件单位面积的刻痕，使工件表面塑性变形和沟槽两侧隆起的残留量减小，磨削表面粗糙度可以显著减小。

径向进给量增加，磨削过程中磨削力和磨削温度都会增加，磨削表面塑性变形的程度增大，从而增大表面粗糙度。为提高磨削效率，要求较高的表面要将粗磨和精磨分开进行，粗

磨时采用较大的径向进给量，精磨时采用较小的径向进给量，最后进行无进给磨削（光磨），以获得较小的表面粗糙度。

（2）砂轮的粒度和硬度　砂轮的粒度越细，单位面积上磨粒越多，工件表面上刻痕密而细，则表面粗糙度越小。但粒度过细时，砂轮易堵塞，切削性能下降，表面粗糙度反而增大。因此，砂轮粒度常取 F46～F60。

砂轮的硬度应大小合适，半钝化期越长越好。砂轮太硬，磨粒钝化后仍不易脱落，使工件表面受到强烈摩擦和挤压作用，塑性变形程度增加，表面粗糙度增加。砂轮太软，磨粒易脱落，常会产生磨损不均匀现象，从而使表面粗糙度增大。通常选用中软砂轮。

（3）工件材料性质　被加工材料硬度太高，砂轮易磨损，故磨削表面粗糙度大；被加工材料硬度太低，砂轮易堵塞变钝，磨削热增多，工件也得不到较小的表面粗糙度。

塑性、韧性高的材料，其塑性变形程度大，磨削后工件的表面粗糙度较大；导热性差的材料（如合金钢），也不易获得较小的表面粗糙度。

二、影响表面层物理力学性能变化的因素

（一）表面层加工硬化

1. 表面层加工硬化的产生

机械加工时，工件表层金属受切削力的作用，产生强烈的塑性变形，使金属的晶格被拉长、扭曲，纤维化甚至脆化，引起材料强化，其强度和硬度均有所提高，塑性降低，这种现象称为加工硬化，又称冷作硬化和强化。

另一方面，机械加工中产生的切削热在一定条件下会使金属在塑性变形中产生回复现象（已加工硬化的金属回复到正常状态）使金属失去硬化中得到的物理力学性能，这种现象称为弱化。因此，金属在加工过程中最后的加工硬化取决于硬化速度与弱化速度的比率。

2. 影响表面层加工硬化的因素

（1）切削用量　加工时，切削力越大，塑性变形越大，硬化层深度也越大。因此，当进给量 f、背吃刀量 a_p 增加，都会增大切削力，使加工硬化严重。当变形速度很快（即切削速度很高）时，塑性变形可能跟不上，这样塑性变形将不充分，因此硬化程度要小些，

（2）刀具　刀具的刃口钝圆和后刀面的磨损对冷硬层有很大的影响。刃口钝圆及后刀面磨损量增加时，硬化程度会随之增高。刀具前角 γ_o 减小，会使切削力增大，使加工硬化严重。

（3）工件材料　工件材料的硬度越低，塑性越大时，切削后的硬化现象越严重。

（二）表面残余应力

机械加工中工件表面层组织发生变化时，在表面层及其与基体材料的交界处就会产生互相平衡的弹性应力，这种应力即为表面残余应力。

残余应力又分为残余拉应力和残余压应力，对于承受高载荷和交变载荷的零件，压应力有利于提高零件的疲劳强度，延长零件的使用寿命，而残余拉应力则是有害的。

1. 表面残余应力的产生

表面残余应力的产生，有以下三种原因：

（1）冷态塑性变形　在切削或磨削过程中，工件表面受到刀具或砂轮磨粒后刀面的挤压和摩擦，表面层产生伸长塑性变形，此时基体金属处于弹性变形状态。切削过后，基体金属趋于弹性回复，但受到已产生塑性变形的表面层金属的牵制，从而在表面层产生残余压应

力，里层产生残余拉应力。

（2）**热态塑性变形**　在切削或磨削过程中，工件被加工表面在切削热作用下产生热膨胀，此时基体金属温度较低，因此表面层产生热压应力。当切削过程结束时，工件表面温度下降，由于表层已产生热塑性变形并受到基体的限制，故而产生残余拉应力，里层产生残余压应力。

（3）**金相组织变化**　在切削或磨削过程中，若工件被加工表面温度高于材料的相变温度，则会引起表面层的金相组织变化。不同的金相组织有不同的密度，马氏体密度 $\rho_马$ = $7.75g/cm^3$，奥氏体密度 $\rho_奥$ = $7.96g/cm^3$，珠光体密度 $\rho_珠$ = $7.78g/cm^3$，铁素体密度 $\rho_铁$ = $7.88g/cm^3$。以淬火钢磨削为例，淬火钢原来的组织是马氏体，磨削加工后，表层可能产生回火，马氏体变为接近珠光体的托氏体或索氏体，密度增大而体积减小，工件表面层产生残余拉应力。

2. 控制表面残余应力的工艺措施

零件表面残余应力随着金属材料的蠕变，经过一段时间后便自行减弱或消失，致使零件变形而降低其精度；承受交变载荷的零件，如表面有残余拉应力，就会降低其疲劳强度。因此，重要零件的加工表面应没有残余应力或具有残余压应力。为此，可采取如下一些工艺措施来控制零件表面的残余应力。

（1）**合理选择最终加工工序**　采用精密加工或光整加工作为最终加工工序。由于这些方法切削余量小，切削速度极低或极高，切削力小，切削温度低，因此不仅可去除上道工序留下来的表面变质层，又可避免表面产生残余拉应力。

（2）**采用时效处理**　在切削加工过程中适时地安排时效处理能及时消除已产生的残余拉应力。

（3）**表面强化处理**　表面强化处理是通过冷压使表面层发生冷态塑性变形，提高硬度，并产生残余压应力的加工方法，常见的表面强化方法有：喷丸强化、滚压加工、液体磨料强化。经这些强化工艺加工后的工件具有较高的耐磨性、抗蚀性和疲劳强度。

此外，表面镀层、表面的化学热处理也能很好地提高工件表面的性能。

（三）磨削烧伤

1. 磨削烧伤的产生

在磨削加工时，由于磨粒的切削、刻划和滑擦作用，以及大多数磨粒的负前角切削和很高的磨削速度，使得加工表面层产生高温，当温升达到相变临界点时，表层金属就会发生金相组织变化，强度和硬度降低、产生残余应力、甚至出现微观裂纹。这种现象称为磨削烧伤。淬火钢在磨削时，可能产生以下三种烧伤：

（1）**淬火烧伤**　磨削时，如果工件表面层温度超过相变临界温度 Ac_3 时，则马氏体转变为奥氏体，若此时有充分的切削液，工件最外层金属会出现二次淬火马氏体组织。其硬度比原来的回火马氏体高，但很薄，其下为硬度较低的回火索氏体和托氏体。由于二次淬火层极薄，表面层总的硬度是降低的，这种现象称为淬火烧伤。

（2）**回火烧伤**　磨削时，如果工件表面层温度只是超过原来的回火温度，则表层原来的回火马氏体组织将产生回火现象而转变为硬度较低的回火组织，此现象称为回火烧伤。

（3）**退火烧伤**　磨削时，如果工件表面层温度超过相变临界温度 Ac_3，则马氏体转变为奥氏体。如果此时无切削液，则表层金属在空气中冷却比较缓慢而形成退火组织，硬度和强度均大幅下降这种现象称为退火烧伤。

2. 改善磨削烧伤的工艺措施

磨削烧伤与温度有十分密切的关系，因此一切影响温度的因素都在一定程度上对烧伤有影响，所以防止磨削烧伤问题可以从控制切削时的温度入手。

（1）正确选择砂轮　砂轮的硬度太高，钝化了的磨粒不易及时脱落，磨削力和磨削热增加，容易产生烧伤，选用具有一定弹性的结合剂（如橡胶结合剂、树脂结合剂等）对缓解磨削烧伤有利，当某种突然原因导致磨削力增大时，磨粒可以产生一定的弹性退让，使磨削径向进给量减小，可减轻烧伤。当磨削塑性较大的材料时，为了避免砂轮堵塞，宜选用磨粒较粗的砂轮。

（2）合理选择磨削用量　磨削径向进给量增加，磨削力和磨削热急剧增加，容易产生烧伤，适当增大磨削轴向进给量可以减轻烧伤。

（3）改善冷却条件　磨削时切削液若能更多地进入磨削区，就能有效地防止烧伤现象的发生。提高冷却效果的方式有高压大流量冷却、喷雾冷却和内冷却等。

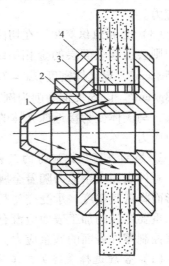

图 9-29　内冷却砂轮结构
1—锥形盖　2—切削液通孔
3—砂轮中心腔　4—有径向小孔的薄壁套

内冷却是一种较为有效的冷却方法。图 9-29 所示的砂轮是多孔隙能渗水的，切削液进入砂轮中孔后，靠离心力的作用甩出并直接冷却磨削区，起到有效的冷却作用。由于冷却时有大量的喷雾，机床应加防护罩。切削液必须仔细过滤，防止堵塞砂轮孔隙。

第五节　机械加工中的振动

机械加工过程中，在工件和刀具之间常常产生振动，使工艺系统的正常切削过程受到干扰和破坏，从而使零件加工表面出现振纹，降低了零件的加工精度和表面质量。强烈的振动会使切削过程无法进行，甚至会引起刀具崩刃、打刀现象。振动的产生加速了刀具或砂轮的磨损，使机床连接部分松动，影响运动副的工作性能，并导致机床丧失精度。

机械加工过程中产生的振动，按其产生的原因分为自由振动、受迫振动和自激振动三种类型。由于自由振动对机械加工的影响不大，故本节主要介绍受迫振动和自激振动。

一、机械加工中的受迫振动及控制

外界周期性激励所激起的稳定振动称为受迫振动。

（一）受迫振动产生的原因

（1）系统外部的周期性干扰力　例如在机床附近有振动源——某台机床或其他机床的工作振动，经过地基传入正在进行加工的机床。

（2）旋转零件的质量偏心　工艺系统中的高速旋转零件，如工件、卡盘、飞轮、砂轮、带轮、联轴器等，它们在高速旋转时产生的离心力即是引起系统振动的外界激振力。

如图 9-30 所示，安装在简支梁上的电动机以角速度 ω 旋转，由于电动机不平衡而产生

离心力 F，F 沿 x 方向的分力 F_x（$F_x = F\cos \omega t$）就是简支梁的外界周期性干扰力。在这一干扰力作用下，简支梁将作不衰减的振动。

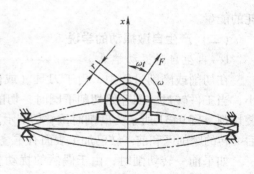

图 9-30　受迫振动力学模型

（3）传动机构的缺陷　如齿轮的齿距误差使传动时齿与齿发生冲击，而引起受迫振动。又如在带传动中，带厚不均匀或接口处的突变，引起带张力的周期性变化产生干扰力，引起受迫振动。

（4）切削过程的间歇性　常见的铣、拉、滚齿等加工，由于切削的不连续性，导致切削力周期性改变，从而产生受迫振动。

（二）受迫振动的特点

1）受迫振动的振动过程是简谐振动，只要有激振力存在，振动系统就不会被阻尼衰减掉。

2）受迫振动与切削加工的进行与否无关，振动本身不引起激振力的变化。

3）振动频率与激振力频率相同，而与工艺系统自身的固有频率无关。

4）振动的振幅与激振力大小、工艺系统刚度及阻尼系数有关。特别是，当激振力频率与工艺系统固有频率相等或相近时，将发生共振，此时振幅最大，危害最严重。

（三）减小受迫振动的措施

（1）减小激振力　减小激振力能有效地减小振幅，使振动减弱或消失。减小激振力即要减小因回转元件不平衡所引起的离心力及冲击力。减小激振力可采取如下措施：

1）消减工艺系统中回转零件的不平衡，控制回转件不平衡的主要方法是对回转件进行动、静平衡。对于高速旋转的零、部件在设计时就应该注意其结构与回转中心的对称性。

2）提高传动件的制造和安装精度，其目的是为了减小或消除传动过程中的冲击。

（2）调节振源频率　在选择转速时，尽量使旋转件的频率远离机床有关元件的固有频率，以避免共振。

（3）增强机床或整个工艺系统的刚度和阻尼　提高机床或系统刚度，是增强系统抗振性防止振动的重要措施。增加系统的阻尼，将增加系统对激振能量的消耗作用，能够有效地防止和消除共振。

（4）隔振　对于某些动力源如电动机、液压泵等最好与机床分离，用软管连接，或隔振材料与机床分开。为了消除系统外的振源，常在机床周围挖防振沟。

二、机械加工中的自激振动及控制

系统在一定的条件下，没有外界激振力而由系统本身产生的交变力激发和维持一稳定周期性振动称为自激振动。切削过程中产生的自激振动也称为颤振。

（一）自激振动的特点

1）自激振动是一种不衰减的振动。外部振源在最初起触发作用，但维持振动所需的交变力是由于振动过程本身产生的，所以运动一停止，交变力也随之消失，自激振动也就停止。

2）自激振动的频率接近或等于系统的固有频率。

3）维持稳定自激振动的条件是：在一个振动周期内，振动系统获得的能量大于阻尼消耗的能量。

（二）产生自激振动的学说

1. 再生自激振动学说

在切削或磨削过程中，由于刀具（或砂轮）的进给量一般不大，而刀具的副偏角又较小，当工件转过一圈开始切削下圈时，切削刃必然与已切削过的上一圈表面接触，即产生重叠切削。图 9-31 所示为磨削时重叠切削示意图，设砂轮宽度为 B，工件每转进给量为 f，工件后一转的磨削区和前一转已加工表面有重叠部分，其重叠系数为 $\mu = (B-f)/B(0 < \mu < 1)$。

如果前一转切削时，由于偶然的扰动（如材料的硬疵点，加工余量不均匀或冲击等），加工表面将留下振纹。当工件转至下一转时，由于切削的重叠部分的振纹，使切削厚度发生变化，从而引起切削力周期性改变，使刀具产生振动，而在本转加工表面上产生新的振纹。这个振纹又影响到下一转的切削，从而引起持续的再生颤振。

2. 振型耦合自激振动学说

由上述可知，产生再生颤振的条件是刀具在有振纹的表面上切削。可是在加工如图9-32所示的方牙螺纹时，工件前后并未产生重叠切削，从理论上讲排除了再生自激振动的可能性。但实际加工中，当背吃刀量到达一定值时，仍然会产生自激振动。其原因可用振型耦合原理来说明。

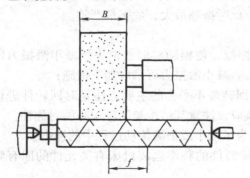

图 9-31　磨削时重叠切削示意图

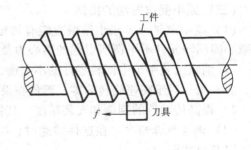

图 9-32　纵车方牙螺纹外表面

如图9-33所示，质量为 m 的刀具悬挂在两个刚度为 k_1 和 k_2 的弹簧上，假若在切削中由于偶然原因，刀具产生了振动，它将同时在两个方向 x_1 和 x_2 以不同的振幅和相位进行振动，刀尖运动轨迹为一椭圆。由图9-33可知，若振动时刀尖沿 ACB 的轨迹切入工件，这时运动方向与切削力方向相反，刀具做负功。当刀尖沿 BDA 切出时，运动方向与切削力方向相同，刀具做正功。由于切出时平均切削厚度大于切入时的平均厚度，在一个振动周期内，切削力的正功大于负功，因而有多余的能量输入振动系统（在一个振动周期内），振动得以维持。如果刀具和工件的相对轨迹沿 ADB 切入，BCA 切出，显然，切削力的负功大于正功，振动就不能维持，原有的振动会不断衰减下去。

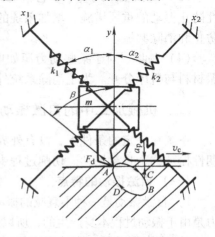

图 9-33　振型耦合原理示意图

（三）控制自激振动的措施

1. 合理选择刀具的几何参数

（1）前角 γ_o　随着前角的增大，振幅随之下降，但在较高的切削速度时，前角对振动的影响将减弱，此时即使采用负前角也不至于产生强烈的振动。

（2）主偏角 κ_r　在主偏角 $\kappa_r < 90°$ 时，随着主偏角增大，背向力 F_p 减小，振动不易产生。故在车细长工件时，主偏角常取接近于 $90°$，以避免和减小振动。但当主偏角 $\kappa_r > 90°$ 时，因 F_p 增大，振幅因而有所增加。

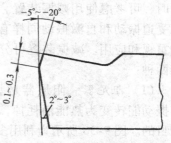

图 9-34　消振倒棱

（3）后角 α_o　后角增大或切削刃过分锋利，容易因啃刀而引起振动。当后角减小到 $2° \sim 3°$ 或后刀面有一定程度的磨损时，会产生抑制振动的作用。生产中常用油石使刃磨的刀具稍稍钝化或研磨如图 9-34 所示的负后角倒棱。

（4）刀尖圆弧半径 r_ε　刀尖圆弧半径增大，背向力 F_p 随之增大，容易产生振动。所以在满足表面粗糙度要求的情况下 r_ε 应取小值。

2. 合理选择切削用量

（1）切削速度 v_c　当切削速度 $v_c = 20 \sim 60 \text{m/min}$ 时容易产生振动，加工时应尽量避开这一段速度。

（2）进给量 f　增大进给量，振幅随之减小。因此在进给机构强度、刚度和表面粗糙度许可的情况下，应选用较大的进给量。

（3）背吃刀量 a_p　背吃刀量增大，切削宽度也增大，振幅也随之增大，容易产生自激振动。当背吃刀量较大时，若同时增大进给量，则仍能保持系统的稳定。

3. 合理安排最佳方位角

考虑振型耦合对振动的影响，合理安排主切削力方向。例如，如图 9-35 所示，镗杆削扁后，两个相互垂直的振型具有不同的刚度，通过实验调整刀头在镗杆上的相位，即可找到切削时的最佳方位角 α（加工表面法向与镗杆削边垂线的夹角）。这样，可有效地提高工艺系统的抗振性，抑制自激振动。

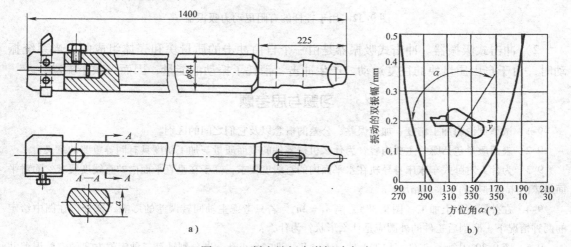

a）　　　　　　　　　　　　　　b）

图 9-35　削扁镗杆自激振动实验

　　实验的切削条件为：镗杆 $a = 0.8d$、$v_c = 40\text{m}/\text{min}$、$f = 0.3\text{mm}/\text{r}$、$a_p = 3\text{mm}$，镗杆悬伸长度为 550mm，由图 9-35b 可看出，当 $115° < \alpha < 150°$ 时，不产生自激振动。

　　4. 使用减振装置

　　当采用上述各种措施仍不能达到减振的目的时，可考虑使用减振装置。减振装置对于消除受迫振动和自激振动同样有效，已受到广泛的重视和应用。减振装置可分为阻尼器和吸振器两种：

　　（1）阻尼器　阻尼器是基于阻尼的作用，把振动能转变为热能消耗掉，以达到减小振动的目的。图 9-36 所示为利用多层弹簧片相互摩擦，消除振动能源。

　　（2）吸振器　吸振器又分为动力式吸振器和冲击式吸振器两种。

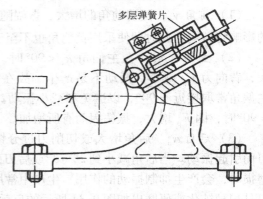

图 9-36　干摩擦阻尼器

　　1）动力式吸振器。它是用弹性元件把一个附加质量连接到振动系统上的吸振装置。它利用附加质量的动力作用，使弹性元件加在系统上的力与系统的激振力尽量相抵消，以此减弱振动。图 9-37 所示为用于镗杆的有阻尼动力吸振器。这种吸振器用微孔橡胶衬垫做弹性元件，并有附加阻尼作用，因而能起到较好的消振作用。

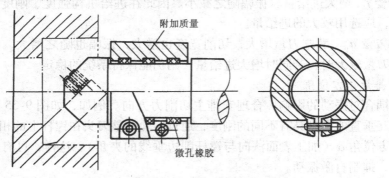

图 9-37　用于镗杆的有阻尼动力吸振器

　　2）冲击式吸振器。冲击式吸振器是由一个自由冲击的质量块和壳体组成的。当系统振动时，由于自由质量块的往复运动，产生冲击，消耗了振动的能量，因而可减小振动。

习题与思考题

9-1　试举例说明加工精度、加工误差、公差的概念以及它们之间的区别。

9-2　表面质量包括哪些主要内容？为什么机械零件的表面质量与加工精度具有同等重要的意义？

9-3　为什么对卧式车床床身导轨在水平面内的直线度要求，高于在垂直平面内的直线度要求？而对平面磨床的床身导轨的要求却相反？

9-4　在外圆磨床上加工（图 9-38），当 $n_1 = 2n_2$，若只考虑主轴回转误差的影响，试分析在图中给定的两种情况下，磨削后工件的外圆应是什么形状？为什么？

9-5　图 9-39a 中所示工件，加工工件上 Ⅰ、Ⅱ、Ⅲ 三个小孔，试分别计算三种定位方案的定位误差并说明哪个定位方案好。V形块 $\alpha = 90°$。

9-6 套类零件铣槽时，其工序尺寸有四种标注方式，如图9-40所示，若定位销为水平放置，试分别计算工序尺寸为 H_1、H_2、H_3、H_4 的定位误差。

9-7 图9-41a所示工件，其外圆和端面均已加工，现欲钻孔保证尺寸 $30_{-0.11}^{\ 0}$ mm，试分析计算图9-41b、c、d中三种定位方案的定位误差。V形块 $\alpha = 90°$。

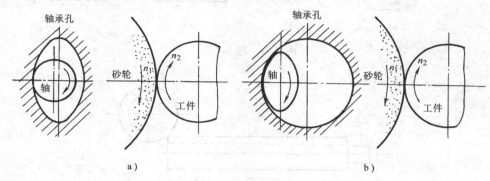

图9-38 题9-4图

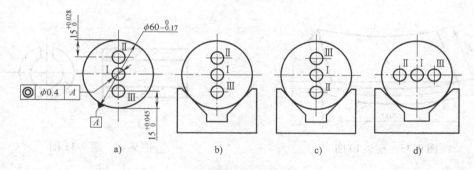

图9-39 题9-5图

9-8 何为误差复映？设已知一工艺系统的误差复映系数为0.25，工件在本工序前有椭圆度误差为0.45mm，若本工序形状精度规定公差为0.01mm，至少应进给几次方能使形状精度合格？

9-9 在卧式铣床上按图9-42所示装夹方式用铣刀A铣削键槽，经测量发现，工件两端处的深度大于中间的，且都比未铣键槽前的调整深度小。试分析产生这一现象的原因。

9-10 一长方形薄钢板（假设加工前工件的上、下面是直的），当磨削平面A后，工件产生弯曲变形（图9-43），试分析工件产生凹变形的原因。

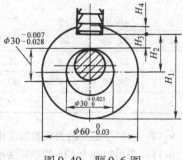

图9-40 题9-6图

9-11 图9-44a所示的套在磨后，其外圆表面存在残余拉应力，试问将它们切成两个半环后（图9-44b），半环将如何变形？

9-12 在生产现场测量一批小轴的外圆（计1000件），其最大尺寸 $d_{max} = 25.030$mm，最小尺寸 $d_{min} = 25.000$mm。若整批工件尺寸为正态分布，图样要求该轴的外径为 $\phi 25_{-0.005}^{+0.025}$ mm，求这批零件的废品有多少件？能否修复？

9-13 加工一批零件，其外径尺寸为 $\phi 28$mm ± 0.6mm。已知从前在相同工艺条件下加工同类零件的标准差为0.14mm，试画出加工该批零件的 $\bar{x} - R$ 图。如该批零件尺寸见表9-7，试分析该工序的工艺稳定性。

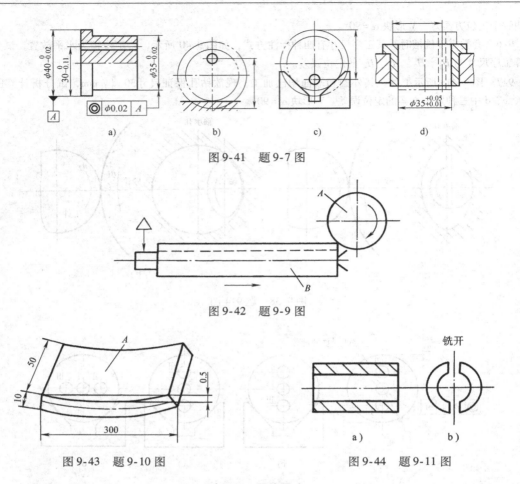

图 9-41　题 9-7 图

图 9-42　题 9-9 图

图 9-43　题 9-10 图

图 9-44　题 9-11 图

表 9-7　零件尺寸

试件号	尺寸/mm	试件号	尺寸/mm	试件号	尺寸/mm	试件号	尺寸/mm	试件号	尺寸/mm
1	28.10	6	28.10	11	28.20	16	28.00	21	28.10
2	27.90	7	27.80	12	28.38	17	28.10	22	28.12
3	27.70	8	28.10	13	28.43	18	27.90	23	27.90
4	28.00	9	27.95	14	27.90	19	28.04	24	28.06
5	28.20	10	28.26	15	27.84	20	27.86	25	27.80

9-14　切削加工后的表面粗糙度由哪些因素造成？要使表面粗糙度变小，对各种因素应如何加以控制？

9-15　采用粒度为 F36 的砂轮磨削钢件外圆，其表面粗糙度要求为 $Ra1.6\mu m$；在相同的磨削用量下，采用粒度为 F60 的砂轮可使表面粗糙度降低到 $Ra0.2\mu m$，这是为什么？

9-16　磨削烧伤的实质是什么？减小磨削烧伤的措施通常有哪些？

9-17　什么是自激振动？它与受迫振动的主要区别是什么？采取哪些措施可以抑制自激振动？

9-18　车外圆时，车刀安装高一点或低一点，哪种情况抗振性好？镗孔时，镗刀安装高一点或低一点，哪种情况抗振性好？为什么？

第十章 机械制造工艺规程设计

第一节 基 本 概 念

一、生产过程和工艺过程

（一）生产过程

把原材料转变为成品的过程，称为生产过程。生产过程一般包括原材料的运输、仓库保管、生产技术准备、毛坯制造、机械加工（含热处理）、装配、检验、喷涂和包装等。

（二）工艺过程

改变生产对象的形状、尺寸、相对位置和性质等，使其成为成品或半成品的过程，称为工艺过程。工艺过程是生产过程中的主体。其中机械加工的过程称为机械加工工艺过程。

在机械加工工艺过程中，针对零件的结构特点和技术要求，采用不同的加工方法和装备，按照一定的顺序依次进行才能完成由毛坯到零件的转变过程。因此，机械加工工艺过程是由一个或若干个顺序排列的工序组成的，而工序又由安装、工位、工步和进给组成。

（1）工序 一个或一组工人，在一个工作地对一个或同时对几个工件所连续完成的那一部分工艺过程，称为工序。划分工序的依据是工作地是否变化和工作是否连续。如图 10-1 所示的阶梯轴，当加工数量较少时，工艺过程和工序的划分见表 10-1，共有四个工序。当加工数量较多时，其工艺过程和工序的划分见表 10-2，可分为六个工序。

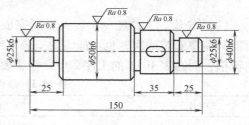

图 10-1 阶梯轴

在表 10-1 的工序 2 中，先车一个工件的一端，然后掉头装夹，再车另一端，是在同一地点，且工艺过程是连续的，因此算作一道工序。在表 10-2 的工序 2 和工序 3 中，虽然工作地点相同，但工艺过程不连续（工序 3 是在该批工件工序 2 的内容都完成后才进行的），因此算作两道工序。

上述工序的定义和划分是常规加工工艺中采用的方法。在数控加工中，根据数控加工的特点，工序的划分比较灵活，不受上述定义的限制，详见本章第三节。

（2）工步 在加工面（或装配时连接面）和加工（或装配）工具不变的情况下，所连续完成的那一部分工序内容，称为工步。划分工步的依据是加工面和工具是否变化。如表10-1 中的工序 1 有四个工步，而表 10-2 中的工序 4 只有一个工步。

但是，为了简化工艺文件，对在一次安装中连续进行若干个相同的工步，通常都看作一个工步。如钻削图 10-2 所示零件上六个 $\phi20$mm 的孔，可写成一个工步——钻 $6 \times \phi20$mm 孔。有时为了提高生产率，用几把不同刀具或复合刀具同时加工一个零件上的几个表面，通常称此工步为复合工步。图10-3所示情况就是一个复合工步。

（3）进给 在一个工步内，若被加工表面需切除的余量较大，可分几次切削，每次切削称为一次进给。如图10-4所示的零件加工，第一工步只需一次进给，第二工步需分两次进给。

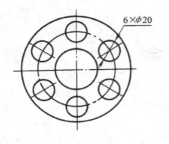

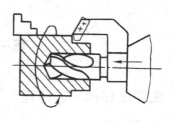

图10-2 加工六个表面相同的工步　　　　　　图10-3 复合工步

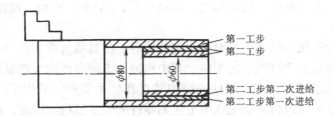

图10-4 阶梯轴的车削进给

（4）安装 工件经一次装夹后所完成的那一步工序，称为安装。在一道工序中，工件可能只需要安装一次，也可能需要安装几次。在表10-2的工序4中，只需一次安装即可铣出键槽，而在表10-1的工序2中，至少要两次安装，才能完成全部工序内容。

表10-1 单件小批生产的工艺过程

工序号	工序内容	设备
1	车两端面、钻两端中心孔	车床
2	车外圆、车槽和倒角	车床
3	铣键槽、去毛刺	铣床、钳工
4	磨外圆	磨床

表10-2 大批量生产的工艺过程

工序号	工序内容	设备
1	两端同时铣端面、钻中心孔	专用机床
2	车一端外圆、车槽和倒角	车床
3	车另一端外圆、车槽和倒角	车床
4	铣键槽	铣床
5	去毛刺	钳工台或专门毛刺去除机
6	磨外圆	磨床

（5）工位 为了完成一定的工序部分，一次装夹工件后，工件（或装配单元）与夹具

或设备的可动部分一起相对刀具或设备的固定部分所占据的每一个位置，称为工位。常用各种回转工作台、移动工作台、回转夹具或移动夹具，使工件在一次安装中先后处于几个不同的位置进行加工，图 10-5 所示为一利用移动工作台或移动夹具，在一次安装中顺次完成铣端面、钻中心孔两工位加工的实例。采用这种多工位加工方法，为减少了安装次数，可以提高加工精度和生产率。

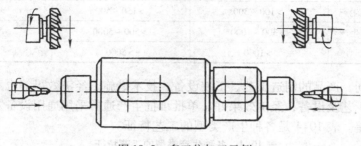

图 10-5 多工位加工示例

二、生产纲领和生产类型

（一）生产纲领

生产纲领是指企业在计划期内应当生产的产品产量和进度计划，通常也称为年产量。零件的生产纲领还包括一定的备品和废品数量。它可按下式计算

$$N = Qn(1 + \alpha)(1 + \beta) \tag{10-1}$$

式中　N——零件的年产量，单位为件/年；

　　　Q——产品年产量，单位为台/年；

　　　n——每台产品中该零件数量，单位为件/台；

　　　α——备品百分率；

　　　β——废品百分率。

（二）生产类型

生产类型是指企业（或车间、工段、班组、工作地）生产专业化程度的分类。一般把机械制造生产分为三种类型。

（1）单件生产　单件生产是指产品品种多，而每一种产品的结构、尺寸不同，且产量很少，各个工作地点的加工对象经常改变，且很少重复的生产类型。如新产品试制、重型机械和专用设备的制造等均属于单件生产。

（2）大量生产　大量生产是指产品数量很大，大多数工作地点长期地按一定节拍进行某一个零件的某一道工序的加工。如汽车、摩托车、柴油机等的生产均属于大量生产。

（3）成批生产　成批生产是指一年中分批轮流的制造几种不同的产品，每种产品均有一定的数量，工作地点的加工对象周期性地重复。如机床、电动机等均属于成批生产。

按照成批生产中每批投入生产的数量（即批量）大小和产品的特征，成批生产又可分为小批生产、中批生产和大批生产三种。小批生产与单件生产相似，大批生产与大量生产相似，常合称为单件小批生产、大批大量生产，而成批生产仅指中批生产。

生产类型的划分主要由生产纲领确定，同时还与产品大小和结构复杂程度有关。表10-3是不同类型的产品生产类型与生产纲领的关系。

表 10-3　生产类型和生产纲领的关系

生产类型		生产纲领（单位为台/年或件/年）		
		重型零件（30kg 以上）	中型零件（4～30kg）	轻型零件（4kg 以下）
单件生产		≤5	≤10	≤100
成批生产	小批生产	>5～100	>10～150	>100～500
	中批生产	>100～300	>150～500	>500～5000
	大批生产	>300～1000	>500～5000	>5000～50000
大量生产		>1000	>5000	>50000

　　生产类型不同，产品的制造工艺、工装设备、技术措施、经济效果等也不同。大批大量生产采用高效的工艺及设备，经济效果好；单批小批生产通常采用通用设备及装备，生产率低，经济效果较差。表 10-4 是各种生产类型的工艺特征。

表 10-4　各种生产类型的工艺特征

工艺特征	单件小批生产	成批生产	大批大量生产
毛坯的制造方法及加工余量	铸件用木模手工造型，锻件用自由锻。毛坯精度低，加工余量大	部分铸件用金属型造型，部分锻件用模锻。毛坯精度及加工余量中等	广泛采用金属型造型，锻件广泛采用模锻，以及其他高效方法，毛坯精度高，加工余量小
机床设备及其布置	通用机床、数控机床。按机床类别采用机群式布置	部分通用机床、数控机床及高效机床。按工件类别分工段排列	广泛采用高效专用机床及自动机床。按流水线和自动线排列
工艺装备	多采用通用夹具、刀具和量具。靠划线和试切法达到精度要求	广泛采用夹具，部分靠找正装夹达到精度要求，较多采用专用刀具和量具	广泛采用高效率的夹具、刀具和量具。用调整法达到精度要求
工人技术水平	需技术熟练工人	需技术比较熟练的工人	对操作工人的技术要求较低，对调整工人的技术要求较高
工艺文件	有工艺过程卡，关键工序要工序卡。数控加工工序要详细工序和程序单等文件	有工艺过程卡，关键零件要工序卡，数控加工工序要详细的工序卡和程序单等文件	有工艺过程卡和工序卡，关键工序要调整卡和检验卡
生产率	低	中	高
成本	高	中	低

第二节　机械加工工艺规程设计

　　规定零件制造工艺过程和操作方法等的工艺文件，称为工艺规程。它是在具体的生产条件下，以最合理或较合理的工艺过程和操作方法，并按规定的图表或文字形式书写成工艺文件，经审批后用于指导生产。工艺规程一般应包括下列内容：①零件加工的工艺路线；②各工序的具体加工内容；③各工序所用的机床及工艺装备；④切削用量及工时定额等。

一、工艺规程的作用

（1）工艺规程是指导生产的主要技术文件　合理的工艺规程是在工艺理论和实践经验的基础上制订的。按照工艺规程进行生产可以保证产品的质量，并且有较高的生产率和良好的经济效益。一切生产人员都应严格执行既定的工艺规程。

（2）工艺规程是生产组织和管理工作的基本依据　在生产管理中，原材料及毛坯的供应、通用工艺装备的准备、机床负荷的调整、专用工艺装备的设计和制造、生产计划的制订、劳动力的组织，以及生产成本的核算等，都是以工艺规程为基本依据的。

（3）工艺规程是新建或扩建工厂或车间的基本资料　在新建或扩建工厂或车间时，只有根据工艺规程和生产纲领才能正确地确定生产所需的机床和其他设备的种类、规格和数量、车间的面积、机床的布置、生产工人的工种、等级及数量，以及辅助部门的安排等。

二、工艺规程设计的原则、原始资料及步骤

（一）工艺规程的设计原则

工艺规程的设计原则是：在保证产品质量的前提下，尽可能地提高生产率和降低成本。同时，还应立足于本企业实际生产条件，多采用国内、外先进工艺技术和经验，保证其技术上的先进性、经济上的合理性和良好的劳动条件。

（二）工艺规程设计所需要的原始资料

1）产品的装配图和零件图。

2）产品的生产纲领。

3）现有的生产条件和相关资料，它包括毛坯的生产条件或协作关系，工艺装备和工艺设备的制造能力，机加工车间的设备和工艺装备条件，工人的技术水平以及各种工艺资料和相关标准等。

4）国内、外同类产品的有关资料等。

（三）工艺规程设计的步骤

1）分析零件图和产品装配图。

2）确定毛坯。

3）拟定工艺路线。

4）确定各工序尺寸及公差。

5）确定各工序的设备、刀夹量具和辅助工具。

6）确定切削用量和工时定额。

7）确定各重要工序的技术要求及检验方法。

8）填写工艺文件。

下面将分别对上述问题进行分析讨论。

三、零件的工艺分析

在设计零件的某一工艺规程时，首先要进行零件的工艺分析。以便掌握该零件的结构特点和主要技术要求，从而确定合理的加工方法与加工顺序。同时，审查零件设计结构的优劣，提出合理建议。零件工艺分析主要包括以下两个方面。

（一）产品的零件图与装配图分析

工艺分析时，应以零件图的研究为重点，结合产品的总装图、部件装配图及验收标准，从中了解零件的功用、配合及主要技术要求制订的依据。

研究零件图时要注意以下几个问题：

（1）零件的结构分析　首先要分析零件由哪些表面组成，因为表面形状是选择加工方法的基本因素。例如，外圆表面可由车、磨加工；内孔表面可由钻、扩、铰、镗、磨等方法加工；平面可由车、铣、刨、插、磨等方法获得。其次，还要注意这些表面本身的特征及不同的组合。例如，同为内孔表面，会有大孔与小孔，深孔与浅孔的不同特点。表面组合形式不同，会形成不同类别的零件。例如，以外圆为主的表面，即可组成盘、环类零件，亦可构成轴、套类零件。这些不同表面特征和不同组合形式的零件，其加工工艺过程将有很大的不同。

（2）零件的技术要求分析　零件的技术要求包括以下几点：

1）加工面的尺寸精度、形状精度和主要加工面之间的相互位置精度。

2）各加工面的表面粗糙度及表面质量方面的其他要求。

3）热处理及其他要求。

根据零件的主要加工面加工精度和表面质量要求，可初步确定最终加工方法及相应的工序加工方法。例如，较小尺寸的 IT7 级精度内孔，终加工方法若取精铰，则精铰前通常要进行钻孔、扩孔和粗铰孔加工。

根据零件主要加工面间的相互位置精度要求，可初步确定各加工面的加工顺序。而零件的热处理要求，则影响加工方法和加工余量的选择，同时对零件加工工艺路线的安排有一定的影响，其具体内容将在以后重点讨论。

（二）零件的结构工艺性分析

零件的结构工艺性分析是指零件的结构，在满足使用性能要求的前提下，零件制造的可行性和经济性。它包括零件各个制造过程中的工艺性，有零件结构的铸造、锻压、冲压、焊接、热处理、切削加工等工艺性，涉及面广，综合性强。

在制订机械加工工艺规程时，主要进行零件切削加工工艺性分析。

表 10-5 列出了一些零件机械加工工艺性对比实例。

表 10-5　零件机械加工工艺性对比实例

序号	改进前结构	改进后结构	说　　明
1	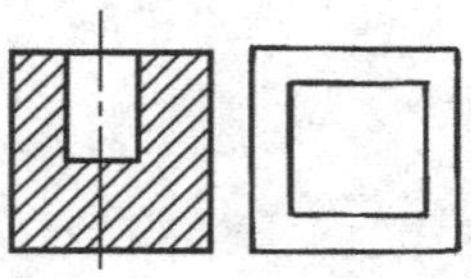	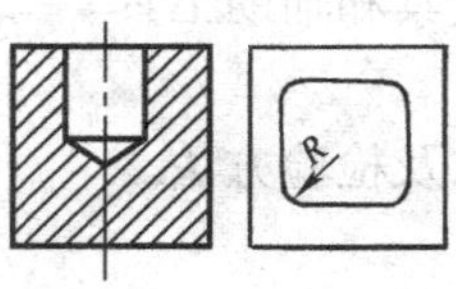	改进前的孔底和槽壁形状不易加工；改进后的形状与刀具结构形状相适应，自然成形
2	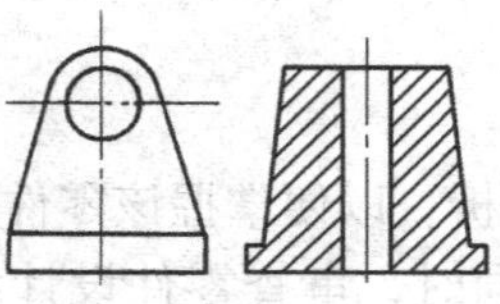	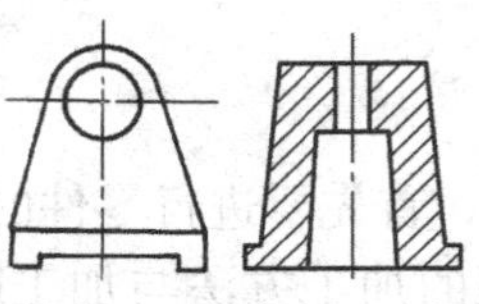	改进前，底面积和孔加工余量大，既浪费材料又增加加工量；改进后，既减少材料又减少加工量

（续）

序号	改进前结构	改进后结构	说　明
3	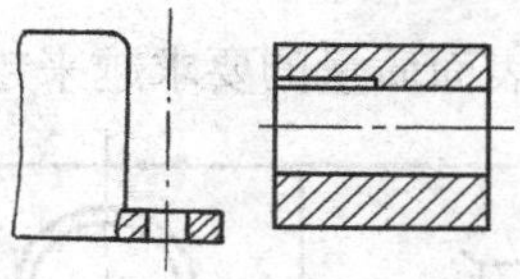	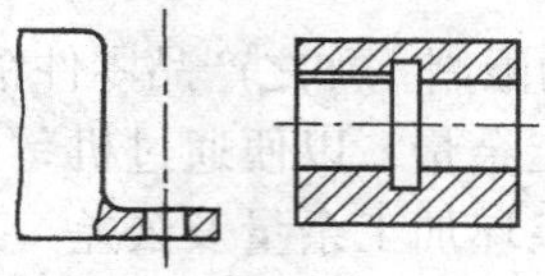	改进前，孔距立壁太近，钻夹与壁面相碰无法钻孔，键槽无越程槽，不便加工；改进后，便于刀具引进和退出
4	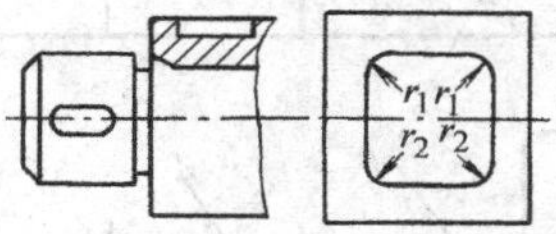	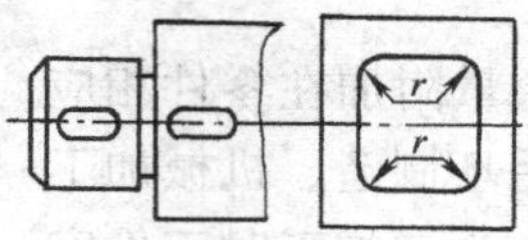	改进前两个键槽不在同一方向，需两次装夹（或工位），槽壁圆角半径不等，增加换刀次数；改进后，只需一次装夹（或工位），只需一把铣刀

在进行零件工艺分析时，若发现零件图、装配图中的错误或遗漏，结构工艺性不好等，应提出修改意见。但修改时应征得原设计人员的同意，并履行一定的手续。

四、毛坯的选择

毛坯的选择包括选择毛坯种类、制造方法和确定毛坯的形状、尺寸。

（一）毛坯种类的选择

1. 毛坯种类、特点及制造方法

机械加工中常见毛坯的种类有：铸件、锻件、冲压件、型材、焊接件等，以下对各种毛坯的特点及制造方法进行简单介绍。

（1）铸件　适合形状复杂的毛坯，但其力学性能较低。根据造型方法不同，铸造方法分砂型铸造和特种铸造。

（2）锻件　适合具有高强度和韧性的毛坯，主要用于大载荷或冲击载荷下工作的零件。锻压加工方法主要有自由锻造和热模锻造两种。

（3）型材　型材有热轧和冷拉两种。热轧型材尺寸较大，精度较低，多用于一般零件的毛坯；冷拉型材尺寸较小，精度较高，多用于毛坯精度较高、生产批量较大的中小型零件。

（4）焊接件　焊接方法简单方便，生产周期短，但零件变形大，须经时效处理并校正后，才能机械加工。主要用于尺寸较大、形状简单毛坯的单件小批生产。

2. 选择毛坯和制造方法时应综合考虑的因素

（1）零件的材料及力学性能　零件的材料特性（可铸性、可锻性）大致确定了毛坯的种类，而力学性能的高低，也在一定程度上影响毛坯的种类，如受力较大的钢件，毛坯应选锻件而不是型材。

（2）生产类型　当零件的批量较大时，应选择精度和生产率较高的毛坯制造方法，这样可降低机加工成本和减少材料的消耗。反之，则应采取精度和生产率较低的毛坯制造方法。

（3）零件的形状和尺寸　形状复杂的毛坯，宜采用铸造方法。尺寸较大时，可用砂型铸造，中、小尺寸可考虑采用金属型铸造或其它特种铸造方法。

（4）现有生产条件　选择毛坯时，还要考虑本企业毛坯制造的实际工艺水平，设备状况及外协的可能性等。

（二）毛坯的形状和尺寸

由于现有毛坯制造工艺技术的限制，加之产品零件精度和表面质量的要求越来越高，毛坯上某些表面仍需留有一定的加工余量，以便通过机械加工来达到零件的质量要求。毛坯加工余量及公差与毛坯的制造方法有关，其具体数值可参照有关工艺手册确定。

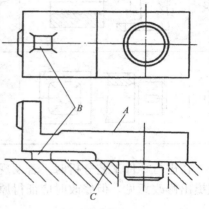

毛坯的形状和尺寸，除了将余量附加在零件相应加工表面上之外，还要综合考虑毛坯制造、机械加工及热处理等诸多工艺因素的影响。为了加工时工件安装的方便，有些铸件毛坯需铸出工艺凸台，如图 10-6 所示。工艺凸台在零件加工后，可以保留，当影响外观和使用性能时应予以切除。在机械加工中，有时会遇到一些如汽车曲柄连杆中的连杆与连杆盖，车床进给系统中的开合螺母外壳（图 10-7）等零件。为了保证这些零件的加工质量，同时也为了加工方便，常将

图 10-6　具有工艺凸台的毛坯
A—加工面　B—工艺凸台　C—定位面

这些分离零件先作成一整体毛坯，加工到一定阶段后再切割分离。

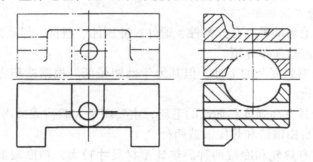

图 10-7　车床开合螺母外壳简图

五、工艺路线的拟定

机械加工工艺规程的设计，大体上分两个步骤。第一，拟定零件加工工艺路线；第二，确定每一工序的工艺尺寸、所用设备、工艺装备以及切削规范和工时定额等。

零件的机械加工工艺路线的拟定是制订工艺过程的总体布局，是指零件生产过程中，由毛坯到成品所经过的工艺流程。在拟定工艺路线时，除首先考虑定位基准的选择外，还应当考虑各表面加工方法、工序集中与分散的程度、加工阶段的划分和工序先后顺序的安排等问题。设计者一般应提出几种不同的方案，通过分析对比，从中确定一最佳方案。工艺路线的拟定经过多年的生产实践，已总结出一些综合性原则，现分述如下。

（一）定位基准的选择

1. 基准及其分类

零件图、实际零件或工艺文件上用于确定某个点、线、面的位置所依据的点、线、面，

称为基准。根据基准功用不同，分为设计基准和工艺基准。

（1）设计基准 设计图样上所采用的基准，称为设计基准。

（2）工艺基准 在工艺过程中所采用的基准，称为工艺基准。它包括：

1）装配基准。装配时用以确定零件在部件或产品中的相对位置时采用的基准。

2）测量基准。测量时采用的基准。

3）工序基准。在工序图上用于确定本工序加工面加工后的尺寸、形状、位置的基准。

4）定位基准。在加工中确定工件的位置时采用的基准。

作为基准的点、线、面有时在工件上并不一定实际存在（如孔和轴的轴线，两平面之间的对称中心面等），在定位时是通过有关具体表面体现的，这些表面称为定位基面。工件以回转表面（如孔、外圆）定位时，回转表面的轴线是定位基准，而回转表面就是定位基面。工件以平面定位时，其定位基准与定位基面一致。

图 10-8 所示为各种基准之间相互关系的实例。

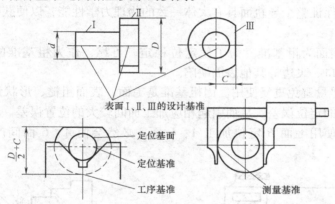

图 10-8 各种基准之间相互关系的实例

2. 定位基准的选择原则

正确选择定位基准对保证零件表面间的相互位置精度和安排工序加工顺序均有很大影响。若用夹具装夹零件时，定位基准的选择还会影响夹具的结构。

定位基准按定位表面精度的不同可分为粗基准和精基准。在最初的工序中，只能用工件上未经加工的毛坯表面作为定位基准，这种定位基准称为粗基准。在以后的工序中，须采用已加工表面作为定位基准，称为精基准。下面介绍定位基准选择的一般原则。

（1）粗基准的选择原则

1）选择加工余量最小的面作为粗基准。为保证零件各个加工面均能分配到足够的加工余量，应选加工余量最小的面作为粗基准。如图 10-9 所示的阶梯轴铸件毛坯，毛坯大、小头余量分别为 8mm、5mm，其同轴度误差为 0～3mm，若以加工余量大的大头为粗基准，先车小头，当毛坯的同轴度误差大于 2.5mm 时，则小头的加工余量不足，而导致废品。反之，若以小头为粗基准，先车大头，则上述现象可避免。

2）选择非加工面为粗基准。为保证零件上加工面与非加工面的相对位置要求，应选非加工面为粗基准。如图 10-10 所示的铸件毛坯，外圆表面 A 为非加工面，为保证孔加工后壁厚均匀，应选择外圆表面 A 为粗基准。当零件上有若干个非加工面时，应选择其中与加工面有较高位置精度要求的非加工面为粗基准。

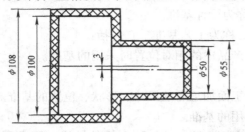

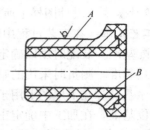

图 10-9　以加工余量小的面为粗基准实例　　　　图 10-10　以非加工面为粗基准实例

3）选择重要表面为粗基准。为保证零件上重要表面加工余量均匀，应选重要表面为粗基准。如图 10-11 所示的床身零件，应选重要表面——导轨面作为粗基准。其加工过程为：先以导轨面为粗基准加工床脚平面，再以床脚面为精基准加工导轨面，这样就可使导轨面加工余量小而均匀，保证整个导轨面具有大体一致的物理力学性能，以便获得更好的硬度和耐磨性。

4）选择平整表面为粗基准。为了使定位稳定、可靠，作为粗基准的表面应平整、光洁、没有浇口、冒口、飞边等其他表面缺陷。

5）粗基准应尽量避免重复使用。因粗基准是毛面，表面粗糙、形状误差大，若重复使用，则会产生较大的定位误差，从而引起相应加工面间较大的位置误差。如图 10-12 所示小轴的加工，若重复使用毛面 B 定位加工 A、C 面，必然会使 A、C 面间产生较大的同轴度误差。

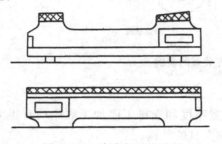

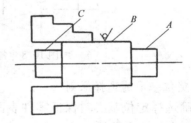

图 10-11　床身粗基准选择　　　　　　　图 10-12　重复使用粗基准实例

A、C—加工面　B—毛坯面

（2）精基准的选择原则

1）基准重合原则。采用工序基准作为定位基准称为基准重合。如图 10-13a 所示零件，e 面已加工好，现以 e 面定位用调整法（先调整好刀具和工件在机床上的相对位置，并在一批工件的加工过程中保持这个位置不变，以保证工件被加工尺寸的方法）分别加工 f 面和 g 面。加工 f 面时，将工件装夹在铣床夹具上，调好刀具至夹具定位元件的距离，使其距离等于 A（图 10-13b），并在一批工件加工中始终保持这一位置不变。由于工艺系统中多种工艺因素的影响，该批工件加工后的尺寸 A 仍有误差 Δa，这种误差称为加工误差。只要工艺措施得当，保证 $\Delta a \leqslant T_A$，就不会产生废品。若仍以 e 面定位用调整法加工 g 面，此时直接保证的尺寸为 C（刀具相对夹具定位元件的距离）。按此法加工 g 面，尺寸 B 的加工误差不仅包含本工序的加工误差 Δx，同时还受上一道工序尺寸误差的影响，如图 10-13c 所示。则尺

寸 B 的变化范围为：$T_A + \Delta x$，为保证加工尺寸 B 的精度要求，应使：$T_A + \Delta x \leqslant T_B$（暂不考虑夹具的有关误差）。由上述分析可知，加工 g 面时，由于工序基准 f 与定位基准 e 不重合，间接保证的尺寸 B 其加工误差是尺寸 A 与尺寸 C 的加工误差之和，尺寸 B 的误差中引入了一个从定位基准到工序基准之间的尺寸 A 的误差，即基准不重合误差 T_A。由于 T_A 的出现，势必要缩小 Δx 值，即提高本工序的加工精度，从而增加了加工难度。因此，基准选择时应尽可能使工序基准与定位基准重合。

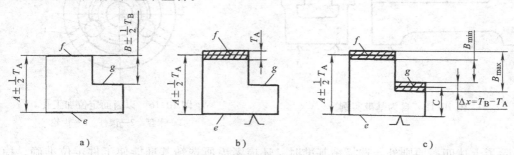

图 10-13　基准不重合误差对加工精度的影响

　　应用基准重合原则时，应注意具体条件。定位过程中产生的基准不重合误差，是在用夹具装夹、调整法加工一批工件时产生的。若用试切法（通过试切—测量—调整—再试切，反复进行到被加工尺寸达到要求为止的加工方法）加工，设计要求的尺寸一般可直接测量，则不存在基准不重合误差。在带有自动测量功能的数控机床上加工，可在工艺中安排坐标系测量检查工步，即每个零件加工前由 CNC 系统自动控制测量头检测工序基准并自动计算、修正坐标值，消除基准不重合误差。因此，不必遵循基准重合原则。

　　2）基准统一原则。当工件以某一组精基准可以比较方便地加工其他各加工面时，应尽可能在多数工序中采用同一组精基准定位，这就是基准统一原则。采用基准统一原则可以避免基准变换所产生的误差，提高各加工面之间的位置精度，同时简化夹具的设计和制造工作量。

　　例如加工轴类零件时，采用两端中心孔作统一基准加工各外圆表面，这样可以保证各加工面之间较高的同轴度。又如图 10-14 所示的汽车发动机机体，在加工其主轴承座孔、凸轮轴座孔、气缸孔及气缸孔端面时，采用底面及底面上的两个工艺孔作为统一的精基准，就能较好地保证这些加工面之间的相互位置关系。

　　3）自为基准原则。某些要求加工余量小而均匀的精加工工序，选择加工面本身作为定位基准，称为自为基准原则。

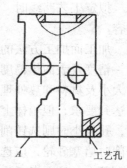

图 10-14　发动机机体

　　例如，图 10-15 所示的导轨面磨削，在磨床上用百分表找正导轨面相对机床运动方向的正确位置，然后磨去薄而均匀的一层，以满足对导轨面的质量要求。采用自为基准原则加工时，只能提高加工面本身的尺寸精度、形状精度，而不能提高加工面的位置精度，加工面的位置精度应由前道工序保证。

　　4）互为基准原则。为使各加工面之间有较高的位置精度，又为了使其加工余量小而均匀，可采用两个表面互为基准反复加工，称为互为基准原则。

例如，车床主轴颈与前端锥孔有很高的同轴度要求，生产中常以主轴颈表面和锥孔表面互为基准反复加工来达到。又如加工精密齿轮，可采用齿面和内孔互为基准（图10-16），反复加工。

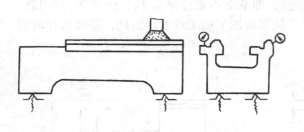

图10-15　自为基准实例

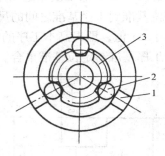

图10-16　以齿面定位加工孔
1—卡盘　2—滚柱　3—齿轮

除了上述四条原则外，选择精基准时，还应考虑所选精基准能使工件定位准确、稳定，装夹方便，进而使夹具结构简单、操作方便。

在实际生产中，有时很难做到精基准的选择完全符合上述原则。例如，统一的定位基准与工序基准不重合时，就不可能同时遵循基准统一原则和基准重合原则。在这种情况下，如采用统一定位基准，尺寸精度能够保证，则应遵循基准统一原则。若不能保证尺寸精度，则可在粗加工和半精加工时遵循基准统一原则，在精加工时遵循基准重合原则。所以，应根据具体的加工对象和加工条件，从保证主要技术要求出发，灵活选用有利的精基准。

（3）辅助基准的选择　有些零件的加工，为了装夹方便或易于实现基准统一，人为地造成一种定位基准，称为辅助基准。例如，轴类零件加工所用的两个中心孔或图10-14所示零件的两个工艺孔等。作为辅助基准的表面不是零件的工作表面，在零件的工作中不起任何作用，只是由于工艺上的需要才做出的。所以，有些可在加工完毕后从零件上切除。

（二）加工方法和加工方案的选择

拟定工艺路线时，除正确地选择定位基准外，各加工面加工方法的确定也是一项主要内容。

加工面加工方法的选择，首先要保证加工面的加工精度和表面粗糙度的要求。由于获得同一精度及表面粗糙度的加工方法往往有若干种，实际选择时还要结合零件的结构形状、尺寸大小及材料和热处理的要求全面考虑。例如IT7级的孔，采用镗削、铰削、拉削、磨削均可达到要求，但箱体上的孔一般不宜采用拉削和磨削，而常采用镗削和铰削；孔径大时选镗削，孔径小时则选铰削；对于淬火零件，热处理后应选磨削；对于有色金属的零件，为避免磨削时堵塞砂轮，应选其他加工方法。

其次，还要考虑生产率和经济性的要求。大批大量生产时，应尽可能地采用高效率的先进工艺方法，如拉削内孔、平面，同时加工几个表面的组合铣削或组合磨削等。

此外，任何一种加工方法，可获得的加工精度和表面粗糙度均有一较大的变动范围，但只有在一定的精度范围内才是经济的，在这一范围内的加工精度和表面粗糙度即为该加工方法的经济精度和经济粗糙度。选择加工方法时，应根据工件的精度要求选择与经济精度相适应的加工方法。例如IT7级、$Ra0.4\mu m$的外圆，通过车削虽也可以达到，但在经济上不及磨削合理。各种加工方法所能达到的经济精度和经济粗糙度等级，在机械加工的各种手册中都能查到。表10-6、表10-7 和表10-8 分别摘录了外圆、孔和平面等典型表面的加工方法及其加工经济精度和表面粗糙度，供选用时参考。

最后，加工面加工方法的选择还要考虑现场的实际情况，如设备的精度状况、载荷以及工艺装备和工人技术水平等。根据上述因素确定了某个加工面的最终加工方法后，还必须正确地确定从毛坯到最终成形的加工面加工路线——加工方案，才能付诸实施。下面介绍几种生产中常见的、较为成熟的加工面加工路线，供选用时参考。

表 10-6 外圆加工方法的加工经济精度及表面粗糙度

加工方法	加工性质	加工经济精度（IT）	表面粗糙度 $Ra/\mu m$
车	粗车	12 ~ 13	10 ~ 80
	半精车	10 ~ 11	2.5 ~ 10
	精车	7 ~ 8	1.25 ~ 5
	金刚石车	5 ~ 6	0.02 ~ 1.25
外磨	粗磨	8 ~ 9	1.25 ~ 10
	半精磨	7 ~ 8	0.63 ~ 2.5
	精磨	6 ~ 7	0.16 ~ 1.25
	精密磨	5 ~ 6	0.08 ~ 0.32
	镜面磨	5	0.008 ~ 0.08
研磨	粗研	5 ~ 6	0.16 ~ 0.63
	精研	5	0.04 ~ 0.32
超精加工	精	5	0.08 ~ 0.32
	精密	5	0.01 ~ 0.16

表 10-7 孔加工方法的加工经济精度及表面粗糙度

加工方法	加工性质	加工经济精度（IT）	表面粗糙度 $Ra/\mu m$
钻	实心材料	11 ~ 12	2.5 ~ 20
扩	粗扩	12	10 ~ 20
	铸或冲孔后一次扩	11 ~ 12	
	精扩	10	2.5 ~ 10
铰	半精铰	10 ~ 11	5 ~ 10
	精铰	8 ~ 9	1.25 ~ 5
	细铰	6 ~ 7	0.32 ~ 1.25
拉	粗拉	10 ~ 11	2.5 ~ 5
	精拉	7 ~ 9	0.63 ~ 2.5
镗	粗镗	12	10 ~ 20
	半精镗	11	5 ~ 10
	精镗	8 ~ 10	1.25 ~ 5
	细镗	6 ~ 7	1.32 ~ 1.25

（续）

加工方法	加工性质	加工经济精度（IT）	表面粗糙度 $Ra/\mu m$
内磨	粗磨	9	1.25 ~ 10
	精磨	7 ~ 8	0.32 ~ 1.25
珩	粗珩	5 ~ 6	0.32 ~ 1.25
	细珩	5	0.04 ~ 0.32
研	粗研	5 ~ 6	0.32 ~ 1.25
	精研	5	0.01 ~ 0.32

表 10-8　平面加工方法的加工经济精度及表面粗糙度

加工方法	加工性质	加工经济精度（IT）	表面粗糙度 $Ra/\mu m$
周铣	粗铣	11 ~ 12	5 ~ 20
	精铣	10	1.25 ~ 5
端铣	粗铣	11 ~ 12	5 ~ 20
	精铣	9 ~ 10	0.63 ~ 5
车	半精车	10 ~ 11	5 ~ 10
	精车	9	2.5 ~ 10
	细车（金刚石车）	7 ~ 8	0.63 ~ 1.25
刨	粗刨	11 ~ 12	10 ~ 20
	精刨	9 ~ 10	2.5 ~ 10
	宽刀精刨	7 ~ 9	0.32 ~ 1.25
平磨	粗磨	9	2.5 ~ 5
	半精磨	7 ~ 8	1.25 ~ 2.5
	精磨	7	0.16 ~ 0.63
	精密磨	6	0.016 ~ 0.16
刮研	手工刮研	10 ~ 20 点/25mm × 25mm	0.16 ~ 1.25
研磨	粗研	6 ~ 7	0.32 ~ 0.63
	精研	5	0.08 ~ 0.32

1. 外圆表面加工路线

常用的外圆表面加工路线有以下几条：

（1）粗车—半精车—精车　如果加工精度要求较低，也可以只取粗车或粗车—半精车。

（2）粗车—半精车—粗磨—精磨　对于黑色金属材料，公差等级等于或低于 IT6，表面粗糙度 Ra 等于或大于 0.4μm 的外圆表面，特别是有淬火要求的表面，通常采用这种加工路线，有时也可采用粗车—半精车—磨的方案。

（3）粗车—半精车—精车—金刚石车　这种加工路线主要适用于有色金属材料及其他不宜采用磨削加工的外圆表面。

（4）粗车—半精车—粗磨—精磨—精密加工（或光整加工）　当外圆表面精度要求特别高或表面粗糙度要求特别小时，在方案（2）的基础上，还要增加精密加工或光整加工方法。常用的外圆表面的精密加工方法有：研磨、精研磨及超精加工等。

2．内圆表面加工路线

常用的内圆表面加工路线有以下几条：

（1）钻—扩—粗铰—精铰　此方案适用于直径小于 40mm 的中小孔。其中扩孔能够纠正孔的位置误差。若孔的精度要求较低，可采用钻—扩—铰即可。

（2）粗镗（或钻）—半精镗—精镗　这条加工路线适合于直径较大的孔、位置精度要求较高的孔系、单件小批生产中的非标准中小尺寸孔和有色金属材料制成的孔。

在上述情况下，若毛坯上已有底孔，则第一道工序安排粗镗（或扩），若毛坯上没有底孔，第一道工序应安排钻。当孔的加工精度要求较高时，可在精镗后安排浮动镗、金刚镗或珩磨等精密加工方法。

（3）钻—拉　此方案多用于大批大量生产中加工盘套类零件的圆孔、单键孔及内花键。当孔的加工精度要求较高时，拉削可分粗拉和精拉。

（4）粗镗—半精镗—粗磨—精磨　此方案主要适用于中小型淬硬零件的孔加工。当孔的精度要求较高时，可再增加珩磨或研磨等精加工工序。

3．平面加工路线

平面加工一般采用车、铣或刨削。要求较高的表面还必须安排精加工，常用的平面精加工方法有以下几种：

（1）磨削　磨削主要用于中小型零件的淬硬表面加工，要求更高的零件表面可以在粗磨—精磨后再安排研磨或精密磨削。

（2）刮研　刮研是获得精密平面的传统加工方法，这种加工方法劳动量大，生产率低，仅在单件小批生产和修配工件中有一定的应用。

（3）高速精铣或宽刀精刨　高速精铣主要应用于不淬硬的中小型零件平面精加工；宽刀精刨多用于大型零件特别是狭长平面的精加工。

（4）拉削　拉削的生产率非常高，主要用于大量生产中较小平面的精加工。

（三）加工阶段的划分

1．各加工阶段的任务

对于加工质量要求较高的零件，工艺过程都应分阶段进行，机械加工工艺过程一般可分为以下几个阶段：

（1）粗加工阶段　其任务是切除毛坯上大部分多余的金属，使毛坯在形状和尺寸上接近零件成品，因此，主要目标是提高生产率。

（2）半精加工阶段　其主要任务是使主要表面达到一定的精度，留有一定的加工余量，为主要表面的精加工（如精车、精磨）做好准备。并可完成一些次要表面的加工，如扩孔、攻螺纹、铣键槽等。

（3）精加工阶段　其任务是保证各主要表面达到规定的尺寸精度和表面粗糙度要求。主要目标是全面保证加工质量。

（4）光整加工阶段　对零件上精度和表面粗糙度要求很高（IT6 级以上，表面粗糙度为 $Ra0.2\mu m$ 以下）的表面，需进行光整加工，其主要目标是提高尺寸精度、减小表面粗糙度，一般不用于提高位置精度。

2. 划分加工阶段的目的

（1）保证加工质量 工件在粗加工时，切除的金属层较厚，切削力和夹紧力都比较大，切削温度也高，将引起较大的变形。如果不划分加工阶段，粗、精加工混在一起，就无法避免上述原因引起的加工误差。按加工阶段加工，粗加工造成的加工误差可以通过半精加工和精加工来纠正，从而保证零件的加工质量。

（2）合理使用设备 粗加工余量大，切削用量大，可采用功率大，刚度好，效率高而精度低的机床。精加工切削力小，对机床破坏小，采用高精度机床。这样发挥了设备的各自特点，既能提高生产率，又能延长精密设备的使用寿命。

（3）便于及时发现毛坯缺陷 对毛坯的各种缺陷，如铸件的气孔、夹砂和余量不足等，在粗加工后即可发现，便于及时修补或决定报废，以免继续加工，造成浪费。

（4）便于安排热处理工序 粗加工后，一般要安排去应力的热处理，以消除内应力。精加工前要安排淬火等最终热处理，其变形可以通过精加工予以消除。

加工阶段的划分也不应绝对化，应根据零件的质量要求、结构特点和生产纲领灵活掌握。对加工质量要求不高、工件刚性好、毛坯精度高、加工余量小、生产纲领不大时，可不必划分加工阶段。对刚性好的重型工件，由于装夹及运输很费时，也常在一次装夹下完成全部粗、精加工。对于不划分加工阶段的工件，为减少粗加工中产生的各种变形对加工质量的影响，在粗加工后，松开夹紧机构，停留一段时间，让工件充分变形，然后再用较小的夹紧力重新夹紧，进行精加工。

（四）工序的划分

1. 工序划分原则

工序的划分可以采用两种不同的原则，即工序集中原则和工序分散原则。

（1）工序集中原则 工序集中就是将工件的加工集中在少数几道工序内完成，每道工序的加工内容较多。工序集中有利于采用高效的专用设备和数控机床；减少了机床数量、操作工人数和占地面积；一次装夹后可加工较多表面，不仅保证了各个加工面之间的相互位置精度，同时还减少了工序间的工件运输量和装夹工件的辅助时间。但专用设备和工艺装备投资大，尤其是专用设备和工艺装备调整和维修比较麻烦，不利于转产。

（2）工序分散原则 工序分散就是将工件的加工分散在较多的工序内进行，每道工序的加工内容很少。工序分散使设备和工艺装备比较简单，调整和维修方便，操作简单，转产容易；有利于选择合理的切削用量，减少机动时间。但工艺路线长，所需设备及工人人数多，占地面积大。

2. 工序划分方法

工序划分主要考虑生产纲领、所用设备及零件本身的结构和技术要求等因素。

大批量生产时，若使用多刀、多轴等高效机床，工序可按集中原则划分；若在由组合机床组成的自动线上加工，工序一般按分散原则划分。现代生产的发展多趋向于前者。单件小批生产时，工序划分通常采用集中原则。成批生产时，工序既可按集中原则划分，也可按分散原则划分，应视具体情况而定。对于尺寸和质量都很大的重型零件，为减少装夹次数和运输量，应按集中原则划分工序。对于刚性差且精度高的精密零件，应按工序分散原则划分工序。

（五）工序顺序的安排

零件的加工工序通常包括机械加工工序、热处理工序和辅助工序等。这些工序的顺序直接影响到零件的加工质量、生产率和加工成本。因此，在设计工艺路线时，应合理地安排好机械加工、热处理和辅助工序的顺序。

1. 机械加工工序的安排

机械加工工序通常按下列原则安排顺序：

（1）基面先行原则　用作精基准的表面，应优先加工。因为定位基准的表面越精确，装夹误差就越小，所以任何零件的加工过程，总是首先对定位基准面进行粗加工和半精加工，必要时，还要进行精加工。例如，轴类零件总是先加工中心孔，再以中心孔为精基准加工外圆表面和端面。箱体零件总是先加工定位用的平面及两个定位孔，再以平面和定位孔为精基准加工孔系和其他平面。

（2）先粗后精原则　各个表面的加工顺序按照粗加工—半精加工—精加工—光整加工的顺序依次进行，这样才能逐步提高加工表面的精度和减小表面粗糙度。

（3）先主后次原则　零件上的工作面及装配面精度要求较高，属于主要表面，应先加工。自由表面、键槽、紧固用的螺孔和光孔等表面，精度要求较低，属于次要表面，可穿插进行，一般安排在主要表面达到一定精度后、最终精加工之前加工。

（4）先面后孔原则　对于箱体类、支架类、机体类的零件，一般先加工平面，后加工孔。这样安排加工顺序，一方面是用加工过的平面定位，稳定可靠；另一方面是在加工过的平面上加工孔，比较容易，并能提高孔的加工精度。特别是钻孔，孔的轴线不易偏斜。

2. 热处理工序的安排

为提高材料的力学性能，改善材料的切削加工性和消除工件内应力，在工艺过程中要适当安排一些热处理工序。

（1）预备热处理　预备热处理安排在粗加工前后。其目的是改善材料的切削加工性，消除毛坯应力，改善组织。常用的有正火、退火及调质等。

（2）消除残余应力热处理　由于毛坯在制造和机械加工过程中，产生的内应力会引起工件变形，影响产品质量，所以要安排消除内应力处理。常用的有人工时效、退火等。对于一般形状的铸件，应安排两次时效处理。对于精密零件要多次安排时效处理，加工一次安排一次。

（3）最终热处理　最终热处理的目的是提高零件的强度、硬度和耐磨性。常安排在精加工之前，以便通过精加工纠正热处理引起的变形。常用的有表面淬火、渗碳淬火和渗氮处理等。

3. 辅助工序的安排

辅助工序主要包括：检验、清洗、去毛刺、去磁、防锈和平衡等。其中检验工序是主要的辅助工序，是保证产品质量的主要措施之一。它通常安排在：①粗加工全部结束后，精加工结束前；②重要工序前后；③工件从一个车间转向另一个车间前后；④全部加工结束之后。

六、加工余量的确定

（一）加工余量的概念

加工余量是指加工过程中切去的金属层厚度。余量有工序余量和加工总余量之分。工序余量是相邻两工序的工序尺寸之差；加工总余量是毛坯尺寸与零件图的设计尺寸之差，它等于各工序余量之和。

由于工序尺寸有公差，实际切除的余量是一个变值，因此，工序余量分为基本余量（又称公称余量）、最大工序余量和最小工序余量。

为了便于加工，工序尺寸的公差一般按"入体原则"标注，即被包容面的工序尺寸取上极限偏差为零；包容面的工序尺寸取下极限偏差为零；毛坯尺寸的公差一般采用双向对称分布。

中间工序的工序余量与工序尺寸及其公差的关系如图 10-17 所示。由图可知，工序的基本余量、最大工序余量和最小工序余量可按下式计算：

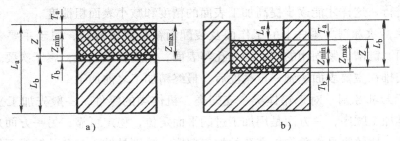

图 10-17　工序余量与工序尺寸及其公差的关系

a）被包容面　b）包容面

对于被包容面
$$Z = L_a - L_b \tag{10-2}$$
$$Z_{max} = L_{amax} - L_{bmin} = Z + T_b \tag{10-3}$$
$$Z_{min} = L_{amin} - L_{bmax} = Z - T_a \tag{10-4}$$

对于包容面
$$Z = L_b - L_a \tag{10-5}$$
$$Z_{max} = L_{bmax} - L_{amin} = Z + T_b \tag{10-6}$$
$$Z_{min} = L_{bmin} - L_{amax} = Z - T_a \tag{10-7}$$

式中　Z——工序余量的公称尺寸；

Z_{max}——最大工序余量；

Z_{min}——最小工序余量；

L_a——上工序的公称尺寸；

L_b——本工序的公称尺寸；

T_a——上工序尺寸的公差；

T_b——本工序尺寸的公差。

加工余量有单边余量和双边余量之分。平面的加工余量则指单边余量，它等于实际切削的金属层厚度。上述表面的加工余量为非对称的单边加工余量。对于内圆和外圆等回转体表面，加工余量指双边余量，即以直径方向计算，实际切削的金属层厚度为加工余量的一半。

（二）影响加工余量的因素

加工余量的大小对零件的加工质量和制造的经济性有较大的影响。余量过大会浪费原材料及机械加工的工时，增加机床、刀具及能源等的消耗；余量过小则不能消除上下工序留下的各种误差、表面缺陷和本工序的装夹误差，容易造成废品。因此，应根据影响余量大小的因素合理地确定加工余量。影响加工余量大小的因素有以下几种。

1. 上工序的各种表面缺陷和误差

（1）上工序表面粗糙度 Ra 和缺陷层 D_a　为了使工件的加工质量逐步提高，一般每道工序都应切到待加工表面以下的正常金属组织，将上工序留下的表面粗糙度 Ra 和缺陷层 D_a 全部切去，如图 10-18 所示。

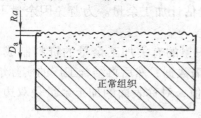

图 10-18　表面粗糙度及缺陷层

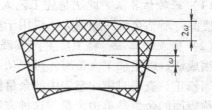

图 10-19　轴线弯曲对加工余量的影响

（2）上工序的尺寸公差 T_a　从图 10-17 可知，上工序的尺寸公差 T_a 直接影响本工序的基本余量，因此，本工序的余量应包含上工序的尺寸公差 T_a。

（3）上工序的几何公差（也称空间误差）ρ_a　当几何公差与尺寸公差之间的关系是包容原则时，尺寸公差控制几何公差，可不计 ρ_a 值。但当几何公差与尺寸公差之间是独立原则或最大实体原则时，尺寸公差不控制几何公差，此时加工余量中要包括上工序的几何公差 ρ_a。如图 10-19 所示的小轴，其轴线有直线度公差 ω，须在本工序中纠正，因而直径方向的加工余量应增加 2ω。

2. 本工序的装夹误差 ε_b

装夹误差包括定位误差、夹紧误差（夹紧变形）及夹具本身的误差。由于装夹公差的影响，使工件待加工表面偏离了正确位置，所以确定加工余量时还应考虑装夹误差的影响。如图 10-20 所示，用自定心卡盘夹持工件外圆磨削内孔时，由于自定心卡盘定心不准，使工件轴线偏离主轴回转轴线 e 值，导致内孔磨削余量不均匀，甚至造成局部表面无加工余量的情况。为保证全部待加工表面有足够的加工余量，孔的直径余量应增加 $2e$。

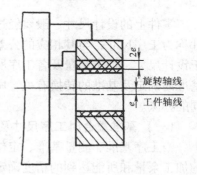

图 10-20　装夹误差对加工余量的影响

几何公差 ρ_a 和装夹误差 ε_b 都具有方向性，它们的合成应为向量和。综上所述，工序余量的组成可用下式来表示：

对单边余量　　　　　$Z_b = T_a + Ra + D_a + |\rho_a + \varepsilon_b|$　　　　　（10-8）

对双边余量　　　　　$2Z_b = T_a + 2(Ra + D_a) + 2|\rho_a + \varepsilon_b|$　　　　　（10-9）

应用上述公式时，可视具体情况作适当修正。例如，在无心磨床上磨削外圆，用拉刀、浮动铰刀、浮动镗刀加工孔时，都是自为基准，加工余量不受装夹误差 ε_b 和几何公差 ρ_a 中的位置公差的影响。此时加工余量的计算公式可修正为

$$2Z_b = T_a + 2(Ra + D_a) + 2\rho_a \tag{10-10}$$

又如外圆表面的光整加工，若以减小表面粗糙度为主要目的，如研磨、超精加工等，则加工余量的计算公式为

$$2Z_b = 2Ra \tag{10-11}$$

若还需进一步提高尺寸精度和形状精度时，则加工余量的计算公式为

$$2Z_b = T_a + 2Ra + 2\rho_a \tag{10-12}$$

（三）确定加工余量的方法

（1）经验估算法　此法是凭工艺人员的实践经验估计加工余量。为避免因余量不足而产生废品，所估余量一般偏大，仅用于单件小批生产。

（2）查表修正法　将工厂生产实践和试验研究积累的有关加工余量的资料制成表格，并汇编成册。确定加工余量时，可先从手册中查得所需数据，然后再结合工厂的实际情况进行适当修正。查表时应注意表中的余量值为基本余量值，对称表面的加工余量是双边余量，非对称表面的余量是单边余量。这种方法应用最广泛。

（3）分析计算法　此法是根据上述的加工余量计算公式和一定的试验资料，对影响加工余量的各项因素进行综合分析和计算来确定加工余量的一种方法。用这种方法确定的加工余量比较经济合理，但必须有比较全面和可靠的试验资料，目前，只在材料十分贵重，以及军工生产或少数大量生产的工厂中采用。

在确定加工余量时，总加工余量（毛坯余量）和工序余量要分别确定。总加工余量的大小与所选择的毛坯制造精度有关。用查表法确定工序余量时，粗加工工序的加工余量不能用查表法确定，而是由总加工余量减去其他各工序余量之和而获得。

七、工序尺寸及其公差的确定

零件上的设计尺寸一般要经过几道机械加工工序的加工才能得到，每道工序应保证的尺寸称为工序尺寸，与其相应的公差即工序尺寸的公差。工序尺寸及其公差的确定，不仅取决于设计尺寸、加工余量及各工序所能达到的经济精度，而且还与定位基准、工序基准、测量基准的确定及基准的转换有关。所以，计算工序尺寸及公差时，应根据不同的情况，采用不同的办法。

（一）基准重合时工序尺寸及其公差的计算

当工序基准、测量基准、定位基准与设计基准重合时，工序尺寸及其公差直接由各工序的加工余量和所能达到的精度确定。其计算方法是由最后一道工序开始向前推算，具体步骤如下：

1）确定毛坯总余量和工序余量。

2）确定工序公差。最终工序尺寸公差等于零件图上设计尺寸公差，其余工序尺寸公差按经济精度确定。

3）计算工序公称尺寸。从零件图上的设计尺寸开始向前推算，直至毛坯尺寸。最终工序公称尺寸等于零件图上的公称尺寸，其余工序公称尺寸等于后道工序公称尺寸加上或减去后道工序余量。

4）标注工序尺寸公差。最后一道工序的公差按零件图上设计尺寸标注，中间工序尺寸公差按"入体原则"标注，毛坯尺寸公差按双向标注。

例如，某车床主轴箱主轴孔的设计尺寸为 $\phi 100_0^{+0.035}$ mm，表面粗糙度为 $Ra\,0.8\mu m$，毛坯为铸件。已知其加工工艺过程为粗镗—半精镗—精镗—浮动镗。用查表修整法或经验估算法确定毛坯总余量和各工序余量，其中粗镗余量由毛坯总余量减去其余工序余量确定，各道工序的基本余量如下：

浮动镗　　　　$Z = 0.1$mm

精镗　　　　　$Z = 0.5$mm

半精镗　　　　$Z = 2.4$mm

毛坯　　　　　$Z = 8$mm

粗镗　　　　　$Z = [8 - (2.4 + 0.5 + 0.1)]$ mm $= 5$mm

按照各工序能达到的经济精度查表确定的各工序尺寸公差分别为：

精镗　　　　　$T = 0.054$mm

半精镗　　　　$T = 0.23$mm

粗镗　　　　　$T = 0.46$mm

毛坯　　　　　$T = 2.4$mm

各工序的公称尺寸计算如下：

浮动镗　　　　$D = 100$mm

精镗　　　　　$D = (100 - 0.1)$ mm $= 99.9$mm

半精镗　　　　$D = (99.9 - 0.5)$ mm $= 99.4$mm

粗镗　　　　　$D = (99.4 - 2.4)$ mm $= 97$mm

毛坯　　　　　$D = (97 - 5)$ mm $= 92$mm

按照工艺要求分布公差，最终得到的工序尺寸为：

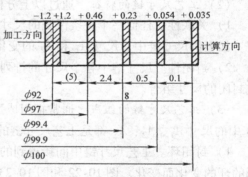

毛坯　　　　　$(\phi 92 \pm 1.2)$ mm

粗镗　　　　　$\phi 97_0^{+0.46}$mm

半精镗　　　　$\phi 99.4_0^{+0.23}$mm

精镗　　　　　$\phi 99.9_0^{+0.054}$mm

浮动镗　　　　$\phi 100_0^{+0.035}$mm

孔加工余量、公差及工序尺寸的分布如图 10-21 所示。

图 10-21　孔加工余量、公差及工序尺寸分布图

（二）基准不重合时工序尺寸及其公差的计算

当工序基准、测量基准、定位基准与设计基准不重合时，工序尺寸及其公差的确定，需要借助于工艺尺寸链的基本知识和计算方法，通过解工艺尺寸链才能获得。

八、工艺尺寸链

（一）工艺尺寸链的概念

（1）工艺尺寸链的定义　在机器装配或零件加工过程中，互相联系且按一定顺序排列

的封闭尺寸组合，称为尺寸链。其中，由单个零件在加工过程中的各有关工艺尺寸组成的尺寸链，称为工艺尺寸链。

如图 10-22a 所示，图中尺寸 A_1、A_Σ 为设计尺寸，先以底面定位加工上表面，得到尺寸 A_1，当用调整法加工凹槽时，为了使定位稳定可靠并简化夹具，仍然以底面定位，按尺寸 A_2 加工凹槽，于是该零件在加工时并未直接予以保证的尺寸 A_Σ 就随之确定。这样相互联系的尺寸 A_1—A_2—A_Σ 就构成一个如图 10-22b 所示的封闭尺寸组合，即工艺尺寸链。

又如图 10-23a 所示零件，尺寸 A_1 及 A_Σ 为设计尺寸。在加工过程中，因尺寸 A_Σ 不便直接测量，若以面 1 为测量基准，按容易测量的尺寸 A_2 加工，就能间接保证尺寸 A_Σ。这样相互联系的尺寸 A_1—A_2—A_Σ 也同样构成一个工艺尺寸链，如图 10-23b 所示。

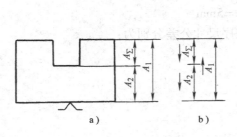

图 10-22　定位基准与设计
基准不重合的工艺尺寸链

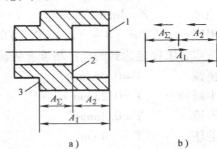

图 10-23　测量基准与设计基准
不重合的工艺尺寸链

（2）工艺尺寸链的特征　通过以上分析可知，工艺尺寸链具有以下两个特征：

1）关联性。任何一个直接保证的尺寸及其精度的变化，必将影响间接保证的尺寸及精度。如上例尺寸链中，尺寸 A_1 和 A_2 的变化都将引起尺寸 A_Σ 的变化。

2）封闭性。尺寸链中各个尺寸的排列呈封闭性，如上例中的 A_1—A_2—A_Σ，首尾相接组成封闭的尺寸组合。

（3）工艺尺寸链的组成　通常把组成工艺尺寸链的各个尺寸称为环。图 10-22 和图 10-23 中的尺寸 A_1、A_2、A_Σ 都是工艺尺寸链的环，它们可分为两种：

1）封闭环。工艺尺寸链中间接得到的尺寸，称为封闭环。它的基本属性是派生，随着别的环的变化而变化。图 10-22 和图 10-23 中的尺寸 A_Σ 均为封闭环。一个工艺尺寸链中只有一个封闭环。

2）组成环。工艺尺寸链中除封闭环以外的其他环，称为组成环。根据其对封闭环的影响不同，组成环又可分为增环和减环。

① 增环是当其他组成环不变，该环增大（或减小），使封闭环随之增大（或减小）的组成环。图 10-22 和图 10-23 中的尺寸 A_1 即为增环。

② 减环是当其他组成环不变，该环增大（或减小），使封闭环随之减小（或增大）的组成环，图 10-22 和图 10-23 中的尺寸 A_2 即为减环。

3）组成环的判别。为了迅速判别增、减环，可采用下述方法：在工艺尺寸链图上，先给封闭环任定一方向并画出箭头，然后沿此方向环绕尺寸链回路，依次给每一组成环画出箭头，凡箭头方向和封闭环相反的则为增环，相同的则为减环。

（二）工艺尺寸链计算的基本公式

工艺尺寸链的计算，关键是正确地确定封闭环，否则计算结果是错误的。封闭环的确定取决于加工方法和测量方法。

工艺尺寸链的计算方法有两种：极大极小法和概率法。生产中一般多采用极大极小法，其基本计算公式如下：

（1）封闭环的公称尺寸 封闭环的公称尺寸 A_Σ 等于所有增环的公称尺寸 A_i 之和减去所有减环的公称尺寸 A_j 之和，即

$$A_\Sigma = \sum_{i=1}^{m} A_i - \sum_{j=m+1}^{n-1} A_j \tag{10-13}$$

式中 m——增环的环数；

n——包括封闭环在内的总环数。

（2）封闭环的极限尺寸 封闭环的上极限尺寸 $A_{\Sigma max}$ 等于所有增环的上极限尺寸 A_{imax} 之和减去所有减环的下极限尺寸 A_{jmin} 之和，即

$$A_{\Sigma max} = \sum_{i=1}^{m} A_{imax} - \sum_{j=m+1}^{n-1} A_{jmin} \tag{10-14}$$

封闭环的下极限尺寸 $A_{\Sigma min}$ 等于所有增环的下极限尺寸 A_{imin} 之和减去所有减环的上极限尺寸 A_{jmax} 之和，即

$$A_{\Sigma min} = \sum_{i=1}^{m} A_{imin} - \sum_{j=m+1}^{n-1} A_{jmax} \tag{10-15}$$

（3）封闭环的平均尺寸 封闭环的平均尺寸 $A_{\Sigma M}$ 等于所有增环的平均尺寸 A_{iM} 之和减去所有减环的平均尺寸 A_{jM} 之和，即

$$A_{\Sigma M} = \sum_{i=1}^{m} A_{iM} - \sum_{j=m+1}^{n-1} A_{jM} \tag{10-16}$$

（4）封闭环的上、下极限偏差 封闭环的上极限偏差 $\mathrm{ES}A_\Sigma$ 等于所有增环的上极限偏差 $\mathrm{ES}A_i$ 之和减去所有减环的下极限偏差 $\mathrm{EI}A_j$ 之和，即

$$\mathrm{ES}A_\Sigma = \sum_{i=1}^{m} \mathrm{ES}A_i - \sum_{j=m+1}^{n-1} \mathrm{EI}A_j \tag{10-17}$$

封闭环的下极限偏差 $\mathrm{EI}A_\Sigma$ 等于所有增环的下极限偏差 $\mathrm{EI}A_i$ 之和减去所有减环的上极限偏差 $\mathrm{ES}A_j$ 之和，即

$$\mathrm{EI}A_\Sigma = \sum_{i=1}^{m} \mathrm{EI}A_i - \sum_{j=m+1}^{n-1} \mathrm{ES}A_j \tag{10-18}$$

（5）封闭环的公差 封闭环的公差 TA_Σ 等于所有组成环的公差 TA_i 之和，即

$$TA_\Sigma = \sum_{i=1}^{n-1} TA_i \tag{10-19}$$

以上工艺尺寸链基本计算公式也可用于解算装配尺寸链。

（三）工艺尺寸链的应用

（1）定位基准与设计基准不重合的工序尺寸计算 镗削图 10-24a 所示零件上的孔，孔的设计基准是 C 面，设计尺寸为（100 ± 0.15）mm。为装夹方便，以 A 面定位，按工序尺寸 L 调整机床。工序尺寸$280^{+0.1}_{0}$mm、$80^{0}_{-0.06}$mm 在前道工序中已经得到，在本道工序的尺

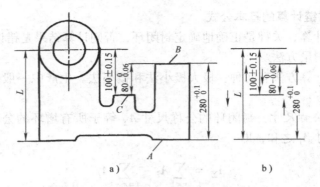

图 10-24　定位基准与设计基准不
重合时的工序尺寸换算

寸链中为组成环，而本道工序间接得到的设计尺寸（100 ± 0.15）mm 为尺寸链封闭环。尺寸链如图 10-24b 所示，其中尺寸 $80_{-0.06}^{0}$ mm 和 L 为增环，尺寸 $280_{0}^{+0.1}$ mm 为减环。

　　由式（10-13）得　　$100\text{mm} = L + 80\text{mm} - 280\text{mm}$，即 $L = 300\text{mm}$

　　由式（10-17）得　　$0.15\text{mm} = ES_L + 0 - 0$，即 $ES_L = 0.15\text{mm}$

　　由式（10-18）得　　$-0.15\text{mm} = EI_L - 0.06\text{mm} - 0.1\text{mm}$，即 $EI_L = 0.01\text{mm}$

　　因此，得工序尺寸 L 及其公差

$$L = 300_{+0.01}^{+0.15}\text{mm}$$

　　（2）从尚需继续加工面标注工序尺寸的计算　当加工面的工序（或测量）基准为尚需继续加工的设计基准时，两者之间相差一个加工余量，工序尺寸及其公差的确定仍可按"基准不重合"问题处理。

　　图 10-25a 所示为齿轮内孔及键槽加工简图，试求中间工序尺寸 A 及其公差。

　　孔及键槽的加工顺序为

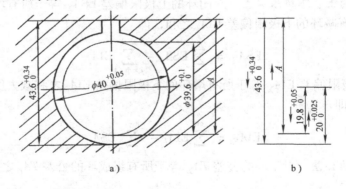

图 10-25　内孔及键槽加工工序尺寸的换算

　　1）镗孔至尺寸 $\phi39.6_{0}^{+0.1}$ mm。

　　2）插键槽至尺寸 A。

　　3）热处理。

　　4）磨孔至尺寸 $\phi40_{0}^{+0.05}$ mm，同时保证尺寸 $43.6_{0}^{+0.34}$ mm。

工序尺寸 $\phi39.6_{0}^{+0.1}$ mm、$\phi40_{0}^{+0.05}$ mm 及 A 是直接获得尺寸，为尺寸链组成环，而工序

尺寸 $43.6^{+0.34}_{0}$ mm 是间接获得尺寸，为尺寸链封闭环。尺寸链如图 10-25b 所示（为便于计算，尺寸链中直径尺寸用半径尺寸表示），其中尺寸 $20^{+0.025}_{0}$ mm 及 A 为增环，尺寸 $19.8^{+0.05}_{0}$ mm 为减环。

由式（10-13）得　$43.6\text{mm} = A + 20\text{mm} - 19.8\text{mm}$，即 $A = 43.4\text{mm}$

由式（10-17）得　$0.34\text{mm} = ES_A + 0.025\text{mm} - 0$，即 $ES_A = 0.315\text{mm}$

由式（10-18）得　$0 = EI_A + 0 - 0.05\text{mm}$，即 $EI_A = 0.05\text{mm}$

因此，得工序尺寸 A 及其公差

$$A = 43.4^{+0.315}_{+0.05}\text{mm}$$

按"入体原则"标注为

$$A = 43.45^{+0.265}_{0}\text{mm}$$

（3）保证渗氮、渗碳层深度的工序尺寸计算
有些零件的表面需进行渗氮或渗碳处理，而且在精加工后还要求保留一定的渗层深度。为此，必须合理地确定渗前加工的工序尺寸和热处理时的渗层深度。

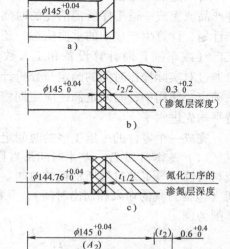

图 10-26a 所示为某轴颈衬套，内孔 $\phi 145^{+0.04}_{0}$ mm，表面需经渗氮处理，渗氮层深度要求为 $0.3 \sim 0.5$ mm（图 10-26b），即单边为 $0.3^{+0.2}_{0}$ mm，双边为 $0.6^{+0.4}_{0}$ mm。

其加工顺序是：

1）初磨孔至 $\phi 144.76^{+0.04}_{0}$ mm。

2）渗氮，渗氮深度为 t_1（双边，图 10-26c）。

3）终磨孔至 $\phi 145^{+0.04}_{0}$ mm，并保证渗氮层深度 $t_2 = 0.6^{+0.4}_{0}$ mm。

图 10-26　保证渗氮层深度的尺寸计算

试求终磨前渗氮层深度 t_1 及其公差。

由图 10-26b、c 可知，$\phi 144.76$ mm、$\phi 145$ mm 和 t_1 尺寸都是直接获得尺寸，终磨后剩余的渗氮层深度 t_2 是间接获得尺寸，为封闭环。尺寸链如图 10-26d 所示，其中 A_1、t_1 为增环，A_2 为减环，t_1 的计算如下：

由式（10-13）得　$0.6\text{mm} = 144.76\text{mm} + t_1 - 145\text{mm}$，即 $t_1 = 0.84\text{mm}$

由式（10-17）得　$0.4\text{mm} = 0.04\text{mm} + ESt_1 - 0$，即 $ESt_1 = 0.36\text{mm}$

由式（10-18）得　$0 = 0 + EIt_1 - 0.04\text{mm}$，即 $EIt_1 = 0.04\text{mm}$

由此得到渗氮工序尺寸 t_1 及其极限偏差

$$t_1 = 0.84^{+0.36}_{+0.04}\text{mm（双边）}$$

$$t_1/2 = 0.42^{+0.18}_{+0.02}\text{mm（单边）}$$

即磨削前渗层深度为 $0.44 \sim 0.6$ mm。

九、切削用量及时间定额的确定

（一）切削用量的确定

切削用量应根据加工性质、加工要求、工件材料及刀具的尺寸和材料等查阅切削手册并

结合经验确定。确定切削用量时除了遵循第二章第三节中所述原则和方法外，还应考虑：

（1）**刀具差异**　不同厂家生产的刀具质量差异很大，所以切削用量须根据实际所用刀具和现场经验加以修正。一般进口刀具允许的切削用量高于国产刀具。

（2）**机床特性**　切削用量受机床电动机的功率和机床的刚性限制，必须在机床说明书规定的范围内选取。避免因功率不够发生闷车，或刚性不足产生大的机床变形及振动，影响加工精度和表面粗糙度。

（二）时间定额的确定

时间定额是指在一定的生产条件下，规定生产一件产品或完成一道工序所需消耗的时间。它是安排生产计划、计算生产成本的重要依据，还是新建或扩建工厂（或车间）时计算设备和工人数量的依据。一般通过对实际操作时间的测定与分析计算相结合的方法确定。使用中，时间定额还应定期修订，以使其保持平均先进水平。

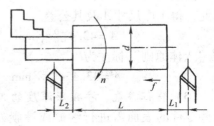

图 10-27　外圆车削

完成一个零件的一道工序的时间定额，称为单件时间定额。它由下列几部分组成：

（1）**基本时间** T_b　基本时间是直接改变生产对象的尺寸、形状、相对位置、表面状态或材料性质等工艺过程所消耗的时间。对切削加工来说，就是直接切除工序余量所消耗的时间（包括刀具的切入和切出时间），又称机动时间，可通过计算求出。以图 10-27 所示外圆车削为例

$$T_b = \frac{L + L_1 + L_2}{nf} i = \frac{\pi d (L + L_1 + L_2) Z}{1000 v_c f a_p}$$

式中　T_b——基本时间，单位为 min；

　　　L——工件加工面的长度，单位为 mm；

　L_1、L_2——刀具的切入和切出长度，单位为 mm；

　　　i——进给次数；

　　　n——工件转速，单位为 r/min；

　　　f——进给量，单位为 mm/r；

　　　v_c——切削速度，单位为 m/min；

　　　a_p——背吃刀量，单位为 mm；

　　　d——切削直径，单位为 mm；

　　　Z——单边工序余量，单位为 mm。

（2）**辅助时间** T_a　辅助时间是为实现工艺过程必须进行的各种辅助动作所消耗的时间。它包括：装卸工件、开停机床、引进或退出刀具、改变切削用量、试切和测量工件等所消耗的时间。

基本时间和辅助时间的总和称为作业时间 T_B，它是直接用于制造产品或零、部件所消耗的时间。

（3）**布置工作地时间** T_s　布置工作地时间是为使加工正常运转，工人照管工作地（如更换刀具、润滑机床、清理切屑、收拾工具等）所消耗的时间。一般按作业时间的 2% ~ 7% 计算。

（4）**休息与生理需要时间** T_r　休息与生理需要时间是工人在工作班内为恢复体力和满

足生理上的需要所消耗的时间。一般按作业时间的 2% ~4% 计算。

上述时间的总和称为单件时间 T_p，即

$$T_p = T_b + T_a + T_s + T_r = T_B + T_s + T_r \qquad (10\text{-}20)$$

（5）准备与终结时间 T_e（简称准终时间）　准终时间是工人为了生产一批产品或零、部件，进行准备和结束工作所消耗的时间。准备工作有：熟悉工艺文件，领料，领取工艺装备，调整机床等；结束工作有：拆卸和归还工艺装备，送交成品等。因该时间对一批零件（批量为 N）只消耗一次，故分摊到每个零件上的时间为 T_e/N。

所以，批量生产时单件时间定额为上述时间之和，即

$$T_c = T_p + \frac{T_e}{N} = T_b + T_a + T_s + T_r + \frac{T_e}{N} \qquad (10\text{-}21)$$

大量生产时，由于 N 值很大，$\dfrac{T_e}{N} \approx 0$ 可忽略不计。所以，单件时间定额为

$$T_c = T_p = T_b + T_a + T_s + T_r \qquad (10\text{-}22)$$

十、机床工艺装备的选择

（一）机床的选择

在选择机床时应注意下述几点：

1）机床的主要规格尺寸应与加工零件的外廓尺寸相适应。

2）机床的精度应与工序要求的加工精度相适应。

3）机床的生产率与加工零件的生产类型相适应。

4）机床选择还应结合现场的实际情况，如设备的类型、规格及精度状况，设备载荷的平衡状况以及设备的分布排列情况等。

（二）夹具选择

单件小批生产时，应尽量选用通用夹具，如各种卡盘、平口钳和回转台等。为提高生产率应积极推广使用组合夹具。大批大量生产中，应采用高效率的气、液传动的专用夹具。夹具的精度应与加工精度相适应。

（三）刀具的选择

一般采用标准刀具，必要时也可采用各种高生产率的复合刀具及其他一些专用刀具。刀具的类型、规格及精度等级应符合加工要求。

（四）量具的选择

单件小批生产中应采用通用量具，如游标卡尺与百分尺等。大批大量生产中应采用各种量规和一些高生产率的专用检具。量具的精度必须与加工精度相适应。

十一、填写工艺文件

将工艺规程的内容填入一定格式的卡片中，即成为生产准备和施工所依据的工艺文件。常见的工艺文件有下列几种。

（1）机械加工工艺过程卡片　这种卡片主要列出了整个零件加工经过的工艺路线（包括毛坯、机械加工和热处理等），它是制订其他工艺文件的基础，也是生产设备准备、编制作业计划和组织生产的依据。由于它对各个工序的说明不够具体，故适用于生产管理。机械加工工艺过程卡片相当于工艺规程的总纲，其格式见表 10-9。

（2）机械加工工艺卡片　这种卡片是用于普通机床加工的卡片，它是以工序为单位详细说明整个工艺过程的工艺文件。它的作用是用于指导工人进行生产和帮助车间管理人员和技术人员掌握整个零件的加工过程。广泛用于成批生产的零件和小批生产中的重要零件。机械加工工艺卡片的内容包括：零件的材料、质量、毛坯性质、各道工序的具体内容及加工要求等，其格式见表10-10。

表 10-9　机械加工工艺过程卡片

厂　名	机械加工工艺过程卡片	产品型号		零（部）件图号						
		产品名称		零（部）件名称			共　页	第　页		
材料牌号		毛坯种类		毛坯外形尺寸		每毛坯可制件数		每件台数	备注	
工序号	工序名称	工序内容			车间	工段	设备	工艺装备	工时	
									准终	单件
描图										
描校										
底图号										
装订号										
							设计（日期）	审核（日期）	标准化（日期）	会签（日期）
	标记	处数	更改文件号	签字	日期	处数	更改文件号	签字	日期	

表 10-10　机械加工工艺卡片

厂名	机械加工工艺卡片				（与表10-9同）					
材料牌号		毛坯种类		毛坯外形尺寸		每毛坯可制件数		每台件数	备注	
				切削用量				设备名称及编号	工艺装备名称及编号	工时
工序	装夹	工步	工序内容	同时加工零件数	背吃刀量 mm	切削速度 m·min⁻¹	每分钟转数或往复次数	进给量 mm 或（mm·双行程⁻¹）		夹具 刀具 量具	技术等级	准终 单件
（与表10-9同）							（与表10-9相同）			

（3）机械加工工序卡片　这种卡片是用于具体指导工人在普通机床上加工时进行操作

的一种工艺文件。它是根据工艺卡片每道工序制订的，多用于大批大量生产的零件和成批生产中的重要零件。卡片上要画出工序简图，注明工序的加工面及应达到的尺寸和公差、工件的装夹方式、刀具、夹具、切削用量和时间定额等，其格式见表 10-11。

表 10-11　机械加工工序卡片

厂名	机械加工工序卡片		（与表 10-9 同）			
（工序图）		车间	工序号	工序名称	材料牌号	
		毛坯种类	毛坯外形尺寸	每毛坯可制件数	每台件数	
		设备名称	设备型号	设备编号	同时加工件数	
		夹具编号	夹具名称		切削液	
		工位器具编号	工位器具名称		工序工时	
					准终	单件
（与表 10-9 同） 工步号	工步内容	工艺装备	主轴转速 $r \cdot min^{-1}$	切削速度 $m \cdot min^{-1}$	进给量 $mm \cdot r^{-1}$	背吃刀量 mm	进给次数	工步工时
								机动	辅助
（与表 10-9 同）						

第三节　数控加工工艺规程设计

所谓数控加工工艺，就是使用数控机床加工零件的一种工艺方法。

数控机床与通用机床加工在内容上有一些相同之处，但也有许多不同。而最大的不同在于，数控加工中把工步的划分，以及工件表面先后加工顺序、进给路线、位移量及切削用量等内容，按规定的代码格式编制成加工程序，加工时，由数控机床按编好的加工程序自动保证。因此，设计数控加工工艺是数控加工中的一个重要组成部分。

数控加工工艺设计必须在加工程序编制前完成，只有工艺方案确定以后，加工程序的编制才有依据。工艺设计合理与否，不仅影响数控加工工作量，还对零件加工质量造成严重影响。因此，工艺设计是数控加工中一项重要工作。

一、数控加工工艺设计的主要内容

1）选择并决定零件的数控加工内容。

2）数控加工方法的选择。

3）数控加工零件的加工工艺性分析。

4）数控加工工艺路线设计。

5）数控加工工序的设计。

6）填写数控加工工艺文件。

二、数控加工内容的选择

当某个零件决定采用数控机床加工，并不等于要将它所有的加工内容都由数控机床完成，而可能是选择零件的部分表面进行数控加工。因此，必须对所加工零件进行仔细的工艺分析，并结合企业实际，充分发挥数控加工优势，解决难点和提高生产率。在选择数控加工内容时，可按下列顺序考虑：

1）普通机床无法加工的内容作为优先选择内容。

2）普通机床难加工，质量也难以保证的内容作为重点选择内容。

3）普通机床加工效率低，工人手工操作劳动强度大的内容，可根据数控机床实际加工能力来选择。

下列情况之一者，不宜采用数控加工：

1）需要通过较长时间占机调整的内容，如以粗基准定位加工第一个精基准。

2）必须按专用工装协调的孔及其他加工内容。主要原因是采集编程用的数据有困难，且协调效果并不一定理想。

3）按某些特定的制造依据（如样板、样件等）加工的型面轮廓。主要原因是取数困难，易与检验依据发生矛盾，增加编程难度。

4）不能在一次安装中加工完成的其他零星部位。主要是数控加工效率不高，不能充分发挥其优势。

此外，在选择和决定加工内容时，也要考虑生产批量、生产周期、工序间周转等具体情况。尽量达到多、快、好、省的目的，避免将数控机床当作普通机床使用。

三、数控加工方法的选择

（1）旋转体类零件　这类零件多用数控车床或数控磨床来加工，如图 10-28 所示手柄零件，其轮廓由三段圆弧组成，加工余量大且不均匀，加工时，可考虑先用直线、斜线程序车掉图中细双点画线所示加工余量，再用圆弧程序精加工成形。

（2）孔系零件　这类零件孔数多、孔间位置精度较高，宜采用数控钻床与数控镗床和加工中心加工。编程时，应多采用子程序来减少程序段的数量，提高加工的可靠性。

（3）平面和曲面轮廓零件　平面轮廓零件的轮廓多由直线和圆弧组成，一般在两坐标联动的铣床上加工，也可以用数控线切割方法加工。图 10-29 所示为平面轮廓零件的加工，轮廓由直线和圆弧组成，若采用半径为 R 的铣刀，则细双点画线为刀具中心的运动轨迹。

具有曲面轮廓的零件，多采用三坐标或以上联动铣床，为保证加工质量和刀具受力状况良好，加工中尽量使刀具回转中心线与加工面处于垂直或相切状态。

四、数控加工零件的加工工艺性分析

关于数控加工工艺性问题，其涉及面很广，这里仅从数控加工的可能性与方便性几个角度提出一些必须分析和审查的主要内容。

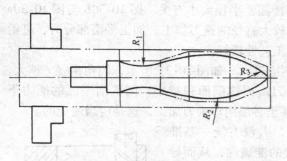

图 10-28　旋转体零件的加工　　　　　图 10-29　平面轮廓零件的加工

1. 零件图纸中的尺寸标注应符合编程方便的原则

1) 零件图上尺寸标注应适应数控加工的特点。对于数控加工，其标注尺寸应以同一基准引注尺寸或直接给出坐标尺寸。这种尺寸标注形式，既便于编程，也利于各尺寸间的相互协调，同时也易于保持设计、工艺、检测基准与编程原点设置的一致性。由于数控加工精度和重复定位精度都很高，不会产生较大的积累误差而破坏使用特性。而尺寸局部分散标注方法，会给工序安排与数控加工带来诸多不便。

2) 构成零件轮廓的几何元素的条件应充分准确。在手工编程时，要计算每个基点坐标。在自动编程时，要对构成零件轮廓的所有几何元素进行定义。因此，在分析零件图时，应分析几何元素的给定条件是否充分准确。例如：圆弧与直线、圆弧与圆弧在图样上相切，但根据图样上给出的尺寸计算相切条件不充分，而变成相交或相离状态。有时图样所给条件过多，以至自相矛盾或相互干涉。以上情况，均会使编程无法进行，可与零件设计者协商解决。

2. 零件各加工部位的结构工艺特性应符合数控加工的特点

1) 零件的内形和外形最好采用统一的几何类型和尺寸。这样可以减少刀具规格和换刀次数，使编程方便，生产效益提高。

2) 内槽圆角半径不应太小。如图 10-30 所示，内槽圆角的大小决定着刀具直径的大小。

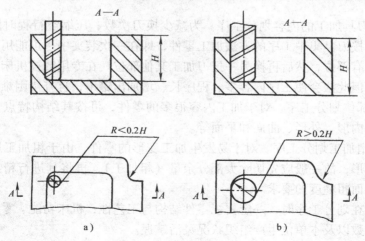

图 10-30　数控加工工艺性比较

零件结构工艺特性还与被加工轮廓的高低、转接圆弧半径大小有关。图 10-30b 与图 10-30a 两零件相比，前者转接圆弧半径大，可以采用较大直径的铣刀加工，加工平面部分时，进给次数也相应减少，表面加工质量也会好一些，工艺性较好。

3）零件铣削底平面时，槽底圆角半径 r 不应过大。如图 10-31 所示，圆角半径 r 越大，铣刀端刃铣削平面的能力就越差（r 越大，铣刀端刃铣削面积越小，则铣削平面的能力下降），效率也就越低。当 r 大到一定程度时，甚至必须用球头刀加工，这是应当避免的。

4）采用统一的基准定位。在数控加工中，若没有统一基准定位，则无法保证两次装夹加工后其相对位置的准确性，从而导致两次装夹加工后，两个面上轮廓位置及尺寸不协调现象。

在数控加工时，最好采用零件上合适的孔作为定位基准。若零件上没有合适的孔，可设置工艺孔，若无法制出工艺孔，可考虑选用经过精加工的表面作为统一基准，以减少两次装夹产生的误差。

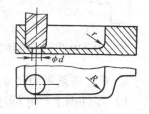

图 10-31　零件底面圆弧对工艺的影响

除了上述分析之外，还应分析零件加工精度、尺寸公差等是否可以得到保证，有无引起矛盾的多余尺寸或影响工序安排的封闭尺寸等。

五、数控加工工艺路线设计

数控加工工艺路线设计与通用机床加工工艺路线设计的主要区别在于它仅是几道数控加工工序过程的概括，而不是从毛坯到成品的整个工艺过程。由于数控加工工序一般均穿插于零件的整个工艺过程，因此，在工艺设计中一定要全面考虑，瞻前顾后，使之与整个工艺过程协调吻合。在数控加工工艺路线设计时主要考虑以下几个问题。

1. 工序的划分

根据数控加工的特点，数控加工工序的划分一般可按下列方法进行：

1）以一次装夹加工划分工序。这种方法适合于加工内容不多，加工后就能达到待检状态的工件。

2）以一把刀具加工的内容划分工序。为减少换刀次数，压缩空行程时间，减少不必要的定位误差，可按刀具集中工序的方法加工零件，即在一次装夹中尽可能用同一把刀具加工出可能加工的所有部位，然后再换另一把刀加工其他部位。在专用数控机床和加工中心中常采用这种方法，但此法会使工序内容多、程序长、增加出错率，且查错困难。

3）以加工部位划分工序。对于加工内容很多的零件，可按其结构特点，将加工部位分成几个部分，如内形、外形、曲面和平面等。

4）以粗、精加工划分工序。对于易发生加工变形的零件，由于粗加工后可能发生的变形而需要进行校形，故一般应先切除大部分余量（粗加工），再将其进行精加工校形，以保证加工精度和表面粗糙度的要求。

综上所述，在划分工序时，一定要视零件结构与工艺性；机床功能、零件数控加工内容的多少；安装次数以及本单位生产组织状况灵活掌握。

2. 加工顺序的安排

加工顺序的安排应根据零件的结构和毛坯状况，以及定位与夹紧的需要来考虑，重点是保证定位夹紧时工件的刚性，并有利于保证加工精度。加工顺序安排一般可按下列原则进行：

1) 上道工序的加工不能影响下道工序的定位和夹紧，中间穿插有通用机床加工工序的也要综合考虑。

2) 先进行内腔后进行外形加工。

3) 以相同定位、夹紧方式或同一把刀具加工的工序，最好连续进行，以减少重复定位次数及换刀和挪动压板次数。

4) 同一次装夹中进行的多道工序，应先安排对工件刚性破坏较小的工序。

3. 数控工序与普通工序的衔接

数控工序前后一般都穿插有其他普通工序，因此，在工艺路线设计中要使其与整个工艺过程相协调。最好的办法是建立相互状态要求，如留多少加工余量；定位面与定位孔的精度要求及几何公差；对校形工序的技术要求；对毛坯热处理状态要求等。目的是达到相互满足加工要求，且质量目标及技术要求明确，交接验收有依据。

数控工艺路线设计是下一步工序设计的基础，其设计质量会直接影响零件的加工质量与生产率。设计工艺路线时应对零件图、毛坯图认真消化，结合数控加工的特点灵活运用普通加工工艺的一般原则，尽量把数控加工工艺路线设计得更合理一些。

六、数控加工工序设计

数控加工工序设计的主要任务是拟定本工序的具体加工内容、切削用量、定位夹紧方式及刀具运动轨迹，选择刀具、夹具、量具等工艺装备，为编制加工程序作好充分准备。在工序设计中应着重注意以下几个方面。

1. 确定进给路线和安排工序顺序

进给路线是刀具在整个加工工序中相对工件的运动轨迹，它不但包括了工步的内容，也反映出工步顺序。进给路线是编写加工程序的重要依据之一，工步的划分与安排一般可根据进给路线来进行，在确定进给路线时，主要考虑下列几点：

1) 进给路线应保证被加工零件的精度和表面粗糙度。

2) 使数值计算简单，以减少编程工作量。

3) 应使进给路线最短，这样既可减少程序段，又可减少空行程时间。

4) 要选择工件在加工后变形较小的路线。例如，对细长零件或薄板零件，应分几次进给加工到最后尺寸，或采用对称去余量法安排进给路线。

此外，确定进给路线时，还要考虑工件的加工余量和机床、刀具的刚度等情况，确定是一次进给还是多次进给来完成加工，以及在切削加工中是采用顺铣还是逆铣等。

铣削平面零件时，一般采用立铣刀侧刃进行切削。为减少接刀痕，保证零件表面质量，对刀具的切入和切出需要精心设计加工程序。如图 10-29 所示，铣削外表面轮廓时，铣刀的切入和切出点应沿零件轮廓曲线的延长线切向上，切入或切出零件表面，而不应沿法向直接切入零件，以避免加工面产生划痕，保证零件轮廓光滑。

铣削内轮廓表面时，切入和切出无法外延，这时铣刀可沿与零件轮廓相切的过渡圆弧切入和切出。图 10-32 所示为加工凹槽的三种加工路线。图 10-32a、b 分别所示为用行切法和环切法加工凹槽的进给路线；图 10-32c 所示为先用行切法最后环切一刀光整轮廓表面。三种方案中，图 10-32a 方案最差，图 10-32c 方案最好。

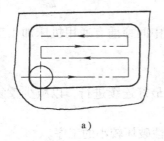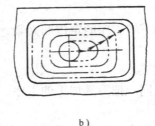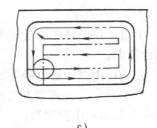

图 10-32　凹槽加工路线

加工过程中，工艺系统处于弹性变形的平衡状态下，当进给停顿时，切削力减小，会改变系统的平衡状态。刀具会在进给停顿处的零件表面留下痕迹，因此在轮廓加工中应避免进给停顿。

2. 定位基准与夹紧方案的确定

在确定定位基准与夹紧方案时应注意下列三点：

1）力求设计、工艺与编程计算的基准统一。

2）尽量减少装夹次数，尽可能做到在一次装夹后就能加工出全部待加工表面。

3）避免采用占机人工调整式方案。

3. 夹具的选择

选择夹具时主要考虑下列几点：

1）当零件加工批量小时，尽量采用组合夹具、可调式夹具及其他通用夹具。

2）当成批生产时，考虑采用专用夹具，但应力求结构简单。

3）夹具尽量要开敞，其定位、夹紧机构元件不能影响加工中的进给，以免产生碰撞。

4）装卸零件要方便可靠，以缩短准备时间。有条件时，批量较大的零件应采用气动或液压夹具、多工位夹具等。

4. 刀具的选择

数控加工对刀具强度及寿命要求较普通机床加工严格，因为刀具的强度不高，一是刀具不宜兼做粗、精加工，影响生产率；二是刀具的寿命低，要经常换刀、对刀、增加了辅助时间，也容易在工件轮廓上留下接刀痕，影响工件表面质量。

刀具选定好以后，要把刀具规格、专用刀具代号和该刀所要加工的内容列表记录下来，供编程时使用。

5. 确定对刀点与换刀点

对刀点就是刀具相对工件运动的起点。对刀点可以设在被加工零件上，也可以设在零件与定位基准有固定尺寸联系的夹具上的某一位置。选择对刀点时要考虑到找正容易，编程方便，对刀误差小，加工时检查方便、可靠。具体选择原则如下：

1）对刀点应尽量选在零件的设计基准或工艺基准上，如以孔定位的零件，应将孔的中心作为对刀点，以提高零件的加工精度。

2）对刀点应选在便于观察和检测，对刀方便的位置上。

3）对于建立了绝对坐标系统的数控机床，对刀点最好选在该坐标系的原点上，或者选在已知坐标值的点上，以便于坐标值的计算。

换刀点是为加工中心、数控车床等多刀加工机床而设置的，因为这些机床在加工过程中间要自动换刀。为防止换刀时碰伤零件或夹具，换刀点常设置在距被加工零件一定距离的地方，并要有一定的安全量。

6. 确定切削用量

数控加工切削用量主要包括背吃刀量、主轴转速及进给速度等，对粗精加工、钻、铰、镗孔与攻螺纹等的不同切削用量都应编入加工程序。数控加工切削用量的选择原则与通用机床加工相同，具体数值应根据数控机床使用说明书和金属切削原理中规定的方法及原则，结合实际加工经验来确定。

七、填写数控加工工艺文件

编写数控加工专用技术文件是数控加工工艺设计的内容之一。这些专用技术文件既是数控加工依据、产品验收依据，也是操作者遵守、执行的规程；有的则是加工程序的具体说明或附加说明，目的是让操作者更加明确程序的内容、工件的装夹方式，各个加工部件所选用的刀具及其他问题。常用的数控加工专用技术文件有下列几种：

（1）数控加工工序卡片　这种卡片是编制加工程序的主要依据和操作者配合加工程序进行数控加工的主要指导性工艺文件。它主要包括：工序顺序、工步内容、各工步所用刀具及切削用量等。当工序加工内容不十分复杂时，也可把工序图画在工序卡片上。

（2）数控加工刀具卡片　这种卡片是组装刀具和调整刀具的依据。它主要包括刀具号、刀具名称、刀柄型号、刀具的直径和长度等。

（3）数控加工进给路线图　这种图主要反映加工过程中刀具的运动轨迹，其作用：一方面是方便编程人员编程；另一方面是帮助操作者了解刀具的进给轨迹（如从哪里下刀、在哪里抬刀、哪里斜下刀等），以便确定夹紧和控制夹紧元件的高度。

数控加工工序卡片和数控加工刀具卡片参考格式见第十一章。数控加工工艺文件除了上述几种外，还有数控加工程序单，其格式见有关编程教材。

第四节　机器装配工艺规程设计

一、装配概述

（一）装配的概念

按规定的技术要求，将零件或部件进行配合和联接，使之成为成品或半成品的工艺过程称为装配。把零件装配成部件的过程，称为部装；把零件和部件装配成最终产品的过程，称为总装。部装和总装统称为装配。

（二）装配工作的基本内容

（1）清洗　进入装配的零部件，装配前要经过认真的清洗。对机器的关键部件，如轴承、密封、精密偶件等，清洗尤为重要。其目的是去除粘附在零件上的灰尘、切屑和油污。根据不同的情况，可以采用擦洗、浸洗、喷洗、超声清洗等不同的方法。

（2）联接　装配过程中要进行大量的联接，联接包括可拆卸联接和不可拆卸联接两种。

可拆卸联接常用的有螺纹联接、键联接和销联接。不可拆卸联接常用的有焊接、铆接和过盈联接等。

（3）校正、调整与配作

1）校正是指产品中相关零部件相互位置的找正、找平及相应的调整工作，在产品总装和大型机械的基本件装配中应用较多，如车床总装中主轴箱主轴中心与尾座套筒中心的等高校正等。

2）调整是机械装配过程中，对相关零部件相互位置所进行的具体调节工作，以及为保证运动部件的运动精度而对运动副间隙进行的调整工作，如轴承间隙、导轨副间隙及齿轮与齿条的啮合间隙的调整等。

3）配作是指配钻、配铰、配刮、配磨等，这是装配中附加的一些钳工和机械加工工作。配钻用于螺纹联接；配铰多用于定位销孔加工；而配刮、配磨则多用于运动副的结合表面。配作通常与校正和调整结合进行。

（4）平衡　对高速回转的机械，为防止振动，需对回转部件进行平衡。平衡方法有静平衡和动平衡两种。对大直径、小长度零件可采用静平衡，对长度较大的零件则要采用动平衡。

（5）验收　验收是在机械产品完成后，按一定标准，采用一定方法，对机械产品进行规定内容的验收。通过检验可以确定产品是否达到设计要求的技术指标。

（三）装配精度

装配精度是指机器装配后，各工作面间的相对位置和相对运动等参数与规定指标的符合程度。它包括工件面间的平行度、垂直度、同轴度、间隙、过盈、运动轨迹及速度的稳定性等。可概括为零部件间的距离尺寸精度、相对位置精度及相对运动精度等。

（1）距离尺寸精度　距离尺寸精度是指相关零部件间的距离尺寸精度。如图 10-33a 所示的齿轮箱，为避免轴端和齿轮端面与滑动轴承端面的摩擦，所需轴向间隙 A_Σ（为便于检查将间隙均推向右侧）就属此项精度。又如车床主轴箱与尾座轴线的等高度、轴与轴承的配合间隙以及其他一些运动副间的间隙等都等于距离尺寸精度。

（2）相对位置精度　相互位置精度包括相关零部件间的平行度、垂直度及各种跳动等。如图 10-34 所示的活塞外圆中心线与其销孔中心线的垂直度 α_1；连杆小头中心线与其大头孔中心线的平行度 α_2；曲轴的连杆轴颈中心线与其主轴颈中心线的平行度 α_3；缸体孔中心线与其曲轴孔中心线的垂直度 α_0 等。

（3）相对运动精度　相对运动精度是指有相对运动的零部件间在运动方向和运动位置上的精度。如车床溜板移动相对主轴轴线的平行度；主轴的圆跳动和轴向窜动；车螺纹时主轴与刀架移动的相对运动等。

装配精度除了上述几类精度以外，还包括接触精度，如齿轮啮合、锥体配合以及导轨之间均有接触精度要求。接触精度常以接触面积的大小及接触点的分布来衡量。

影响装配精度的主要因素是零件的加工精度。一般来说，零件的精度越高，装配精度则越容易得到保证。但在实际生产中，并不是单靠提高零件的加工精度来达到要求的装配精度，因为这样会增加加工成本，而是在适当控制零件加工精度的前提下，根据装配精度要求，选择合适的装配方法。

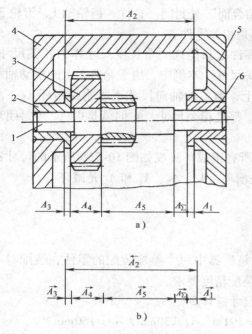

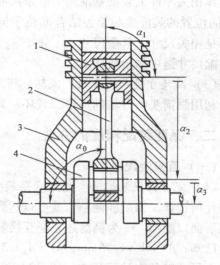

图 10-33 齿轮箱装配示意图
1—齿轮轴 2、6—滑动轴承 3—齿轮
4—传动箱体 5—箱盖

图 10-34 单缸发动机装配示意图
1—活塞 2—连杆 3—缸体 4—曲轴

（四）装配尺寸链

装配尺寸链是产品或部件在装配过程中，由相关零件的有关尺寸（表面或轴线间距离）或相互位置关系（平行度、垂直度或同轴度等）组成的尺寸链。装配尺寸链同工艺尺寸链一样，也是由封闭环和组成环组成。在图 10-33a 中，齿轮轴的轴肩与右滑动轴承的端面之间的尺寸 A_Σ 是在装配中最后间接获得的，为封闭环，其他尺寸为组成环。组成环中增、减环的定义与工艺尺寸链相同。同样，装配尺寸链也具有封闭性和关联性的特征。在装配尺寸链中，封闭环不是某一零部件的尺寸，而是不同零部件之间的相对位置精度和尺寸精度。因此，装配尺寸链是制订装配工艺、保证装配精度的重要工具。

装配尺寸链中，封闭环属于装配精度，很容易查找，而关键在于组成环的查找。组成环应是与装配精度有关的零部件上的相关尺寸。

下面结合图 10-33a 所示齿轮箱装配示意图，讨论装配尺寸链的建立步骤。

（1）确定封闭环 封闭环是装配精度。

（2）查找组成环 组成环的查找分两步，首先找出对装配精度有影响的相关零件，然后再找出相关零件上的相关尺寸。

1）查找相关零件。以封闭环两端的那两个零件为起点，以相邻零件装配基准（用以确定零件在部件或产品中的相对位置所采用的基准）间的联系为线索，分别由近及远地去查找装配关系中影响装配精度的零件，直至找到同一个基准零件或同一个基准表面为止。其间经过的所有零件都是相关零件。本例中封闭环 A_Σ 两端的零件分别是齿轮轴 1 和滑动轴承 6，右端：与滑动轴承 6 的装配基准相联系的是箱盖 5。左端：与齿轮轴 1 的装配基准相联系的是齿轮 3，与齿轮 3 的装配基准相联系的是滑动轴承 2，与滑动轴承 2 的装配基准相联系的是传动箱体 4，最后箱体、箱盖在其装配基准"结合面"处封闭。这样，齿轮轴 1、齿轮 3、滑动轴承 2、传动箱体 4、箱盖 5 和滑动轴承 6 都是相关零件。

2）确定相关零件上的相关尺寸。每个相关零件上只能选一个长度尺寸作为相关尺寸，即选择相关零件上装配基准间的联系尺寸作为相关尺寸。本例中，由于箱盖 5 上的滑动轴承 6 轴向位置的装配面与箱盖结合面位于同一平面上，箱盖的轴向尺寸不影响封闭环 A_Σ，故其不是相关尺寸，其余尺寸 A_1、A_2、A_3、A_4 和 A_5 都是相关尺寸。它们就是以 A_Σ 为封闭环的装配尺寸链中的组成环。

（3）画尺寸链和确定增、减环　将封闭环和所有组成环画成如图 10-33b 所示的尺寸链图。利用画箭头的方法判别增、减环。其中 A_2 是增环，A_1、A_3、A_4 和 A_5 是减环。

二、保证装配精度的方法

（一）互换装配法

（1）完全互换装配法　完全互换装配法，就是机器中每个参加装配的零件在装配时不需作任何选择、修配和调整，就可以达到规定的装配精度要求。

下面以图 10-33 为例简述完全互换装配法的尺寸链计算。

已知：$A_\Sigma = 1 \sim 1.75 \text{mm}$，$A_1 = A_3 = 5 \text{mm}$，$A_2 = 191 \text{m}$，$A_4 = 30 \text{mm}$，$A_5 = 150 \text{mm}$。

由尺寸链基本计算公式（10-13）可知封闭环 A_Σ 的公称尺寸为

$$A_\Sigma = A_2 - (A_1 + A_3 + A_4 + A_5) = 1 \text{mm}$$

则 A_Σ 可表示为 $1^{+0.75}_{0} \text{mm}$。

组成环的公差可根据封闭环的公差确定，即将封闭环的公差分配到各组成环上。分配时，首先算出组成环的平均公差，即

$$T_A = \frac{T_{A_\Sigma}}{n-1} = \frac{0.75}{5} \text{mm} = 0.15 \text{mm}$$

然后再根据各组成环尺寸大小，结构工艺特点及加工难易程度，调整各环的公差值。由于 A_1 和 A_3 尺寸小且好加工，取 $T_{A_1} = T_{A_3} = 0.1 \text{mm}$，把其减小的公差分配给 A_2 和 A_5，即 $T_{A_2} = 0.22 \text{mm}$，$T_{A_5} = 0.18 \text{mm}$。

在组成环的公差确定后，需在组成环中选一个作为尺寸链计算的"协调环"。协调环应满足下列条件：①结构简单；②非标准件；③不能是几个尺寸链的公共组成环。本例中选 A_5 为协调环。

除协调环外其余各组成环的上、下极限偏差按"入体原则"标注，即

$$A_1 = 5^{\ 0}_{-0.1} \text{mm} \qquad\qquad A_2 = 191^{+0.22}_{\ 0} \text{mm}$$

$$A_3 = 5^{\ 0}_{-0.1} \text{mm} \qquad\qquad A_4 = 30_{-0.15} \text{mm}$$

协调环的极限偏差要根据尺寸链的计算公式（10-17）及式（10-18）来确定，即

$$\text{ES}_{A_5} = 0 - 0 - 0 - 0 - 0 = 0$$

$$\text{EI}_{A_5} = (0.22 + 0.1 + 0.15 + 0.1 - 0.75) \text{mm} = -0.18 \text{mm}$$

得

$$A_5 = 150^{\ 0}_{-0.18} \text{mm}$$

采用完全互换装配法装配，装配工件简单，生产率高，可以可靠地保证装配质量。是一种比较理想的装配方法，但由于各环公差以及上、下极限偏差按极限尺寸考虑的，因而会使

零部件的加工难度增加。

（2）**不完全互换装配法** 不完全互换装配法是根据概率论原理建立的一种装配方法。

下面仍以图 10-33 为例简述不完全互换装配法的尺寸链计算。

由概率论可知，当各组成环的尺寸均按正态分布时，封闭环公差与各组成环公差之间的关系为

$$T_{A_\Sigma} = \sqrt{\sum_{i=1}^{n-1} T_{A_i}^2} \tag{10-23}$$

式中　n——尺寸链的总环数。

由上式可得各组成环的平均公差为

$$T_{A_i} = \frac{T_{A_\Sigma}}{\sqrt{n-1}} = \frac{0.75}{\sqrt{5}}\text{mm} = 0.34\text{mm}$$

同样可根据完全互换装配法中分配公差的方法，取

$$T_{A_1} = 0.16\text{mm} \qquad T_{A_2} = 0.46\text{mm}$$
$$T_{A_3} = 0.16\text{mm} \qquad T_{A_4} = 0.34\text{mm}$$

仍选 A_5 为协调环，计算得

$$T_{A_5} = \sqrt{T_{A_\Sigma}^2 - (T_{A_1}^2 + T_{A_2}^2 + T_{A_3}^2 + T_{A_4}^2)} = 0.43\text{mm}$$

将除协调环外的组成环上、下极限偏差标注成"入体原则"形式，即

$$A_1 = 5_{-0.16}^{0}\text{mm} \qquad A_2 = 191_{0}^{+0.46}\text{mm}$$
$$A_3 = 5_{-0.16}^{0}\text{mm} \qquad A_4 = 30_{-0.34}^{0}\text{mm}$$

由尺寸链计算公式（10-16）得协调环 A_5 的平均尺寸为

$$A_{5M} = A_{2M} - A_{1M} - A_{3M} - A_{4M} - A_{\Sigma M} = 150.185\text{mm}$$

所以得协调环的尺寸

$$A_5 = (150.185 \pm 0.215)\text{mm}$$

化简后得
$$A_5 = 150_{-0.03}^{+0.4}\text{mm}$$

不完全互换装配法主要用于封闭环要求不很高而组成环又较多的场合。与极值法相比，此法将组成环的平均公差扩大 $\sqrt{n-1}$ 倍，使各组成环加工容易、成本降低。但从概率角度看，采用这种方法时会产生 0.27% 的废品，故装配时应采取必要的补救措施。

（二）分组装配法

在大批大量生产中，当装配精度要求很高，且装配尺寸链组成环数较少时，可按尺寸分组进行装配，从而获得较高的装配精度。

例如，图 10-35 所示的活塞销与活塞销孔的配合精度要求较高，要求装配后应有 0.0025～0.0075mm 的过盈，因此生产上采用分组装配法，将活塞销的直径公差放大四倍，为 $\phi 28_{-0.01}^{0}$mm，活塞销孔的直径公差也放大四倍，为 $\phi 28_{-0.015}^{-0.005}$mm，按此公差加工后，再分为四组相应进行装配，就可保证配合精度和性质，同时也减少了加工难度。分组情况见表 10-12。

分组装配的分组数不宜太多，否则会造成装配工作的复杂性。尺寸公差只要增大到经济精度即可，放大倍数应等于分组数。

此外，零件的尺寸应服从正态分布，使分组后，各组内相配零件的数量要相等，否则会

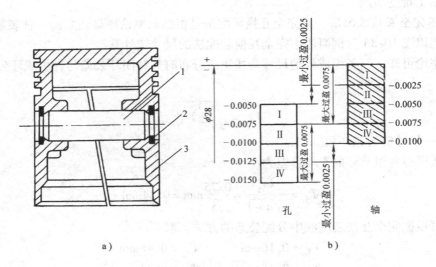

图 10-35　活塞、活塞销和连杆组装图
a）装配关系　b）分组尺寸公差带图
1—活塞销　2—挡圈　3—活塞

造成一部分零件无法配套。

表 10-12　活塞销和活塞销孔分组互换装配　　　　　　　（单位：mm）

组别	标志颜色	活塞销直径 $d = \phi 28^{\ 0}_{-0.01}$	活塞销直径 $D = \phi 28^{-0.005}_{-0.015}$	盈 合 情 况	
				最大过盈	最小过盈
Ⅰ	白	$\phi 28^{\ 0}_{-0.025}$	$\phi 28^{-0.005}_{-0.0075}$		
Ⅱ	绿	$\phi 28^{-0.0025}_{-0.0050}$	$\phi 28^{-0.0075}_{-0.0100}$		
Ⅲ	黄	$\phi 28^{-0.0050}_{-0.0075}$	$\phi 28^{-0.0100}_{-0.0125}$	-0.0075	-0.0025
Ⅳ	红	$\phi 28^{-0.0075}_{-0.0100}$	$\phi 28^{-0.0125}_{-0.0150}$		

（三）修配装配法

修配装配法是把尺寸链各组成环的公差适当放大，按经济精度制造。在装配时，将其中某一预定的组成环的尺寸改变，使装配精度符合设计要求。其中预定的组成环称为修配环。

例如，图 10-36 所示的车床前、后顶尖的装配精度 A_Σ 要求较高，通常选择组成环 A_2 为修配环，通过修切尾座底板来保证装配精度 A_Σ。

修配装配法完全没有互换性，并增加了装配工作量。此法主要用于单件小批生产、装配精度要求较高且组成环较多的情况。

（四）调整装配法

调整装配法是通过互换或调节某一组成环的尺寸，以满足装配精度的要求。更换或调节的零件，称为调整件。常用的调整件有：

（1）固定调整件　如垫圈、垫片、轴套等。如图 10-37 所示，可更换垫圈保证装配精度 A_Σ。

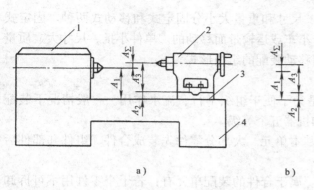

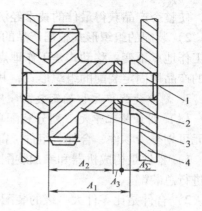

图 10-36　车床前、后顶尖不等高装配关系
a）等高示意图　b）尺寸链图
1—主轴箱　2—尾座　3—尾座底板　4—床身

图 10-37　固定调整件装配图
1—轴　2—垫圈　3—齿轮　4—箱体

（2）可动调整件　如楔块、螺钉等。如图 10-38 所示，可通过调整斜楔来调节机床工作台与导轨面的侧隙。

三、装配工艺规程的制订

（一）制订装配工艺规程的基本原则及原始资料

1. 制订装配工艺规程的基本原则

1）合理选择装配方法，力求装配工作达到最佳效果。

2）合理安排装配顺序和工序，尽量减少钳工装配的工作量，缩短装配周期。

3）要减少装配生产面积和工人的数量，尽量采用通用设备，减少装配投资等。

2. 制订装配工艺规程的原始资料

1）产品的总装图、部件装配图和重要零件图。

2）零件明细栏。

3）产品验收技术条件。它规定产品主要技术指标及性能的检测、试验工作的内容及方法，是制订装配工艺规程的主要依据之一。

4）产品的生产纲领和现有生产条件。

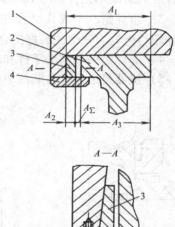

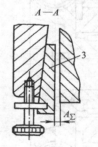

图 10-38　可动调整件装配图
1—工作台　2—导轨　3—斜楔　4—压板

（二）制订装配工艺规程的方法和步骤

1. 研究产品装配图和验收技术条件

1）审查图样的完整性、正确性及产品的结构工艺性，了解产品结构，明确各零部件之间的装配关系。

2）审查产品装配的技术要求和检查验收方法，找出装配中的关键技术，并制订相应的技术措施。

2. 确定装配方法和组织形式

1）装配方法随生产纲领和现有生产条件的不同而变化，要综合考虑加工和装配间的关系，使整个产品获得最佳的技术经济效果。

2）装配的组织形式根据产品的批量、尺寸和重量大小分固定式和移动式两种。固定式是工作地点不变。移动式是工作地点随着小车或运输带而移动的。单件小批、尺寸大、质量大的产品用固定装配的组织形式，其余用移动装配的组织形式。

3. 划分装配单元和确定装配顺序

（1）划分装配单元　划分装配单元是为了便于组织平行、流水作用。一般情况下装配单元可划分为零件、合件、组件、部件和机器五个等级。

1）零件是构成机器和参加装配的最基本单元。大部分零件先装成合件、组件和部件后再进行总装配。

2）合件是比零件大一级的装配单元。属于合件的装配单元有：若干个零件用不可拆卸连接法（如焊、铆、热装、冷压、合铸等）装配在一起的装配单元；少数零件组合后还需进行加工的装配单元，如减速箱的箱体与箱盖，连杆与连杆盖等；以一个基准件和少数零件组合成的装配单元，如图 10-39a 所示。

3）组件是一个或几个合件与若干个零件组合而成的装配单元。如图 10-39b 所示，其中蜗轮与齿轮为一个先装好的合件，阶梯轴为一个基准零件。

4）部件是一个基准零件和若干个零件、合件和组件组合而成的装配单元。

5）机器是由上述各装配单元组合而成的整体。

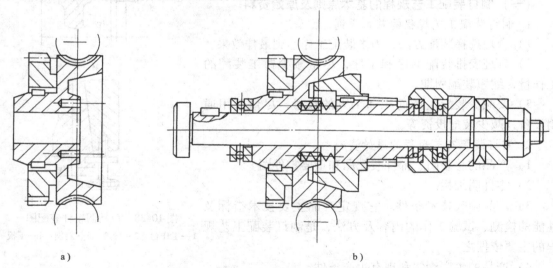

a)　　　　　　　　　　　　　　　　b)

图 10-39　合件与组件示意图
a）合件　b）组件

（2）确定装配顺序　装配顺序是由产品结构和组织形式决定的。各级装配单元装配时，先要确定一个基准件先进入装配，然后根据具体情况安排其他单元进入装配的顺序。例如装配车床时，床身是一个基准件先进入总装，其他的装配单元再依次进入装配。

一般装配顺序的安排是：先上后下，先内后外，先难后易，先重大后轻小，先精密后一般。

为了清楚表达装配顺序，常用装配系统图的形式来表示。对于结构比较简单、组成零部件较少的产品，可以只绘制产品装配系统图。对于结构复杂而组成的零部件多的产品，则分别绘制部件装配系统图和产品装配系统图，如图 10-40 所示。

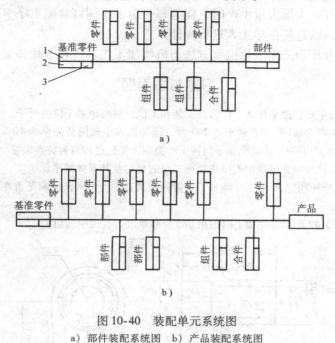

图 10-40 装配单元系统图
a) 部件装配系统图 b) 产品装配系统图
1—名称 2—编号 3—数量

绘制装配系统图时，先画一条横线，横线左端画出代表基准件的长方格，横线右端画出代表部件或产品的长方格。然后按装配顺序由左向右，将代表直接装到基准件上的零件、合件、组件和部件的长方格从横线中引出，代表零件的长方格画在横线上面，代表合件、组件和部件的长方格画在横线下面。每一长方格内，上方注明装配单元、零件、合件、组件和部件名称，左下方填写装配单元、零件、组件和部件的编号，右下方填写装配单元、零件、组件和部件的数量。

如果装配过程中，需要进行一些必要的配作加工，如焊接、配刮、配钻及攻螺纹等，则可在装配单元系统图中加以注明。此时装配系统图就成为装配工艺系统图，如图 10-41 所示。

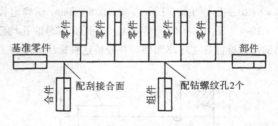

图 10-41 装配工艺系统图

4. 划分装配工艺

装配顺序确定后，还要将装配工艺过程划分为若干工序，并确定工序内容、设备、工装及时间定额；制订各工序装配操作范围和规范（如过盈配合的压入方法、变温装配的温度值、紧固螺栓联接的预紧转矩、配作要求等）；制订各工序装配质量要求及检测方法、检测项目等。

5. 制订装配工艺卡片

在单件小批生产时，通常不编制装配工艺卡片，工人按照装配图和装配工艺系统图进行装配。在成批生产时，应根据装配工艺系统图分别制订总装和部装的装配工艺过程卡片。卡片的每一工序内容应简要地说明工序的工作内容、所需设备和工夹具的名称及编号、工人技术等级、时间定额等。大批大量生产时，应为每一道工序制订装配工序卡片，详细说明该装配工序的工艺内容，以直接指导工人进行操作。

装配工艺过程卡片和工序卡片编写方法与机械加工工艺过程卡片和工序卡片基本相同。

习题与思考题

10-1　划分工序的主要依据是什么？什么是安装和工位？举两个多工位的例子。

10-2　某机床厂年产 CA6140 型普通车床 250 台，已知机床主轴的备品率为 10%，机械加工废品率为 2%，试计算主轴的年生产纲领，并说明属于何种生产类型，工艺过程有何特点。

10-3　试述零件在机械加工过程中安排热处理工序的目的及其安排顺序。

10-4　加工余量如何确定？影响工序间加工余量的因素有哪些？举例说明是否在任何情况下都要考虑这些因素。

10-5　试选择图 10-42 所示零件加工时的粗基准及精基准，并说明理由。

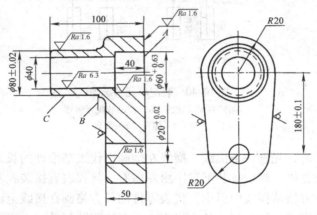

图 10-42　题 10-5 图

10-6　图 10-43 所示零件以 A 面定位，用调整法铣平面 C、D 及槽 E。已知：$L_1 = (60 \pm 0.2)$ mm，$L_2 = (20 \pm 0.4)$ mm，$L_3 = (40 \pm 0.8)$ mm。试确定其工序尺寸及其极限偏差。

10-7　图 10-44 所示零件 M、N 面及 ϕ25H8 孔均已加工。试求加工 K 面时，便于测量的测量尺寸。求出的数值标注在工序草图中，并分析这种标注对零件工艺过程有何影响。

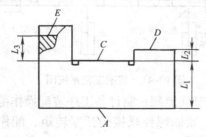

图 10-43　题 10-6 图

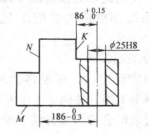

图 10-44　题 10-7 图

10-8　图 10-45 所示轴套零件的轴向尺寸。其外圆、内孔及端面均已加工。试求：当以 B 面为定位基准钻 ϕ10mm 孔的工序尺寸。

10-9 图 10-46 所示套筒零件，除缺口 B 外，其余表面均已加工。试分析加工缺口 B 保证尺寸 $8^{+0.2}_{0}$mm 时，有几种定位方案。计算出各种定位方案的工序尺寸，并选择其最佳方案。

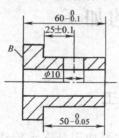

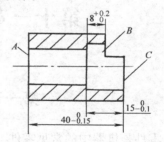

图 10-45 题 10-8 图   图 10-46 题 10-9 图

10-10 某零件的外圆 $\phi 100^{0}_{-0.035}$mm 要渗碳，要求渗碳深度为 1～1.2mm。此外圆的加工顺序是：先车外圆至尺寸 $\phi 100.5$mm，然后渗碳淬火，最后磨外圆至尺寸 $\phi 100^{0}_{-0.035}$mm，试求渗碳时渗入深度应控制在多大范围内。

10-11 在确定数控机床加工工艺时，应首先考虑哪些方面的问题？

10-12 数控加工工序设计的目的是什么？工序设计的内容有哪些？

10-13 对刀点有何作用？应如何确定对刀点？

10-14 保证装配精度的方法有哪些？如何选择装配方法？

10-15 图 10-47 所示的主轴部件（由主轴、齿轮和垫圈组成），装配后要求轴向间隙 $A_\Sigma = 0^{+0.42}_{+0.05}$mm。已知 $A_1 = 32.5$mm，$A_2 = 35$mm，$A_3 = 2.5$mm，试计算组成环的上、下极限偏差。当 $A_\Sigma = 0^{+0.15}_{+0.05}$mm 时，在不同生产类型下，采用何种装配方法比较合理？试分别确定各组成环的上、下极限偏差。

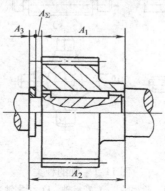

图 10-47 题 10-15 图

第十一章 典型零件的加工

第一节 轴类零件的加工

轴类零件是机器中的常见零件，也是重要的零件，其主要功用是支承传动零部件（如齿轮、带轮等）和传递转矩。

一、轴类零件的结构特点和技术要求

1. 轴类零件的结构特点

轴类零件是旋转类零件，其长度大于直径，加工面通常有内外圆柱面、圆锥面，以及螺纹、花键、键槽、横向沟、沟槽等。根据轴上表面类型和结构特征的不同，轴可分为多种形式，如图 11-1 所示。

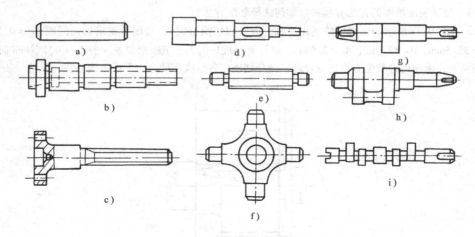

图 11-1 轴的种类

a）光轴 b）空心轴 c）半轴 d）阶梯轴 e）花键轴 f）十字轴 g）偏心轴 h）曲轴 i）凸轮轴

2. 轴类零件的技术要求

轴类零件的技术要求主要有以下几个方面：

（1）直径精度和几何形状精度 轴上支承轴颈和配合轴颈是轴的重要表面，其直径公差等级通常为 IT5～IT9 级，形状精度（圆度、圆柱度）控制在直径公差内，形状精度要求较高时，应在零件图上另行规定其公差。

（2）相互位置精度 轴类零件中的配合轴颈（装配传动件的轴颈）对于支承轴颈的同轴度是其相互位置精度的普遍要求。普通精度的轴，配合轴颈对支承轴颈的径向圆跳动一般为 0.01～0.03mm，高精度轴为 0.001～0.005mm。

此外，相互位置精度还有内外圆柱面间的同轴度，轴向定位端面与轴线的垂直度要求等。

（3）表面粗糙度　根据机器精密程度的高低，运转速度的大小，轴类零件表面粗糙度要求也不相同。支承轴颈的表面粗糙度为 $Ra0.16 \sim 0.63\mu m$，配合轴颈为 $Ra0.63 \sim 2.5\mu m$。

二、轴类零件的材料、毛坯和热处理

1. 轴类零件的材料和热处理

一般轴类零件的材料常用 45 钢，通过正火、调质、淬火等不同的热处理工艺，获得一定的强度、韧性和耐磨性。中等精度而转速较高的轴类零件可选用 40Cr 等合金结构钢，经调质和表面淬火处理可获得较好的综合力学性能。精度较高的轴可选用轴承钢 GCr15 和弹簧钢 65Mn 等，通过调质和表面淬火处理可获得更好的耐磨性和耐疲劳性。高转速、重载等条件下工作的轴可选用 20CrMnTi、20Cr、38CrMoAl 等，经过淬火或渗氮处理获得高的表面硬度、耐磨性和心部强度。

2. 轴类零件的毛坯

轴类零件的毛坯有棒料、锻件和铸件三种。

光轴和直径相差不大的阶梯轴毛坯一般以棒料为主。外圆直径相差较大的轴或重要的轴（如主轴）宜选用锻件毛坯，既节省材料、减少切削加工的劳动量，又改善其力学性能。结构复杂的大型轴类零件（如曲轴）可采用铸件毛坯。

三、空心类机床主轴加工工艺分析

空心类机床主轴是轴类零件中最具代表性的零件，其工艺路线长，精度要求高，加工难度大。以下以空心的车床主轴为例分析轴类零件的加工工艺。

1. 主轴的技术条件分析

从图 11-2 所示 CA6140 型车床主轴零件简图可以看出，主轴的技术要求有以下几个方面：

1）主轴的支承轴颈是主轴部件的装配基准，其制造精度直接影响到主轴部件的回转精度，故对支承轴颈提出较高的要求。轴颈的圆度公差为 0.003mm。相对于 A、B 基准公共轴线的径向圆跳动公差为 0.005mm。支承轴颈与配合轴颈尺寸精度根据使用要求通常为 IT5 ~ IT6。

2）主轴前端莫氏 6 号锥孔用于安装顶尖或工具锥柄，其锥孔轴线必须与支承轴颈轴线同轴，否则会引起被加工工件出现相对位置误差。要求在轴端处相对 A、B 基准的径向圆跳动公差为 0.005mm，在离轴端 300mm 处的径向圆跳动公差为 0.01mm。

3）主轴前端圆锥面和端面是安装卡盘或车床夹具的定位表面。为了保证卡盘的定心精度，该圆锥表面必须与支承轴颈同轴，端面必须与主轴的回转轴线垂直。其相对 A、B 基准的斜向圆跳动公差为 0.008mm，轴向圆跳动公差为 0.008mm。

4）主轴上螺纹表面中心线与支承轴颈中心线歪斜时，会引起主轴部件上锁紧螺母的轴向圆跳动，导致滚动轴承内圈中心线倾斜，引起主轴径向圆跳动。所以加工主轴上的螺纹表面，必须控制其中心线与支承轴颈中心线的同轴度。

5）主轴零件的各加工面均有表面粗糙度的要求。支承轴颈、锥孔等主要表面的表面粗糙度要求为 $Ra0.63\mu m$。次要轴颈的表面粗糙度要求为 $Ra1.25\mu m$。

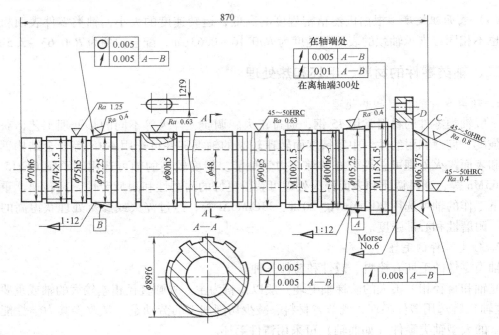

图 11-2　CA6140 型车床主轴零件简图

2. 车床主轴加工工艺过程

经过对主轴的结构特点、技术要求进行分析后，可根据生产批量、设备条件等考虑主轴的工艺过程。表 11-1 是成批生产 CA6140 型车床主轴的加工工艺过程。

3. 主轴加工工艺过程分析

（1）预加工中的问题　车削是轴类零件机械加工的首道工序，车削之前的工艺为轴加工的预备加工。预加工的内容有：

1）对于细长的轴由于弯曲变形会造成加工余量不足，需要进行校直。

2）对于直接用棒料为毛坯的轴，需先切断。对以锻件为毛坯的轴，若锻造后两端有较多的加工余量也必须切断。

3）对于直径较大、长度较长的轴，在车削外圆之前加工好中心孔。单件小批生产的主轴可以经划线在摇臂钻床上加工中心孔。成批生产的主轴则可采用专用机床铣两端面，同时钻两端中心孔。

表 11-1　CA6140 型车床主轴的加工工艺过程

序号	工序名称	工 序 简 图	加工设备
1	备　料		
2	精　锻		立式精锻机
3	热处理	正火	
4	锯　头		
5	铣端面、钻中心孔		专用机床
6	粗　车	车各外圆面	卧式车床

（续）

序号	工序名称	工 序 简 图	加工设备
7	热处理	调质 220～240HBW	
8	车大端部		卧式车床 CA6140
9	仿形车 小端各部		仿形车床 CE7120
10	钻深孔		深孔钻床
11	车小端内锥孔 （配 1:20 锥堵）		卧式车床 CA6140
12	车大端锥孔（配 莫氏 6 号锥堵）; 车外短锥及 端面		卧式车床 CA6140

（续）

序号	工序名称	工 序 简 图	加工设备
13	钻大端锥面各孔	$\phi 19^{+0.05}_{0}$　$4\times\phi 23$　Ra 5　K　$\phi 160$　$30°$　$45°$　M8　0.8　3　1.4　2　$2\times$M10	摇臂钻床
14	热处理	高频感应加热淬火 $\phi 90$g6、短锥及莫氏 6 号锥孔	
15	精车各外圆并车槽	465.85　$279.9^{0}_{-0.3}$　$237.85^{0}_{-0.5}$　$112.1^{+0.5}_{0}$　$114.9^{+0.20}_{+0.05}$　$106.4^{+0.3}_{+0.1}$　4×0.5　10　32　46　4×1.5　38　110　30　44　(35)　4×0.5　8　8　3　4×0.5　3　4×1　$\phi 115.4$h8　$\phi 89.4$h8　$\phi 80.4$h8　$\phi 76.5$　$\phi 77.9$h8　$\phi 75.75$　$\phi 75$h8　$\phi 74^{0}_{-0.2}$　$\phi 70.4$h8　Ra 5	数控车床 CSK6163
16	粗磨外圆二段	$\phi 90.4$h8　212　720　$\phi 75.25$h8　Ra 2.5	万能外圆磨床 M1432B
17	粗磨莫氏锥孔	Mores No.6　Ra 1.25　$\phi 63.15\pm 0.05$	内圆磨床 M2120

（续）

序号	工序名称	工 序 简 图	加工设备
18	粗精铣花键		花键铣床 YB6016
19	铣键槽		铣床
20	车大端内侧面 及三段螺纹 （配螺母）		卧式车床 CA6140
21	粗精磨各外 圆及 E、F 两 端面		万能外圆磨床

（续）

序号	工序名称	工 序 简 图	加工设备
22	粗精磨圆锥面	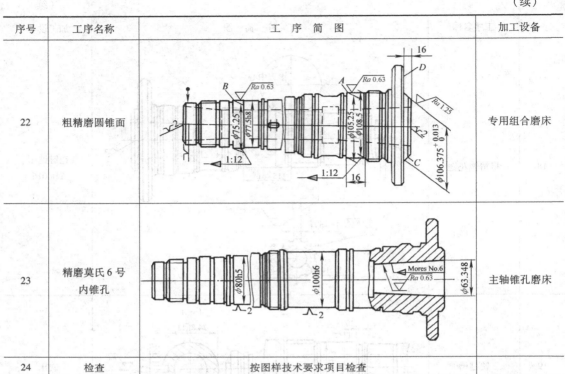	专用组合磨床
23	精磨莫氏6号内锥孔		主轴锥孔磨床
24	检查	按图样技术要求项目检查	

（2）热处理工序的安排　在主轴加工的整个工艺过程中，应安排足够的热处理程序，以保证主轴力学性能及加工精度要求，并改善可加工性。

1）毛坯锻造后，首先安排正火处理，以消除锻造应力、细化晶粒、降低硬度、改善切削性能。

2）粗加工后安排调质处理，获得均匀细致的回火索氏体组织，提高零件的综合力学性能，以便在表面淬火时，得到均匀致密的硬化层。同时消除粗加工中产生的内应力。

3）对有相对运动的轴颈表面和经常装卸工具的前锥孔安排表面淬火处理，以提高其耐磨性。表面淬火处理应安排在磨削加工之前。

（3）定位基准的选择　轴类零件的定位基准不外乎两端中心孔和外圆表面。只要可能，应尽量选两端中心孔为定位基准。因为轴类零件各外圆表面、锥孔、螺纹表面等的设计基准一般都是轴线，且都有相互位置精度要求，所以用两端中心孔定位，既符合基准重合原则，又符合基准统一原则。若不能用中心孔作为定位基准，则可采用外圆表面作为定位基准。

在空心主轴加工过程中，通常采用外圆表面和中心孔互为基准进行加工。在机械加工开始，先以支承轴颈为粗基准加工两端面和中心孔，再以中心孔为精基准加工外圆表面。在内孔加工时，以加工过的支承轴颈为精基准。在内孔加工完成后，以图11-3a所示的锥套心轴或图11-3b所示的锥堵定位精加工外圆表面，保证各加工面间的相互位置精度。最后以精加工过的支承轴颈定位精磨内孔。

（4）加工阶段的划分　由于主轴是多阶梯带通孔的零件，切除大量金属后，会引起内应力重新分布而变形。因此在安排工序时应粗、精加工分开，可划分为粗加工、半精加工和精加工三个阶段。

1）粗加工阶段完成铣端面、钻中心孔、粗车外圆等。

2）半精加工阶段完成半精车外圆、钻通孔、车两端锥孔、钻大小头端面上各孔、精车外圆等。

3）精加工阶段完成粗磨外圆、粗磨锥孔、精磨外圆、精磨锥孔等。

以上各加工阶段划分大致以热处理为界。

（5）加工顺序的安排　经过上述几个问题的分析，对主轴加工工序安排大体如下：准备毛坯—正火—车端面、钻中心孔—粗车—调质—钻孔—半精车—精车—表面淬火—粗、精磨外圆表面—磨内锥孔。在安排工序顺序时，应注意以下几点：

1）深孔加工应安排在调质以后进行。因调质处理时工件变形大，如先加工深孔后调质处理，会使深孔弯曲变形无法修正，不仅影响以后机床使用时棒料的通过，而且会影响主轴高速回转时的动平衡。此外，深孔加工应安排在外圆粗车或半精车之后，以便有一个较精确的轴颈作为其定位基准，保证深孔与外圆同轴及主轴壁厚均匀。

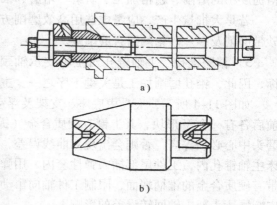

图 11-3　锥套心轴和锥堵
a）锥套心轴　b）锥堵

2）外圆表面的加工顺序，先加工大直径外圆，后加工小直径外圆，以免一开始就降低了工件的刚度。

3）次要表面加工安排。主轴上的花键、键槽等次要表面的加工，一般都应安排在外圆精车或粗磨之后进行，否则不仅在精车时造成断续切削而产生振动，影响加工质量，易损坏刀具，而且键槽的尺寸要求也难以保证。对主轴上的螺纹和不淬火部位的精密小孔等，为减小其变形，最好安排在淬火后加工。

（6）主要工序的加工方法

1）中心孔加工。成批生产均用铣端面钻中心孔机床来加工中心孔，精密主轴的中心孔加工尤为重要，且要多次修研，其修研方法有：

① 用油石或橡胶砂轮修研。将圆柱形的油石或橡胶砂轮夹在车床卡盘上，用金刚石笔将其修整成60°圆锥体，把工件顶在油石和车床后顶尖之间，并加入少量的润滑油（柴油或轻机油），然后开动机床使油石高速转动，手持工件断续转动进行修研。

② 用铸铁顶尖修研。此法与上述方法相似，不同的是用铸铁顶尖代替油石顶尖，顶尖转速略低一些，研磨时要加研磨剂。

③ 用硬质合金顶尖修研。该法生产率高，但质量稍差，多用于普通轴中心孔修研，或作为精密轴中心孔的粗研。

④ 用中心孔磨床磨削中心孔。该机床加工精度高，表面粗糙度为 $Ra0.32\mu m$，圆度公差达 $0.8\mu m$。

2）外圆的加工。外圆车削是粗加工和半精加工外圆表面应用最广泛的加工方法。成批生产时采用转塔车床、数控车床；大批量生产时，可采用半自动车床、液压仿形半自动车床、车削加工中心等。

磨削是外圆表面的主要精加工方法，特别适用于加工淬火钢等高硬度材料中精度高、表面粗糙度较小的表面。若表面精度或表面粗糙度要求很严时，可采用精密加工方法，如表面粗糙度小的磨削、超精加工、研磨、珩磨、滚压等。

若是大批量生产，应考虑选用高效磨削方法，如：高速磨削、强力磨削、宽砂轮磨削、砂带磨削及多片砂轮的组合磨削等。

3）精磨锥孔。主轴锥孔对主轴支承轴颈的径向圆跳动，是机床中一项重要的精度指标，因此，锥孔磨削加工是关键工序之一。主轴锥孔磨削通常采用专用夹具。

如图 11-4 所示，夹具由底座、支架及浮动夹头三部分组成。支架固定在底座上，支承前后各有一个 V 形块，其上镶有硬质合金（提高耐磨性），工件放在 V 形块上，工件中心与磨头中心必须等高，否则会出现双曲线误差，影响其接触精度。后端的浮动夹头锥柄装在磨床主轴锥孔内，工件尾部插入弹性套内，用弹簧将夹头外壳连同主轴向左拉，通过钢球压向带有硬质合金的锥柄端面，限制工件轴向窜动。这种磨削方式，可使主轴锥孔磨削精度不受内圆磨床头架主轴回转误差的影响。

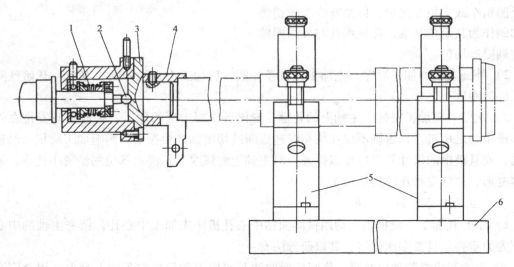

图 11-4　磨主轴锥孔夹具
1—弹簧　2—钢球　3—浮动夹头　4—弹性套　5—支架　6—底座

第二节　箱体类零件的加工

箱体类零件是机器及其部件的基础零件。它将机器及其部件中的轴、轴承、套和齿轮等零件按一定的相互关系装配成一个整体，并按预定的传动关系协调其运动。因此，箱体的加工质量，直接影响着机器的性能、精度和寿命。

一、箱体类零件的结构特点和技术要求

1. 箱体类零件的结构特点

箱体的种类很多，图 11-5 所示为几种常见的箱体零件简图。由图可见：各种箱体零件尽管形状各异，尺寸不一，但它们均有空腔、结构复杂、壁厚不均等共同特点。在箱壁上有许多精度较高的轴承支承孔和平面，外表上有许多基准面和支承面以及一些精度要求不高的紧固孔等。

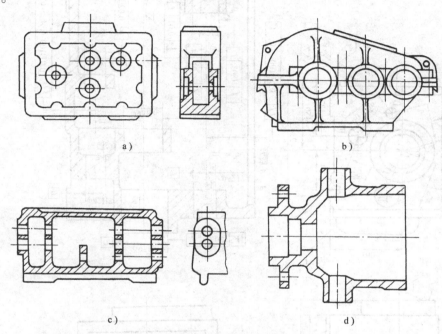

a)　　　　　　　　　　b)

c)　　　　　　　　　　d)

图 11-5　几种常见的箱体零件简图

a) 组合机床主轴箱　b) 分离式减速箱　c) 车床进给箱　d) 泵壳

因此，箱体类零件的加工不仅加工部位多，而且加工难度也大。

2. 箱体类零件的技术要求

箱体类零件以机床主轴箱精度要求最高，现以图 11-6 所示某车床主轴箱为例，可归纳为以下几项精度要求。

（1）孔径精度　孔径的尺寸误差和几何形状误差会使轴承与孔配合不良。孔径过大，配合过松，使主轴回转轴线不稳定，并降低了支承刚度，易产生振动和噪声；孔径过小，使配合过紧，轴承将因外环变形而不能正常运转，缩短寿命。装轴承的孔不圆，也使轴承外环变形而引起主轴径向圆跳动。

从以上分析可知，对孔的精度要求较高，主轴孔的尺寸公差等级为 IT6 级，其余孔为 IT6 ~ IT7 级。孔的几何形状误差控制在尺寸公差范围之内。

（2）孔与孔及平面的位置精度　同一轴线上各孔的同轴度误差和孔端面对轴线的垂直度误差，会使轴和轴承装配到箱体上后产生歪斜，致使主轴产生径向圆跳动和轴向窜动，同时也使温升增高，加剧轴承磨损。孔径之间的平行度误差会影响齿轮的啮合质量。一般同轴

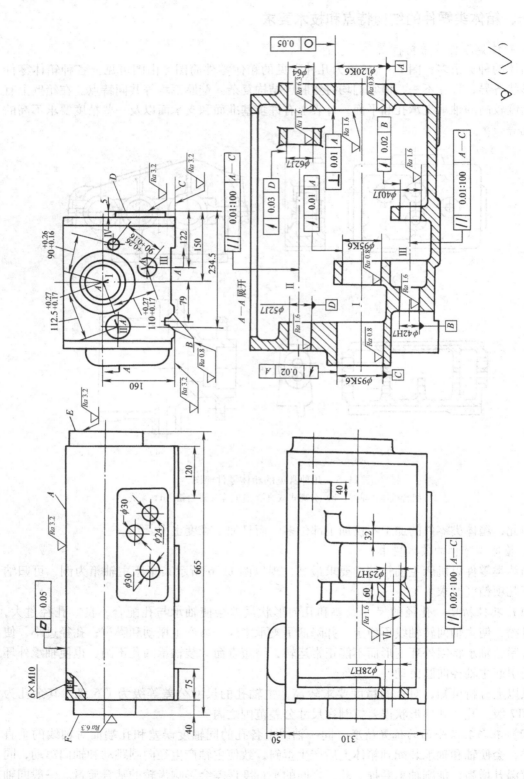

图 11-6　某车床主轴箱简图

上各孔的同轴度约为最小孔径尺寸公差的一半。主要孔和主轴箱安装基面之间应规定平行度要求，它们决定了主轴与床身导轨的相互位置关系。一般都要规定主轴轴线对装配基面的平行度公差。在垂直和水平两个方面上允许主轴前端向上向前偏。

（3）主要平面的精度　装配基面的平面度误差影响主轴箱与床身连接时的接触刚度。若在加工过程中作为定位基准时，还会影响轴孔的加工精度。因此规定底面和导向面必须平直和互相垂直。其平面度、垂直度公差等级为 5 级。顶面的平面度要求是为了保证箱盖的密封性，防止工作时润滑油泄出。当大批大量生产将其顶面用作定位基面加工孔时，对它的平面度要求还要提高。

（4）表面粗糙度　重要孔和主要表面的表面粗糙度会影响连接面的配合性质或接触刚度，其具体要求一般用 Ra 来评价。一般主轴孔为 $Ra0.4\mu m$，其他各纵向孔为 $Ra1.6\mu m$，孔的内端面为 $Ra3.2\mu m$，装配基准面和定位基准面为 $Ra0.63 \sim 2.5\mu m$，其他平面为 $Ra2.5 \sim 10\mu m$。

二、箱体类零件的材料和毛坯

箱体类零件的材料一般用灰铸铁，常用牌号为 HT200。这是因为灰铸铁不仅成本低，而且具有较好的耐磨性、可铸性、可加工性和阻尼特性。精度要求较高的坐标镗床主轴箱可选用耐磨铸铁，载荷大的主轴箱也可采用铸钢件。对单件生产或某些简易机床的箱体，为缩短生产周期和降低生产成本，也可采用钢材焊接结构。

铸件毛坯的加工余量视生产批量而定。单件小批生产多用木模手工造型，毛坯精度低，加工余量大；大批大量生产时，通常采用金属型机器造型，毛坯精度高，加工余量小。单件小批生产直径大于 50mm 的孔，成批生产大于 30mm 的孔，一般在毛坯上铸出预孔，以减少加工余量。

三、箱体类零件的加工工艺分析

箱体加工工艺过程随其结构、精度要求和生产批量不同而有较大区别，但由于其加工内容主要是平面和孔系，所以在加工方法上有共同点。下面结合实例来分析一般箱体加工中的共性问题。

1. 箱体类零件主要表面加工方法的选择

（1）箱体平面加工　箱体平面的粗加工和半精加工，主要采用刨削和铣削。刨削的刀具结构简单，机床调整方便，但在加工较大平面时，生产率低，适用于单件小批生产。铣削的生产率一般比刨削高，在成批和大量生产中，多采用铣削。当生产批量较大时，为提高生产率，可采用专用的组合铣床对箱体各平面进行多刀、多面同时铣削；尺寸较大的箱体，可在龙门铣床上进行组合铣削。组合铣削方法如图 11-7a 所示。箱体平面的精加工，单件小批生产时，除一些高精度的箱体仍需采用手工刮研外，一般多以精刨代替传统的手工刮研；当生产批量大而精度又较高时，多采用磨削。当需磨削的平面较多时，也可采用如图 11-7b 所示的组合磨削方法，以提高磨削效率和平面间的相互位置精度。

（2）箱体轴承支承孔加工　箱体上公差等级为 IT7 级的轴承孔一般需经 3 ~ 4 次加工。可采用镗（扩）—粗铰—精铰或粗镗（扩）—半精镗—精镗加工方案（若未铸预孔则应先钻孔）。以上两种方案均能使孔的公差等级达 IT7 级，表面粗糙度达 $Ra0.63 \sim 2.5\mu m$。当孔的公差等级高于 IT6 级、表面粗糙度小于 $Ra0.63\mu m$ 时，还应增加一道超精加工（常用精细镗、珩磨等）工序作为终加工；单件小批生产时，也可采用浮动铰孔。

2. 箱体类零件定位基准的选择

（1）粗基准的选择　箱体类零件通常选择箱体上的重要孔作粗基准，如车床主轴箱主轴孔。由于铸造毛坯时，形成主轴孔和其他支承孔及箱体内壁的泥芯是装成一个整体放入砂箱的，各铸孔之间及内壁之间的相互位置精度较高，因此，选择主轴孔作粗基准可以较好地保证主轴孔及其他支承孔的加工余量均匀，利于各孔的加工，还有助于保证各孔轴线与箱体不加工内壁之间的相互位置，避免装入箱体内的旋转零件运转时与箱体内壁相碰撞。以主轴孔为粗基准只能限制工件的四个自由度，一般还需选一个与主轴孔相距较远的孔（如图 11-6 中轴孔 Ⅱ）为基准，以限制围绕主轴孔回转的自由度。

（2）精基准的选择　箱体加工精基准的选择取决于生产批量，有两种方案。

1）单件小批生产时以装配面为精基准。加工图 11-6 所示的主轴箱，可选择箱体装配基准的导向面 B、底面 C 作精基准加工孔系和其他平面。因为 B、C 面既是主轴孔的设计基准又与箱体的主要纵向孔系、端面、侧面有直接的相互位置关系，以它作为统一的定位基准加工上述表面时，不仅消除了基准不重合误差，有利于保证各加工面的相互位置精度，而且在加工各孔时，箱口朝上，便于安装调整刀具、测量孔径尺寸、观察加工情况和加注切削液等。

这种定位方式适用于单件小批量生产，所用的机床是通用机床和加工中心，刀具系统刚性好及箱体中间壁上的孔距端面较近的情况。当刀具系统的刚性较差，箱体中间壁上的孔距端面较远时，为提高孔的加工精度，需要在箱体内部设置刀杆的导向支承。但由于箱口朝上，中间导向支承须装在图 11-8 所示吊架装置上，这种悬挂的吊架刚性差，装配误差大，影响箱体孔系的加工精度。并且，工件吊架的装卸也很不方便。因此，这种定位方式不适用于大批大量生产。

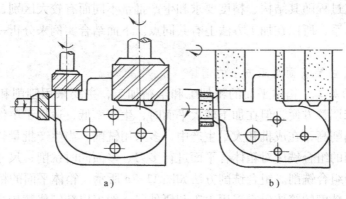

a)　　　　　　　　　　　　　　b)

图 11-7　箱体平面的组合铣削和磨削

2）大批大量生产时以一面两孔作精基准。车床主轴箱通常以顶面和两定位销孔为精基准，如图 11-9 所示。此时，箱口朝下，中间导向支承可固定在夹具体上，由于简化了夹具结构，提高了夹具的刚度，同时工件的装卸也比较方便，因而提高了孔系的加工质量和生

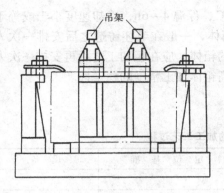 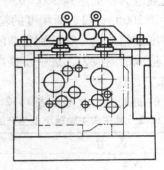 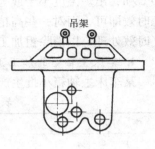

图 11-8　吊架式镗模夹具

产率。

但是，主轴箱的这一定位方式也有不足之处，如由于定位基准与工序基准不重合，产生了基准不重合误差。为了保证箱体的加工精度，必须提高作为定位基准的箱体顶面和两个定位销孔的加工精度。因此，在主轴箱的工艺过程中安排了磨顶面和在顶面上钻、扩、铰两个定位工艺孔工序。所以这种定位不适合中小批及单件生产。而在大批生产中，由于广泛采用了自动循环的组合机床、定尺寸刀具以及在线检测和误差补偿装置，所以加工过程比较稳定。

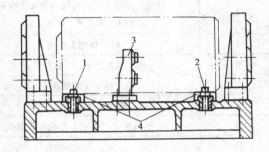

图 11-9　箱体以一面两孔定位
1、2—定位销　3—导向支架　4—定位支承板

3. 拟定箱体工艺过程的共性原则

（1）加工顺序为先面后孔　箱体类零件的加工顺序均为先加工平面，后加工孔。因为箱体的孔比平面加工要困难得多，先以孔为粗基准加工平面，再以平面为精基准加工孔，不仅为孔的加工提高了稳定可靠的精基准，同时可以使孔的加工余量较为均匀；而且由于箱体上的孔分布在箱体各平面上，先加工好平面，钻孔时，钻头不易引偏；扩或铰孔时，可防止刀具崩刃。

（2）加工阶段粗、精分开　箱体的结构形状复杂，主要表面的精度高，粗、精加工分开进行，可以消除由粗加工造成的内应力、切削力、夹紧力和切削热对加工精度的影响，有利于保证箱体的加工精度；同时还能合理地使用设备，有利于提高生产率。

但对于单件小批生产的箱体或大型箱体的加工，为减少机床和夹具的数量，可将粗、精加工安排在一道工序内完成。不过从工步上讲，粗、精加工还是分开的。如粗加工后将工件松开一点，然后再用较小的夹紧力夹紧工件，使工件因夹紧力而产生的弹性变形在精加工之前得以回复；粗加工后待充分冷却再进行精加工；减小切削用量，增加进给次数，以减少切削力和切削热的影响。

（3）工序间合理安排热处理　箱体的结构比较复杂，壁厚不均匀，锻造残余应力较大。为了消除残余应力，减少加工后的变形，保证加工后精度的稳定性，毛坯铸造后应安排人工时效处理。人工时效的工艺规范为：加热到 500~550℃ ，保温 4~6h ，冷却速度小于或等于 30℃/h ，出炉温度小于或等于 200℃ 。对普通精度的箱体，一般在毛坯铸造之后安排一次人工时效即可，而对一些高精度的箱体或形状特别复杂的箱体，应在粗加工之后再安排一次人工时效处理，以消除粗加工造成的内应力，进一步提高箱体加工精度的稳定性。

4. 车床主轴箱的加工工艺过程

某车床主轴箱小批生产的加工工艺过程见表 11-2。

表 11-2　某车床主轴箱小批生产的加工工艺过程

序　号	工　序　内　容	定　位　基　准	设　备
1	铸造		
2	时效		
3	喷底漆		
4	划线：保证主轴孔有均匀的加工余量，划 C、A 及 E、D 加工线		
5	粗、精加工顶面 A	按线找正	龙门刨床
6	粗、精加工 B、C 面及侧面 D	顶面 A，并校正主轴线	龙门刨床
7	粗、精加工两端面 E、F	B、C 面	龙门刨床
8	粗加工各纵、横向孔	B、C 面	卧式镗床
9	半精加工、精加工各纵、横向孔	B、C 面	卧式加工中心
10	加工顶面螺纹孔	B、C 面	钻床
11	清洗、去毛刺		
12	检验		

5. 箱体加工的主要工序分析

箱体上一系列具有相互位置精度要求的孔，称为孔系。孔系中孔的本身精度、孔距精度和相互位置精度要求都很高，因此，孔系加工是箱体加工中的主要工序。根据生产规模和孔系的精度要求可采用不同的加工方法。

（1）保证平行孔系孔距精度的方法

1）找正法。单件小批生产和用通用机床加工时，孔系加工常用的定位方法为划线找正。划线找正加工精度低，孔距误差较大，一般在 ±0.3~±0.5mm 。为提高加工精度，可用心轴量规、样板或定心套等进行找正。图 11-10 所示为心轴和量规找正，将精密心轴插入镗床主轴孔内（或直接利用镗床主轴），然后根据孔和定位基面的距离用量规、塞尺校正主轴位置，镗第一排孔。镗第二排孔时，分别在第一排孔和主轴中插入心轴，然后利用同样方法确定镗第二排孔时的主轴位置。采用这种方法孔距精度可达 ±0.03~±0.05mm 。

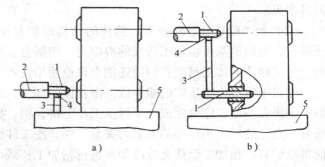

图 11-10　心轴和量规找正

1—心轴　2—镗床主轴　3—量规　4—塞尺　5—工作台

2）坐标法。此法广泛应用于单件小批生产中。将被加工孔系间的孔距尺寸换算为两个相互垂直的坐标尺寸，然后在普通卧式镗床、坐标镗床、数控镗床及加工中心等设备上，按此坐标尺寸精确地调整机床主轴与工件在水平和垂直方向的相对位置，通过控制机床的坐标位移量来间接保证孔距尺寸精度。坐标法镗孔的孔距精度主要取决于坐标的移动精度。

采用坐标法加工孔系时，要特别注意选择原始孔和镗孔顺序。否则，坐标尺寸的累积误差会影响孔距精度。把有孔距精度要求的两孔的加工顺序紧紧地连在一起，以减少坐标尺寸的累积误差对孔距精度的影响；原始孔应位于箱壁的一侧，这样，依次加工各孔时，工作台朝一个方向移动，以避免因工作台往返移动由间隙而造成误差；原始孔应尽量选择本身尺寸精度高、表面粗糙度小的孔，这样在加工过程中，便于检验其坐标尺寸。

3）镗模法。此法在中批以上生产中使用，可用于普通机床、专用机床和组合机床上。如图 11-11 所示，工件装在带有镗模板的夹具内，镗杆支承在镗模板的支架导向套内，机床主轴与镗杆之间采用浮动联接。孔系的加工精度不受主轴回转误差的影响，孔系间相互位置精度完全由镗模来保证。孔距精度一般可达 ±0.05mm，孔径的公差等级可达 IT7 级，孔的同轴度和平行度公差从一端加工可达 0.02～0.03mm，从两端加工可达 ±0.04～±0.05mm。

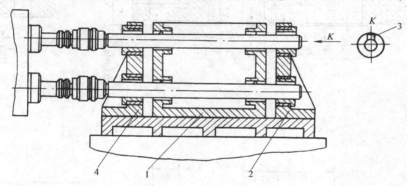

图 11-11　用镗模加工孔系
1—工作　2、4—镗模板　3—引刀槽

（2）保证同轴孔系同轴度的方法

1）利用已加工孔作支承导向。如图 11-12 所示，当箱体前壁上的孔径加工好后，在孔内装一导向套，通过导向套支承镗杆加工后壁上的孔，以保证两孔的同轴度要求。此法适用于加工前后壁相距较近的同轴线孔。

2）采用掉头镗。当箱体前后壁相距较远时，可用"掉头镗"。工件在一次装夹下，镗好一端的孔后，将工作台回转 180°，镗另一端的孔。对同轴度要求不高的孔，可选择普通镗床镗削；对同轴要求较高的孔，可选择卧式加工中心镗削。

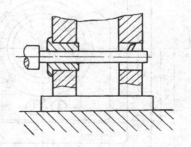

图 11-12　利用已加工孔导向

四、箱体类零件加工中心加工工艺分析

以图 11-13 所示的 XQ5030 型铣床变速箱的加工为例。

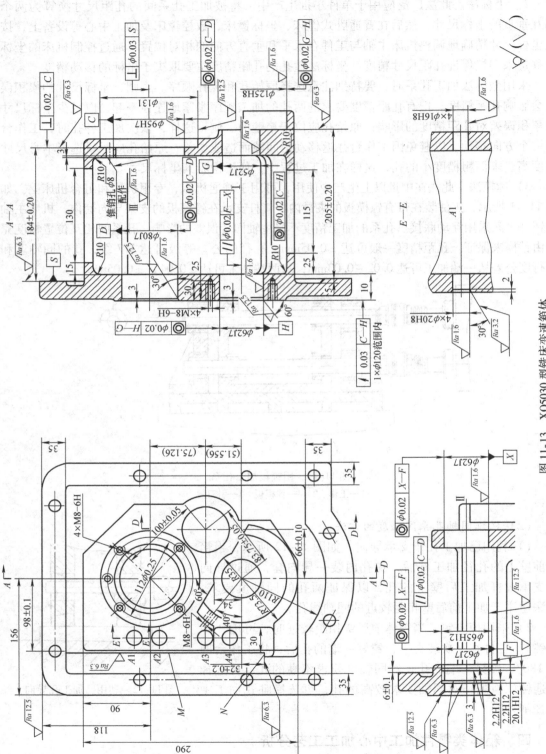

图 11-13 XQ5030 型铣床变速箱体

1. 分析零件结构及技术要求

变速箱体毛坯为铸铁，壁厚不均，毛坯余量较大。主要加工面集中在箱体左右两壁上（相对 A—A 剖视图），基本上是孔系。主要配合表面的公差等级为 IT7 级。为了保证变速箱体内齿轮的啮合精度，孔系之间及孔系内各孔之间均提出了较高的相互位置精度要求，其中孔 I 对孔 II、孔 II 对孔 III 的平行度以及孔 I、II、III 内各孔之间的同轴度公差均为 0.02mm。其余还有孔与平面及端面与孔的垂直度要求。

2. 确定加工中心的加工内容

为了提高加工效率和保证各加工面之间的相互位置精度，尽可能在一次装夹下完成绝大部分加工面的加工。因此，确定下列加工面在加工中心上加工：孔 I 中 $\phi52J7$、$\phi62J7$ 和 $\phi125H8$ 孔、孔 II 中 $2 \times \phi62J7$ 孔和 $2 \times \phi65H12$ 卡簧槽、孔 III 中 $\phi80J7$、$\phi95H7$ 和 $\phi131mm$ 孔、孔 I 左端面上的 $4 \times M8 - 6H$ 螺孔、40mm 尺寸左侧面，以及 A_1、A_2、A_3 和 A_4 孔中的 $\phi16H8$、$\phi20H8$ 孔。

3. 选择加工中心

根据零件的结构特点、尺寸和技术要求，选择一家公司生产的卧式加工中心。该加工中心的工作台面积为 630mm×630mm，工作台 x 向行程为 910mm，z 向行程为 635mm，主轴 y 向行程为 710mm，刀库容量为 60 把，一次装夹可完成不同工位的钻、扩、铰、镗、铣、攻螺纹等工步。

4. 设计工艺

（1）选择加工方法　在确定的加工中心加工面中，除了 $\phi20mm$ 以下孔未铸出毛坯孔外，其余孔均已铸出毛坯孔，所以加工方法有：钻削、锪削、镗削、铰削、铣削和攻螺纹等。针对加工面的形状、尺寸和技术要求不同，采用不同的加工方案。

对 $\phi125H8$ 孔，因其不是一个完整的孔，若粗加工用镗削，则切削不连续，受较大的切削力冲击作用，易引起振动，故粗加工用立铣刀以圆弧插补方式铣削，精加工用镗削，以保证该孔与孔 I 的同轴度要求；对 $\phi131mm$ 孔，因其孔径较大，孔深较浅，故粗、精加工用立铣刀铣削，同时完成孔壁和孔底平面加工；为保证 $4 \times \phi16H8$ 及 $4 \times \phi20H8$ 孔的正确位置，均先锪孔口平面，再用中心钻引正，以防钻偏；孔口倒角和切 $2 \times \phi65H12$ 卡簧槽，安排在精加工之前，以防止精加工后孔内产生毛刺。

根据加工部位形状、尺寸大小、精度要求高低，有无毛坯孔等，采用的加工方案如下：

$\phi125H8$ 孔：粗铣—精镗；

$\phi131mm$ 孔：粗铣—精铣；

$\phi95H7$ 及 $\phi62J7$ 孔：粗镗—半精镗—精镗；

$\phi52J7$ 孔：粗镗—半精镗—铰；

孔 I、II 左 $\phi62J7$ 及孔 III 左 $\phi80J7$ 孔：粗镗—半精镗—倒角—精镗；

$4 \times \phi16H8$ 及 $4 \times \phi20H8$ 孔：锪平—钻中心孔—钻—镗—铰；

$4 \times M8 - 6H$ 螺孔：钻中心孔—钻底孔—攻螺纹；

$2 \times \phi65H12$ 卡簧槽：立铣刀圆弧插补切削；

40mm 尺寸左侧面：铣削。

（2）划分加工阶段　为使切削过程中切削力和加工变形不致过大，以及前面加工中产生的变形（误差）能在后续加工中切除，各孔的加工都遵循先粗后精的原则。全部配合孔均需经粗加工、半精加工和精加工。先完成全部孔的粗加工，然后再完成各个孔的半精加工和精加工。整个加工过程划分成粗加工阶段和半精、精加工阶段。

（3）确定加工顺序　同轴孔系的加工，全部从左、右两侧进行，即"掉头加工"。加工顺序为：粗加工右侧面上的孔→粗加工左侧面上的孔→半精、精加工右侧面上的孔→半精、精加工左侧面上的孔。详见表 11-3 数控加工工序卡片。

（4）确定定位方案和选择夹具　选用组合夹具，以箱体上的 M、S 和 N 面定位（分别限制 3、2、1 个自由度）。M 面向下放置在夹具水平定位面上，S 面靠在竖直定位面上，N 面靠在 x 向定位面上。上述三个面在前面工序中用普通机床加工完成。

（5）选择刀具和切削用量　切削用量和刀具的选择分别见数控加工工序卡片（表 11-3）和数控加工刀具卡片（表 11-4）。

表 11-3　数控加工工序卡片

（工厂）	数控加工工序卡片		产品名称或代号	零件名称	材料		零件图号
			XQ5030	变速箱体	HT200		
工序号	程序编号	夹具名称	夹具编号	使用设备			车间
		组合夹具		卧式加工中心			
工步号	工 步 内 容		加工面	刀具号	刀具规格 mm	主轴转速 r·min^{-1}	进给速度 mm·min^{-1}	背吃刀量 mm	备注
	B0°								
1	粗铣孔 I 中 φ125H8 孔至 φ124.85mm			T01	φ45	150	60		
2	精铣孔 III 中 φ131 mm 台，z 向留 0.1mm			T01		150	60		
3	粗镗 φ95H7 孔至 φ94.2mm			T02	φ94.2	180	100		
4	粗镗 φ62J7 孔至 φ61.2mm			T03	φ61.2	250	80		
5	粗镗 φ52J7 孔至 φ51.2mm			T05	φ51.2	350	60		
6	锪平 4×φ16H8 孔端面			T07	I24—24	600	40		
7	钻 4×φ16H8 孔中心孔			T09	I34—4	1000	80		
8	钻 4×φ16H8 孔至 φ15mm			T11	φ15	600	60		
	B180°								
9	铣 40mm 尺寸左面			T45	φ120	300	60		
10	粗镗 φ80J7 孔至 φ79.2mm			T13	φ79.2	200	80		
11	粗镗孔 II 中 φ62J7 孔至 φ61.2mm			T03	φ61.2	250	80		
12	粗镗孔 I 中 φ62J7 孔至 φ61.2mm			T03	φ61.2	250	80		
13	锪平 4×φ20H8 孔端面			T07		600	40		
14	钻 4×φ20H8、2×M8mm 孔中心孔			T09		1000	80		
15	钻 4×φ20H8 孔至 φ18.5mm			T57	φ18.5	500	60		
16	钻 2×M8−6H 底孔至 φ6.7mm			T55	φ6.7	800	80		
	B0°								
17	精镗 φ125H8 孔成			T58	φ125H8	150	60		
编　制		审　核		批　准		共2页	第1页

（续）

（工厂）		数控加工工序卡片		产品名称或代号	零件名称		材料		零件图号
				XQ5030	变速箱体		HT200		
工序号	程序编号		夹具名称	夹具编号	使用设备			车间	
			组合夹具		卧式加工中心				
工步号	工步内容		加工面	刀具号	刀具规格 mm	主轴转速 r·min⁻¹	进给速度 mm·min⁻¹	背吃刀量 mm	备注
18	精铣φ131mm 孔成			T01		250	40		
19	半精镗 φ95H7 孔至 φ94.85mm			T16	φ94.85	250	80		
20	精镗 φ95H7 孔成			T18	φ95H7	320	40		
21	半精镗 φ62J7 孔至 φ61.85mm			T20	φ61.85	350	60		
22	精镗 φ62J7 孔成			T22	φ62J7	450	40		
23	半精镗 φ52J7 孔至 φ51.85mm			T24	φ51.85	400	40		
24	铰 φ52J7 孔成			T26	φ52J7	100	50		
25	镗 4×φ16H8 孔至 φ15.85mm			T10	φ15.85	250	40		
26	铰 4×φ16H8 孔成			T32	φ16H8	80	50		
	B180°								
27	半精镗 φ80J7 孔至 φ79.85mm			T34	φ79.85	270	60		
28	φ80J7 孔端倒角			T36	φ89	100	40		
29	精镗 φ80J7 孔成			T38	φ80J7	400	40		
30	半精镗孔 II 中 φ62J7 至 φ61.85mm			T20	φ61.85	350	60		
31	孔 II 中 φ62J7 孔端倒角			T40	φ69	100	40		
32	圆弧插补方式切两个卡簧槽			T42	I22—28	150	20		
33	精镗孔 II 中 φ62J7 孔成			T22	φ62J7	450	40		
34	半精镗孔 I 中 φ62J7 孔至 φ61.85mm			T20	φ61.85	350	60		
35	孔 I 中 φ62J7 孔端倒角			T40	φ69	100	40		
36	精镗孔 I 中 φ62J7 孔成			T22	φ62J7	450	40		
37	镗 4×φ20H8 孔至 φ19.85mm			T50	φ19.85	800	60		
38	铰 4×φ20H8 孔成			T52	φ20H8	60	50		
39	攻螺纹 4×M8−6H 成			T60	M8	90	90		
编制			审核		批准			共2页	第2页

注："B0°" 和 "B180°" 表示加工中心上两个互成180°的工位。

表 11-4　数控加工刀具卡片

产品名称或代号			零件名称	变速箱体	零件图号		程序编号	
工步号	刀具号	刀具名称	刀柄型号	直径 mm	长度 mm	补偿量 mm	备注	
1	T01	粗齿立铣刀 φ45mm	JT40 – MW4 – 85	φ45				
2	T01							
3	T02	镗刀 φ92.4mm	JT50 – TZC80 – 220	φ94.2				
4	T03	镗刀 φ61.2mm	JT50 – TZC50 – 200	φ61.2				
5	T05	镗刀 φ51.2mm	JT50 – TZC40 – 180	φ51.2				
6	T07	专用铣刀 I24—24	JT – M2 – 180					
7	T09	中心钻 I34—4	JT50 – M2 – 50					
8	T11	锥柄麻花钻 φ15mm	JT50 – M2 – 50	φ15				
9	T45	面铣刀 φ120mm	JT50 – XM32 – 105	φ120				
10	T13	镗刀 φ79.2mm	JT50 – TZC63 – 220	φ79.2				
11	T03							
12	T03							
13	T07							
14	T09							
15	T57	锥柄麻花钻 φ18.5mm	JT50 – M2 – 135	φ18.5				
16	T55	钻头 φ6.7mm	JT50 – Z10 – 45	φ6.7				
17	T58	镗刀 φ125H8	JT50 – TZC100 – 200	φ125H8				
18	T01							
19	T16	镗刀 φ94.85mm	JT50 – TZC80 – 220	φ94.85				
20	T18	镗刀 φ95H7mm	JT50 – TZC80 – 220	φ95H7				
21	T20	镗刀 φ61.85mm	JT50 – TZC50 – 220	φ61.85				
22	T22	镗刀 φ62J7	JT50 – TZC50 – 220	φ62J7				
23	T24	镗刀 φ51.85mm	JT50 – TZC40 – 180	φ51.85				
24	T26	铰刀 φ52J7mm	JT50 – K22 – 250	φ52J7				
25	T10	专用镗刀 φ15.85mm	JT50 – M2 – 50	φ15.85				
26	T32	铰刀 φ16H8	JT50 – M2 – 50	φ16H8				
27	T34	镗刀 φ79.85mm	JT50 – TZC63 – 220	φ79.85				
28	T36	倒角刀 φ89mm	JT50 – TZC63 – 220	φ89				
29	T38	镗刀 φ80J7	JT50 – TZC63 – 220	φ80J7				
30	T20							
31	T40	倒角刀 φ69mm	JT50 – TZC50 – 200	φ69				
32	T42	专用切槽刀 I22—28	JT5 – M4 – 75					

（续）

工步号	刀具号	刀具名称	刀柄型号	刀具		补偿量 mm	备注
				直径 mm	长度 mm		
33	T22						
34	T20						
35	T40						
36	T22						
37	T50	专用镗刀 φ19.85mm	JT50 – M2 – 135	φ19.85			
38	T52	铰刀 φ20H7	JT50 – M2 – 135	φ20H7			
39	T60	丝锥 M8mm	JT40 – G1JJ3	M8			
编　制		审　核		批　准		共1页	第1页

习题与思考题

11-1　中心孔在轴类零件中起什么作用？有哪些技术要求？在什么情况下需进行中心孔的修研？有哪些修研方法？

11-2　空心类机床主轴的深孔加工何时加工为好？试说明理由。

11-3　锥堵和锥套心轴在何场合下使用？使用中应注意哪些问题？

11-4　如何合理安排轴上键槽和花键的加工顺序？

11-5　试分析主轴加工工艺过程中如何体现了"基准统一"、"基准重合"、"互为基准"的原则？它们在保证主轴的精度要求中起什么重要作用？

11-6　安排主轴加工顺序应注意哪些问题？

11-7　箱体零件的结构特点及主要技术要求有哪些？这些要求对保证箱体零件在机器中的作用和机器性能有何影响？

11-8　如何辩证地选择箱体加工精基准？试举例比较"一面两孔"和"几个面"组合定位，这两种定位方案的优缺点及适用场合。

11-9　试举例说明安排箱体加工顺序时，一般应遵循哪些主要原则。

11-10　保证孔距精度的加工方法有哪几种？试举例说明各加工方法的特点及其适用性？

11-11　图11-14所示为车床传动轴。图中 $2 \times \phi25k7$ 为支承轴颈，$\phi35h7$ 为配合轴颈。工作中承受中等载荷，冲击力较小，为小批量生产。要求：

1）确定零件材料和毛坯。

2）选择加工方案和定位基准。

3）安排加工顺序。

参照表11-1的格式制订该传动轴的加工工艺过程。

11-12　零件如图11-15所示，单件小批生产，试完成下列作业：

1）选择材料、毛坯并绘制毛坯图。

2）制订加工工艺过程（按工序号、工序名称、工序内容、定位面及装夹方法、工序简图和加工设备等列表说明）。

要求用普通机床和数控机床共同加工。

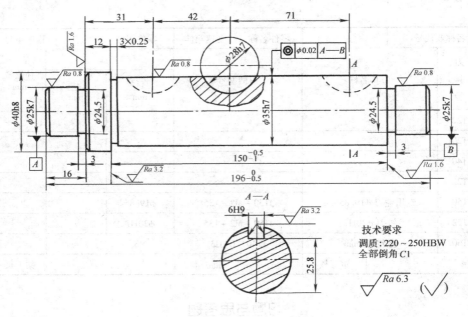

图 11-14　题 11-11 图

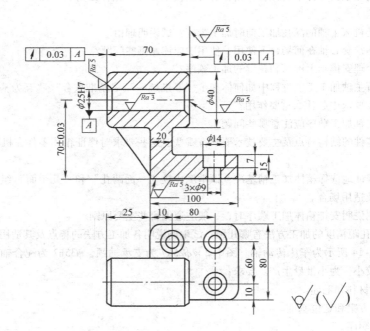

图 11-15　题 11-12 图

第十二章　专用夹具设计方法

第一节　专用夹具的基本要求和设计步骤

一、专用夹具的基本要求

(1) 稳定地保证工件的加工质量　保证工件的加工质量是夹具设计中首要考虑的基本要求，即必须稳定地保证工序图上规定的加工精度和表面粗糙度。保证加工质量的关键在于正确选择定位基准、定位方法、定位元件以及夹具中其他影响加工质量的部件结构，并进行必要的综合精度分析。

(2) 提高劳动生产率，降低成本　夹具的复杂程度要与工件的生产纲领相适应。应根据工件生产批量的大小，选择不同复杂程度的高效夹具，如快卸、多件及联动装置，以缩短辅助时间。同时，尽量采用标准元件及标准结构，力求结构简单，制造方便，以求最佳经济效果。

(3) 操作方便，使用安全　专用夹具在机床上应容易安装、调试，操作方便、迅速、省力、安全可靠，以减轻劳动强度，确保操作安全。必要时应考虑有安全防护装置、排屑结构和润滑系统。

(4) 具有良好的结构工艺性　专用夹具的结构应简单合理，便于加工、装配、检验、调整和维修。

二、专用夹具的设计步骤

(1) 明确设计任务和搜集设计资料　专用夹具设计的第一步是在已知生产纲领的条件下，分析研究设计任务，搜集原始设计资料，具体内容包括：

1) 研究工件的零件图、毛坯图及装配图，分析零件的作用、结构特点、加工技术要求、材料及毛坯的获得方法。

2) 详细分析工件的整个加工工艺过程，特别是本工序的加工要求及与前后工序的关系。仔细研究本工序的工序位置、加工余量、切削用量和加工要求的合理性、可行性与经济性，以便发现问题及时与工艺人员进行磋商。

3) 了解所使用机床的规格、性能以及与夹具联接处的结构和有关联系尺寸。

4) 了解所使用的刀具、量具及测量和对刀调整方法。

5) 了解工件的生产纲领和投产批量，以及本厂气、液压等动力设施条件的有关问题。

6) 收集有关设计资料，如夹具零部件的国家标准、部颁标准、企业标准等标准化资料、国内外各类先进夹具、夹具图册、夹具设计手册和其他资料。

(2) 拟订夹具的结构方案，绘制夹具草图

1) 确定工件的定位方案，设计定位装置，并进行定位误差的计算。

2）确定工件的夹紧方案，设计夹紧装置，有动力装置的夹具，需要计算夹紧力。

3）确定其他装置及元件的结构形式，如对刀装置、导向装置、分度装置等。

4）确定夹具体的结构形式及夹具在机床上的安装方式。

5）绘制夹具草图，并标注尺寸、公差、技术要求。

（3）夹具精度校核　对有一定加工精度要求的夹具，要进行加工精度分析；对有动力装置的夹具，要进行夹紧力验算；当夹具有多个方案时，可进行经济分析，从中选取效益高的方案。

（4）绘制夹具总图　夹具的总装配图应严格按国家制图标准绘制，绘图比例应尽量采用1:1。主视图应取操作者实际工作位置，总图中的视图应尽量少，但必须能够清楚地表示出夹具的工作原理和构造，以及各种装置或元件之间的装配关系。

总图的绘制顺序是：用双点画线先将工件的外形轮廓、定位基准、夹紧表面及加工面绘制在各视图的适当位置上，并显示出加工余量。总图中的工件可看作透明体，不遮挡前后面的线条。然后依次绘出定位装置、夹紧装置、其他装置及夹具体，形成夹具总图。

夹具总图上应标注必要的尺寸、公差和技术要求。最后编制零件序号、明细栏及标题栏，完成夹具总装配图。

（5）绘制夹具零件图　夹具中的非标准件均要画零件图，并按夹具总图的要求，确定零件上每一部分的尺寸、表面粗糙度、必需的公差、技术要求及材料的种类等。

第二节　夹具总图上技术要求的制订

一、夹具总图上应标注的尺寸和公差

（1）夹具外形的最大轮廓尺寸　这类尺寸表示夹具在机床上所占空间的尺寸大小和可能的活动范围，以便校核所设计的夹具是否会和机床、刀具发生干涉。

（2）与定位有关的尺寸和公差　它们主要指工件与定位元件及定位元件之间的尺寸、公差。如确定定位元件工作部分的配合性质，规定夹具定位平面的平面度和等高性，定位表面间的平行度和垂直度等。

（3）刀具与定位元件的位置尺寸和公差　如对刀或导向元件与定位元件之间的尺寸和公差，导向元件本身的尺寸和公差等。

（4）与夹具在机床上安装有关的技术要求　如夹具安装基面与机床相应配合表面之间的尺寸和公差，定位元件与夹具安装基面之间的位置尺寸和公差等。

二、夹具总图上公差值的确定

（1）直接影响工件加工精度的夹具公差　一般地，直接影响工件加工精度的夹具公差数值，取工件上与夹具对应的尺寸公差和位置公差数值的1/5~1/2。加工批量大、精度低时，取小值，以延长夹具使用寿命；反之取大值。

（2）与工件上未注公差的加工尺寸对应的夹具公差　工件的加工尺寸未注公差时，工件公差一般为IT12~IT14，夹具上相应公差按IT9~IT11标注；工件上位置要求未注公差时，位置公差一般为IT9~IT11，夹具上相应位置公差按IT7~IT9标注；工件未注角度公差

一般为 ±10′~30′，夹具上相应角度公差标为 ±3′~10′。

三、夹具总图上应标注的其他技术要求

这类技术要求属于夹具内部各组成连接副的配合、各组成元件之间的位置关系等。主要包括四个方面：定位元件之间的相互位置要求；定位元件与连接元件或夹具体底面的相互位置要求；导引元件与连接元件或夹具体底面的相互位置要求；导引元件与定位元件间的相互位置要求。

主要类型机床夹具的技术要求如下：

（1）钻、镗类的夹具的技术要求　定位元件表面对夹具安装基面的垂直度或者平行度；导套轴线之间及轴线与限位基面的尺寸要求及相互位置要求；导套轴线对限位基面垂直度或平行度；两同轴导套的同轴度；定位元件表面的平面度；定位表面、导套轴线对夹具找正基面的垂直度或者平行度。

（2）铣、刨类夹具的技术要求　定位元件表面对夹具安装基面的垂直度或平行度；对刀块对限位基面的位置公差要求；对刀块工作表面及导向元件侧面与定位元件表面之间的平行度或垂直度；定位元件表面的平面度以及定位元件之间的垂直度。

（3）车、磨类夹具的技术要求　定位元件表面对夹具回转轴线，或找正圆环面的圆跳动；定位元件表面对顶尖或者锥柄轴线的圆跳动；定位元件表面对夹具安装基面的垂直度或平行度；定位元件表面间的垂直度或平行度；定位元件的轴线相对夹具轴线的对称度。

此外，夹具总图上无法用符号标注而又必须说明的问题，包括夹具装配调整方法、配作加工要求、夹具操作顺序和对夹具制造和使用的一些特殊要求，如材料热处理、表面处理、夹具的平衡，装配使用中的注意事项等，则用文字在夹具总图上加以说明。

第三节　工件在夹具中的加工精度分析

一、影响加工精度的因素

工件装夹在夹具上进行机械加工时，其加工工艺系统中影响工件加工精度的因素很多，主要有定位误差 Δ_D、夹紧误差 Δ_J、对刀误差 Δ_T、夹具在机床上的安装误差 Δ_A 及加工过程误差 Δ_G 等。其中加工过程误差是因机床误差、刀具误差、刀具与机床的位置误差、工艺系统的受力变形和受热变形等因素造成的加工误差。因该项误差影响因素较多，并且属于随机性变量，不便于测量、计算，所以常根据经验为其留出工件误差 T_K 的 1/3。

二、保证加工精度的条件

工件在夹具中加工时，总的加工误差 $\Sigma\Delta$ 为上述各项误差之和。由于上述各项误差同时出现最大的几率很小，即各项均为随机独立变量，应用概率法合成。因此，保证工件加工精度的条件为

$$\Sigma\Delta = \sqrt{\Delta_D^2 + \Delta_J^2 + \Delta_T^2 + \Delta_A^2 + \Delta_G^2} \leq T_K \tag{12-1}$$

为保证夹具具有一定的使用寿命，防止夹具因磨损而过早报废，在设计计算加工精度时，应留有一定的精度储备量 J_C。则上式可写为：

$$J_C = T_K - \Sigma\Delta \geqslant 0 \qquad\qquad (12\text{-}2)$$

当 $J_C \geqslant 0$ 时，表示设计的夹具能满足工件的加工要求。J_C 值的大小还表示了夹具使用寿命的长短和夹具总图上各项公差值确定得是否合理。但 J_C 值过大也不好，因为 J_C 值过大，必然要提高夹具的制造精度，增加夹具的制造成本。

第四节　专用夹具设计示例

如图 12-1 所示，本工序需在导块上铣 $30^{+0.14}_{0}$ mm 的槽。此零件属于成批生产，为节省单件时间，提高劳动生产率，要求一次装夹 6 个工件，其铣槽的技术要求如下：

1）槽宽尺寸精度为 $30^{+0.14}_{0}$ mm，深度要保证尺寸 (74 ± 0.13) mm。

2）位置精度要保证槽的中心平面与孔 $\phi24.7^{+0.033}_{0}$ mm 轴线的垂直度不大于 0.1mm，槽中心平面与外圆 $\phi60.5^{\ 0}_{-0.046}$ mm 轴线的对称度不大于 0.15mm。

一、定位方案的确定

1. 定位基准的选择

为保证导块槽中心平面与 $\phi60.5^{\ 0}_{-0.046}$ mm 外圆轴线的对称度，取 $\phi60.5^{\ 0}_{-0.046}$ mm 外圆轴线为定位基准。又考虑槽中心平面与 $\phi24.7^{+0.03}_{0}$ mm 轴线的垂直度要求，取 $\phi24.7^{+0.03}_{0}$ mm 孔的轴线为定位基准，为满足尺寸 (74 ± 0.13) mm 要求，取底平面为定位基准。

2. 定位元件的选择

根据工件定位基面的形状和工件加工时限制的自由度数目，可采用几种不同的定位元件进行组合，其选择原则除考虑结构简单、装卸方便之外，还需满足加工精度要求。图 12-2 所示为三种定位方案示意图。

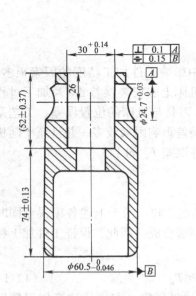

图 12-1　导块零件铣槽工序简图

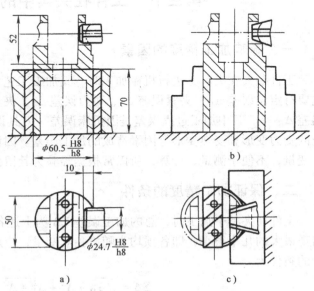

图 12-2　三种定位方案示意图
a）方案 Ⅰ　b）方案 Ⅱ　c）方案 Ⅲ

方案Ⅰ：$\phi60.5$mm 外圆用长套筒定位，限制工件 $\vec{x}$、$\vec{y}$、$\widehat{x}$、$\widehat{y}$ 四个自由度；底面用支承板定位，限制工件 $\vec{z}$ 一个自由度；孔 $\phi24.7$mm 采用菱形销定位，限制 $\widehat{z}$ 一个自由度，实现六点定位，如图 12-2a 所示。

方案Ⅱ：$\phi60.5$mm 外圆采用自定心卡盘定位兼夹紧，限制工件 $\vec{x}$、$\vec{y}$、$\widehat{x}$、$\widehat{y}$ 四个自由度；底面仍采用支承板定位，限制工件 $\vec{z}$ 一个自由度；而孔 $\phi24.7$mm 采用活动菱形锥销定位，限制工件 $\widehat{z}$ 一个自由度，仍保持六点定位，如图 12-2b 所示。

方案Ⅲ：$\phi60.5$mm 外圆采用长 V 形块（$\alpha=90°$）定位，限制工件 $\vec{x}$、$\vec{y}$、$\widehat{x}$、$\widehat{y}$ 四个自由度；底面仍采用支承板，限制工件 $\vec{z}$ 一个自由度；孔 $\phi24.7$mm 亦采用活动菱形锥销，限制工件 $\widehat{z}$ 一个自由度，总共也为六点定位，如图 12-2c 所示。

现对三个定位方案进行定位误差分析：

（1）工序尺寸（74 ± 0.13）mm 的定位误差分析　由于三种定位方案的定位基准都与工序基准重合，故定位误差为零。

（2）工序尺寸 $30^{+0.14}_{0}$mm 的定位误差分析　槽宽度取决于铣刀宽度，故工序尺寸 $30^{+0.14}_{0}$mm 由刀具保证，与定位方式无关。

（3）槽中心平面与外圆 $\phi60.5$mm 轴线的对称度误差分析

方案Ⅰ：定位套筒与 $\phi60.5$mm 外圆柱面之间有配合间隙，使工件中心线可能产生的最大偏移范围是套筒与工件外圆间的最大间隙，故最大的对称误差为

$$\Delta=(0.046+0.046)\text{mm}=0.092\text{mm}$$

方案Ⅱ：由于自定心卡盘与工件外圆间没有间隙，自定心卡盘有自动定心作用，故工件中心没有偏移，则

$$\Delta=0$$

方案Ⅲ：由于外圆 $\phi60.5$mm 有公差，采用 V 形块定位时，工件中心可能产生偏移引起槽中心平面相对于轴线有对称度误差，即

$$\Delta=\frac{0.046}{2\sin45°}\text{mm}=0.032\text{mm}$$

（4）槽中心平面与孔 $\phi24.7$mm 轴线的垂直度误差分析

方案Ⅰ：菱形销与孔 $\phi24.7$mm 有配合间隙，使工件可绕竖直轴线转动，因而产生槽与孔在水平面内的垂直度误差

$$\Delta=\Delta_{\max}\frac{L_{销}}{l_{销}}$$

式中　$\Delta_{\max}$——销与孔的最大间隙；

　　　$l_{销}$——销与孔的配合长度；

　　　$L_{销}$——铣削槽的长度。

故　　　　$\Delta=(0.033+0.021)\times\dfrac{50}{10}\text{mm}=0.27\text{mm}$

外圆 $\phi60.5$mm 与定位套筒有配合间隙，工件可绕水平轴线转动，因而产生槽与孔

$\phi 24.7\text{mm}$ 轴线在垂直平面内的垂直度误差

$$\Delta = \Delta_{\max}\frac{h_{\text{槽}}}{l_{\text{套筒}}}$$

式中　$l_{\text{套筒}}$——套筒与工件的配合长度；

　　　　$h_{\text{槽}}$——铣削槽的深度。

故　　　　　　　　　　　$\Delta = (0.046 + 0.046)\times\frac{52}{70}\text{mm} = 0.68\text{mm}$

　　方案Ⅱ：由于菱形锥销和孔及自定心卡盘与工件外圆之间都没有间隙存在，故 $\Delta = 0$。

　　方案Ⅲ：由于菱形锥销和孔之间没有间隙，工件外圆用长 V 形块定位，故工件绕水平轴、竖直轴均无转动可能，所以 $\Delta = 0$。

　　由前面分析可知，方案Ⅱ既没有垂直度误差，也没有对称度误差。方案Ⅰ加工所得零件的对称度误差和垂直度误差都超过工件公差的 1/3。而方案Ⅲ加工所得零件的垂直度误差为零；对称度误差小于工件公差的 1/3。虽然方案Ⅱ定位精度最高，但用于多件装夹时结构复杂，故选用方案Ⅲ的定位形式，其结构简单，又能满足精度要求。

二、夹紧装置的确定

　　(1) 铣床夹具对夹紧装置的要求　一般铣削加工切削用量较大，切削力也较大，又因为铣刀刀齿的不连续切削，故切削振动较大，因此要求有足够大的夹紧力，且自锁性能要好。又由于铣削加工大多是多件装夹，夹紧动作须迅速，所以常采用多件联动夹紧装置。

　　(2) 夹紧力方向与作用点选择　夹紧力的方向应指向主要定位面的定位元件 V 形块上。夹紧力的作用点应落在 $\phi 60.5\text{mm}$ 外圆的最高素线上，并尽量靠近加工面。

　　(3) 夹紧装置形式的选择　为考虑夹紧动作迅速，以及结构简单，操作方便，采用一次夹紧两个工件的螺旋压板式夹紧装置，在螺杆上套有压簧，以利装卸工件，螺母下面采用球面垫圈，使螺母与压板接触良好。夹紧装置的结构如图 12-3 所示。

三、铣床夹具结构的拟定

　　如图 12-3 所示，六个定位元件 V 形块做成一体，采用铸铁材料，为防止磨损，在 V 形块的工作表面镶有淬硬钢板。六个锥形削边销是穿过夹具体墙上镶有六个衬套的孔，插入工件 $\phi 24.7\text{mm}$ 的孔中。锥形削边销也需淬硬以防磨损。工件底面用支承板定位，支承板用螺钉固定在夹具体上。每两个 V 形块的中间装有一副螺旋压板装置。

　　本设计为考虑使 V 形块支承面便于加工，所以将 V 形块部分与夹具体底座分离，采用装配式夹具体。夹具体的安装表面都铸有凸台，以减少加工面积。定位元件和夹具体用螺钉联接，用定位销定位。考虑到 V 形块较长，其上部还有插锥形削边销的孔，所以其结构高度较大，必须添加四根加强肋，以增加夹具体的刚性。由于此夹具体积较大，宜加装四个吊环螺钉，以利搬运。

四、定位键、对刀块的使用

　　(1) 定位键的使用　为保证六个工件的槽铣削后都对称于外圆 $\phi 60.5\text{mm}$ 的轴线，加工

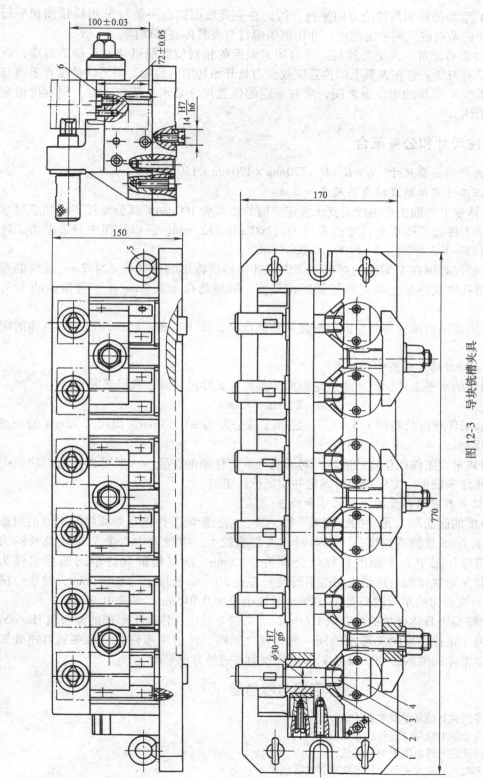

图 12-3 导块铣槽夹具

1—夹具体 2—V形块 3—锥形削边销 4—支承板 5—吊环螺钉 6—对刀块

时必须保证 V 形块的顶面与进给方向平行。因此在夹具底面铣出一条与 V 形块顶面相平行的键槽，在槽的两端嵌入两个定位键，并用沉头螺钉与夹具体底部联接。

（2）对刀块的使用　为使刀具与工件被加工表面的相对位置能迅速而正确地对准，在夹具上采用了对刀块。它在夹具上的位置应放在刀具开始切削的前端。对刀块的工作表面与定位元件支承板 V 形块的定位面之间，应有一定的位置尺寸要求，待校正后，用定位销定位，用螺钉紧固。

五、标注尺寸和公差配合

（1）最大外形轮廓尺寸　$L \times B \times H = 770\text{mm} \times 170\text{mm} \times 150\text{mm}$。

（2）保证工件定位精度的有关尺寸和公差

1）夹具体壁上的插销孔轴线至支承板定位面的距离为 100mm，其公差按工件相应尺寸公差而定。今工件公差按工艺尺寸链求得为 (100 ± 0.07) mm，所以按照夹具公差为工件相应公差的 1/5 ~ 1/3 原则，取 (100 ± 0.03) mm。

2）销孔轴线必须在 V 形块的对称平面内，其偏移量将影响槽与孔 $\phi 24.7$mm 轴线的垂直度偏差。销孔轴线与 V 形块对称平面的偏移值，取槽与孔 $\phi 24.7$mm 垂直度偏差的 1/3，即 0.03mm。

3）锥形削边销的圆柱部分与壁上衬套内孔的配合，取 H7/g6，衬套外径与夹具体的配合取 H7/r6。

（3）保证对刀精度的尺寸和公差

1）对刀块的水平工作面离支承板定位面的距离为工序尺寸减去塞尺厚度，即

$$(74 - 2)\text{mm} = 72\text{mm}$$

其公差取工件相应公差的 1/5 ~ 1/3，已知工件公差为 ± 0.13mm，则尺寸 72mm 的公差可取为 ± 0.05mm。

2）对刀块垂直工作面位置的确定。对刀块垂直工作面的位置，一般可以在对刀块装配时，按标准样件来校正，然后用螺钉固定并用定位销定位。

（4）保证夹具安装精度的有关尺寸和公差

1）定位槽的侧面与 V 形块的顶面须平行，其公差会影响工件槽与外圆中心平面的对称度和槽与 $\phi 24.7$mm 孔的垂直度，尤其对对称度影响较大。本设计中六个 V 形块总长约为 500mm，而槽与外圆中心平面的对称度公差为 0.15mm，所以槽的允许单向偏移值仅为 0.075mm，即 V 形块顶面与进给方向的平行度公差在 500mm 长度上为 0.075mm，故定位键槽侧面与 V 形块顶面的平行度公差在 100mm 长度上应为 0.015mm，现取 0.01mm。

2）定位键与夹具体键槽的配合取 H7/h6，定位键与铣床工作台 T 形槽的配合取 H6/h6，装夹具时将两个定位键推向 T 形槽的同一侧，使之紧贴，然后用螺钉在铣床夹具耳座处锁紧。这样可以消除间隙的影响，保证 V 形块的顶面与进给方向平行。

习题与思考题

12-1　对专用夹具的基本要求是什么？

12-2　夹具总图上应标注哪些尺寸和公差？

12-3　如何确定夹具总图上的公差值？

12-4　钻床夹具和铣床夹具的技术要求各有哪些？

12-5　影响工件在夹具中加工精度的因素有哪些？

第十三章 机械制造自动化及先进制造技术

第一节 成组技术（GT）

近年来，随着科学技术的发展和市场竞争的加剧，机械产品更新换代频繁，产品品种增多，而每种产品的数量却并不很多。仍然按照小批量生产方式制造，就无法采用先进高效的设备和工装，生产周期长，生产率低，产品成本高，市场竞争力差。能否把大批量生产的先进工艺和高效设备以及生产方式用于组织小批量产品的生产，一直是机械制造业研究的课题，成组技术便是为了解决这一矛盾应运而生的一门新的生产技术。

随着计算机技术和数控技术的发展，成组技术已广泛应用于设计、制造和管理等各个方面，大大推动了中小批量生产的自动化进程。成组技术成了进一步发展计算机辅助设计、计算机辅助工艺规程设计、计算机辅助制造和柔性制造系统等方面的重要基础。

一、成组技术的基本原理

成组技术是充分利用事物之间的相似性，将许多具有相似信息的研究对象归并成组，找出解决这一问题的相对统一的最优方案，这样就可以发挥规模生产的优势，以取得期望的经济效益。

成组技术应用于机械加工方面，它是将多种零件按其结构形状、尺寸大小、毛坯、材料及工艺要求的相似性，通过一定手段将零件分类成组，并按各零件组的工艺要求配备相应的工艺装备，采用适当的布置形式组织成组加工，从而达到扩大批量的目的。使得多品种小批量生产也能获得近似于大批量生产的经济效果。其基本原理如图 13-1 所示。

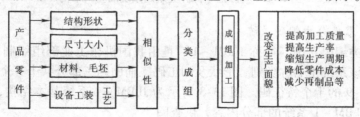

图 13-1　成组加工原理示意图

二、零件的分类编号系统

要想准确地、科学地反映各种零件的相似程度，必须想办法将零件的各个要素（功能、形状、尺寸等）描述出来，即用一组数字、字母或符号来描述，代替某个具体的零件，也就是将零件编码，编码必须按照一定的规则，这套规则就称为零件分类编码系统。国内外采用的分类编码系统有几十种，以下介绍两种常用的分类编码系统。

1. 奥匹兹零件分类编码系统

该系统是由德国阿亨工业大学奥匹兹教授领导编制的，它一共由九位代码组成，前五位是形状代码（也称主码），表示零件的几何形状；后四位为辅助代码，表示零件的尺寸、材料、毛坯和加工精度。每一个码位内存十个特征码（0～9）分别表示十种零件特征。图 13-2 所示为奥匹兹零件分类编码系统的基本结构。图 13-2 中 L 为回转体零件最大长度，D 为回转体零件的最大直径，A、B、C 分别为非回转体零件的三个边长，且 $A > B > C$。

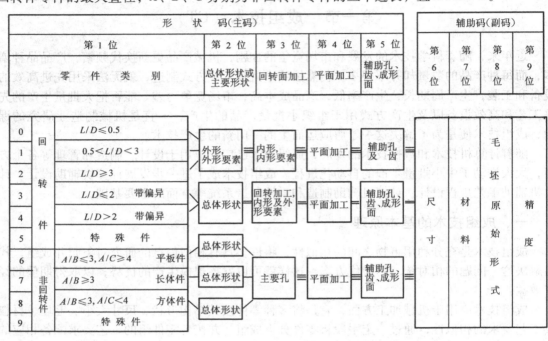

形　状　码(主码)					辅助码(副码)			
第 1 位	第 2 位	第 3 位	第 4 位	第 5 位	第 6 位	第 7 位	第 8 位	第 9 位
零　件　类　别	总体形状或主要形状	回转面加工	平面加工	辅助孔、齿、成形面	尺寸	材料	毛坯原始形式	精度

图 13-2　奥匹兹零件分类编码系统的基本结构

2. JLBM－1 零件分类编码系统

机械零件分类编码系统（简称 JLBM－1）是由我国机械工业部组织制定并批准实施的分类编码系统，该系统由名称类别、形状及加工码、辅助码三部分共十五个码位组成，每一个码位包括从 0～9 的十个特征码。图 13-3 所示为 JLBM－1 系统基本结构，附录附表 11～附表 14 列出了 JLBM－1 系统的部分内容，供查阅。

图 13-4 所示为按照 JLBM－1 系统对回转体零件进行分类编码的结果。

三、零件分类成组的方法

将零件分类成组常用的方法有视检法、生产流程分析法和编码分类法。

视检法是由有生产经验的人员通过对零件图仔细阅读和判断，把具有某些特征属性的一些零件归结为一类。它的效果主要取决于个人经验。

生产流程分析法是以零件生产流程为依据，通过对零件生产流程的分析，可以把工艺规程相近的，即使用同一组机床进行加工的零件归结为一类。采用此法分类的正确性与分析方法以及所依据的工厂技术资料有关。

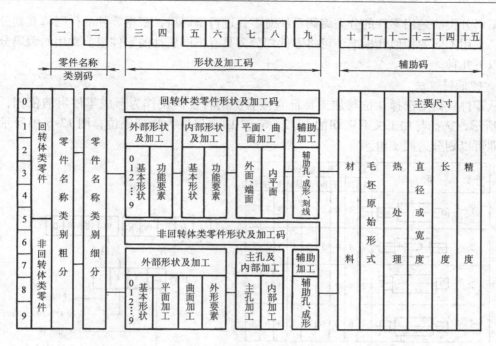

图 13-3　JLBM－1 系统基本结构

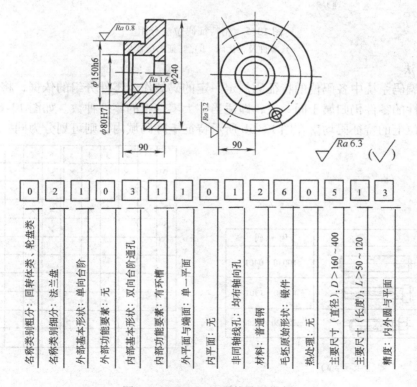

图 13-4　JLBM－1 系统编码举例

编码分类法是用零件的分类编码系统对零件进行编码后，根据零件的代码将其划分成零件组。采用不同的相似性标准，可将零件划分为具有不同属性的零件组。常用的编码分类方法有以下几种。

1. 特征码位法

从零件代码中选择几位与加工特征直接有关的特征码位作为形成零件组的依据，如图 13-5 所示，选择与加工关系密切的 1、2、6、7 四个码位为特征码位，图 13-5 中所示四个零件即可以划分为同一组。

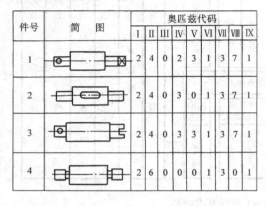

件号	简图	奥匹兹代码								
		I	II	III	IV	V	VI	VII	VIII	IX
1		2	4	0	2	3	1	3	7	1
2		2	4	0	3	0	1	3	7	1
3		2	4	0	3	3	1	3	7	1
4		2	6	0	0	0	1	3	0	1

a)

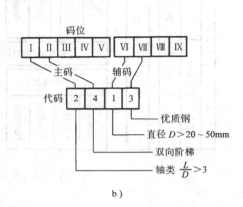

b)

图 13-5　用特征码位法分组
a) 零件及其代码　b) 特征码位含义

2. 码域法

对分类编码系统中各码位的特征码规定一定的码域作为零件分组的依据，将具有一定零件特征相似性的零件仍归属于同一组，即适当扩大零件组的零件种数。如图 13-6a 所示，三个零件各码位上的特征码均落在图 13-6b 所示特征矩阵码域内，则可划分为同一组。

零件	代码
	10030　0401
	11030　1301
	22020　1200

a)

	1	2	3	4	5	6	7	8	9
0	×	×	×	×	×	×		×	×
1	×	×		×		×		×	×
2	×	×				×			
3			×			×	×		
4							×		
5							×		
6							×		
7							×		
8									
9									

b)

图 13-6　码域法分组
a) 零件及其代码　b) 零件组特征矩阵

若将上述两种方法结合起来，即先选出特征码位，再在选定的特征码位上规定适当的码域，这就是特征码位码域法。此法灵活性大且适应性广，特别是对零件种数很多、编码系统码位也多的情况，可使分组工作大大简化。

四、成组工艺

成组工艺是为一组零件设计的，适用于零件组内的每一个零件。常用的成组工艺设计方法有以下两种。

1. 综合零件法

按照零件组中的综合零件来编制工艺规程的方法称为综合零件法。所谓综合零件，是拥有成组零件的全部待加工表面要素的一个零件，它可以是零件组中实际存在的某个具体零件，也可以是一个虚拟的零件。由于同一组内其他零件所具有的待加工表面要素都要比综合零件少，所以按综合零件设计的成组工艺，自然能据此加工零件组内所有的零件。只是需要从成组工艺中删除不为某一零件所有的工序或工步内容，便形成该零件的加工工艺。成组工艺常用图表格式表示，图 13-7 所示为六个零件组成的零件组的综合零件及其成组工艺过程卡示意图。

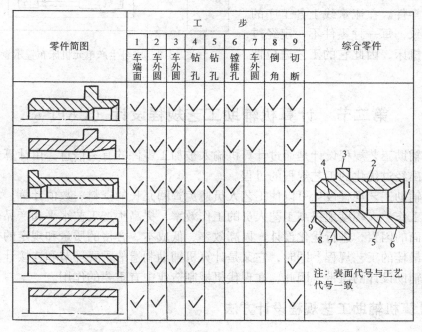

图 13-7　套筒类零件成组工艺过程

2. 综合路线法

此法是在零件分类成组的基础上，比较同组各零件的工艺路线，从中选中一个工序较多、安排合理并具有代表性的工艺路线，再将此代表路线与组内其他零件的工艺路线相比较，便可将其他零件有的而此代表路线中没有的工序一一添入。这样便可最终得出能满足全组零件要求的成组工艺。综合路线法常用于编制非回转体零件的成组工艺过程。

五、成组生产组织形式

1. 单机成组生产单元

单机成组生产是把一些工序相同或相似的零件集中在一台机床上进行加工。可以完成这些零件的全部或大部分加工工序，如在转塔车床、自动车床或数控机床上加工中小零件。

2. 多机成组生产单元

多机成组生产单元是指把一组或几组工艺上相似零件的全部工艺过程由相应的一组机床完成。图 13-8 所示的生产单元由四台机床组成，可完成六个零件全部工序的加工。

3. 流水线成组生产单元

成组流水生产线是成组技术的最高组织形式。它与一般流水线的主要区别在于生产线上流动的不是一种零件，而是多种相似零件。在流水线上各工序的节拍基本一致，每一种零件不一定经过线上的每台机床，因此它的工艺适应性比较好。

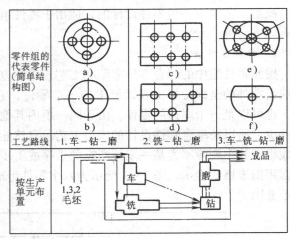

图 13-8　成组生产单元机床布置示意图

第二节　计算机辅助工艺规程设计（CAPP）

计算机辅助工艺规程设计是通过计算机输入被加工零件的有关信息，由计算机自动地进行编程并输出经过优化的工艺规程的过程。

计算机辅助工艺规程设计可以使工艺人员避免查阅冗长的资料、数值计算、填写表格等繁重重复的工作。大幅度地提高工艺人员的工作效率，提高生产工艺水平和产品质量。它可以考虑多方面的因素，进行优化设计，以高效率、低成本、合格的质量和规定的标准化程序来拟定一个最佳的工艺规程。同时，它又是计算机辅助制造的重要环节和连接计算机辅助制造和计算机辅助设计的纽带。因此，在现代机械制造业中有重要的作用。

一、计算机辅助工艺规程设计方法

1. 派生式（变异式）

根据成组技术的原理将零件划分为相似零件组，按零件组编制出典型工艺流程，并以文件的形式储存在计算机中。当设计一个新零件的工艺规程时，只要输入零件的编码，计算机就会自动识别它所属的零件组，并调出该组零件的典型工艺规程，根据零件结构和工艺要求，进行适当修改编辑，从而派生出所需要的工艺规程。其设计流程如图 13-9 所示。派生式的特点是系统简单，但要求工艺人员参与并进行决策。

2. 创成式

创成式计算机辅助工艺规程设计系统中不存储典型工艺规程，而只存储了若干逻辑算法

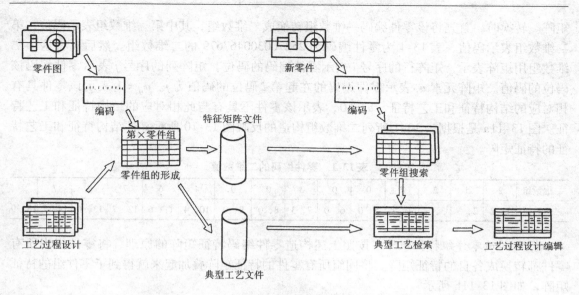

图 13-9　派生式计算机辅助工艺规程设计系统设计流程

程序。系统根据输入零件的图形和工艺信息（材料、毛坯、加工精度和表面质量要求等），利用加工能力知识库和工艺数据库中的加工信息和各种工艺决策逻辑，自动设计出零件的工艺规程。其特点是自动化程度高，但系统复杂，技术上尚不成熟。

3. 半创成式（综合式）

这是一种以派生式为主、创成式为辅的设计方法（如工序设计用派生式，工步设计用创成式），它具有两种类型系统的优点，部分克服了它们的缺点，效果较好。

二、派生式计算机辅助工艺规程设计基本原理

1. 工艺信息数字化

（1）零件编码　选择合适的编码系统对零件进行编码，使其数字化。例如图 13-10 所示零件用 JLBM－1 系统对其编码，其编码为 252700300467679。

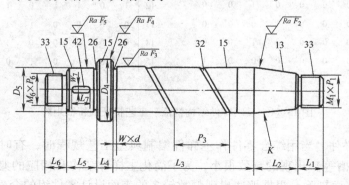

图 13-10　轴类零件组的主样件及其型面代号及编码

型面代号：D—直径　L—长度　K—锥度　W—槽宽或键宽　d—槽深　M—外螺纹外径　P—螺距　F—表面粗糙度等级

型面编码：13—外圆锥面　15—外圆柱面　26—退刀槽　32—油槽　33—外螺纹　42—键槽

（2）构造零件特征矩阵　为了能够找到与零件对应的零件组，须将零件的编码转换为

矩阵。转换时，首先将该零件编码一维数组转换成二维数组，其中第一维数组表示码位，第二维数组表示码值，表 13-1 为零件编码为 252700300467679 的二维数组。然后再将这个二维数组用矩阵表示，矩阵行的序号 i 表示零件编码的码位，矩阵列的序号 j 表示零件编码该码位的码值。矩阵元素 a_{ij} 表示零件编码的左起第 i 码位的码值为 j。$a_{ij}=1$ 表示该零件具有相对应的结构特征和工艺特征。$a_{ij}=0$，表示该零件不具有与此相对应的结构特征和工艺特征。图 13-11a 是根据表 13-1 所列二维数组构造的反映图 13-10 所示零件结构特征和工艺特征的特征矩阵。

表 13-1 零件编码的二维数值

一维数组	2	5	2	7	0	0	3	0	0	4	6	7	6	7	9
二维数组	1, 2	2, 5	3, 2	4, 7	5, 0	6, 0	7, 3	8, 0	9, 0	10, 4	11, 6	12, 7	13, 6	14, 7	15, 9

（3）构造零件组特征矩阵 按照上述构造零件编码特征矩阵的原理，将零件组内所有零件都转换成各自的特征矩阵。将同组所有零件的特征矩阵叠加起来就得到了零件组的特征矩阵，如图 13-11b 所示。

a)

	0	1	2	3	4	5	6	7	8	9
1	0	0	1	0	0	0	0	0	0	0
2	0	0	0	0	0	1	0	0	0	0
3	0	0	1	0	0	0	0	0	0	0
4	0	0	0	0	0	0	0	1	0	0
5	1	0	0	0	0	0	0	0	0	0
6	1	0	0	0	0	0	0	0	0	0
7	0	0	0	1	0	0	0	0	0	0
8	1	0	0	0	0	0	0	0	0	0
9	1	0	0	0	0	0	0	0	0	0
10	0	0	0	0	1	0	0	0	0	0
11	0	0	0	0	0	0	1	0	0	0
12	0	0	0	0	0	0	0	1	0	0
13	0	0	0	0	0	0	1	0	0	0
14	0	0	0	0	0	0	0	1	0	0
15	0	0	0	0	0	0	0	0	0	1

b)

	0	1	2	3	4	5	6	7	8	9
1	0	0	1	0	0	0	0	0	0	0
2	0	0	0	0	0	1	0	0	0	0
3	1	1	1	0	0	0	0	0	0	0
4	1	1	1	1	1	1	1	1	0	0
5	1	0	0	0	0	0	0	0	0	0
6	1	0	0	0	0	0	0	0	0	0
7	1	1	1	1	0	0	0	0	0	0
8	1	0	0	0	0	0	0	0	0	0
9	1	0	0	0	0	0	0	0	0	0
10	0	0	1	1	0	0	0	0	0	0
11	0	0	0	0	0	0	1	0	0	0
12	0	0	1	0	1	0	1	0	0	0
13	0	0	0	0	1	1	0	0	0	0
14	0	0	0	0	0	0	0	0	0	0
15	0	0	0	0	1	0	0	0	0	1

图 13-11 反映零件结构特征、工艺特征的特征矩阵

（4）设计主样件 当用综合零件作主样件编制典型工艺规程时，有时会发生某些型面（如滚花、成形环槽等）出现的频数很小，为了简化主样件结构和相应的典型工艺，可以将这些极少出现的表面剔除，根据那些出现频数较多的表面设计零件组的合理主样件。

（5）数字化零件形面 零件的编码只表示该零件的结构、工艺特征，它没有提供零件表面信息，而设计工艺规程时必须了解零件的表面构成，因此，必须用不同的数码来表示零件的各种特征型面，如 15 表示外圆柱面，13 表示外圆锥面，33 表示外螺纹，42 表示键槽等，使零件表面数字化。

（6）进行工艺、工步名称编码　对所有工序、工步按其名称进行统一编码，以便计算机能按预定的方法调出工序和工步的名称。编码以工步为单位，热处理、检测等非机械加工工序以及诸如掉头、装夹等操作也当作一个工步编码。假设某一 CAPP 系统有九十九个工步，就可用 1、2、3、4、…、99 这九十九个数字来表示这些工步的编码，例如用 32、33 分别表示粗车、精车，41 表示磨削，1 表示装夹，2 表示掉头装夹，3 表示检验等。

（7）构造典型加工工艺路线矩阵　有了零件各型面和各工序、工步的编码之后，就可用一个（$N \times 4$）的矩阵来表示零件的加工工艺和各工序工步的内容。图 13-12 所示为某零件组的典型工艺路线矩阵。矩阵中每一行表示一个工步。每一行中第一列为工序序号；第二列为工序中工步序号；第三列为该工步加工面的型面编码，如果该工步为非加工型面操作，则用"0"表示；第四列为该工步名称编码。由图 13-12 中第一、二列可知，该工艺路线由四道工序组成，其中一、二道工序都有五个工步。在第三列中"0"表示该工步不是加工型面（如装夹、检验等），15 表示外圆柱面，13 表示外圆锥面，10 表示车端面，19 表示中心孔，32 表示粗车，33 表示精车，2 表示掉头装夹，41 表示磨削，3 表示检验。综上所述，图 13-12 所示的矩阵表示的工艺路线为：

工序 1　装夹—车端面—钻中心孔—粗车外圆—精车外圆。
工序 2　掉头装夹—车端面—钻中心孔—粗车外圆—精车外圆。
工序 3　磨削外圆。
工序 4　检验。

（8）构造工序、工步内容矩阵　对工序、工步名称进行编码后，就可以用一个矩阵来描述工序、工步的具体内容，如图 13-13 所示。矩阵中行的排列以工步为单位，一个工步为一行。

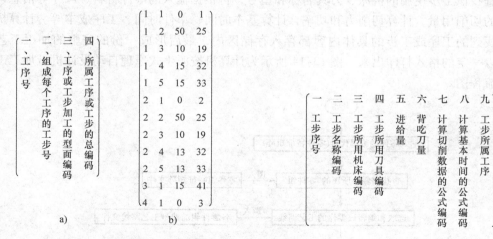

图 13-12　主样件典型加工工艺路线矩阵
　　a）矩阵内容　b）矩阵示例

图 13-13　工步内容矩阵

2. 计算机辅助工艺规程设计系统数据库

工艺信息经过数字化后便形成了大量数据，这些数据必须按一定的工艺文件形式集合起来，存储于计算机内，形成数据库。数据文件的格式主要有以下几种：

（1）**特征矩阵文件**　每个零件组都有其特征矩阵，如果一个系统有 m 个零件组，相应地也有 m 个特征矩阵与之一一对应，将这些特征矩阵按一定方式排列起来，存储于计算机内，构成特征矩阵文件，以备在编制工艺规程时查找某一零件所属零件组别用。

（2）**典型工艺路线文件**　每个零件组都有其典型工艺路线矩阵，将系统中所有零件组的典型工艺路线矩阵按一定方式排列起来，存储于计算机内，构成典型工艺路线文件。零件组的典型工艺路线矩阵是和零件组特征矩阵相互对应的，只要找到特征矩阵，就能调出与其对应的典型工艺路线矩阵。

（3）**工序、工步文件**　这个文件就是一个工序、工步内容矩阵，它容纳了系统内所有工序和工步的具体内容，计算机可以按工序、工步的编码，从该文件中提取与该编码相对应的工序、工步内容，进而形成工艺规程。

（4）**工艺数据文件**　工艺数据文件包括与工件材料、机床、刀具、加工余量、切削用量等有关的工艺数据。

3. 计算机辅助工艺规程设计过程

当用计算机编制某一零件工艺规程时，首先须将表示该零件特征的编码转换成零件特征矩阵输入计算机。计算机从特征零件矩阵中逐一调出各个零件组的特征矩阵，用以查找该零件所属零件组，并据此从典型工艺路线文件中调出与该零件组相对应的典型工艺路线矩阵。接着，用户再将零件的型面编码及各有关表面的尺寸公差、表面粗糙度要求等数据输入计算机中，计算机根据这些数据，从已调出的典型工艺路线矩阵中选取该零件的加工工序及工步编码，这样就得到了由工序及工步编码组成的零件加工工艺路线。然后，计算机根据该零件的工序及工步编码，从工序、工步文件中逐一调出工序及工步具体内容，并根据机床、刀具的编码查找该工步使用的机床、刀具名称和型号，再根据输入的零件材料、尺寸等信息计算该工步的切削用量，计算切削力和功率，计算基本时间、单件时间、工序成本等。计算机将每次查找到的工序或工步的具体内容都存入存储区内，最后形成一份的完整的加工工艺规程，并以一定的格式打印出来。图 13-14 所示为计算机按派生式原理自动设计机械加工工艺规程的流程图。

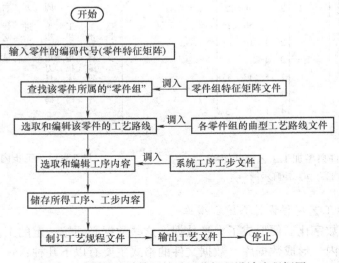

图 13-14　派生式计算机辅助工艺规程设计流程框图

第三节　柔性制造系统（FMS）

一、柔性制造系统的基本概念、适用范围及其特点

柔性制造系统一般是指可变的、自动化程度较高的制造系统。它由多台加工中心和数控机床组成，有自动上、下料装置，自动化仓库和物料输送系统，在计算机及其软件的分级集中控制下，实现加工自动化。它具有高度柔性，是一种计算机直接控制的自动化可变加工系统。

柔性制造系统的适用范围很广，它主要解决单件小批生产和大批多品种生产的自动化加工问题。它把高柔性、高质量、高效率结合和统一起来，在当前，具有较强的生命力。

柔性制造系统与传统制造系统比较，它的主要特点是：

（1）柔性高　能在不停机调整的情况下，自动完成不同品种、不同结构、不同位置、不同切削方式的零件加工。

（2）高度自动化　自动更换工件、刀具、夹具，实现自动装夹和输送，并进行自动检测。

（3）高效率　能采用合理的切削用量实现高效加工，同时使辅助时间和准备终结时间减小到最低。

二、柔性制造系统的类型

柔性制造系统根据所用机床台数和工序数可以分为三种类型。

1. 柔性制造单元（FMC）

它由单台数控机床或加工中心组成，并配备有某种形式的托盘交换装置，或工业机器人等装夹工件的搬运装置。由单元计算机进行适时控制和管理。图 13-15 所示为由一台卧式加

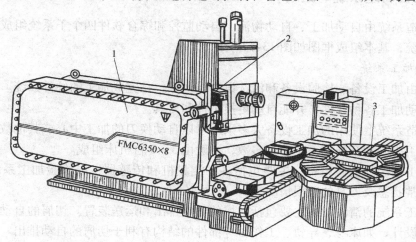

图 13-15　单台加工中心组成的柔性制造单元

1—刀库　2—机械手　3—托盘库

工中心和自动化的托盘库组成的柔性制造单元。托盘上可装有各种不同的夹具和工件,由计算机控制使机床上和托盘库上的托盘进行交换,以实现不同工件的加工。

2. 柔性制造系统(FMS)

它由两台或两台以上的数控机床或加工中心或柔性制造单元组成,配有自动输送装置(有轨、无轨输送车或机器人),工件自动上下料装置(托盘交换或机器人),自动化仓库,并由计算机实现综合控制、监视、数据处理、生产计划和生产管理等工作。图 13-16 所示为由两台加工中心组成的柔性制造系统,配有轨道运送车和托盘交换装置。

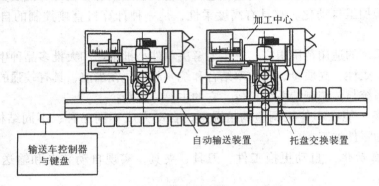

图 13-16　两台加工中心组成的柔性制造系统

3. 柔性生产线(FML)

它是针对某种类型(族)零件的,带有专业化生产和成组化生产的特点。它由多台加工中心或数控机床组成,其中有些机床带有一定的专用性,全线机床按工件的工艺过程布局,可以有生产节拍,但它本质上是柔性的,是可变加工生产线,具有柔性制造系统的功能。

三、柔性制造系统的组成

柔性制造系统由自动加工、自动物流、自动监控和综合软件四个子系统组成,每个子系统还有分系统,基本组成框图如图 13-17 所示。

1. 自动加工系统

它一般由加工设备、检验设备和清洗设备等组成,是完成加工的硬件系统。它的功能是任意顺序自动加工各种零件,并能自动更换工件和刀具。

柔性制造系统上使用的加工设备大多采用可以自动换刀的加工中心或其他数控机床。目前以镗削加工中心和车削加工中心占多数,一般由 3~6 台机床组成。

自动加工系统的检验设备,主要包括各种测量机和传感器,以检验加工系统的加工情况、切削异常状态及刀具的破损情况等。

自动加工系统的清洗设备主要包括切屑的自动排出和运送装置。切屑的自动排出主要靠机床的合理设计,如床身、导轨、工作台等部件的结构有利于切屑的自动排出。切屑的自动运送装置多采用机械式传送带。如刮板式、琴键式传送带等。

2. 自动物流系统

它由存储、搬运等子系统组成,包括运送工件、刀具、切屑及冷却液等加工过程中所需

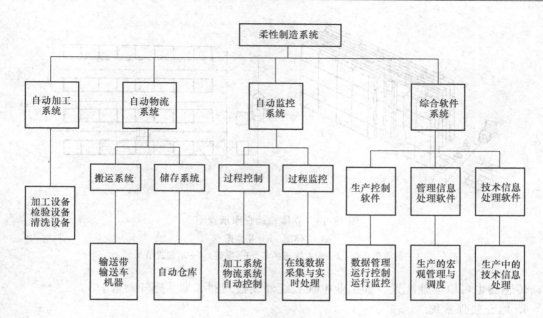

图 13-17 柔性制造系统的组成

要的"物料"的搬运装置、装卸工作站及自动化仓库等。

（1）自动搬运装置 它主要有输送带、输送车（分为有轨和无轨两种）和机器人等。有轨输送小车是由铺设在地面上的两条导轨和在其上行走的小车组成的搬运方式，主要用于搬运比较重的物品。它的主要缺点在于其搬运路线的变更较为困难，而且不适用于曲线较多的路径。无轨输送小车是靠埋设在地下的导线或涂覆在地面上的磁性材料等发出的信号引导的，它的优点在于其柔性大，而且由于小车采用橡胶轮胎，因此行驶噪声小，另外，由于不必铺设轨道，可充分利用地面空间。

在自动物流系统中，除采用输送小车外，还广泛采用了工业机器人。它可以完成数控机床和加工中心上工件的装夹，也可以在数台机床之间完成毛坯、半成品工件的工序传递，还可以进行刀具、夹具的交换，甚至可完成装配任务。

（2）自动化仓库 它是用以存储毛坯、半成品、成品、刀具、夹具和托盘等。它具有较高的柔性，能适应生产载荷变化时的存储要求，并能在规定的时间内把所需要的物料自动地供给指定的场所。用于柔性制造系统的自动仓库主要有三种形式，即立体自动仓库、水平回转式棚架仓库和垂直回转式棚架仓库。图 13-18 所示为立体自动仓库示意图。它主要由存放物品的棚架、物品出入库装置和堆装式起重机组成。物品用托盘（质量大的）或存储盒（质量小的）存放在棚架上，仓库内物品的搬运主要是靠堆装式吊车，仓库外的物品搬运则可用输送小车等。

3. 自动监控系统

它由过程控制和过程监视两个子系统组成，其功能分别是进行加工系统及物流系统的自动控制，以及在线状态数据的自动采集和处理。

为了能对柔性制造系统的生产过程进行实时的控制，系统中安装了大量的传感器，这些传感器一般安装在机床或搬运装置上。对于无人化的高度自动化系统，为了监控整个生产过

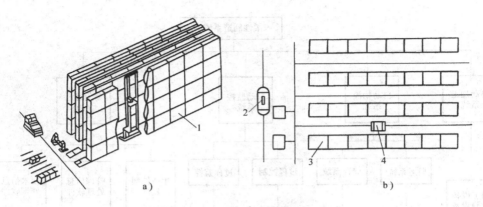

图 13-18　立体自动仓库示意图

a）立体图　b）平面图

1—自动化仓库　2—无人输送小车　3—棚架　4—堆装式吊车

程，传感器也可以单独配置，如工业电视、红外线检测器和烟雾感知器等。

4. 综合软件系统

柔性制造系统是一个物料流与信息流紧密结合的复杂的自动化系统。其综合软件系统是对自身中复杂的信息流进行合理处理，对物料流进行有效控制，从而使系统达到高度柔性和自动化的重要保证。

从系统信息处理的观点来看，柔性制造系统的综合软件一般包括以下三个部分：

（1）生产控制软件　它是保证柔性制造系统正常工作的基本软件系统。一般包括数据管理软件（如生产计划、工件、刀具、加工程序的数据管理等）、运行控制软件（如加工过程、搬运过程、工件加工顺序的控制等）、运行监视软件（如运行状态、加工状态、故障诊断和处理情况的监视等）及状态显示软件等。

（2）管理信息处理软件　它主要用于生产的宏观管理和调度，以确保柔性制造系统能有效而经济地达到生产目标。如根据市场需求来调整生产计划和设备载荷计划；对设备、刀具、工件等的数量和状态进行有效的管理等。

（3）技术信息处理软件　它主要用于生产中的技术信息，如加工顺序的确定，设备和工艺装备的选择、加工条件和刀具路线的确定等技术信息处理。

第四节　计算机辅助制造（CAM）和计算机集成制造系统（CIMS）

一、计算机辅助制造

1. 计算机辅助制造的概念和应用

利用计算机分级结构将产品的设计信息自动地转换成制造信息，以控制产品的加工、装配、检验、试验、包装等全过程，以及与这些过程有关的全部物流系统和初步的生产调度，这就是计算机辅助制造。

目前，计算机辅助制造的应用可以概括为两大类。一类是计算机直接与制造过程连接，以对制造过程及其设备实施监视和控制，这是计算机辅助制造的直接应用，如计算机数控和柔性制造系统等，均为计算机辅助制造的直接应用。另一类是计算机并不直接与制造过程连接，而是利用计算机提供生产计划、进行技术准备和发出各种指令和有关信息，以便使生产资源和管理更为有效，从而对制造过程进行支持，这是计算机辅助制造的间接应用。如计算机辅助数控编程、计算机辅助工艺设计、计算机车间管理等，均属于计算机辅助制造的间接应用。此时，由人给计算机输入数据和程序，再按照计算机的输出去指导生产。

2. 计算机辅助制造系统的结构

一个大规模的计算机辅助制造系统均采用二级或三级计算机分级结构。如用一台微机控制某一个单过程，一台小型计算机负责控制一群微机，再用一台中型或大型计算机负责监控几台小型计算机，这样就形成了一个计算机网络。用这个网络对复杂的生产过程进行监督和控制，同时用于进行诸如零件加工程序设计和安排作业计划等各种生产准备和管理工作。

图 13-19 所示为计算机辅助制造系统的分级结构，可以看出其功能是全面的、广泛的、涉及整个制造领域。

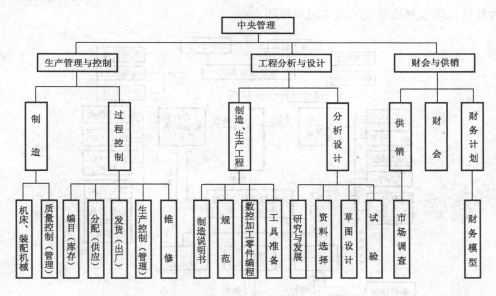

图 13-19　计算机辅助制造系统的分级结构

计算机辅助制造系统的组成可以分为硬件和软件两个方面：硬件方面有数控机床、加工中心、输送装置、装卸装置、存储装置、检验装置、计算机等；软件方面有数据库、计算机辅助工艺过程设计、计算机辅助数控程序编制、计算机辅助工装设计、计算机辅助作业计划编制与调度、计算机辅助质量控制等。

二、计算机集成制造系统

1. 计算机集成制造系统的概念

计算机集成制造系统是在自动化技术、信息技术和制造技术的基础上，通过计算机及其软件，将制造工厂全部生产活动所需的各种分散的自动化系统有机地集成起来，是适合于多品种、中小批量生产的总体高效益、高柔性的智能制造系统。

在计算机集成制造系统的概念中应强调说明两点：

1）在功能上，计算机集成制造系统包含了一个工厂的全部生产经营活动，即从市场预测、产品设计、加工工艺设计、制造、管理至售后服务的全部活动。因此计算机集成制造系统比传统的工厂自动化的范围要大得多，是一个复杂的大系统，是工厂自动化的发展方向，未来制造工厂的模式。

2）在集成上，计算机集成制造系统涉及的自动化不是工厂各个环节的自动化的简单叠加，而是在计算机网络和分布式数据库支持下的有机集成。这种集成主要是体现在以信息和功能为特征的技术集成，即信息集成和功能集成，以缩短产品开发周期、提高质量、降低成本。这种集成不仅是物质（设备）的集成，而且是人的集成。

2. 计算机集成制造系统的组成

计算机集成制造系统包括工厂企业设计、生产和经营等全部活动。制造型企业的计算机集成制造系统由经营管理、工程设计、产品制造、质量保证和物资保证等五大模块组成，另外，还需要一个能有效连接这些子系统的支撑环境，即计算机网络和数据库系统。图 13-20 所示为计算机集成制造系统的基本组成框图。

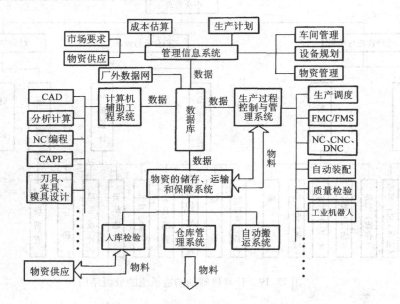

图 13-20　计算机集成制造系统的基本组成框图

（1）管理信息系统　这是计算机集成制造系统的上层管理系统，它根据市场需求信息作出生产决策，确定生产计划如估算产品成本，同时作出物料、能源、设备、人员的计划安排，保证生产的正常进行。

（2）计算机辅助工程系统　它能根据决策信息进行产品的计算机辅助设计（CAD），对零件、产品的使用性能、结构、强度等进行分析计算；利用成组技术的方法对零件、刀具和其他信息进行分类和编码，并在此基础上进行零件加工的计算机辅助工艺规程设计和编制数控加工程序，以及进行相应的工、夹具设计等生产技术准备工作。

（3）生产过程控制与管理系统　它从数据库中取出由管理信息和计算机辅助工程系统

中传出相应的信息数据，对生产过程进行实时控制和管理，并把生产中出现的新信息通过数据库反馈给有关的子系统，如产品质量问题、生产统计数据、废次品率等，以便决策机构作出相应的反应，及时调整生产。

（4）物料的储存、运输和保障系统　保证全企业物质的供应，包括原材料、外购件、自制件等的储存和运送，保障企业生产按计划正常进行。

（5）数据库　数据库包括各部门或地区的专用数据库和公用中央数据库。在数据库管理系统的控制和管理下，供各部门调用和存取。

3. 计算机集成制造系统实例

图 13-21 所示为建立在清华大学的国家计算机集成制造系统工程技术研究中心（CIMS‑ERC）的计算机集成制造系统实验工程，该系统由车间、单元、工作站、设备四级组成，在网络和分布式数据库管理的支撑环境下，进行计算机辅助设计/计算机辅助制造、仿真、递阶控制等工作。网络通信采用传输控制协议/内部协议（TCP/IP）、技术和办公室协议/制造自动化协议（TOP/MAP）。网络为以太网（Ethernet）。车间层由两台计算机控制，

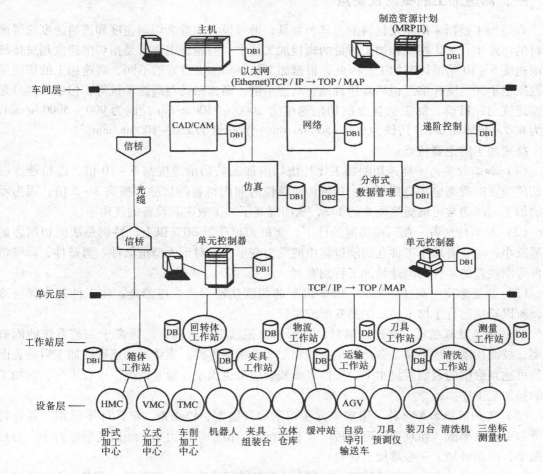

图 13-21　计算机集成制造系统实验工程结构示意图

DB—数据库

其中一台为主机，一台专管制造资源计划。单元层由两台计算机（单元控制器）控制各工作站及设备。单元是一个制造系统，加工制造非回转体零件（如箱体）和回转体零件（如轴类、盘套类），故有一台卧式加工中心，一台立式加工中心和一台车削加工中心来完成加工任务，加工后进行清洗，清洗完毕后在三坐标测量机（测量工作台）上进行检测。夹具在装夹工作站上进行计算机辅助组合夹具设计及人工拼装。卧式加工中心和立式加工中心都是镗铣类机床，其所用刀具由中央刀具库提供，并由刀具预调仪测量尺寸，所测尺寸应输入刀具数据库内。单元内有立体仓库，由自动导引输送车（Automatic Guide Vehicle，AGV）输送工件、夹具和托盘等物件。对于卧式和立式加工中心，用托盘装置进行上下料；对于车削加工中心，用机器人进行上下料。

第五节　高速加工技术

一、高速加工的概念及特点

高速加工是指采用超硬材料的刀具和磨具，通过极大地提高切削速度和进给速度来提高材料的切除率、加工精度和加工质量的现代加工技术。高速加工通常是指切削速度超过传统切削速度 5～10 倍的切削加工。因此，根据加工材料和加工方式的不同，高速加工的切削速度范围也不同。高速加工包括高速铣削、高速车削、高速钻孔与高速车铣等，但绝大部分是指高速铣削。目前，加工铝合金的切削速度为 2000～7500m/min；铜为 900～5000m/min；钢为 600～3000m/min；铸铁为 900～5000m/min；钛合金为 150～1000m/min。

高速加工的主要特点：

（1）加工效率高　高速切削加工比传统切削加工的切削速度高 5～10 倍，进给速度随着切削速度的提高也相应提高 5～10 倍，使单位时间内材料的切除率提高 3～5 倍，因为零件的加工时间通常可缩短到原来的 1/3，从而提高了加工效率和设备的使用率。

（2）加工精度高　在高速切削条件下，切削力可降低 30% 以上，特别是法向切削力的明显减小，可显著减小工件在切削过程中的受力变形。这对于大型框架件、薄壁件、薄壁槽形件等刚性差的零件的高速精加工特别有利。

（3）热变形小　高速切削时，95% 以上的切削热被切屑快速带走，使工件基本保持冷态，所以特别适合于加工易发生热变形的零件。

（4）加工过程稳定　高速切削时，机床的激振频率非常高，远远高于工艺系统的固有频率，故而切削过程平稳，振动较小，能加工非常精密零件。零件经高速铣削加工后的表面质量可达到磨削的表面质量水平，工件表面残余应力也很小，通常情况下可省去车、铣加工后的精加工工序。

（5）可切削难加工材料　用常规方法切削如高锰钢、淬硬钢、奥氏体不锈钢、复合材料等，不仅效率低，而且刀具寿命短。高速切削时，由于切削力小，切屑变形阻力小，刀具磨损小，因而可加工一些难加工材料。

（6）加工成本低　高速切削时单位时间的金属切除率高，能耗低，零件加工时间短，从而有效地提高了能源和设备利用率，降低了生产成本。

二、高速加工的关键技术

高速加工关键技术主要包括以下几个方面：

1. 高速主轴单元系统

高速机床的主轴转速一般为普通机床的 5 ~ 10 倍，其转速一般都大于 10000r/min，有的高达 60000 ~ 100000r/min；主轴的加、减速度比普通机床高得多，达到 1g ~ 8g（1g = 9.81m/s²）的加速度，通常只需 1 ~ 2s 即可达到从起动到选定的最高转速（或从最高转速到停止）；主轴单元电动机功率一般高达 15 ~ 80kW。

由于主轴转速极高，为了防止主轴零件在离心力的作用下产生振动和变形，以及因高速运转的摩擦热和大功率内装电动机产生的热量而引起的高温和热变形，所以，要求高速主轴单元：①结构紧凑，质量轻，惯性小，动平衡性好，噪声小；②具有很高的加、减速性能，能在指定位置快速准停；③具有高刚性和高回转精度；④具有良好的热稳定性；⑤功率大；⑥可靠的润滑和冷却系统；⑦可靠的主轴监测系统。

目前，高速主轴单元在结构上大都采用交流伺服电动机直接驱动的集成化结构，取消了齿轮变速机构，采用电气无级调速，并配备有强力冷却和润滑装置。高速主轴单元把电动机转子和主轴做成一体，即将无壳电动机的空心转子用过盈配合的形式直接套装在机床主轴上，带有冷却套的定子则安装在主轴单元的壳体内，形成内装式电动机主轴，简称电主轴。这样，电动机的转子就是机床的主轴，机床主轴单元的壳体就是电动机机座，从而实现了调速电动机与机床主轴的一体化（图 13-22）。这种无中间环节的直接传动，具有结构紧凑、易于平衡、传动效率高等优点。轴承是决定主轴单元寿命和载荷大小的关键部件。为了适应主轴高转速的要求，高速主轴单元的轴承主要采用陶瓷混合球轴承、磁悬浮轴承、空气轴承和液体动静压轴承等；轴承润滑一般采用油气润滑和喷油润滑方式。采用油气润滑后，轴承的 DN 值（主轴轴承孔径与最大转速的乘积）比油脂润滑提高 20% ~ 50%；喷油润滑轴承的极限转速可达（2.3 ~ 2.5）× 10⁶r/min。

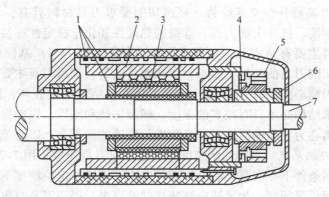

图 13-22 高速电主轴单元的结构
1—密封圈 2—定子 3—转子 4—旋转变压器转子
5—旋转变压器定子 6—螺母 7—主轴

2. 快速进给系统

高速切削时，为了保证加工质量和刀具使用寿命，必须保证刀具每齿进给量基本不变，因此，高速机床的进给速度随着主轴转速的提高也要相应的提高。高速进给速度一般为常规进给速度的 10 倍左右，目前高速机床的进给速度为 30~60m/min，最高可达 120m/min。

为了实现机床进给传动系统的高速化传动，许多研究单位和生产厂家对高速机床的进给系统进行了系统的研究，开发出若干种适用于高速机床的新型进给系统。目前，主要采用的是以直线电动机为进给伺服系统执行元件的进给驱动系统。直线电动机利用电磁感应原理，输出定子与转子之间的相对直线位移，电动机直接驱动机床工作台，取消了电动机到工件台之间的一切中间传动环节，与电主轴一样把传动链的长度缩短为零。其优点：①取消了机械传动机构，减少插补时因传动系统滞后带来的跟踪误差，传动精度高；②无机械旋转运动，无惯性力和离心力的作用，响应速度快，加减速过程短，能瞬间达到高速，高速运动时又能瞬间准停；③传动链长度为零，传动刚度高。此外，直线电动机进给驱动系统运行效率高，噪声低，行程长度不受限制。

3. 高速 CNC 控制系统

由于高速加工机床主轴转速、进给速度和其加减速度都非常高，因此，用于高速加工机床的 CNC 控制系统必须具有快速数据处理能力和快速响应伺服控制能力。为此，许多高速切削机床的 CNC 控制系统采用 32 位 CPU、多 CPU 微处理以及 64 位 RISC 芯片结构，同时配置功能强大的计算机处理软件，如几何补偿软件已被应用于高速 CNC 系统。当前的 CNC 系统具有加速预插补、前馈控制、钟形加减速、精确矢量补偿和最佳拐角减速控制等功能，使工件的加工质量在高速切削时得到明显改善。相应的伺服系统则发展为数字化、智能化和软件化，使伺服系统与 CNC 系统在 A/D - D/A 转换中不会有丢失或延迟现象。此外，高速 CNC 控制系统还具有网络传输功能，便于实现复杂曲面的 CAD/CAM/CAE 一体化。

4. 高速切削刀具

高速切削时的一个重要问题是刀具磨损，另外，由于高速切削时离心力和振动的影响，刀具必须具有良好的平衡状态和安全性能。设计刀具时，必须根据高速切削的要求，综合考虑刀具的磨损、强度、刚度和精度等方面的因素。

（1）高速切削刀具材料和刀具结构　高速切削要求刀具材料具有：①高硬度、高强度和高耐磨性；②高韧度、抗冲击能力强；③高的热硬性和化学稳定性等性能。目前，适用于高速切削的刀具材料主要有金刚石、立方氮化硼、陶瓷、TiC（N）基硬质合金和超细晶粒硬质合金等。高速切削刀具的结构主要有整体和镶齿两类。镶齿刀具主要采用机夹结构。为了避免高速切削下因离心力的作用引起刀体和刀片夹紧结构发生破坏，以及刀片破裂或甩出，刀体和刀片夹紧结构必须具有很高的强度、断裂韧性和刚性，以确保安全。刀体质量应尽量减小，以减小离心力。高速回转刀具必须进行精确的动平衡，以避免振动。

（2）高速切削刀柄系统　常规切削速度下，主轴与刀具连接采用 7:24 锥度单面夹紧刀柄系统，在高速切削条件下存在受离心力作用径向刚度不足、定位精度下降、换刀重复精度低、质量大换刀时间长等问题。为了适应高速切削的要求，提高刀具与主轴的连接刚性和装夹精度，开发了刀柄与主轴内孔锥面和端面同时贴紧的两面定位刀柄。这类刀柄主要有两大类：一类是对现有的 7:24 锥度刀柄进行改进，如 BIG - PLUS、WSU、ABSC 等刀柄系统；一类是采用新思路设计的 1:10 中空短锥度刀柄系统，如 HSK、KM、NC5 等刀柄系统。

5. 高速切削的监控系统和安全防护

在高速切削加工中，若有刀片崩裂，飞出的刀片是非常危险的。此外，刀具的磨损情况对加工质量也有直接影响，因此，高速切削的工况监测对保证高速切削加工安全性和加工质量十分重要。高速切削过程监测主要包括以下几个方面：①通过切削力监测，以控制刀具磨损；②通过机床功率监测，以间接获得刀具磨损信息；③通过主轴转速监测，以识别切削参数与进给系统之间的关系；④通过刀具破损监测，对切削过程中的不正常迹象实行报警。在机床结构方面，应设置安全防护墙和防护门窗。

三、高速加工技术的应用

目前，高速切削加工技术主要用于以下几类零件的加工。

（1）大批量生产零件　如汽车工业中的铸铁、铸铝等零件都可以采用高速切削，用氮化硅陶瓷刀具和 CBN 刀具高速铣削和镗削铸铁缸体可获得良好的加工质量和经济效益。

（2）刚度不足的零件　如航空航天工业产品或其他超薄产品，用高速切削工艺铣削工件壁厚仅为 1mm；大部分飞机上的零件通常采用在整体上掏空加工以形成多肋薄壁构件的"整体制造法"，金属切除量大，采用高速切削可使加工效率提高 10 倍左右，尺寸精度和表面质量可达到很高的水平。

（3）复杂曲面组成的零件　模具型腔加工在过去一直采用电加工，效率低，成本高。采用高速铣削模具的型腔、型芯部分，切削力小，加工面的表面粗糙度也很小，加工一次即可达到加工要求，缩短了模具制造周期。

（4）难加工材料零件　镍基高温合金和钛合金常用于制造发动机零件，但它们的切削加工性差，采用高速切削加工比传统的低速加工，可大幅度提高生产率，减小刀具磨损，提高零件的表面质量。传统方法切削纤维增强复合材料时，对刀具的刻划作用十分严重，刀具磨损非常快。用金刚石刀具进行高速切削加工，不仅可以避免上述问题，而且加工质量和效率明显提高。

第六节　快速原型制造技术（RPM）

一、快速原型制造技术的原理

快速原型制造技术（Rapid Prototyping Manufac–turing，简称 RPM）是集激光技术、计算机辅助设计（CAD）、计算机辅助制造（CAM）、计算机数字控制技术（CNC）、精密检测技术、精密机械、精密伺服和新材料技术等先进技术于一体的综合技术，是实现从零件设计到三维实体原型制造一体化的系统技术。它根据三维 CAD 模型的分层数据，对材料进行堆积（或叠加），快速地制造出任意复杂程度的产品原型或零件，其技术原理如图 13-23 所示。

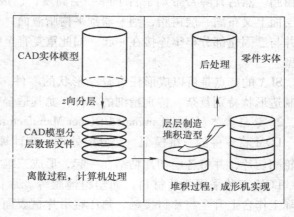

图 13-23　RPM 技术原理

（1）零件 CAD 模型的建立　设计人员应用各种三维 CAD 造型系统，如 UG、Pro/E、Solidwords 等进行零件的三维实体造型，将构思的零件概念模型转换为三维 CAD 数据模型。也可通过三坐标测量机、激光扫描仪、核磁共振图像、实体影像等方法对三维实体进行反求、计算并建立三维模型。

（2）数据转换文件的生成　三维造型系统将零件 CAD 数据模型转换成一种可被快速成形系统接受的数据文件，如 STL、IGES 等格式文件。STL 文件是对三维实体内外表面进行离散化后形成的三角形文件，STL 文件易于进行模型的分层切片处理，故已成为目前绝大多数快速成形系统所采用的文件格式。

（3）模型的分层切片　将三维实体沿给定方向（通常在高度方向）切成一个个二维薄片，薄片的厚度可根据快速成形系统制造精度在 0.05~0.5mm 之间选择。

（4）快速堆积成形　快速成形系统根据切片的轮廓和厚度要求，用片材、丝材、液体或粉末材料制成所要求的薄片，通过一片片的堆积，最终得到三维实体。

二、快速原型制造技术的典型工艺方法

快速原型制造技术的具体工艺有 30 余种。最为典型的快速成形工艺为光固化立体造型、分层实体造型、选择性激光烧结和熔融沉积成形。这里只介绍其中的两种。

1. 光固化立体造型（Stereo Lithography Apparatus，简称 SLA）

SLA 是基于液态光敏树脂的光聚合原理工作的。这种液体材料在一定波长和强度的紫外激光（如 325nm）的照射下能迅速发生光聚合反应，分子量急剧增大，材料也就从液态转变为固态。图 13-24 所示为 SLA 的工艺原理。

液槽中盛满液态光敏树脂，由计算机控制激光发射及其扫描轨迹，被光点扫描到的液体将发生固化。液面始终处于激光的焦平面，聚焦后的光斑在液面上按计算机指令逐点扫描，逐点固化（分层固化）。一层扫描完成后，除该层及之前形成部分，其余仍是液态树脂。然后升降台带动平台下降一层高度，已成形

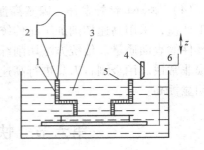

图 13-24　SLA 的工艺原理
1—成形零件　2—紫外激光器　3—光敏树脂
4—刮平器　5—液面　6—升降台

的层面上又布满一层树脂，刮平器刮平树脂液面，再进行下一层的扫描，形成一个新的加工层并与已固化部分牢牢连接在一起。如此重复直至整个零件制造完毕，即得到一个三维实体模型。

SLA 的特点是可以成形任意复杂形状的零件，成形精度高，原材料利用率将近 100%，能制造形状特别复杂、特别精细的零件，尤其适合壳体零件制造。

2. 分层实体制造（Laminated Object Manufacturing，简称 LOM）

LOM 将零件的三维模型，经分层处理，在计算机控制下，用 CO_2 激光束选择性地按分层轮廓切片，并将各层切片粘结在一起，形成三维实体。图 13-25 所示为 LOM 的工艺原理。

LOM 工艺采用薄片材料，如塑料薄膜等。片材表面事先涂覆上一层热熔胶。加工时，升降工作台上升至与片材接触，热压辊沿片材表面自右向左滚压，加热片材背面的热熔胶，使之与基板上的前一层片材粘结。CO_2 激光器发射的激光束在刚粘结的新层上切割出零件截

面轮廓和零件外框，并在截面轮廓与外框之间多余的区域内切割出上下对齐的网格。激光切割完成后，升降工作台带动被切出的轮廓下降，与带状片材（料带）分离。供料机构转动收料辊和供料辊，带动料带移动，使新层移动到加工区域。升降工作台上升到加工平面，热压辊再次热压片材，零件的层数增加一层，高度增加一个料厚，再在新层上切割截面轮廓。如此反复粘结、切割，最终形成三维零件。剔除包围零件的网格后，便可得到所需的三维零件。

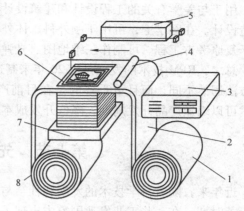

图 13-25　LOM 的工艺原理
1—供料辊　2—料带　3—控制计算机　4—热压辊
5—CO_2 激光器　6—加工平面
7—升降工作台　8—收料辊

LOM 具有制作速度快、制造成本低的特点，特别适合制作大中型实体零件，可广泛用于制作各类新产品模型，也可直接制作铸造木模，因而在铸造领域得到广泛应用。

三、快速原型制造技术的特点及应用

1. 快速原型制造技术的特点

（1）零件成形速度快　从 CAD 设计到原型的加工完成只需数小时，比传统方法要快得多，从而大大缩短了产品设计、开发周期，降低了新产品的开发成本，尤其适合于小批量、复杂的新产品的开发。

（2）特别适合形状复杂零件　采用 RPM 技术制造零件时，不论多复杂的零件，都可分解为二维数据进行成形，因而无简单与复杂之分。RPM 技术特别适合成形形状复杂、传统方法难以制造甚至无法制造的零件。

（3）制造过程柔性化　只要改变 CAD 数据就可以设计和制造出不同形状、不同性能的零件。

（4）设计制造一体化　RPM 技术的另一个显著特点就是 CAD/CAM 一体化。由于 RPM 技术采用了离散/堆积分层制造工艺，因此，能够将 CAD、CAM 很好地结合起来。

（5）自由成形制造　RPM 技术的这一特点是基于自由成形制造的思想。自由的含义有两方面：一是根据零件形状，不受任何专用工具（或模腔）的限制而自由成形；二是指不受零件任何复杂程度的限制，即能够制造任意复杂形状与结构、不同材料复合的零件。RPM 技术大大简化了工艺规程、工艺装备、装配等过程，很容易实现产品模型驱动的直接制造或自由制造。

（6）材料使用广泛性　由于各种 RPM 工艺的成形方式不同，因而各种 RPM 工艺成形使用的材料也各不相同，如金属、纸、塑料、光敏树脂、蜡、陶瓷、甚至纤维等材料在快速原型制造领域都已有很好的应用。

2. 快速原型制造技术的应用

RPM 技术能用于制造业中的快速产品的开发、工具制造、模具制造、微型机械制造、小批零件生产。

用于与美学有关的工程设计和建筑设计、桥梁设计、古建筑恢复等，以及首饰、灯饰等制造设计。在医学上，可用于颅外科、体外科、牙科等制作假颅骨、假肢、关节、整形。可用于复原考古工程。可制作三维地图、光弹模型等。

总之，RPM 技术的发展是近 20 年来制造领域的突破性进展，它不仅在制造原理上与传统方法迥然不同，而且更重要的是在目前产业策略以市场响应速度为第一的状况下，RPM技术可以缩短产品开发周期，降低开发成本，提高企业的竞争力。

第七节　先进的生产模式

近年来，随着科学技术的发展和社会与环境因素的改变，世界制造业已进入了一个巨大的变革时期，在一些工业发达国家中出现了一些新的生产模式和战略思想，如并行工程、精益生产、敏捷制造、智能制造等，这些已成为当今世界制造业十分热门的研究课题，它们必将对未来制造业产生深远的影响。本节对这些新概念作一简要介绍。

一、并行工程（CE）

并行工程是从改进产品的开发研制过程的角度来提高效率，以期获得更大的综合效益。

长期以来，开发和研制产品一直采用串行工程法，即设计产品、生产技术准备、制造过程等是顺序进行的（图 13-26a）。该法使生产周期长，设计改动工作量大，研制成本高。为了解决这一问题，美国国防科技研究部门率先提出了并行工程的研究计划，并得到了许多工业发达国家的响应，通过一些企业的实施，取得了良好的效益。

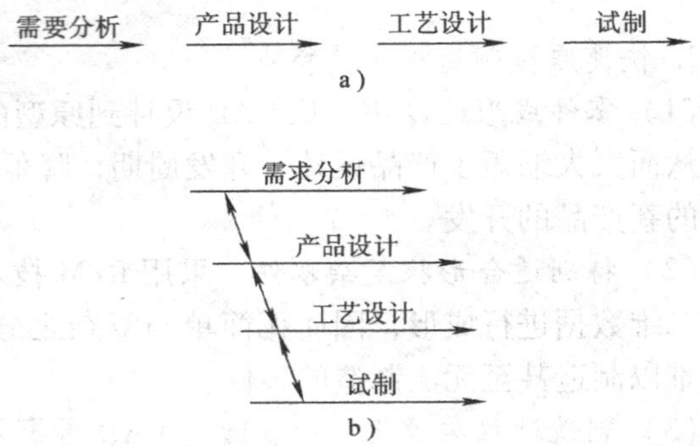

所谓并行工程就是集成地、并行

图 13-26　串行工程与并行工程

地设计产品及其相关的各种过程（包括制造过程和支持过程）的系统化方法。从图 13-26b可以看出，产品开发制造的各个环节几乎同步进行。也就是说，在进行新产品的计算机辅助设计的同时，就同步地进行计算机辅助工艺规程设计、计算机辅助编程和制订物料需求计划等与产品生产技术准备有关的各种过程。这就要求人们从设计一开始就要考虑到产品整个寿命周期中的所有因素，如制造工艺、产品质量、成本、进度计划和用户要求等。在此过程中各环节之间要进行开放的和交互的通信联系，相互合作，信息共享，尽早发现和解决问题，使整个研制工作协调进行，一次成功。

因此，与传统的串行方式相比，并行工程大大缩短了产品的研制周期，降低了成本，保证了质量，使产品的设计制造过程更加适应于当今日益激烈的市场竞争。

二、精益生产（LP）

在传统生产中，不同的生产类型有不同的工艺特征，如单件生产下大多为手工操作，所以成本高；大批大量生产中因为采用了高生产率的设备和工装，使生产率大大提高，从而降低了成本。但是后者不仅一次性投资相当大，而且一旦生产线固定下来，就不容易变动，工人只能从事已定的简单重复的工作。由于开始时可能考虑不周到或是技术发展等原因常常使生产过程带有某些缺陷，这就限制了人的创造性和进取精神。

精益生产正是针对上述问题而产生的一种新的生产模式。它的主要思想是以"人"为中心，以"简化"为手段，以"尽善尽美"为最终目标，因此，精益生产的特点是：

1）强调人的作用，以"人"为中心。工人是企业的主人，生产工人在生产中享有充分的自主权。所有工作人员都是企业的终身雇员，企业把雇员看作是比机器更重要的固定资产，强调职工创造性的发挥。

2）以"简化"为手段，去掉一切多余的环节和人员。简化组织结构，简化与协作工厂的关系，简化产品的开发过程，减少非生产费用，强调一体化的质量保证。

3）精益求精，以"尽善尽美"为最终目标。持续不断地改进生产，降低成本，力求无废品，无库存和产品品种多样化。使企业能以最优质量和最低成本的产品，对市场需求作出最迅速的响应。

精益生产不仅实施信息与自动化设备的集成，还把整个企业作为一个大系统来统筹考虑。其主要技术基础是成组技术，并行工程和全面质量管理等，其核心是对技术和生产的全面的科学管理。它取得成功的关键是充分发挥人的积极性，发挥人的主人翁精神和协作精神，消除一切无用和不起增值作用的环节，以取得最大的综合效益。精益生产是从日本丰田汽车公司首先开创的，现在欧美国家也都在竞相效仿，并收到了较好的效果。

三、敏捷制造（AM）

敏捷制造是美国于 20 世纪 90 年代初期为提高其产品在国际、国内市场的竞争力而提出的一种新的生产模式。它的基本概念是各公司、企业在相互信任的基础上，基于需要进行合作和解决问题，并相互分享信息和资源。在相互信任和相互分担责任的基础上，由一批敏捷企业组成"虚拟公司"。虚拟公司对于一特定的计划而言就像是一个单一的公司，它从不同的企业选择资源，合并成一个临时的实体。虚拟公司的各成员企业充分发挥各自的核心优势，共享技术，分担费用，用最优的零部件集成在一个产品上，以最快的速度把最好的产品推向市场。一旦市场需求结束，虚拟公司立即解散，各成员企业又投入到新的计划中去组成新的虚拟公司。

敏捷制造被称为 21 世纪制造业的新战略。它的主要特点是：产品设计、制造技术和管理的持续变化性；在持续变化的环境下，公司和企业很快抓住各种机会的快速反应性和由用户对产品价值的评价进行衡量的高质量标准。

据有关专家预测，21 世纪初在工业发达国家将有很多企业采用敏捷制造战略，其生产率较计算机集成制造会有成倍的增长。因而，美国、日本、西欧各国都争先研究相应的策略，一些行动较快、条件较好的企业已开始采用这种模式进行企业的改造，同时投入大量人力、物力进行信息高速公路建设，以便虚拟公司各成员，能不受地理位置的限制相互分享信息，分享资源，为进一步实施敏捷制造奠定基础。

四、智能制造（IM）

智能制造是一种由智能机器和人类专家共同组成的人机一体化的智能系统。它在制造过程中能进行分析、推理、判断、构思和决策等智能活动，从而取代或延伸制造环境中人的部分脑力劳动，并对人类专家的制造智能进行收集、存储、完善、共享、继承和发展。因此智能制造系统能自动监控其运行状态，在受外界或内部激励时能自动调节其运行参数，以达到最佳状态，从而使系统具有自组织能力。

在制造系统中实施人工智能技术的方法主要有：专家系统、模糊逻辑和神经网络。每种方法都有解决问题的独到之处，有些问题的解决只需要其中一种方法，有些问题的解决需要几种方法合并使用。以知识为基础的系统也称为专家系统，它是主要的人工智能技术，它首先是要采集领域专家的知识，分解成事实与规则，存储于知识库中，使系统能对情况的变化通过推理作出决策，这对已了解透彻的、需精确计算的非动态问题是最为有效的。但并非所有问题都可用固定的规则来解决，对一些不确定的，模糊的问题，有时必须使用模糊逻辑，依靠模糊集和模糊逻辑模型进行多个因素的综合考虑，采用关系矩阵算法模型、隶属度函数、加权、约束等方法处理。这项技术对不断变化的系统是非常合适的。神经网络系统是以效仿人类思维活动方式的生物或数学模型为基础的，它使系统具有学习功能，即使在不知道运动的函数表达式的情况下，也可以通过学习以往的经验，动态地、自适应地修正系统对环境的反应。因此，这项技术适于实时处理动态多变的复杂问题。

习题与思考题

13-1　什么是成组技术？如何实施？

13-2　零件分类成组有哪几种方法？各有什么特点？

13-3　试按 JLBM - 1 编码系统对图 13-27 所示零件进行编码。

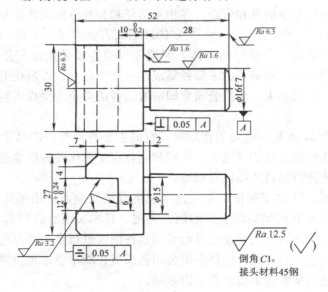

图 13-27　题 13-3 图

13-4　对图 13-28 所示零件设计综合零件，并对其设计成组工艺路线。

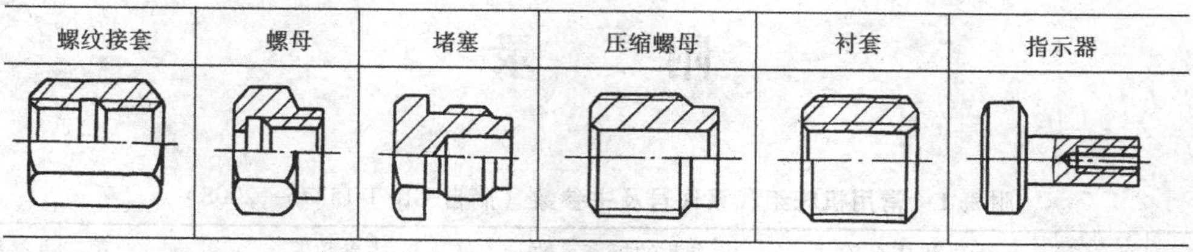

螺纹接套	螺母	堵塞	压缩螺母	衬套	指示器

图 13-28　题 13-4 图

13-5　试述用派生式进行计算机辅助工艺规程设计的方法和步骤。

13-6　什么是 FMS？其硬件系统的组成如何？

13-7　FMS 有哪几种类型？各有什么特点？

13-8　什么是 CAM？其软、硬件系统组成如何？

13-9　简述 CIMS 的概念及其组成。

13-10　简述高速切削的特点及应用领域。

13-11　简述高速机床与普通机床进给系统的区别。

13-12　RPM 的特点是什么？

13-13　简述 SLA 和 LOM 的成形原理。

13-14　什么是并行工程、精益生产、敏捷制造和智能制造？

附　录

附表 1　常用机床组、系代号及主参数（摘自 GB/T 15375—2008）

类	组	型（系）	机床名称	主参数的折算系数	主参数	第二主参数
车床	1	1	单轴纵切自动车床	1	最大棒料直径	
	1	2	单轴横切自动车床	1	最大棒料直径	
	1	3	单轴转塔自动车床	1	最大棒料直径	
	2	1	多轴棒料自动车床	1	最大棒料直径	轴数
	2	2	多轴卡盘自动车床	1/10	卡盘直径	轴数
	2	6	立式多轴半自动车床	1/10	最大车削直径	轴数
	3	0	回轮车床	1	最大棒料直径	
	3	1	滑鞍转塔车床	1/10	卡盘直径	
	3	3	滑枕转塔车床	1/10	卡盘直径	
	4	1	曲轴车床	1/10	最大工件回转直径	最大工件长度
	4	3	曲轴连杆轴颈车床	1/10	最大工件回转直径	最大工件长度
	5	1	单柱立式车床	1/100	最大车削直径	最大工件高度
	5	2	双柱立式车床	1/100	最大车削直径	最大工件高度
	6	0	落地车床	1/100	最大工件回转直径	最大工件长度
	6	1	卧式车床	1/10	床身上最大工件回转直径	最大工件长度
	6	2	马鞍车床	1/10	床身上最大工件回转直径	最大工件长度
	6	4	卡盘车床	1/10	床身上最大工件回转直径	最大工件长度
	6	5	球面车床	1/10	刀架上最大回转直径	最大工件长度
	7	1	仿形车床	1/10	刀架上最大车削直径	最大车削长度
	7	5	多刀车床	1/10	刀架上最大车削直径	最大车削长度
	7	6	卡盘多刀车床	1/10	刀架上最大车削直径	
	8	4	轧辊车床	1/10	最大工件直径	最大工件长度
	8	9	铲齿车床	1/10	最大工件直径	最大模数
钻床	1	3	立式坐标镗钻床	1/10	工作台面宽度	工作台面长度
	2	1	深孔钻床	1/10	最大钻孔直径	最大钻孔深度
	3	0	摇臂钻床	1	最大钻孔直径	最大跨距
	3	1	万向摇臂钻床	1	最大钻孔直径	最大跨距
	4	0	台式钻床	1	最大钻孔直径	
	5	0	圆柱立式钻床	1	最大钻孔直径	
	5	1	方柱立式钻床	1	最大钻孔直径	
	5	2	可调多轴立式钻床	1	最大钻孔直径	轴数
	8	1	中心孔钻床	1/10	最大工件直径	最大工件长度
	8	2	平端面中心孔钻床	1/10	最大工件直径	最大工件长度

（续）

类	组	型（系）	机床名称	主参数的折算系数	主参数	第二主参数
镗床	4	1	立式单柱坐标镗床	1/10	工作台面宽度	工作台面长度
	4	2	立式双柱坐标镗床	1/10	工作台面宽度	工作台面长度
	4	6	卧式坐标镗床	1/10	工作台面宽度	工作台面长度
	6	1	卧式镗床	1/10	镗轴直径	
	6	2	落地镗床	1/10	镗轴直径	
	6	9	落地铣镗床	1/10	镗轴直径	铣轴直径
	7	0	单面卧式精镗床	1/10	工作台面宽度	工作台面长度
	7	1	双面卧式精镗床	1/10	工作台面宽度	工作台面长度
	7	2	立式精镗床	1/10	最大镗孔直径	
磨床	0	4	抛光机		—	
	0	6	刀具磨床		—	
	1	0	无心外圆磨床	1	最大磨削直径	
	1	3	外圆磨床	1/10	最大磨削直径	最大磨削长度
	1	4	万能外圆磨床	1/10	最大磨削直径	最大磨削长度
	1	5	宽砂轮外圆磨床	1/10	最大磨削直径	最大磨削长度
	1	6	端面外圆磨床	1/10	最大回转直径	最大工件长度
	2	1	内圆磨床	1/10	最大磨削孔径	最大磨削深度
	2	5	立式行星内圆磨床	1/10	最大磨削孔径	最大磨削深度
	3	0	落地砂轮机	1/10	最大砂轮直径	
	5	0	落地导轨磨床	1/100	最大磨削宽度	最大磨削长度
	5	2	龙门导轨磨床	1/100	最大磨削宽度	最大磨削长度
	6	0	万能工具磨床	1/10	最大回转直径	最大工件长度
	6	3	钻头刃磨床	1	最大刃磨钻头直径	
	7	1	卧轴矩台平面磨床	1/10	工作台面宽度	工作台面长度
	7	3	卧轴圆台平面磨床	1/10	工作台面直径	
	7	4	立轴圆台平面磨床	1/10	工作台面直径	
	8	2	曲轴磨床	1/10	最大回转直径	最大工件长度
	8	3	凸轮轴磨床	1/10	最大回转直径	最大工件长度
	8	6	花键轴磨床	1/10	最大磨削直径	最大磨削长度
	9	0	曲线磨床	1/10	最大磨削长度	
齿轮加工机床	2	0	弧齿锥齿轮磨齿机	1/10	最大工件直径	最大模数
	2	2	弧齿锥齿轮铣齿机	1/10	最大工件直径	最大模数
	2	3	直齿锥齿轮刨齿机	1/10	最大工件直径	最大模数
	3	1	滚齿机	1/10	最大工件直径	最大模数
	3	6	卧式滚齿机	1/10	最大工件直径	最大模数或最大工件长度
	4	2	剃齿机	1/10	最大工件直径	最大模数
	4	6	珩齿机	1/10	最大工件直径	最大模数
	5	1	插齿机	1/10	最大工件直径	最大模数
	6	0	花键轴铣床	1/10	最大铣削直径	最大铣削长度

（续）

类	组	型（系）	机床名称	主参数的折算系数	主参数	第二主参数
齿轮加工机床	7	0	碟形砂轮磨齿机	1/10	最大工件直径	最大模数
	7	1	锥形砂轮磨齿机	1/10	最大工件直径	最大模数
	7	2	蜗杆砂轮磨齿机	1/10	最大工件直径	最大模数
	8	0	车齿机	1/10	最大工件直径	最大模数
	9	3	齿轮倒角机	1/10	最大工件直径	最大模数
	9	9	齿轮噪声检查机	1/10	最大工件直径	
螺纹加工机床	3	0	套丝机	1	最大套丝直径	
	4	8	卧式攻丝机	1/10	最大攻丝直径	轴数
	6	0	丝杠铣床	1/10	最大铣削直径	最大铣削长度
	6	2	短螺纹铣床	1/10	最大铣削直径	最大铣削长度
	7	4	丝杠磨床	1/10	最大工件直径	最大工件长度
	7	5	万能螺纹磨床	1/10	最大工件直径	最大工件长度
	8	6	丝杠车床	1/100	最大工件直径	最大工件长度
	8	9	多头螺纹车床	1/10	最大车削直径	最大车削长度
铣床	2	0	龙门铣床	1/100	工作台面宽度	工作台面长度
	3	0	圆台铣床	1/100	工作台面宽度	
	4	3	平面仿形铣床	1/10	最大铣削宽度	最大铣削长度
	4	4	立体仿形铣床	1/10	最大铣削宽度	最大铣削长度
	5	0	立式升降台铣床	1/10	工作台面宽度	工作台面长度
	6	0	卧式升降台铣床	1/10	工作台面宽度	工作台面长度
	6	1	万能升降台铣床	1/10	工作台面宽度	工作台面长度
	7	1	床身铣床	1/100	工作台面宽度	工作台面长度
	8	1	万能工具铣床	1/10	工作台面宽度	工作台面长度
	9	2	键槽铣床	1	最大键槽宽度	
刨插床	1	0	悬臂刨床	1/100	最大刨削宽度	最大刨削长度
	2	0	龙门刨床	1/100	最大刨削宽度	最大刨削长度
	2	2	龙门铣磨刨床	1/100	最大刨削宽度	最大刨削长度
	5	0	插床	1/10	最大插削长度	
	6	0	牛头刨床	1/10	最大刨削长度	
	8	8	模具刨床	1/10	最大刨削长度	最大刨削宽度
拉床	3	1	卧式外拉床	1/10	额定拉力	最大行程
	4	3	连续拉床	1/10	额定拉力	
	5	1	立式内拉床	1/10	额定拉力	最大行程
	6	1	卧式内拉床	1/10	额定拉力	最大行程
	7	1	立式外拉床	1/10	额定拉力	最大行程
	9	1	汽缸体平面拉床	1/10	额定拉力	最大行程

（续）

类	组	型（系）	机床名称	主参数的折算系数	主参数	第二主参数
锯床	5	1	立式带锯床	1/10	最大锯削厚度	
	6	0	卧式圆锯床	1/100	最大圆锯片直径	
	7	1	滑枕卧式弓锯床	1/10	最大锯削直径	
其他机床	1	6	管接头车螺纹机	1/10	最大加工直径	
	2	1	木螺钉螺纹加工机	1	最大工件直径	最大工件长度
	4	0	圆刻线机	1/100	最大加工长度	
	4	1	长刻线机	1/100	最大加工长度	

附表2　车削时的切削分力及切削功率的计算公式

计算公式		
切削力 F_c/N	$F_c = 9.81 C_{F_c} a_p^{x_{F_c}} f^{y_{F_c}} v_c^{n_{F_c}} K_{F_c}$	
背向力 F_p/N	$F_p = 9.81 C_{F_p} a_p^{x_{F_p}} f^{y_{F_p}} v_c^{n_{F_p}} K_{F_p}$	式中，v_c 的单位为 m/min
进给力 F_f/N	$F_f = 9.81 C_{F_f} a_p^{x_{F_f}} f^{y_{F_f}} v_c^{n_{F_f}} K_{F_f}$	
切削时消耗的功率 P_c/kW	$P_c = F_c v_c \times 10^{-3}/60$	

公式中的系数和指数

加工材料	刀具材料	加工形式	公式中的系数及指数											
			切削力 F_c				背向力 F_p				进给力 F_f			
			C_{F_c}	x_{F_c}	y_{F_c}	n_{F_c}	C_{F_p}	x_{F_p}	y_{F_p}	n_{F_p}	C_{F_f}	x_{F_f}	y_{F_f}	n_{F_f}
结构钢及铸铁 $R_m = 0.637$GPa	硬质合金	外圆纵车、横车及镗孔	270	1.0	0.75	-0.15	199	0.9	0.6	-0.3	294	1.0	0.5	-0.4
		切槽及切断	367	0.72	0.8	0	142	0.73	0.67	0	—			
		车螺纹	133	—	1.7	0.71	—				—			
	高速钢	外圆纵车、横车及镗孔	180	1.0	0.75	0	94	0.9	0.75	0	54	1.2	0.65	0
		切槽及切断	222	1.0	1.0	0	—				—			
		成形车削	191	1.0	0.75	0	—				—			
不锈钢 1Gr18Ni9Ti，（硬度≤187HBW）	硬质合金	外圆纵车、横车及镗孔	204	1.0	0.75	0	—				—			
灰铸铁 （硬度190HBW）	硬质合金	外圆纵车、横车及镗孔	92	1.0	0.75	0	54	0.9	0.75	0	46	1.0	0.4	0
		车螺纹	103	—	1.8	0.82	—				—			
	高速钢	外圆纵车、横车及镗孔	114	1.0	0.75	0	119	0.9	0.75	0	51	1.2	0.65	0
		切槽及切断	158	1.0	1.0	0	—				—			
可锻铸铁 （硬度170HBW）	硬质合金	外圆纵车、横车及镗孔	81	1.0	0.75	0	43	0.9	0.75	0	38	1.0	0.4	0
	高速钢	外圆纵车、横车及镗孔	100	1.0	0.75	0	88	0.9	0.75	0	40	1.2	0.65	0
		切槽及切断	139	1.0	1.0	0	—				—			
中等硬度不均质铜合金 （硬度120HBW）	高速钢	外圆纵车、横车及镗孔	55	1.0	0.66	0	—				—			
		切槽及切断	75	1.0	1.0	0	—				—			
铝及铝硅合金	高速钢	外圆纵车、横车及镗孔	40	1.0	0.75	0	—				—			
		切槽及切断	50	1.0	1.0	0	—				—			

注：1. 成形车削背吃刀量不大、形状不复杂的轮廓时，切削力减小10%～15%。

2. 车螺纹时切削力按下式计算

$$F_c = \frac{9.81 C_{F_c} P^{y_{F_c}}}{N_0^{n_{F_c}}}$$

式中　P——螺距；N_0——进给次数。

附表3　钢和铸铁的强度、硬度改变时，切削力的修正系数

加工材料	结构钢和铸铁	灰铸铁	可锻铸铁
系数 K_{mF}	$K_{mF} = \left(\dfrac{R_m}{0.637}\right)^{n_F}$	$K_{mF} = \left(\dfrac{HBW}{190}\right)^{n_F}$	$K_{mF} = \left(\dfrac{HBW}{150}\right)^{n_F}$

上式公式中的指数 n_F

加工材料	刀 具 材 料					
	硬 质 合 金			高 速 工 具 钢		
	切 削 力					
	F_c	F_p	F_f	F_c	F_p	F_f
	指 数 n_F					
结构钢及铸铁 $\dfrac{R_m \leqslant 0.588\,GPa}{R_m > 0.588\,GPa}$	0.75	1.35	1.0	$\dfrac{0.35}{0.75}$	2.0	1.5
灰铸铁及可锻铸铁	0.4	1.0	0.8	0.55	1.3	1.1

附表4　加工钢及铸铁时刀具几何参数改变对切削力的修正系数

参　数		刀具材料	修正系数			
名称	数值		名　称	切　削　力		
				F_c	F_p	F_f
主偏角 κ_r	30°	硬质合金	$K_{\kappa_r F}$	1.08	1.30	0.78
	45°			1.0	1.0	1.0
	60°			0.94	0.77	1.11
	75°			0.92	0.62	1.13
	90°			0.89	0.50	1.17
	30°	高速工具钢		1.08	1.63	0.7
	45°			1.0	1.0	1.0
	60°			0.98	0.71	1.27
	75°			1.03	0.54	1.51
	90°			1.08	0.44	1.82
前角 γ_o	-15°	硬质合金	$K_{\gamma_o F}$	1.25	2.0	2.0
	-10°			1.2	1.8	1.8
	0°			1.1	1.4	1.4
	10°			1.0	1.0	1.0
	20°			0.9	0.7	0.7
	12°~15°	高速钢工具		1.15	1.6	1.7
	20°~25°			1.0	1.0	1.0
刃倾角 λ_s	+5°	硬质合金	$K_{\lambda_s F}$	1.0	0.75	1.07
	-0°				1.0	1.0
	-5°				1.25	0.85
	-10°				1.5	0.75
	-15°				1.7	0.63
刀尖圆弧半径 r_e/mm	0.5	高速工具钢	$K_{r_e F}$	0.87	0.66	1.0
	1.0			0.93	0.82	
	2.0			1.0	1.0	
	3.0			1.04	1.14	
	5.0			1.1	1.33	

附表5　硬质合金外圆车刀切削常用金属时，单位切削力和单位切削功率（$f = 0.3\,\text{mm/r}$）

加工材料				实验条件		单位切削力	单位切削功率
名称	牌号	制造热处理状态	硬度（HBW）	车刀几何参数	切削用量范围	$K_c/\text{N}\cdot\text{mm}^{-2}$	$P_c/\,[\text{kW}\cdot(\text{mm}^3\cdot\text{s}^{-1})^{-1}]$
碳素结构钢	Q235	热轧或正火	134～137	$\gamma_o = 15°$ $\kappa_r = 75°$ $\lambda_s = 0°$ $b_{r1} = 0$ 前刀面带卷屑槽	$a_p = 1\sim5\,\text{mm}$ $f = 0.1\sim0.5\,\text{mm/r}$ $v_c = 90\sim105\,\text{m/min}$	1884	1884×10^{-6}
	45		187			1962	1962×10^{-6}
	40Cr		212			1962	1962×10^{-6}
合金结构钢	45	调质	229	$b_{\gamma1} = -20°$ $\gamma_{o1} = -20°$ 其余同上		2305	2305×10^{-6}
	40Cr		285			2305	2305×10^{-6}
不锈钢	1Cr18Ni9Ti	淬火回火	170～179	$\gamma_o = 20°$ 其余同上		2453	2453×10^{-6}
灰铸铁	HT200	退火	170	前刀面无卷屑槽 其余同上	$a_p = 2\sim10\,\text{mm}$ $f = 0.1\sim0.5\,\text{mm/r}$ $v_c = 70\sim80\,\text{m/min}$	1118	1118×10^{-6}
可锻铸铁	KT30-6	退火	170	前刀面带卷屑槽 其余同上		1344	1344×10^{-6}

附表6　进给量 f 对单位切削力或单位切削功率的修正系数

f	0.1	0.15	0.2	0.25	0.3	0.35	0.4	0.45	0.5	0.6
K_{f_p}、$K_{f_{p_c}}$	1.18	1.11	1.06	1.03	1	0.97	0.96	0.94	0.925	0.9

附表7　切削速度 v_c 改变时主切削力 F_c 的修正系数

$v_c/\text{m}\cdot\text{min}^{-1}$ 工件材料	50	75	100	125	150	175	200
45 钢　40Cr 钢	1.05	1.02	1.00	0.98	0.96	0.95	0.94

附表8　前角 γ_o 改变时切削力的修正系数 $K_{\gamma_o F}$

工件材料	前角 γ_o 修正系数	-10°	0°	10°	15°	20°	30°
45 钢	$K_{\gamma_o F_c}$	1.28	1.18	1.05	1.00	0.89	0.85
	$K_{\gamma_o F_p}$	1.41	1.23	1.08	1.00	0.79	0.73
	$K_{\gamma_o F_f}$	2.15	1.70	1.24	1.00	0.50	0.30
灰铸铁 HT200	$K_{\gamma_o F_c}$	1.37	1.21	1.05	1.00	0.95	0.84
	$K_{\gamma_o F_p}$	1.47	1.30	1.09	1.00	0.95	0.85
	$K_{\gamma_o F_f}$	2.44	1.83	1.22	1.00	0.73	0.37

附表9　主偏角 κ_r 对切削力的修正系数 $K_{\kappa_r F}$

工件材料	主偏角 κ_r 修正系数	30°	45°	60°	75°	90°
45 钢	$K_{\kappa_r F_c}$	1.10	1.05	1.00	1.00	1.05
	$K_{\kappa_r F_p}$	2.00	1.60	1.25	1.00	0.85
	$K_{\kappa_r F_f}$	0.65	0.80	0.90	1.00	1.15
灰铸铁 HT200	$K_{\kappa_r F_c}$	1.10	1.00	1.00	1.00	1.00
	$K_{\kappa_r F_p}$	2.80	1.80	1.17	1.00	0.70
	$K_{\kappa_r F_f}$	0.60	0.85	0.95	1.00	1.45

附表 10　车削 45 钢时刃倾角 λ_s 对切削力的修正系数 $k_{\lambda_s F}$

车刀结构 ＼ 修正系数	λ_s	10°	5°	0°	-5°	-10°	-30°	-45°
焊接车刀（平前面）	$K_{\lambda_s F_c}$	1.0	1.0	1.0	1.0	1.0	1.0	1.0
	$K_{\lambda_s F_p}$	0.8	0.9	1.0	1.1	1.2	1.7	2.0
	$K_{\lambda_s F_f}$	1.6	1.3	1.0	0.95	0.9	0.7	0.5

附表 11　JLBM－1 分类系统的名称类别分类表

第一位 ＼ 第二位		0	1	2	3	4	5	6	7	8	9	
0	回转类零件	轮盘类	盘、盖	防护套	法兰盘	带轮	手轮捏手	离合器体	分度盘、刻度盘，环	滚轮	活塞	其他	0
1		环套类	垫圈、片	环、套	螺母	衬套轴套	外螺纹套直管接头	法兰套	半联轴器	液压缸气压缸		其他	1
2		销、杆、轴类	销、堵、短圆柱	圆杆圆管	螺钎螺钉螺栓	阀杆、阀芯活塞杆	短轴	长轴	蜗杆丝杆	手把、手柄操纵杆		其他	2
3		齿轮类	圆柱外齿轮	圆柱内齿轮	锥齿轮	蜗轮	链轮棘轮	螺旋锥齿轮	复合齿轮	圆柱齿条		其他	3
4		异形件	异形盘套	弯管接头弯头	偏心件	弓形件扇形件	叉形接头叉轴	凸轮凸轮轴	阀体			其他	4
5		专用件										其他	5
6	非回转类零件	杆条类	杆、条	杠杆摆杆	连杆	撑杆拉杆	扳手	键镶（压）条	梁	齿条	拨叉	其他	6
7		板块类	板、块	防护板、盖板、门板	支承板垫板	压板连接板	定位块棘爪	导向块（板）滑块（板）	阀块分油器	凸轮板		其他	7
8		座架类	轴承座	支座	弯板	底座机架	支架					其他	8
9		箱壳体类	罩、盖	容器	壳体	箱体	立柱	机身	工作台			其他	9

附表 12　JLBM－1 分类系统回转件分类表（第三位～第九位）

码位	三		四	五		六	七	八	九
特征项号	外部形状及加工			内部形状及加工			平面、曲面加工		辅助加工（非同轴线孔、成形、刻线）
	基本形状		功能要素	基本形状		功能要素	外（端面）	内面	
0	光滑		0 无	0 无轴线孔		0 无	0 无	0 无	0 无
1	单向台阶	单一轴线	1 环槽	1 无加工孔		1 环槽	1 单一平面不等分平面	1 单一平面不等分平面	1 均布孔 轴向
2	双向台阶		2 螺纹	2 光滑单向台阶	通孔盲孔	2 螺纹	2 平行平面等分平面	2 平行平面等分平面	2 均布孔 径向
3	球、曲面		3 1+2	3 双向台阶		3 1+2	3 槽、键槽	3 槽、键槽	3 非均布孔 轴向
4	正多边形		4 锥面	4 单侧		4 锥面	4 花键	4 花键	4 非均布孔 径向
5	非圆对称截面		5 1+4	5 双侧		5 1+4	5 齿形	5 齿形	5 倾斜孔
6	弓、扇形或4,5以外的		6 2+4	6 球、曲面		6 2+4	6 2+5	6 3+5	6 各种孔组合
7	平行轴线	多轴线	7 1+2+4	7 深孔		7 1+2+4	7 3+5或4+5	7 4+5	7 成形
8	弯曲、相交轴线		8 传动螺纹	8 相交孔平行孔		8 传动螺纹	8 曲面	8 曲面	8 机械刻线
9	其他		9 其他	9 其他		9 其他	9 其他	9 其他	9 其他

附表 13　JLBM-1 分类系统非回转件分类表（第三位~第九位）

码位	三 总体形状	四 平面加工	五 曲面加工	六 外形要素	七 主孔加工及要素	八 内部平面加工	九 辅助加工（辅助孔，成形）
	外部形状及加工				主孔及内部形状		辅助加工（辅助孔，成形）
0	轮廓边缘由直线组成	0 无	0 无	0 无	0 无	0 无	0 无
1	轮廓边缘由直线和曲线组成（无弯曲 板条）	1 一侧平面及台阶平面	1 回转面加工	1 外部一般直线沟槽	1 光滑、单向台阶或单向不通孔（无螺纹 单一轴线）	1 单一轴向沟槽	1 圆周排列的孔（单方向均布孔）
2	板或条与圆柱体组合	2 两侧平行平面及台阶平面（双向平面）	2 回转定位槽	2 直线定位导向槽	2 双向台阶双向不通孔（多轴线）	2 多个轴向沟槽	2 直线排列的孔
3	轮廓边缘由直线或直线+曲线组成（有弯曲）	3 直交面	3 一般曲线,沟槽	3 直线导轨定位凸起	3 平行轴线（有螺纹 主孔内）	3 内花键	3 两个方向配孔（多方向孔）
4	板或条与圆柱体组合	4 斜交面	4 简单曲面	4 1+2	4 垂直或相交直线	4 内等分平面	4 多个方向配置孔
5	块状	5 两个两侧平行平面（即四面需加工）	5 复合曲面	5 2+3	5 单一轴线	5 1+3	5 单个方向排列的孔（非均布孔）
6	有分离面	6 2+3 或 3+5	6 1+4	6 1+3 或 1+2+3	6 多轴线	6 2+3	6 多个方向排列的孔
7	矩形体组合（箱壳底架 无分离面）	7 六个平面需加工	7 2+4	7 齿形、齿纹	7 有其他功能要素（功能锥、功能槽、球面、曲面等）（单一轴线）	7 异形孔（成形）	7 无辅助孔
8	矩形体与圆柱体组合	8 斜交面	8 3+4	8 刻线	8 （多轴线）	8 内腔平面及窗户平面加工	8 有辅助孔
9	其他	9 其他	9 其他	9 其他	9 其他	9 其他	9 其他

附表 14　JLBM-1 分类系统材料、毛坯、热处理、主要尺寸、精度分类表

码位	十 材料	十一 毛坯原始形式	十二 热处理	项目	十三 主要尺寸/mm 直径或宽度（D 或 B） 大型	中型	小型	长度（L 或 A） 大型	中型	小型	项目	十五 精度
0	灰铸铁	棒材	无	0	≤14	≤8	≤3	≤50	≤18	≤10	0	低精度
1	特殊铸铁	冷拉材	发蓝	1	>14~20	>8~14	>3~6	>50~120	>18~30	>10~16	1	内、外回转面加工（中等精度）
2	普通碳钢	管材（异形管）	退火正火及时效	2	>20~58	>14~20	>6~10	>120~250	>30~50	>16~25	2	平面加工
3	优质碳钢	型材	调质	3	>58~90	>20~30	>10~18	>250~500	>50~120	>25~40	3	1+2
4	合金钢	板材	淬火	4	>90~160	>30~58	>18~30	>500~800	>120~250	>40~60	4	外回转面加工
5	铜和铜合金	铸件	高、中频淬火	5	>160~400	>58~90	>30~45	>800~1250	>250~500	>60~85	5	内回转面加工（高精度）
6	铝和铝合金	锻件	渗碳+4或5	6	>400~630	>90~160	>45~65	>1250~2000	>500~800	>85~120	6	4+5
7	其他有色金属及其合金	铆焊件	渗氮处理	7	>630~1000	>160~440	>65~90	>2000~3150	>800~1250	>120~160	7	平面加工
8	非金属	铸塑成形件	电镀	8	>1000~1600	>440~630	>90~120	>3150~5000	>1250~2000	>160~200	8	4或5或6加7
9	其他	其他	其他	9	>1600	>630	>120	>5000	>2000	>200	9	超高精度

参考文献

[1] 黄鹤汀，等. 机械制造技术 [M]. 北京：机械工业出版社，1997.

[2] 李华. 机械制造技术 [M]. 北京：机械工业出版社，1997.

[3] 吴玉华. 金属切削加工技术 [M]. 北京：机械工业出版社，1998.

[4] 徐嘉元，等. 机械制造工艺学 [M]. 北京：机械工业出版社，1998.

[5] 朱正心. 机械制造技术 [M]. 北京：机械工业出版社，1999.

[6] 华茂发. 数控机床加工工艺 [M]. 北京：机械工业出版社，2000.

[7] 吉卫喜. 机械制造技术 [M]. 北京：机械工业出版社，2001.

[8] 谢家瀛. 机械制造技术概论 [M]. 北京：机械工业出版社，2001.

[9] 卢秉恒. 机械制造技术基础 [M]. 北京：机械工业出版社，1999.

[10] 熊光华. 数控机床 [M]. 北京：机械工业出版社，2001.

[11] 刘书华. 数控机床与编程 [M]. 北京：机械工业出版社，2001.

[12] 李峻勤，等. 数控机床及其使用与维修 [M]. 北京：国防工业出版社，2000.

[13] 董献坤. 数控机床结构与编程 [M]. 北京：机械工业出版社，2000.

[14] 全国数控培训网络天津分中心. 数控机床 [M]. 北京：机械工业出版社，1998.

[15] 《实用数控加工技术》编委会. 实用数控加工技术 [M]. 北京：兵器工业出版社，1995.

[16] 朱晓春. 数控技术 [M]. 北京：机械工业出版社，2001.

[17] 顾京. 数控加工程序编制 [M]. 北京：机械工业出版社，1997.

[18] 徐嘉元. 机械加工工艺基础 [M]. 北京：机械工业出版社，1990.

[19] 袁绩乾，等. 机械制造技术基础 [M]. 北京：机械工业出版社，2001.

[20] 庞怀玉. 机械制造工程学 [M]. 北京：机械工业出版社，1998.

[21] 王先逵. 机械制造工艺学 [M]. 北京：机械工业出版社，2001.

[22] 王启平. 机械制造工艺学 [M]. 哈尔滨：哈尔滨工业大学出版社，1999.

[23] 杨叔子. 机械加工工艺手册 [M]. 北京：机械工业出版社，2002.

[24] 曾志新，等. 机械制造技术基础 [M]. 武汉：武汉理工大学出版社，2001.

[25] 郑修本. 机械制造工艺学 [M]. 北京：机械工业出版社，1999.

[26] 王隆太. 现代制造技术 [M]. 北京：机械工业出版社，1998.

[27] 王辉，等. 机械制造技术 [M]. 北京：北京理工大学出版社，2010.

[28] 陈明. 制造技术基础 [M]. 北京：国防工业出版社，2011.

[29] 刘璇，等. 先进制造技术 [M]. 北京：北京大学出版社，2012.

[30] 陈立德. 先进制造技术 [M]. 北京：国防工业出版社，2009.

[31] 胡忠举. 机械制造技术基础. [M]. 长沙：中南大学出版社，2011.